"十三五"职业教育国家规划教材

# 液压与气动技术

（第六版）

◎主　编　张宏友
◎副主编　王兴刚　韩振生
　　　　　郭文洋　王利卿

AR版

大连理工大学出版社

图书在版编目(CIP)数据

液压与气动技术/张宏友主编. -- 6版. -- 大连：大连理工大学出版社，2022.1(2022.8重印)
ISBN 978-7-5685-3702-5

Ⅰ.①液… Ⅱ.①张… Ⅲ.①液压传动—教材②气压传动—教材 Ⅳ.①TH137②TH138

中国版本图书馆 CIP 数据核字(2022)第 021888 号

大连理工大学出版社出版

地址：大连市软件园路 80 号　邮政编码：116023
发行：0411-84708842　邮购：0411-84708943　传真：0411-84701466
E-mail:dutp@dutp.cn　URL:http://dutp.dlut.edu.cn
辽宁星海彩色印刷有限公司印刷　　大连理工大学出版社发行

幅面尺寸:185mm×260mm　印张:17.25　字数:412 千字
2004 年 9 月第 1 版　　　　　　　　　　　2022 年 1 月第 6 版
2022 年 8 月第 2 次印刷

责任编辑：刘　芸　　　　　　　　　　　责任校对：吴媛媛
封面设计：方　茜

ISBN 978-7-5685-3702-5　　　　　　　　定　价:55.00 元

本书如有印装质量问题，请与我社发行部联系更换。

# 前　言

《液压与气动技术》(第六版)是"十三五"职业教育国家规划教材、"十二五"职业教育国家规划教材、普通高等教育"十一五"国家级规划教材和辽宁省普通高等学校精品教材。

本教材以液压传动技术为主线,阐明了液压与气动技术的基本原理,着重培养学生认知液压与气动元件的能力,阅读、分析、设计液压与气动基本回路的能力,安装、调试、使用、维护液压与气动系统的能力,以及诊断和排除液压与气动系统故障的能力。

本教材在前一版的基础上,结合我国当前高职教育教学改革的实际,广泛汇集相关教学单位的意见和建议,进行了更具创新特色的修订。本次修订力求突出以下特点:

1. 根据教学一线教师的教学实践和意见、建议,对教材的部分内容进行了改写,使之更贴近当前高职教育教学改革的实际,更贴近高职教育的人才培养目标,更贴近高职教育的生源实际,更注重技术应用能力的培养与训练。

2. 规范了教材中部分插图的画法,充实了个别章的思考题与习题,以提升教学效果。

3. 在每章内容的最后增设了"素养提升"版块,以加强教育教学过程中的课程思政建设,发挥好本课程"立德树人"的育人作用。

4. 本教材中的液压与气动图形符号严格执行现行国家标准(GB/T 786.1—2021)。

5. 教材采用双色印刷,图文生动,形象易懂,以提高学生的阅读兴趣。

6. 为提高学生的自主学习能力,充分调动学生学习的主动性,发挥学生学习的创造性,本次修订针对液压与气动技术的关键知识点,配备了AR和微课资源,部分复杂的结构原理图可实现三维立体交互操作或用三维动画的形式演示,使学生易于接受,使教材更具实用性。

7. 为方便教师教学和学生进行课后练习,本教材还配有教案、课件和部分习题参考答案等资源,本次修订在上一版的基础上,对这些资源进行了必要的调整与充实。

本教材由辽宁理工学院张宏友任主编,大连海洋大学应

用技术学院王兴刚、黑龙江农业工程职业学院韩振生、大连海洋大学应用技术学院郭文洋、河南水利与环境职业学院王利卿任副主编；瓦房店冶金轴承集团有限公司刘国雨及大连海洋大学应用技术学院蒋月静、贾华、荣治明参与了部分内容的编写。具体编写分工如下：张宏友编写第1、5章；王兴刚编写第4章和附录；韩振生编写第8章；郭文洋编写第7、11章；王利卿编写第9、10、12章；刘国雨编写第6章；蒋月静编写第13、14章；贾华编写第2章；荣治明编写第3章。全书由张宏友、王兴刚负责组稿和定稿，由张宏友完成微课资源的脚本设计和录制工作。

在编写本教材的过程中，我们参考了大量专家、学者的论著和教材，在此谨向各位专家、学者表示诚挚的谢意。请相关著作权人看到本教材后与出版社联系，出版社将按照相关法律的规定支付稿酬。

尽管我们在教材特色的建设方面做出了许多努力，但由于编者水平有限，教材中仍可能存在疏漏和不妥之处，恳请各教学单位和读者在使用本教材时多提宝贵意见和建议，以便下次修订时改进。

编　者

2022 年 1 月

所有意见和建议请发往：dutpgz@163.com
欢迎访问职教数字化服务平台：http://sve.dutpbook.com
联系电话：0411-84708979　84707424

# 本书配套 AR 资源使用说明

针对本书配套 AR 资源的使用方法,特做如下说明:首先用移动设备在小米、360、百度、腾讯、华为、苹果等应用商店里下载"大工职教教师版"或"大工职教学生版"APP,安装后点击"教材 AR 扫描入口"按钮,扫描书中带有 标识的图片,即可体验 360°旋转、缩放、移动以及自动、手动拆装和工作原理展示等 AR 功能。

具体 AR 资源名称和扫描位置见下表:

| 序号 | AR 资源名称 | 扫描位置 |
| --- | --- | --- |
| 1 | 外啮合齿轮泵的结构 | 40 页,图 3-4 |
| 2 | 双作用叶片泵的结构 | 45 页,图 3-10 |
| 3 | 斜盘式轴向柱塞泵的结构 | 51 页,图 3-16 |
| 4 | 实心双杆液压缸的结构 | 60 页,图 4-2 |
| 5 | 双作用单杆液压缸的结构 | 62 页,图 4-5 |
| 6 | 液控单向阀的结构 | 81 页,图 5-2 |
| 7 | 二位二通机动换向阀 | 85 页,图 5-4 |
| 8 | 三位四通电磁换向阀的结构 | 86 页,图 5-5 |
| 9 | 三位四通液动换向阀的结构 | 87 页,图 5-6 |
| 10 | 三位四通电液换向阀的结构 | 88 页,图 5-7 |
| 11 | 手动换向阀(弹簧复位式)的结构 | 89 页,图 5-8 |
| 12 | 直动式溢流阀的结构 | 92 页,图 5-10 |
| 13 | 先导式溢流阀的结构 | 93 页,图 5-11 |
| 14 | 直动式顺序阀的结构 | 95 页,图 5-13 |
| 15 | 节流阀的结构 | 101 页,图 5-19 |
| 16 | 调速阀的结构 | 102 页,图 5-20 |
| 17 | 空气过滤器的结构 | 219 页,图 12-2 |
| 18 | 普通型油雾器的结构 | 220 页,图 12-3 |
| 19 | 直动式调压阀的结构 | 221 页,图 12-4 |

# 本书配套微课资源使用说明

本书配套的微课资源以二维码形式呈现在书中,用移动设备扫描书中的二维码,即可观看微课视频进行相应知识点的学习。

具体微课名称和扫描位置见下表:

| 序号 | 微课名称 | 扫描位置 | 序号 | 微课名称 | 扫描位置 |
| --- | --- | --- | --- | --- | --- |
| 1 | 液压传动系统的工作原理 | 3 页 | 24 | 柱塞式液压缸的结构与工作原理 | 62 页 |
| 2 | 液压传动系统的组成 | 5 页 | 25 | 摆动式液压缸的结构与工作原理 | 63 页 |
| 3 | 液压传动系统的图形符号 | 7 页 | 26 | 伸缩液压缸的结构与工作原理 | 64 页 |
| 4 | 液压传动的特点及应用 | 8 页 | 27 | 增压液压缸的结构与工作原理 | 64 页 |
| 5 | 理想液体与定常流动 | 22 页 | 28 | 齿条液压缸的结构与工作原理 | 65 页 |
| 6 | 液体的流态与雷诺实验演示 | 23 页 | 29 | 液压马达的分类与图形符号 | 71 页 |
| 7 | 液压泵的工作原理与分类 | 36 页 | 30 | 轴向柱塞式液压马达的工作原理 | 72 页 |
| 8 | 外啮合齿轮泵的工作原理 | 39 页 | 31 | 叶片式液压马达的工作原理 | 73 页 |
| 9 | 外啮合齿轮泵的结构 | 40 页 | 32 | 单向阀的工作原理与结构 | 80 页 |
| 10 | 外啮合齿轮泵结构上存在的问题 | 41 页 | 33 | 换向阀的工作原理 | 82 页 |
| 11 | 渐开线内啮合齿轮泵的工作原理 | 43 页 | 34 | 滑阀式换向阀的结构原理与中位机能 | 83 页 |
| 12 | 摆线内啮合齿轮泵的工作原理 | 43 页 | 35 | 机动换向阀的工作原理与结构 | 85 页 |
| 13 | 双作用叶片泵的工作原理 | 44 页 | 36 | 电磁换向阀的工作原理与结构 | 85 页 |
| 14 | 双作用叶片泵的结构 | 45 页 | 37 | 液动换向阀的工作原理与结构 | 86 页 |
| 15 | 单作用叶片泵的工作原理 | 46 页 | 38 | 电液换向阀的工作原理与结构 | 87 页 |
| 16 | 限压式变量叶片泵的工作原理 | 47 页 | 39 | 手动换向阀的工作原理与结构 | 88 页 |
| 17 | 斜盘式轴向柱塞泵的工作原理 | 49 页 | 40 | 多路换向阀的结构与工作原理 | 88 页 |
| 18 | 斜盘式轴向柱塞泵的结构 | 50 页 | 41 | 直动式溢流阀的结构与工作原理 | 91 页 |
| 19 | 斜盘式轴向柱塞泵的结构特点 | 50 页 | 42 | 先导式溢流阀的结构 | 92 页 |
| 20 | 双杆活塞缸的工作原理 | 59 页 | 43 | 先导式溢流阀的工作原理 | 92 页 |
| 21 | 双杆活塞缸的结构 | 59 页 | 44 | 节流阀的工作原理与结构 | 100 页 |
| 22 | 单杆活塞缸的工作原理 | 60 页 | 45 | 蓄能器的工作原理与结构 | 116 页 |
| 23 | 单杆活塞缸的结构 | 62 页 | 46 | 过滤器的工作原理与结构 | 120 页 |

# 目 录

符号说明 ································································································ 1
第1章　液压传动概述 ············································································ 3
　1.1　液压传动系统的工作原理及组成 ······················································ 3
　1.2　液压传动的特点 ············································································ 8
　1.3　液压传动的应用与发展 ··································································· 9
　思考题与习题 ······················································································ 9
第2章　液压传动基础 ············································································ 10
　2.1　液压工作介质 ··············································································· 10
　2.2　液体静力学基础 ············································································ 18
　2.3　液体动力学基础 ············································································ 22
　2.4　管路内液流的压力损失 ··································································· 27
　2.5　孔口的流量 ·················································································· 28
　2.6　气穴现象和液压冲击 ······································································ 30
　思考题与习题 ······················································································ 32
第3章　液压动力元件 ············································································ 35
　3.1　液压动力元件概述 ········································································· 35
　3.2　齿轮泵 ························································································ 39
　3.3　叶片泵 ························································································ 44
　3.4　柱塞泵 ························································································ 49
　3.5　液压泵的性能及选用 ······································································ 52
　3.6　液压泵常见故障及其排除方法 ························································· 53
　实　训 ······························································································· 54
　思考题与习题 ······················································································ 57
第4章　液压执行元件 ············································································ 58
　4.1　液压缸的类型和特点 ······································································ 58
　4.2　液压缸的设计与计算 ······································································ 65
　4.3　液压缸的结构设计 ········································································· 68
　4.4　液压马达 ····················································································· 71
　4.5　液压执行元件的常见故障及其排除方法 ············································· 74
　实　训 ······························································································· 75
　思考题与习题 ······················································································ 76

## 第 5 章　液压控制元件 …… 79
 5.1　液压控制元件概述 …… 79
 5.2　方向控制阀 …… 80
 5.3　压力控制阀 …… 91
 5.4　流量控制阀 …… 99
 5.5　比例阀、插装阀和叠加阀 …… 103
 实　训 …… 109
 思考题与习题 …… 112

## 第 6 章　液压辅助元件 …… 116
 6.1　蓄能器 …… 116
 6.2　过滤器 …… 119
 6.3　油　箱 …… 124
 6.4　压力表及压力表开关 …… 126
 6.5　管　件 …… 128
 6.6　密封元件 …… 131
 思考题与习题 …… 135

## 第 7 章　基本液压回路 …… 136
 7.1　方向控制回路 …… 136
 7.2　压力控制回路 …… 138
 7.3　速度控制回路 …… 146
 7.4　多缸工作控制回路 …… 156
 思考题与习题 …… 162

## 第 8 章　典型液压传动系统的原理及故障分析 …… 165
 8.1　组合机床动力滑台液压传动系统 …… 165
 8.2　数控车床液压传动系统 …… 168
 8.3　外圆磨床液压传动系统 …… 171
 8.4　塑料注射成型机液压传动系统 …… 176
 8.5　汽车起重机液压传动系统 …… 181
 8.6　液压传动系统故障诊断与分析 …… 184
 思考题与习题 …… 192

## 第 9 章　液压传动系统的设计与计算 …… 194
 9.1　液压传动系统的设计步骤和要求 …… 194
 9.2　液压传动系统设计举例 …… 196
 思考题与习题 …… 203

## 第 10 章　液压伺服系统 …… 204
 10.1　液压伺服系统概述 …… 204
 10.2　液压伺服阀 …… 206

  10.3 电液伺服阀 ………………………………………………………………………… 209
  10.4 液压伺服系统应用实例 …………………………………………………………… 210
  思考题与习题 ……………………………………………………………………………… 213

## 第 11 章 气压传动概述 …………………………………………………………………… 214
  11.1 气压传动系统的工作原理 ………………………………………………………… 214
  11.2 气压传动系统的组成 ……………………………………………………………… 215
  11.3 气压传动的特点 …………………………………………………………………… 216

## 第 12 章 气动元件 ………………………………………………………………………… 217
  12.1 气源装置 …………………………………………………………………………… 217
  12.2 气动控制元件 ……………………………………………………………………… 220
  12.3 气动执行元件 ……………………………………………………………………… 225
  12.4 气动辅助元件 ……………………………………………………………………… 228
  实  训 …………………………………………………………………………………… 228
  思考题与习题 ……………………………………………………………………………… 230

## 第 13 章 气动回路及其应用实例 …………………………………………………………… 231
  13.1 气动基本回路 ……………………………………………………………………… 231
  13.2 常用回路 …………………………………………………………………………… 235
  13.3 气压传动系统应用实例 …………………………………………………………… 239
  实  训 …………………………………………………………………………………… 244
  思考题与习题 ……………………………………………………………………………… 246

## 第 14 章 气动系统的安装与调试及使用与维护 ……………………………………………… 247
  14.1 气动系统的安装与调试 …………………………………………………………… 247
  14.2 气动系统的使用与维护 …………………………………………………………… 248
  14.3 气动系统主要元件的常见故障及其排除方法 …………………………………… 249
  实  训 …………………………………………………………………………………… 252

**参考文献** ……………………………………………………………………………………… 255
**附  录** ……………………………………………………………………………………… 256

# 符 号 说 明

## ※ 主要参数符号 ※

$A$——面积

$B(b)$——宽度

$C$——系数

$D(d)$——直径

$°E$——恩氏黏度

$e$——偏心距

$F$——作用力

$f$——摩擦系数

$G$——重力

$g$——重力加速度

$h$——高度,深度

$K$——液体体积模量,系数

$L(l)$——长度

$m$——质量,齿轮模数

$n$——转速

$P$——功率

$p$——压力

$q$——流量(标准术语符号为体积流量 $q_V$,本书为使用简便,均简化为 $q$)

$R$——半径,水力半径

$Re$——雷诺数

$r$——半径

$u$——流速

$V$——体积,排量

$v$——速度,平均流速

$z$——齿轮齿数,叶片(柱塞)数

$\alpha$——动能修正系数

$\beta$——动量修正系数

$\Delta$——差值(增量),粗糙度

$\delta$——厚度,节流缝隙

$\varepsilon$——相对偏心率

$\xi$——局部阻力系数

$\eta$——效率

$\mu$——动力黏度

$\theta$——角度

$\kappa$——压缩系数

$\lambda$——沿程阻力系数

$\upsilon$——运动黏度

$\rho$——密度

$\tau$——切应力

$\varphi$——指数

$\omega$——角速度

$T$——转矩

$t$——时间

## ※ 主要下标符号 ※

$a$——大气

$i$——输入

$M$——液压马达

$m$——机械

$n$——公称,额定

$o$——输出,液面

$p$——泵

$s$——弹簧

$T$——调整

$t$——理论

$V$——容积

$y$——液压

例如:$q_t$ 表示理论流量,$p_p$ 表示泵的输出压力,$\eta_{Mm}$ 表示液压马达的机械效率。

# 第1章 液压传动概述

用液体作为工作介质来实现能量传递的传动方式称为液体传动。主要利用非封闭状态下液体的动能来进行工作的传动方式称为液力传动；主要利用密闭系统中的受压液体来传递运动和动力的传动方式称为液压传动。本书主要讨论后者。

## 1.1 液压传动系统的工作原理及组成

### 一、液压传动系统的工作原理

讨论液压传动系统的工作原理，可以从最简单的液压千斤顶入手，图 1-1(a)所示为液压千斤顶的外形，图 1-1(b)所示为其工作原理。液压千斤顶由手动柱塞泵和举升缸两部分构成。手动柱塞泵由杠杆 1、小活塞 2、小缸体 3、单向阀 4 和 5 等组成，举升缸由大活塞 7、大缸体 6、卸油阀 9 组成，另外还有油箱 10 和重物 8。

微课
液压传动系统的工作原理

工作时，先提起杠杆 1，小活塞 2 被带动上升，小缸体 3 下腔的密闭容积增大，腔内压力降低，形成部分真空，单向阀 5 将所在油路关闭，油箱 10 中的油液则在大气压力的作用下推开单向阀 4 的钢球，沿吸油孔道进入并充满小缸体 3 的下腔，完成一次吸油动作。接着压下杠杆 1，小活塞 2 下移，小缸体 3 下腔的密闭容积减小，其腔内压力升高，使单向阀 4 关闭，阻断了油液流回油箱 10 的通路，并使单向阀 5 的钢球受到一个向上的作用力，当这个作用力大于大缸体 6 的下腔对它的作用力时，钢球被推开，油液便进入大缸体 6 的下腔(卸油阀 9 处于关闭状态)，推动大活塞 7 向上移动，将重物 8 顶起一段距离。反复提压杠杆 1，就可以使大活塞 7 推举重物 8 不断上升，达到起重的目的。将卸油阀 9 转动 90°，大缸体 6 下腔与油箱 10 连通，大活塞 7 在重物 8 的推动下下移，下腔的油液通过卸油阀 9 排回油箱 10。

图 1-1(c)所示为液压千斤顶的简化模型,据此可分析出两活塞之间的力比例关系、运动关系和功率关系。

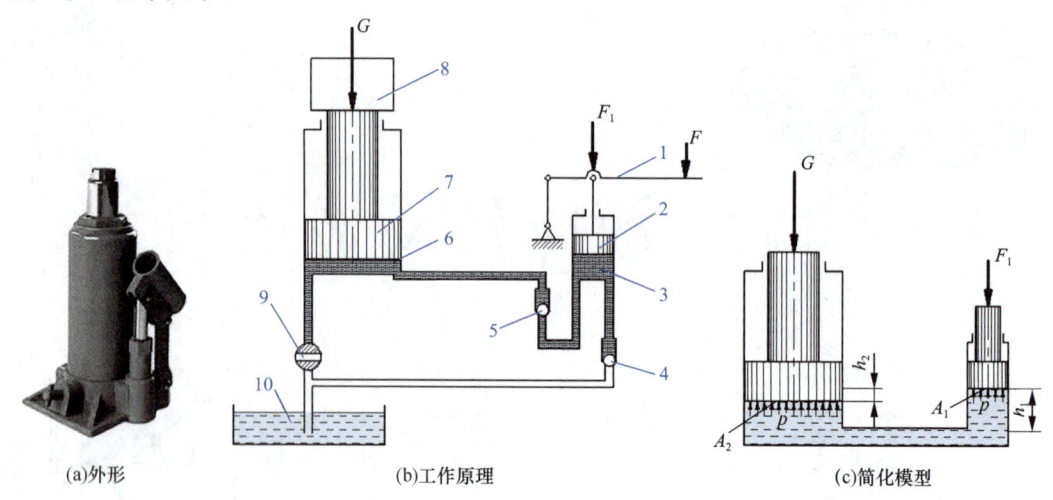

(a)外形　　(b)工作原理　　(c)简化模型

图 1-1　液压千斤顶

1—杠杆;2—小活塞;3—小缸体;4、5—单向阀;6—大缸体;7—大活塞;8—重物;9—卸油阀;10—油箱

**1. 力比例关系**

如图 1-1(c)所示,当大活塞上有重物负载 $G$ 时,大活塞下腔的油液就会产生一定的压力 $p$, $p=G/A_2$。根据帕斯卡原理"在密闭容器内,施加于静止液体上的压力将以等值同时传到液体各点",要顶起大活塞及重物负载 $G$,在小活塞下腔就必须要产生一个等值的压力 $p$,也就是说,小活塞上必须施加压力 $F_1$, $F_1=pA_1$,因而有

$$p = \frac{F_1}{A_1} = \frac{G}{A_2}$$

或

$$\frac{G}{F_1} = \frac{A_2}{A_1} \tag{1-1}$$

式中,$A_1$、$A_2$ 分别为小活塞和大活塞的作用面积,$F_1$ 为杠杆手柄作用在小活塞上的力。

式(1-1)是液压传动中力传递的基本公式。由于 $p=G/A_2$,因此当重物负载 $G$ 增大时,流体压力 $p$ 也要随之增大,即 $F_1$ 要随之增大;反之若重物负载 $G$ 很小,流体压力 $p$ 就很低,$F_1$ 也就很小。由此建立了一个很重要的基本概念,即在液压传动中,流体压力取决于负载,而与流入的流体多少无关。

**2. 运动关系**

如果不考虑液体的可压缩性、泄漏损失和缸体、油管的变形,则从图 1-1(c)可以看出,被小活塞压出(小缸体体积减小)的油液的体积必然等于大活塞向上升起后大缸体增加的体积,即

$$A_1 h_1 = A_2 h_2$$

或

$$\frac{h_2}{h_1} = \frac{A_1}{A_2} \tag{1-2}$$

式中,$h_1$、$h_2$ 分别为小活塞和大活塞的位移。

从式(1-2)可知,两活塞的位移和面积成反比,将 $A_1 h_1 = A_2 h_2$ 两端同除以活塞移动的时间 $t$,得

$$A_1 \frac{h_1}{t} = A_2 \frac{h_2}{t}$$

即
$$\frac{v_2}{v_1} = \frac{A_1}{A_2} \tag{1-3}$$

式中，$v_1$、$v_2$ 分别为小活塞和大活塞的运动速度。

从式(1-3)可以看出，活塞的运动速度和作用面积成反比。

$Ah/t$ 的物理意义是单位时间内液体流过截面积为 $A$ 的某一截面的体积，称为流量 $q$，即
$$q = Av$$

因此
$$A_1 v_1 = A_2 v_2 \tag{1-4}$$

如果已知进入缸体的流量 $q$，则活塞的运动速度为
$$v = \frac{q}{A} \tag{1-5}$$

调节进入缸体的流量 $q$，即可调节活塞的运动速度 $v$，这就是液压传动能实现无级调速的基本原理。从式(1-5)可得到另一个重要的基本概念，即活塞的运动速度取决于进入液压缸的流量，而与流体压力大小无关。

**3. 功率关系**

由式(1-1)和式(1-3)可得
$$F_1 v_1 = G v_2 \tag{1-6}$$

式(1-6)左端为输入功率，右端为输出功率。这说明在不计损失的情况下，输入功率等于输出功率。由式(1-6)还可得出
$$P = p A_1 v_1 = p A_2 v_2 = pq \tag{1-7}$$

由式(1-7)可以看出，液压传动中的功率 $P$ 可以用压力 $p$ 和流量 $q$ 的乘积来表示。压力 $p$ 和流量 $q$ 是液压传动中最基本、最重要的两个参数，它们相当于机械传动中的力和速度，它们的乘积即功率。

从液压千斤顶的工作过程可以归纳出液压传动系统的基本原理：

(1) 液压传动以液体(液压油)作为传递运动和动力的工作介质。

(2) 液压传动中经过两次能量转换，先把机械能转换为便于输送的液体的压力能，然后把液体的压力能转换为机械能对外做功。

(3) 液压传动是依靠密封的容器(或密闭系统)内密封容积的变化来传递能量的。

## 二、液压传动系统的组成

机床的液压传动系统要比千斤顶的液压传动系统复杂得多。如图 1-2(a)所示为一台简化了的机床往复运动工作台的液压传动系统。我们可以通过它进一步了解一般液压传动系统应具备的基本性能和组成情况。

在图 1-2(a)中，液压缸 8 固定在床身上，活塞连同活塞杆带动工作台 9 做往复运动。液压泵 3 由电动机(图中未示出)驱动，通过滤油器 2 从油箱 1 中吸油并送入密闭的系统内。

若将换向阀手柄 7 向右推，使阀芯处于图 1-2(b)所示的位置，则来自

液压泵的压力油经节流阀 5 到换向阀 6 并进入液压缸 8 左腔,推动活塞连同工作台 9 向右移动。液压缸 8 右腔的油液经换向阀 6 流回油箱 1。

若将换向阀手柄 7 向左拉,使阀芯处于图 1-2(c)所示的位置,则来自液压泵的压力油经节流阀 5 到换向阀 6 并进入液压缸 8 右腔,推动活塞连同工作台 9 向左移动。液压缸 8 左腔的油液经换向阀 6 流回油箱 1。

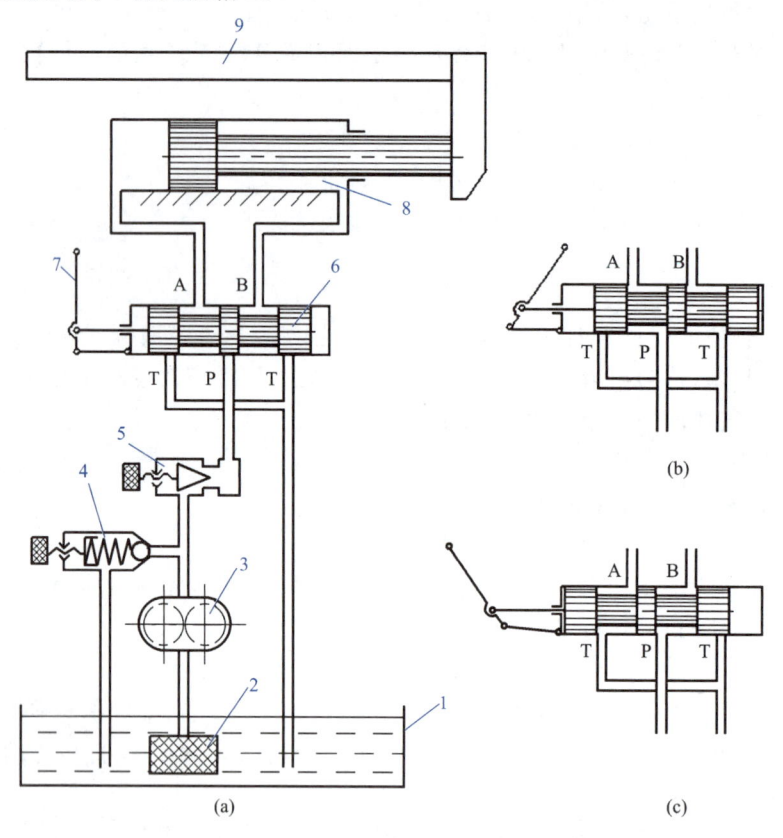

**图 1-2 液压传动系统的工作原理及组成**

1—油箱;2—滤油器;3—液压泵;4—溢流阀;5—节流阀;6—换向阀;7—换向阀手柄;8—液压缸;9—工作台

若换向阀阀芯处于图 1-2(a)所示的中间位置,则液压缸两腔被封闭,活塞停止不动。

工作台移动的速度通过节流阀 5 调节。当节流阀的阀口增大时,进入液压缸的油液流量增大,工作台的移动速度提高;关小节流阀,工作台的移动速度将减小。

转动溢流阀 4 的调节螺钉,可调节弹簧的预紧力。弹簧的预紧力越大,密闭系统中能得到的油压就越高,工作台移动时,能克服的最大负载就越大;预紧力越小,密闭系统中能得到的最大工作压力就越小,能克服的最大负载也越小。另外,在一般情况下,泵输给系统的油量多于液压缸所需要的油量,多余的油液须通过溢流阀及时地排回油箱。所以,溢流阀 4 在该液压系统中起调压、溢流的作用。

从图 1-2 可以看出,液压传动系统由以下五部分组成:

**(1)动力元件** 它是把原动机输入的机械能转换为液体压力能的能量转换装置,其作用是为液压传动系统提供压力油,最常见的形式为各种液压泵。

（2）执行元件　它是将液体的压力能转换为机械能的能量转换装置，其作用是在压力油的推动下输出力和速度（直线运动）或力矩和转速（回转运动）。这类元件包括各类液压缸和液压马达。

（3）控制元件　它是用来控制或调节液压传动系统中油液的压力、流量或方向，以保证执行装置完成预期工作的元件。这类元件主要包括各种液压阀，如溢流阀、节流阀以及换向阀等。

（4）辅助元件　它是指油箱、蓄能器、油管、管接头、滤油器、压力表以及流量计等。这些元件分别起散热贮油、蓄能、输油、连接、过滤、测量压力和测量流量等作用，以保证液压传动系统正常工作，是液压传动系统不可缺少的组成部分。

（5）工作介质　它在液压传动及控制中起传递运动、动力及信号的作用，包括液压油或其他合成液体。

## 三、液压传动系统的图形符号

图 1-1、图 1-2 所示的液压传动系统图是一种半结构式的工作原理图，其直观性强，容易理解，但难于绘制。为便于阅读、分析、设计和绘制液压传动系统，在工程实际中，国内外都采用液压元件的图形符号来表示。按照规定，这些图形符号只表示液压元件的功能，不表示液压元件的结构和参数，并以元件的静止状态或零位状态来表示。若液压元件无法用图形符号来表述，则仍允许采用半结构原理图表示。我国制定了标准的液压与气动元（辅）件图形符号（GB/T 786.1—2021），其中最常用的部分可参见附录。图 1-3 即用图形符号表达的图 1-2 所示的机床往复运动工作台的液压传动系统工作原理图。

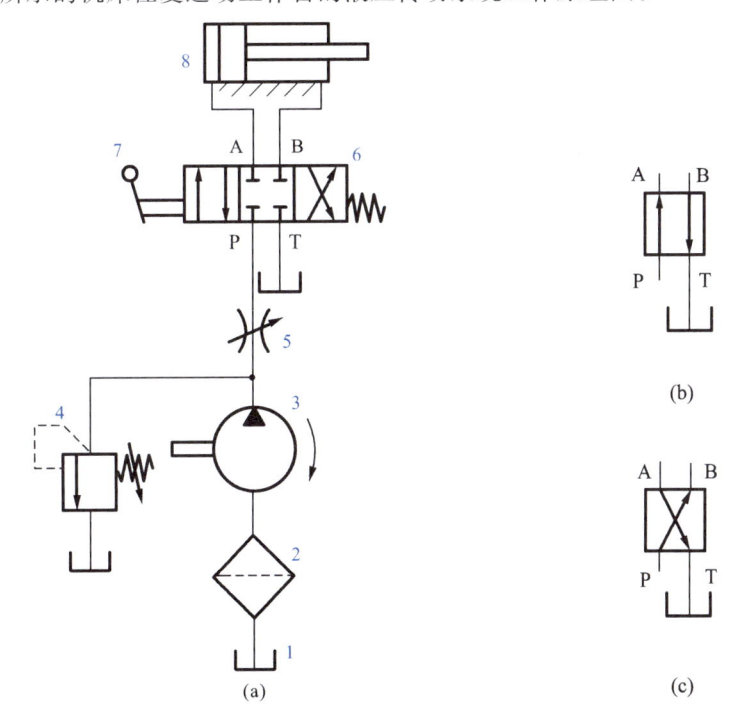

图 1-3　液压传动系统工作原理图（用图形符号表达）

1—油箱；2—滤油器；3—液压泵；4—溢流阀；5—节流阀；6—换向阀；7—换向阀手柄；8—液压缸

## 1.2 液压传动的特点

液压传动与机械传动、电气传动、气压传动相比,具有如下优、缺点:

**1. 液压传动的优点**

(1)液压传动装置的体积小、质量轻、结构紧凑(如液压马达的质量只有同功率电动机质量的15%~20%),因而其惯性小,换向频率高。液压传动采用高压时,能输出大的推力或转矩,可实现低速大吨位传动。

(2)液压传动能方便地实现无级调速,且调速范围大(调速比可达2 000),而机械传动实现无级调速较为困难,电气传动虽可较方便地实现无级调速,但其传动功率和调速范围都比液压传动小(如中小型直流电动机的调速比一般为2~4)。

(3)液压元件之间可采用管道连接或集成式连接,其布局、安装有很大的灵活性。

(4)液压传动能使执行元件的运动即使在负载变化时仍保持均匀稳定,可使运动部件换向时无冲击。而且由于其反应速度快,因此可实现快速启动、制动和频繁换向。

(5)液压传动系统操作简单,调节控制方便,特别是与机、电、气联合使用时,能方便地实现复杂的自动工作循环。

(6)液压传动系统便于实现过载保护,使用安全、可靠,不会因过载而造成液压元件的损坏。各液压元件中的运动件均在油液中工作,能自行润滑,故使用寿命长。

(7)由于液压元件已实现了标准化、系列化和通用化,因此液压传动系统的设计、制造、维修过程都得到了大大简化,而且周期短。

**2. 液压传动的缺点**

(1)液压传动中的泄漏和液体的可压缩性会影响执行元件运动的准确性,因此液压传动系统不宜在对传动比要求严格的场合使用(如螺纹和齿轮加工机床的内传动链系统)。

(2)液压传动对油温的变化比较敏感,其工作稳定性很容易受到温度的影响,因而不宜在高温或低温的条件下工作。

(3)液压传动系统工作过程中的能量损失(泄漏损失、溢流损失、节流损失、摩擦损失等)较大,传动效率较低,因而不适宜作远距离传动。

(4)为减少泄漏,液压元件的制造和装配精度要求较高,因此液压元件的制造成本较高。而且液压传动系统中相对运动的零部件间的配合间隙很小,对液压油的污染比较敏感,要求有较好的工作环境。

(5)液压传动系统的故障诊断与排除比较困难,因此对使用和维修人员提出了更高的要求。

## 1.3 液压传动的应用与发展

从18世纪末英国制成世界上第一台水压机算起,液压传动技术已有200多年的历史了,而液压传动技术应用于生产、生活中只是近几十年的事。正是由于液压传动技术具有前述独特优点,因此其广泛应用于机床、汽车、航天、工程机械、起重运输机械、矿山机械、建筑机械、农业机械、冶金机械、轻工机械和各种智能机械上。

我国的液压传动技术是在新中国成立后发展起来的,最初只应用于锻压设备上。70多年来,我国的液压传动技术从无到有,发展很快,从最初的引进国外技术到现在进行产品自主设计,制成了一系列液压产品,并在性能、种类和规格上与国际先进产品水平接近。

随着世界工业水平的不断提高,各类液压产品的标准化、系列化和通用化也使液压传动技术得到了迅速发展,液压传动技术开始向高压、高速、大功率、高效率、低噪声、低能耗、高度集成化等方向发展。可以预见,液压传动技术将在现代化生产中发挥越来越重要的作用。

### 素养提升

被誉为"中国天眼"的500 m口径球面射电望远镜(FAST)是观天巨目、国之重器,它凝聚了四代中国科学家的智慧和心血,向世界贡献了重大科学工程的中国经验和创新实践,对我国在科学前沿方面实现重大原创突破、加快创新驱动发展具有极其重要的意义。FAST最关键的部分——主动变形反射面是依靠液压技术来完成的。FAST主动变形反射面液压促动器作为FAST三大自主创新技术之一,是实现观测的最关键技术。由液压缸、独立油源及电控系统组成的一体式液压促动器是可以进行控制和位置反馈的伸缩机构,用来调整索网的节点位置,实现反射面的面形调整。FAST液压促动器群系统是世界上罕见的典型局部大规模机电液一体化设备群系统,作为系统中最为重要的运动部件群,其可靠运行是望远镜正常观测的重要基础。目前,应用液压传动技术的程度已经成为衡量一个国家工业水平的重要标志之一,必须通过不断地创新发展才能面对未来严苛的挑战和要求。

## 思考题与习题

1. 何谓液压传动?液压传动的基本原理是什么?
2. 液压传动系统由哪几部分组成?各组成部分的作用是什么?
3. 简述液压传动的特点及应用。

# 第2章 液压传动基础

本章主要讲述液压油的物理性质、液压油的使用与污染控制；液体静力学的基本特性、液体流动时的运动特性、流经管路的压力损失以及流经孔口和缝隙的流量等液压传动的基础知识。

■ **本章重点**
1. 液压油的物理性质。
2. 液体动力学基础知识，即连续性方程、伯努利方程。
3. 液体流经管路的压力损失。

■ **本章难点**
1. 液体黏性的概念。
2. 伯努利方程的物理意义及应用。

## 2.1 液压工作介质

### 一、液压油的主要性质

#### 1. 密度

单位体积液压油的质量称为该种液压油的密度，以 $\rho$ 表示，即

$$\rho = \frac{m}{V} \tag{2-1}$$

式中 $V$——液压油的体积；
$m$——体积为 $V$ 的液压油的质量。

密度是液压油的一个重要物理参数，随着液压油温度和压力的变化，其密度也会发生变化，但这种变化量通常很小，可以忽略不计，故实际应用中可认为液压油密度不受温度和压力变化的影响。一般液压油的密度为 $900 \text{ kg/m}^3$。

**2. 黏性**

(1) 黏性的物理意义

液体在外力的作用下流动(或有流动趋势)时,分子间的内聚力阻碍分子相对运动而产生内摩擦力,这种现象称为液体的黏性。黏性是液体的重要物理性质,也是选择液压油的主要依据之一。

液体流动时,液体的黏性以及液体和固体壁面间的附着力会使液体内部各层间的速度大小不等。如图 2-1 所示,设两平行平板间充满液体,下平板不动,上平板以速度 $u_0$ 向右平移。由于吸附力的作用,紧贴下平板的液体层速度为零,紧贴上平板的液体层速度为 $u_0$,而中间各层液体的速度则根据它与下平板间的距离大小近似呈线性规律分布。

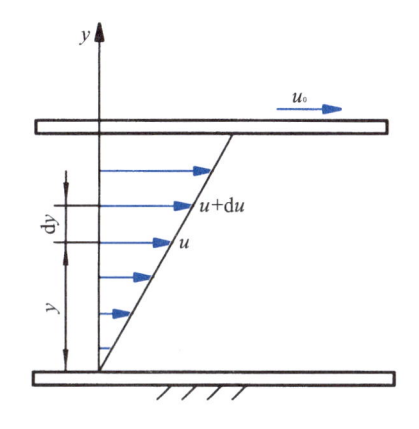

图 2-1 液体的黏性示意图

实验测定结果表明,液体流动时,相邻液体层之间的内摩擦力 $F$ 与液体层间的接触面积 $A$、液体层间的速度梯度 $du/dy$ 成正比,即

$$F = \mu A \frac{du}{dy} \tag{2-2}$$

若用单位接触面积上的内摩擦力 $\tau$(切应力)来表示,则上式可改写成

$$\tau = \mu \frac{du}{dy} \tag{2-3}$$

式中 $\mu$——比例系数,也称为液体的黏性系数或动力黏度;

$\dfrac{du}{dy}$——相对运动速度对液体层间距离的变化率,也称速度梯度或剪切率。

式(2-3)就是牛顿内摩擦定律。

液体只有在流动(或有流动趋势)时才呈现黏性。当液体静止时,由于 $du=0$,内摩擦力 $F$ 为零,因此液体在静止状态时不呈现黏性。

(2) 黏度

液体黏性的大小用黏度来表示。常用的黏度有三种:动力黏度、运动黏度和相对黏度。

① 动力黏度

动力黏度也称为绝对黏度,它是表征流动液体内摩擦力大小的黏性系数,用 $\mu$ 表示。其量值等于液体在以单位速度梯度($du/dy=1$)流动时,液层接触面单位面积上的内摩擦力,即

$$\mu = \frac{F}{A\frac{\mathrm{d}u}{\mathrm{d}y}} = \frac{\tau}{\frac{\mathrm{d}u}{\mathrm{d}y}} \tag{2-4}$$

动力黏度的法定计量单位为 Pa·s(帕·秒,N·s/m²),它与以前沿用的非法定计量单位 P(泊,dyne·s/cm²)之间的关系是 1 Pa·s=10 P。

② 运动黏度

液体动力黏度 $\mu$ 与其密度 $\rho$ 的比值称为该液体的运动黏度,用 $\upsilon$ 表示,即

$$\upsilon = \frac{\mu}{\rho} \tag{2-5}$$

运动黏度的法定计量单位为 m²/s,由于该单位偏大,因此工程实际中常用 cm²/s、mm²/s 及以前沿用的非法定计量单位 cSt(厘斯),它们之间的换算关系为 1 m²/s=10⁴ cm²/s=10⁶ mm²/s=10⁶ cSt。

运动黏度 $\upsilon$ 无物理意义,因为在其单位中只有长度和时间的量纲,类似于运动学的物理量,故称其为运动黏度。它是工程实际中常用的一个物理量。液压油的黏度等级是以 40 ℃ 时运动黏度(以单位 mm²/s 计)的中心值来划分的。例如,牌号为 L-HL22 的普通液压油在 40 ℃ 时,其运动黏度的中心值为 22 mm²/s。

③ 相对黏度

相对黏度又称条件黏度。它是采用特定的黏度计在规定的条件下测出来的液体黏度。若测量条件不同,则采用的相对黏度单位也不同。例如,我国及德国、俄罗斯采用恩氏黏度(°E),美国采用国际赛氏黏度(SSU),英国采用商用雷氏黏度("R)等。

恩氏黏度用恩氏黏度计测定。温度为 $t$ ℃ 的 200 cm³ 被测液体由恩氏黏度计的小孔中流出所用的时间 $t_1$,与温度为 20 ℃ 的 200 cm³ 蒸馏水由恩氏黏度计的小孔中流出所用的时间 $t_2$(通常 $t_2$=51 s)之比,称为该被测液体在 $t$ ℃ 下的恩氏黏度,记为 °E,即

$$°E = \frac{t_1}{t_2} = \frac{t_1}{51} \tag{2-6}$$

恩氏黏度与运动黏度(mm²/s)的换算关系为

当 1.3≤°E≤3.2 时 $\quad\quad\quad \upsilon = 8°E - \frac{8.64}{°E}$ (2-7)

当 °E>3.2 时 $\quad\quad\quad \upsilon = 7.6°E - \frac{4}{°E}$ (2-8)

(3) 温度对黏度的影响

黏度对温度的变化十分敏感,当温度升高时,液体分子间的内聚力减小,其黏度降低,这一特性称为黏温特性。不同种类的液压油有不同的黏温特性,图 2-2 所示为几种典型液压油的黏温特性曲线。

液体的黏温特性常用黏度指数 VI 来度量。黏度指数高,说明黏度随温度的变化小,其黏温特性好。通常在各种工作介质的质量标准中都给出黏度指数。一般要求工作介质的黏度指数在 90 以上,优异的在 100 以上。几种常用工作介质的黏度指数见表 2-1。

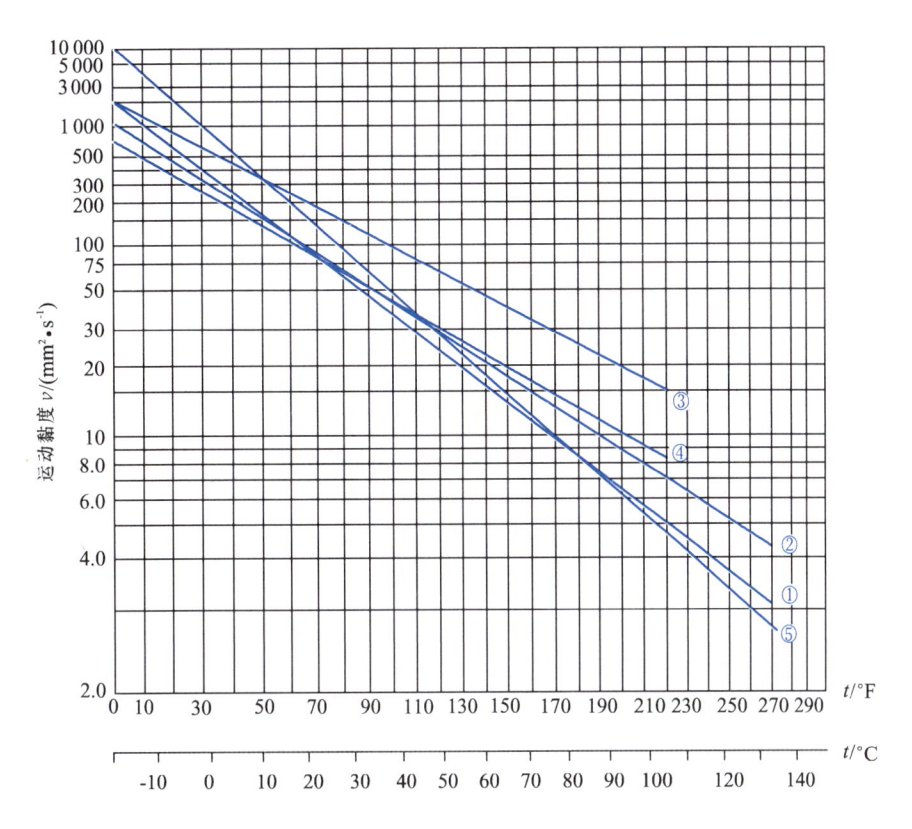

图 2-2 几种典型液压油的黏温特性曲线

①—石油型普通液压油；②—石油型高黏度指数液压油；
③—水包油乳化液；④—水-乙二醇液；⑤—磷酸酯液

表 2-1　　　　　　　　　　常用工作介质的黏度指数

| 介质种类 | 黏度指数 VI | 介质种类 | 黏度指数 VI |
| --- | --- | --- | --- |
| 通用液压油 L-HL | 90 | 高含水液压液 L-HFA | 130 |
| 抗磨液压油 L-HM | 95 | 油包水乳化液 L-HFB | 130~170 |
| 低温液压油 L-HV | 130 | 水-乙二醇液 L-HFC | 140~170 |
| 高黏度指数液压油 L-HR | 160 | 磷酸酯液 L-HFDR | 130~180 |

(4) 压力对黏度的影响

液体所受的压力增大时，其分子间的距离将减小，其内聚力增加，黏度也随之增大。但对于一般的液压系统，当压力在 32 MPa 以下时，压力对黏度的影响很小，可以忽略不计。

**3. 液体的可压缩性**

液体因所受压力增大而发生体积缩小的性质称为可压缩性。若压力为 $p$ 时液体的体积为 $V$，当压力增加 $\Delta p$ 时，液体的体积减小 $\Delta V$，则液体在单位压力变化下的体积相对变化

量为

$$\kappa = -\frac{1}{\Delta p}\frac{\Delta V}{V} \qquad (2\text{-}9)$$

式中,$\kappa$ 为液体的压缩系数。

由于压力增加时液体的体积减小($\Delta V<0$),因此式(2-9)的右边需加一负号,以使 $\kappa$ 为正值。

液体压缩系数 $\kappa$ 的倒数 $K$ 称为液体的体积模量,即

$$K = \frac{1}{\kappa} = -\Delta p \frac{V}{\Delta V} \qquad (2\text{-}10)$$

$K$ 表示产生单位体积相对变化量所需要的压力增量。在实际应用中,常用 $K$ 值来说明液体抗压缩能力的大小。在常温下,纯净油液的体积模量 $K=(1.4\sim2)\times 10^3$ MPa,数值很大,故一般可认为油液是不可压缩的。

表 2-2 列出了各种工作介质的体积模量。由表中数值可见,石油基液压油的可压缩性是钢的 100~150 倍(钢的弹性模量为 $2.1\times 10^5$ MPa)。

表 2-2　　各种工作介质的体积模量($20\ ℃$,$1.013\ 25\times 10^5$ Pa)

| 介质种类 | 体积模量 $K$/MPa | 介质种类 | 体积模量 $K$/MPa |
| --- | --- | --- | --- |
| 石油基液压油 | $(1.4\sim 2)\times 10^3$ | 水-乙二醇液 | $3.46\times 10^3$ |
| 水包油乳化液 | $1.95\times 10^3$ | 磷酸酯液 | $2.65\times 10^3$ |
| 油包水乳化液 | $2.3\times 10^3$ | | |

在中低压系统中,工作介质的可压缩性对液压系统的性能影响很小,可忽略不计,但在高压下或研究系统的动态性能时,应予以考虑。另外值得注意的是,由于空气的可压缩性很大,因此当工作介质中有游离气泡时,$K$ 值将大大减小,这会严重影响液压系统的工作性能。故应采取措施尽量减少液压系统工作介质中游离空气的含量。

**4. 液压油的其他性质**

液压系统的工作介质还有许多性质,物理性质有润滑性、防锈性、闪点、凝点、抗燃性、抗凝性、抗泡沫性以及抗乳化性等,化学性质有热稳定性、氧化稳定性、水解稳定性和相容性等。

## 二、液压系统工作介质的种类

液压系统工作介质的品种代号由字母和数字组成,其中"L"是石油产品的总分类号,表示润滑剂和有关产品;"H"表示液压系统的工作介质;数字表示该工作介质的某个黏度等级。按照国家标准《润滑剂、工业用油和相关产品(L类)的分类 第 2 部分:H 组(液压系统)》(GB/T 7631.2—2003),液压系统工作介质的品种代号示例如下:

L - HL - 32
类别 品种 牌号

石油型液压油是最常用的液压系统工作介质,其各项性能均优于全损耗系统用油 L-AN(旧称机械油)。通用液压油已被列为全损耗系统用油的升级换代产品。

液压系统工作介质主要可分为石油型、乳化型和合成型三大类,其主要品种及其特性和用途见表 2-3。

表 2-3　　　　　　　　液压系统工作介质的主要品种及其特性和用途

| 类型 | 名称 | 代号 | 特性和用途 |
|---|---|---|---|
| 石油型 | 精制矿物油 | L-HH | 精制矿物油,抗氧化性、抗泡沫性较差,主要用于机械润滑,可作液压代用油,用于要求不高的低压系统 |
| | 通用液压油 | L-HL | 精制矿物油加添加剂,提高抗氧化和防锈性能,适用于室内一般设备的中低压系统 |
| | 抗磨型液压油 | L-HM | L-HL 油加添加剂,改善抗磨性能,适用于工程机械、车辆液压系统 |
| | 低温液压油 | L-HV | 可用于环境温度为 −40～−20 ℃ 的高压系统 |
| | 高黏度指数液压油 | L-HR | L-HL 油加添加剂,改善黏温特性,VI 值达 175 以上,适用于对黏温特性有特殊要求的低压系统,如数控机床液压系统 |
| | 液压导轨油 | L-HG | L-HM 油加添加剂,改善黏温特性,适用于机床中液压和导轨润滑合用的系统 |
| 乳化型 | 水包油乳化液 | L-HFA | 难燃,黏温特性好,有一定的防锈能力,润滑性差,易泄漏,适用于有抗燃要求、油液用量大且泄漏严重的系统 |
| | 油包水乳化液 | L-HFB | 既具有石油型液压油的抗磨、防锈性能,又具有抗燃性,适用于有抗燃要求的中压系统 |
| 合成型 | 水-乙二醇液 | L-HFC | 难燃,黏温特性和抗蚀性好,能在 −30～60 ℃ 温度下使用,适用于有抗燃要求的中低压系统 |
| | 磷酸酯液 | L-HFDR | 难燃,润滑抗磨性能和抗氧化性能良好,能在 −54～135 ℃ 温度范围内使用,缺点是有毒,适用于有抗燃要求的高压精密系统 |

## 三、对液压油的要求和选用

### 1. 对液压油的要求

在液压传动中,液压油既是传动介质,又兼作润滑油,因此对它的要求比对一般润滑油的要求更高,具体如下：

(1)要有适宜的黏度和良好的黏温特性,一般液压系统所选用的液压油的运动黏度为 $(13\sim68)\times10^{-6}$ m²/s(40 ℃)。

(2)具有良好的润滑性,以减少液压元件中相对运动表面的磨损。

(3)具有良好的热稳定性和氧化稳定性。

(4)具有较好的相容性,即对密封件、软管、涂料等无溶解的有害影响。

(5)质量要纯净,不含或含有极少量的杂质、水分和水溶性酸碱等。

(6)具有良好的抗泡沫性,抗乳化性要好,腐蚀性要小,防锈性要好。

(7)液压油用于高温场合时,为了防火安全,闪点要求要高；在温度低的环境下工作时,凝点要求要低。

### 2. 液压油的合理选用

液压油的合理选用,实质上就是对液压油的品种和牌号的选择。

(1)液压油品种的选择

石油基液压油的品种较多,因其制造容易、来源多、价格较低,故在液压设备中 90% 以上是使用石油基液压油；难燃液压油既有抗燃特性,又符合节省能源与控制污染的要求,故受到各国的普遍重视,是一种具有很大潜力的液压油。应从液压设备中液压系统的特点、工作环境和液压油的特性等方面来选择液压油的品种,表 2-4 可供选择液压油时参考。

表 2-4　　　　　　　　　　　液压油品种的选择

| 液压设备中液压系统举例 | 对液压油的要求 | 可选择的液压油品种 |
| --- | --- | --- |
| 低压或简单机械的液压系统 | 抗氧化性和抗泡沫性一般，无抗燃要求 | HH，无 HH 时可选用 HL |
| 中、低压精密机械等液压系统 | 有较好的抗氧化性，无抗燃要求 | HL，无 HL 时可选用 HM |
| 中、低压和高压液压系统 | 抗氧化性、抗泡沫性、防锈性、抗磨性好 | HM，无 HM 时可选用 HV、HS |
| 环境变化较大和工作条件恶劣（野外工程和远洋船舶等）的低、中、高压系统 | 除上述要求外，要求凝点低、黏度指数高、黏温特性好 | HV、HS |
| 环境温度变化较大和工作条件恶劣（野外工程和远洋船舶等）的低压系统 | 要求凝点低，黏度指数高 | HR。对于有银部件的液压系统，北方选用 L-HR，南方选用 HM 或 HL |
| 液压和导轨润滑合用的系统 | 在 HM 的基础上改善黏-滑性（防爬行性好） | HG |
| 煤矿液压支架、静压系统和其他不要求回收废液和不要求有良好润滑的情况，但要求有良好的抗燃性，使用温度为 5~50 ℃ | 要求抗燃性好，并具有一定的防锈性、润滑性和良好的冷却性，价格便宜 | L-HFAE |
| 冶金、煤矿等行业的中压和高压、高温和易燃的液压系统，使用温度为 5~50 ℃ | 抗燃性、润滑性和防锈性好 | L-HFB |
| 需要难燃液的低压液压系统和金属加工等机械，使用温度为 5~50 ℃ | 不要求低温性、黏温特性和润滑性，但抗燃性要好，价格便宜 | L-HFAS |
| 冶金和煤矿等行业的低、中压液压系统，使用温度为 -20~50 ℃ | 低温性、黏温特性和对橡胶的适用性好，抗燃性好 | HFC |
| 冶金、火力发电、燃气轮机等高温高压下操作的液压系统，使用温度为 -20~100 ℃ | 要求抗燃性、抗氧化性和润滑性好 | HFDR |

（2）液压油牌号的选择

在液压油品种已定的情况下，选择液压油的牌号时，最先考虑的应是液压油的黏度。如果黏度太低，会使泄漏增加，从而降低效率和润滑性，增加磨损；如果黏度太高，液体流动的阻力就会增大，磨损增大，液压泵的吸油阻力增大，容易产生吸空现象（也称气穴现象，即油液中产生气泡的现象）和噪声。因此，要合理选择液压油的黏度。选择液压油时要注意以下几点：

①工作温度　主要对液压油的黏温特性和热稳定性提出要求，见表 2-5。

表 2-5　　　　　　　　按工作温度选择液压油

| 工作温度/℃ | <-10 | -10~80 | >80 |
| --- | --- | --- | --- |
| 液压油品种 | HR、HV、HS | HH、HL、HM | 优等 HM、HV、HS |

②工作压力　主要对液压油的润滑性（抗磨性）提出要求。对于高压系统的液压元件，特别是液压泵中处于边界润滑状态的摩擦副，由于压力大、速度高、润滑条件苛刻，因此必须采用抗磨性优良的液压油。

③液压泵的类型　液压泵的类型较多，如齿轮、叶片泵、柱塞泵等，同类泵又因功率、转速、压力、流量、材质等因素的影响而使液压油的选用较为复杂。一般来说，低压系统可选用 HL 油，中、高压系统应选用 HM 油，见表 2-6。

表 2-6　　　　　　　　　　　液压泵用油的黏度范围及推荐牌号

| 名称 | 运动黏度/(mm² · s⁻¹) 允许 | 运动黏度/(mm² · s⁻¹) 最佳 | 工作压力/MPa | 工作温度/℃ | 推荐用油 |
|---|---|---|---|---|---|
| 叶片泵 | 16～220 | 26～54 | 7 | 5～40 | L-HH32,L-HH46 |
| 叶片泵 | 16～220 | 26～54 | 7 | 40～80 | L-HH46,L-HH68 |
| 叶片泵 | 16～220 | 26～54 | >14 | 5～40 | L-HL32,L-HL46 |
| 叶片泵 | 16～220 | 26～54 | >14 | 40～80 | L-HL46,L-HL68 |
| 齿轮泵 | 4～220 | 25～54 | <12.5 | 5～40 | L-HL32,L-HL46 |
| 齿轮泵 | 4～220 | 25～54 | <12.5 | 40～80 | L-HL46,L-HL68 |
| 齿轮泵 | 4～220 | 25～54 | 10～20 | 5～40 | L-HL46,L-HL68 |
| 齿轮泵 | 4～220 | 25～54 | 10～20 | 40～80 | L-HM46,L-HM68 |
| 齿轮泵 | 4～220 | 25～54 | 16～32 | 5～40 | L-HM32,L-HM68 |
| 齿轮泵 | 4～220 | 25～54 | 16～32 | 40～80 | L-HM46,L-HM68 |
| 径向柱塞泵 | 10～65 | 16～48 | 14～35 | 5～40 | L-HM32,L-HM46 |
| 径向柱塞泵 | 10～65 | 16～48 | 14～35 | 40～80 | L-HM46,L-HM68 |
| 轴向柱塞泵 | 4～76 | 16～47 | >35 | 5～40 | L-HM32,L-HM68 |
| 轴向柱塞泵 | 4～76 | 16～47 | >35 | 40～80 | L-HM68,L-HM100 |

## 四、液压油污染的控制

液压油的污染是液压系统发生故障的主要原因,它严重影响液压系统的可靠性和液压元件的寿命。因此,正确使用和维护液压油是控制污染的关键。

### 1. 污染物的种类

(1)残留污染　主要指液压元件在制造、储存、运输、安装或维修时残留下来的铁屑、毛刺、焊渣、铁锈、砂粒、涂料渣、清洗液等对液压油的污染。

(2)侵入污染　主要是外界环境中的空气、尘埃、切屑、棉纱、水滴、冷却用乳化液等,通过油箱通气孔、外露的往复运动活塞杆和注油孔等处侵入系统而造成的污染。

(3)生成污染　主要指在工作过程中系统内产生的污染,主要有液压油变质后的胶状生成物、涂料及密封件的剥离物、金属氧化后剥落的微屑及元件磨损而形成的颗粒等。

### 2. 液压油污染的危害

油液的污染直接影响液压系统的工作可靠性和元件的使用寿命。资料显示,液压系统故障的 70% 是由液压油污染造成的。液压油被污染后,将对液压系统和液压元件产生下述不良影响:

(1)元件的磨损。固体颗粒、胶状物、棉纱等杂物会加速元件的磨损。

(2)元件的堵塞与卡紧。固体颗粒堵塞阀类件的小孔和缝隙,致使阀类件的动作失灵而导致其性能下降;堵塞滤油器使泵吸油困难并产生噪声,还能擦伤密封件,使油的泄漏量增加。

(3)加速油液性能劣化。水分、空气的混入会使系统工作不稳定,产生振动、噪声、低速爬行及启动时突然前冲的现象;还会在管路狭窄处产生气泡,加速元件的氧化腐蚀;清洗液、涂料、漆屑等混入液压油中后,会降低液压油的润滑性并使液压油氧化变质。

**3. 液压油污染的控制措施**

液压油污染的原因是多方面的,为控制污染需采取一些必要的措施。

(1)严格清洗元件和系统。液压元件、油箱和各种管件在组装前应严格清洗,组装后应对系统进行全面彻底的冲洗,并将清洗后的介质换掉。

(2)防止污染物侵入。在设备运输、安装、加注和使用过程中,应防止液压油被污染。注入液压油时,必须经过滤油器;油箱通大气处要加空气滤清器;采用密闭油箱,防止尘土、磨料和冷却液侵入等;维修、拆卸元件应在无尘区进行。

(3)控制液压油的温度。应采取适当措施(如水冷、风冷等)控制系统的工作温度,以防止温度过高造成液压油氧化变质,产生各种生成物。一般液压系统的温度应控制在65 ℃以下,机床的液压系统应更低一些。

(4)采用高性能的过滤器。研究表明,由于液压元件相对运动表面间隙较小,如果采用高精度的过滤器有效地控制1~5 μm的污染颗粒,液压泵、液压马达、各种液压阀及液压油的使用寿命均可大大延长,液压故障就会明显减少。另外,必须定期检查和清洗过滤器或更换滤芯。

(5)定期检查和更换工作介质。每隔一段时间,要对系统中的液压油进行抽样检查,分析其污染程度是否还在系统允许的使用范围内,如不符合要求,应及时更换。在更换新的液压油前,必须对整个液压系统进行彻底清洗。

**4. 液压油的更换**

合理选用液压油是保证液压设备正常工作的基础,在系统运行过程中,应及时监测液压油的性能变化,确保及时换油,以延长液压系统的寿命,避免发生系统故障。液压油的寿命因品种、工作环境和系统不同而有较大差异。在长期工作过程中,由于水、空气、杂质和磨损物的进入,在温度、压力、剪切作用下,液压油的性能会降低,为了确保液压系统的正常运转,应及时更换液压油。表2-7所列为L-HL液压油换油指标。

表2-7　L-HL液压油换油指标

| 项目 | 换油指标 |
| --- | --- |
| 外观 | 不透明或浑浊 |
| 40 ℃运动黏度变化率 | >10% |
| 色度变化 | >3 |
| 酸值 | >0.3 |
| 水分 | >0.1% |
| 机械杂质 | >0.1% |

## 2.2 液体静力学基础

液体静力学主要研究液体处于相对平衡状态下的力学规律及这些规律的实际应用。这里所说的相对平衡是指液体内部各个质点之间没有相对位移,液体整体完全可以像刚体一样做各种运动。

## 一、液体的压力及其性质

### 1. 液体的压力

液体单位面积上所受的法向力称为压力。这一定义在物理中称为压强,但在液压传动中习惯称为压力。压力通常以 $p$ 表示,即

$$p=\frac{F}{A} \tag{2-11}$$

压力的法定计量单位为 Pa(帕,N/m²)。由于 Pa 单位太小,工程上使用不便,因此常用 MPa(兆帕)。它们的换算关系是:1 MPa=10⁶ Pa。

### 2. 液体静压力的性质

(1)液体的压力沿着内法线方向作用于承压面,即静止液体只承受法向压力,不承受剪切力和拉力,否则就破坏了液体静止的条件。

(2)静止液体内,任意点处所受到的压力在各个方向都相等。如果在液体中某点受到各个方向的压力不相等,那么液体就会产生运动,也就破坏了液体静止的条件。

## 二、液体静压力基本方程及其物理意义

在重力作用下的静止液体,其受力情况如图 2-3 所示。若要求液体离液面深度为 $h$ 处的压力,可以假想从液面往下切取一个高为 $h$、底面积为 $\Delta A$ 的垂直小液柱,如图 2-3(b)所示。这个小液柱在重力 $G(G=mg=\rho Vg=\rho gh\Delta A)$、表面力 $p_0\Delta A$ 及周围液体的压力作用下处于平衡状态,于是有 $p\Delta A=p_0\Delta A+\rho gh\Delta A$,即

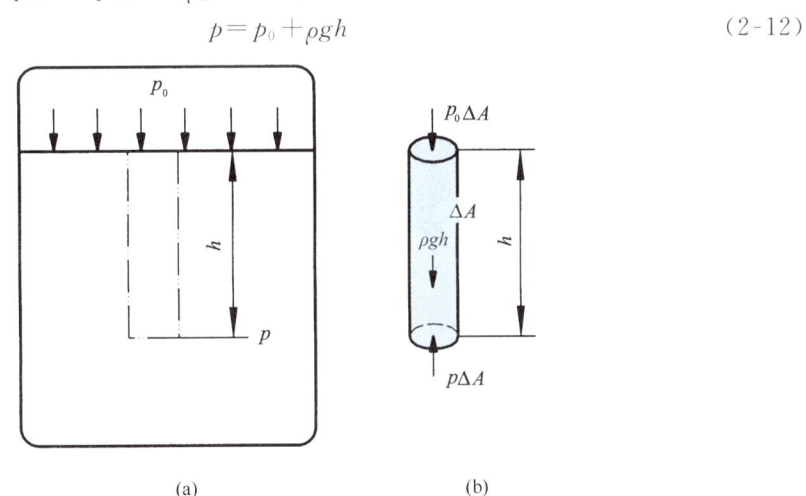

$$p=p_0+\rho gh \tag{2-12}$$

图 2-3 重力作用下静止液体的受力情况

式(2-12)即液体静压力基本方程。由此式可知,重力作用下静止液体的压力分布有如下特征:

(1)静止液体内任一点处的压力由两部分组成:一部分是液面上的压力 $p_0$,另一部分是 $\rho g$ 与该点离液面的深度 $h$ 的乘积。当液面上只受大气压力 $p_a$ 作用时,液体内任一点处的压力为 $p=p_a+\rho gh$。

(2) 液体内的压力随液体深度的增加而线性增加。

(3) 液体内深度相同处的压力都相等。由压力相等的点组成的面称为等压面。重力作用下,静止液体中的等压面是一个水平面。

液压传动系统中的工作介质由自重造成的压差可按 $\Delta p = \rho g h$ 计算,但在液压系统中,通常由液体自重所产生的压力可以忽略不计。

## 三、压力的传递

由帕斯卡原理可知,由外力作用所产生的压力可以等值地传递到液体内部所有各点,故在液体内部各点的压力也就处处相等了。

**例 2-1**

如图 2-4 所示为相互连通的两个液压缸,大缸直径 $D=30$ cm,小缸直径 $d=3$ cm,若在小活塞上加的力 $F=200$ N,问大活塞能举起重物的重量 $G$ 为多少?

**解** 根据帕斯卡原理,由外力产生的压力在两缸中的数值应相等,即

$$p = \frac{4F}{\pi d^2} = \frac{4G}{\pi D^2}$$

故大活塞能顶起重物的重量 $G$ 为

$$G = \frac{D^2}{d^2} F = \frac{30^2}{3^2} \times 200 = 20\,000 \text{ N}$$

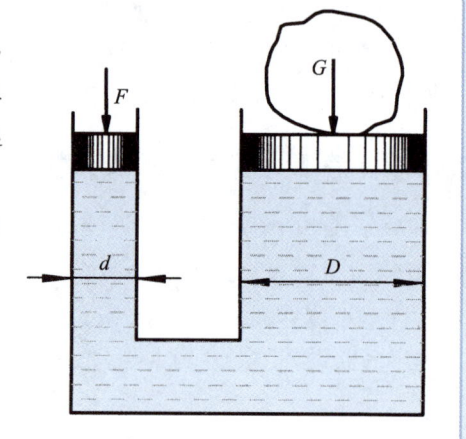

图 2-4 帕斯卡原理的应用实例

由上例可知,液压装置具有力的放大作用,液压机、液压千斤顶和万吨水压机等都是利用该原理工作的。

若 $G=0$,则 $p=0$。$G$ 的数值越大,将其顶起来所需要的压力也越大,这说明了液压系统内工作压力的大小取决于外负载的大小。

## 四、绝对压力、相对压力(表压力)和真空度

根据度量基准的不同,液体压力的表示方法有两种:一种是以绝对真空作为基准所表示的压力,称为绝对压力;一种是以大气压力作为基准所表示的压力,称为相对压力。在地球表面上,一切受大气笼罩的物体,大气压力的作用都是自相平衡的,因此大多数测压仪表所测的压力都是相对压力,所以相对压力也称为表压力。在液压技术中,如不特别指明,压力均指相对压力。

绝对压力和相对压力的关系如下:

相对压力=绝对压力-大气压力

当绝对压力小于大气压力时,比大气压力小的那部分压力数值称为真空度,即

$$真空度 = 大气压力 - 绝对压力$$

绝对压力、相对压力和真空度的相对关系如图 2-5 所示。由图可知,以大气压力为基准计算压力时,基准以上的正值是相对压力,基准以下负值的绝对值就是真空度。

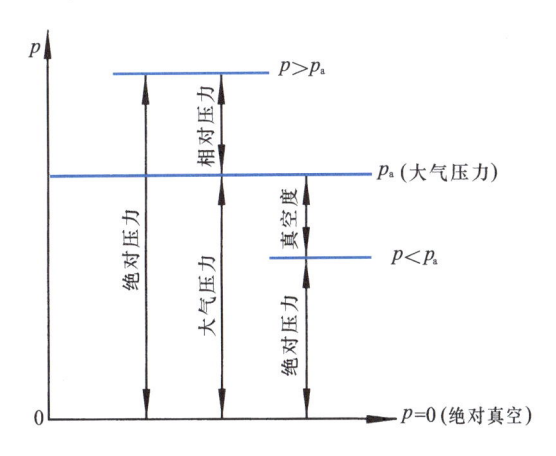

图 2-5 绝对压力、相对压力和真空度

## 五、液体作用在固体壁面上的力

具有一定压力的液体与固体壁面相接触时,固体壁面将受到总的液压力的作用。当不计液体的自重对压力的影响时,可认为作用于固体壁面上的压力是均匀分布的。这样,固体壁面上的液压力在某一方向上的分力就等于液压力与壁面在该方向上的垂直面内投影面积的乘积。

当固体壁面是一个平面时,如图 2-6(a)所示,液压力作用在活塞(活塞直径为 $D$、截面积为 $A$)上的力 $F$(与图中 $F'$ 方向相反)为

$$F = pA = p\frac{\pi D^2}{4} \tag{2-13}$$

当固体壁面是一个曲面时,如图 2-6(b)、图 2-6(c)所示的球面和圆锥面,液压力 $p$ 沿垂直方向作用在球面和圆锥面上的力 $F$ 等于液压力 $p$ 与该曲面在该方向投影面积 $A$ 的乘积,其作用点通过投影圆的圆心,方向向上,即

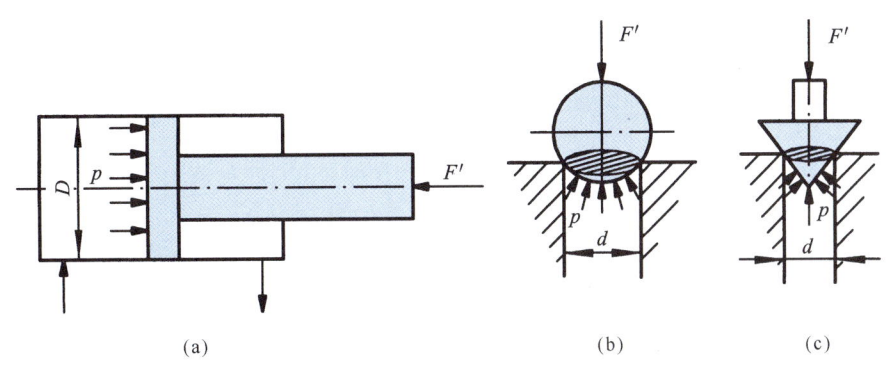

图 2-6 液压力作用在固体壁面上的力

$$F = pA = p\frac{\pi}{4}d^2 \tag{2-14}$$

式中,$d$ 为承压部分曲面投影圆的直径。

## 2.3 液体动力学基础

本节主要讨论液体在外力作用下流动时的运动规律及液体流动时的能量转换关系。这些内容不仅构成了液体动力学基础,还是液压技术中分析问题和设计计算的理论依据。

### 一、基本概念

#### 1. 理想液体和恒定流动

由于实际液体具有黏性和可压缩性,因此在研究流动液体运动规律时非常困难。为简化起见,在讨论该问题前,先假定液体没有黏性且不可压缩,然后根据实验结果,对所得到的液体运动的基本规律、能量转换关系等进行修正和补充,使之更加符合实际液体流动时的情况。一般把既无黏性又不可压缩的假想液体称为理想液体。

液体流动时,若液体中任一点处的压力、流速和密度不随时间变化而变化,则称为恒定流动(也称为定常流动);反之,若液体中任一点处的压力、流速和密度中有一个参数随时间变化而变化,则称为非恒定流动。为使问题讨论简便,常先假定液体在做恒定流动。图 2-7(a)所示水平管内的液流为恒定流动,图 2-7(b)所示为非恒定流动。

微课

理想液体与
定常流动

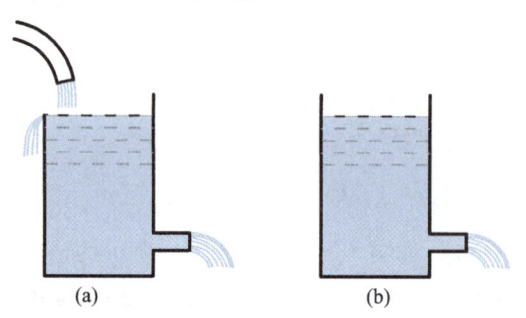

图 2-7 恒定流动和非恒定流动

#### 2. 流量和平均流速

流量和平均流速是描述液体流动的两个基本参数。液体在管道内流动时,常将垂直于液体流动方向的截面称为通流截面或过流断面。

(1)流量

单位时间内流过某一过流断面的液体体积称为体积流量,简称流量,用 $q$ 表示。假设理想液体在一直管中做恒定流动,如图 2-8 所示。液流的过流断面面积即管道截面面积 $A$,液流在过流断面上各点的流速(指液流质点在单位时间内流过的距离)皆相等,以 $u$ 表示($u=l/t$),流过截面 1-1 的液体经时间 $t$ 后到达截面 2-2 处,所流过的距离为 $l$,即

$$q = \frac{V}{t} = \frac{Al}{t} = Au \tag{2-15}$$

流量的法定单位为 m³/s,工程上常用的单位为 L/min。二者的换算关系:1 m³/s=6×10⁴ L/min。

(2)平均流速

对于实际液体,当液流通过微小的过流断面 d$A$ 时(图 2-9(a)),液体在该断面各点的流速可以认为是相等的,所以流过该微小断面的流量为 d$q$=$u$d$A$,则流过整个过流断面 $A$ 的流量为

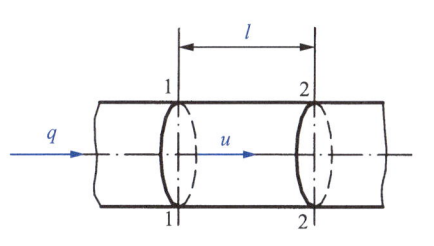

图 2-8 理想液体在直管中的流动

$$q = \int_A u \, dA \tag{2-16}$$

因液体具有黏性,故液体在管道中流动时,在同一截面内各点的流速是不相同的,其分布规律为抛物线形,如图 2-9(b)所示。其中心线处流速最高,而边缘处流速为零,计算、使用很不方便。因此,常假定过流断面上各点的流速均匀分布,从而引入平均流速的概念。平均流速 $v$ 是指过流断面通过的流量 $q$ 与该过流断面面积 $A$ 的比值,即

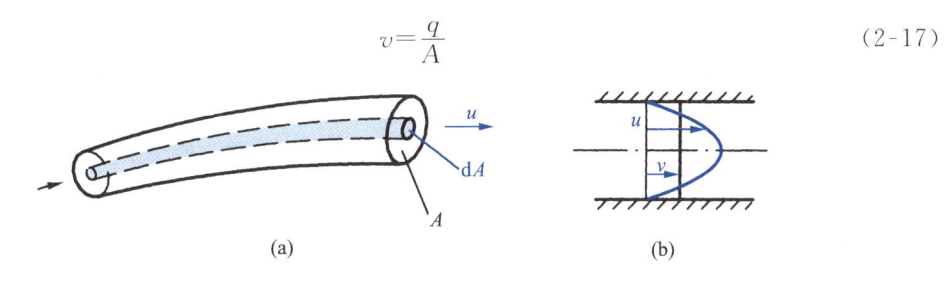

$$v = \frac{q}{A} \tag{2-17}$$

图 2-9 平均流速

在实际工程中,平均流速才具有应用价值。液压缸工作时,活塞的运动速度与液压缸中的平均流速相同,活塞运动速度 $v$ 等于进入液压缸的流量 $q$ 与液压缸的有效作用面积 $A$ 的比值。当液压缸的有效作用面积一定时,活塞运动速度的大小取决于进入液压缸流量的多少。

**3. 层流、紊流和雷诺数**

液体流动有两种基本状态:层流和紊流。两种流动状态的物理现象可以通过雷诺实验来观察,实验装置如图 2-10(a)所示。

图 2-10(a)中的水箱 4 有一隔板 1,当向水箱中连续注入清水时,隔板可保持水位不变。先微微打开开关 7,使箱内清水缓缓流出,然后打开开关 3,这时可看到水杯 2 内的有色水经细导管 5 呈一条直线流束流动(图 2-10(b))。这表明水管中的水流是分层的,而且层与层之间互不干扰,这种流动状态称为层流。

逐渐开大开关 7,管内液体的流速随之增大,有色水的流束逐渐产生振荡(图 2-10(c))。当流速超过一定值后,有色水流到玻璃管中便立即与清水混杂,水流的质点运动呈极其紊乱的状态,这种流动状态称为紊流(图 2-10(d))。

实验证明,液体的流动状态不仅与液体在管中的流速 $v$ 有关,还与管径 $d$ 和液体的运动黏度 $\nu$ 有关。由以上三个参数组成的一个无量纲数称为雷诺数,用 $Re$ 表示,即

$$Re = \frac{vd}{\nu} \tag{2-18}$$

式中  $v$——液体在管中的流速,m/s;

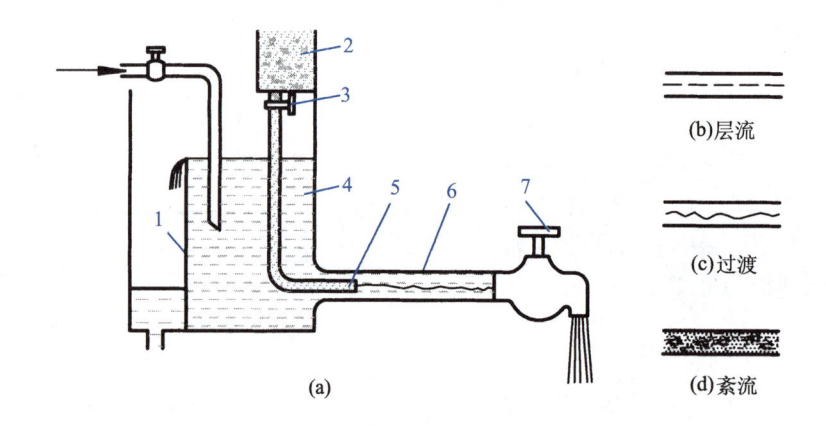

图 2-10 雷诺实验

1—隔板；2—水杯；3、7—开关；4—水箱；5—细导管；6—玻璃管

$d$——管道的内径，m；

$v$——液体的运动黏度，m²/s。

管中液体的流态随雷诺数的不同而改变，因而可以用雷诺数作为判别液体在管道中流态的依据。液流由层流转变为紊流时的雷诺数和由紊流转变为层流时的雷诺数是不相同的，后者的数值较小。一般把由紊流转变为层流时的雷诺数称为临界雷诺数 $Re_L$。当 $Re \leqslant Re_L$ 时为层流，当 $Re > Re_L$ 时为紊流。

各种管道的临界雷诺数可以由实验求得。常见管道的临界雷诺数见表 2-8。

表 2-8 常见管道的临界雷诺数

| 管道的形状 | 临界雷诺数 $Re_L$ | 管道的形状 | 临界雷诺数 $Re_L$ |
| --- | --- | --- | --- |
| 光滑金属管 | 2 300 | 带沉割槽的同心环状缝隙 | 700 |
| 橡胶软管 | 1 600~2 000 | 带沉割槽的偏心环状缝隙 | 400 |
| 光滑的同心环状缝隙 | 1 100 | 圆柱形滑阀阀口 | 260 |
| 光滑的偏心环状缝隙 | 1 000 | 锥阀阀口 | 20~100 |

雷诺数的物理意义：雷诺数是液流的惯性力对黏性力的无因次比。当雷诺数较大时，说明惯性力起主导作用，这时液体处于紊流状态；当雷诺数较小时，说明黏性力起主导作用，这时液体处于层流状态。液体在管道中流动时，若为层流，则其能量损失较小；若为紊流，则其能量损失较大。所以在设计液压传动系统时，应考虑尽可能使液体在管道中为层流状态。

## 二、液流连续性方程

液流连续性方程是质量守恒定律在流体力学中的一种表达形式。

如图 2-11 所示，理想液体在管道中恒定流动时，由于它不可压缩（密度 $\rho$ 不变），因此在压力作用下，液体中间也不可能有空隙，则在单位时间内流过截面 1 和截面 2 处的液体质量应相等，故有 $\rho A_1 v_1 = \rho A_2 v_2$，即

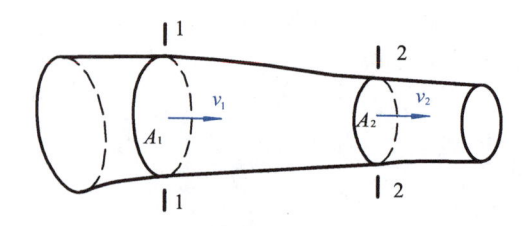

图 2-11 液流连续性原理

$$A_1 v_1 = A_2 v_2 \tag{2-19}$$

或写成 $\qquad q = vA = 常数$

式中　$A_1$、$A_2$——截面 1、2 处的截面积；

　　　$v_1$、$v_2$——截面 1、2 处的平均流速。

式(2-19)即液流连续性方程，它说明液体在管道中流动时，流经管道每一个截面的流量是相等的（这就是液流连续性原理），并且同一管道中各个截面的平均流速与过流断面面积成反比，管径细的地方流速大，管径粗的地方流速小。显然，在液压传动系统中，液压缸内的流速最低，而与其连通的进、出油管因其直径要小得多，故管内液体的流速也就比液压缸内液体的流速快得多。

## 三、伯努利方程

伯努利方程是能量守恒定律在流体力学中的一种表达形式。

流动的液体不仅具有压力能和位能，由于它有一定的流速，因此还具有动能。

### 1. 理想液体的伯努利方程

假定理想液体在图 2-12 所示的管道中做恒定流动，质量为 $m$、体积为 $V$ 的液体流经该管中任意两个截面积分别为 $A_1$、$A_2$ 的断面 1-1、2-2。设两断面处的平均流速分别为 $v_1$、$v_2$，压力为 $p_1$、$p_2$，中心高度为 $h_1$、$h_2$。若在很短时间内，液体通过两断面的距离为 $\Delta l_1$、$\Delta l_2$，则液体在两断面处时所具有的能量为

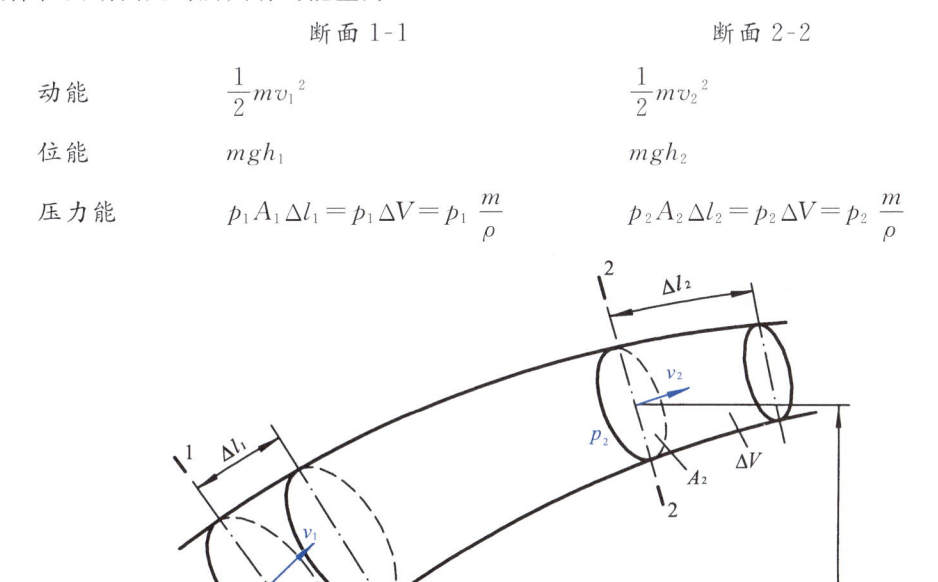

| | 断面 1-1 | 断面 2-2 |
|---|---|---|
| 动能 | $\dfrac{1}{2} m v_1^2$ | $\dfrac{1}{2} m v_2^2$ |
| 位能 | $mgh_1$ | $mgh_2$ |
| 压力能 | $p_1 A_1 \Delta l_1 = p_1 \Delta V = p_1 \dfrac{m}{\rho}$ | $p_2 A_2 \Delta l_2 = p_2 \Delta V = p_2 \dfrac{m}{\rho}$ |

图 2-12　理想液体伯努利方程的推导示意图

流动液体具有的能量也遵守能量守恒定律，因此可写成

$$\frac{1}{2}mv_1^2 + mgh_1 + p_1\frac{m}{\rho} = \frac{1}{2}mv_2^2 + mgh_2 + p_2\frac{m}{\rho} \qquad (2\text{-}20)$$

上式简化后得

$$\frac{1}{2}v_1^2 + gh_1 + \frac{p_1}{\rho} = \frac{1}{2}v_2^2 + gh_2 + \frac{p_2}{\rho} \qquad (2\text{-}20a)$$

或

$$\frac{1}{2}\rho v_1^2 + \rho gh_1 + p_1 = \frac{1}{2}\rho v_2^2 + \rho gh_2 + p_2 \qquad (2\text{-}20b)$$

式(2-20)称为理想液体的伯努利方程，也称为理想液体的能量方程。其物理意义是：在密闭的管道中做恒定流动的理想液体具有三种形式的能量(动能、位能、压力能)，在沿管道流动的过程中，三种能量之间可以互相转化，但是在管道任一断面处，三种能量的总和是一常量。式(2-20a)和式(2-20b)的含义相同，只是表达方式不同。式(2-20a)是将液体所具有的能量以单位质量液体所具有的动能、位能和压力能的形式来表达的理想液体的伯努利方程；而式(2-20b)是将单位质量液体所具有的动能、位能、压力能用液体压力值的方式来表达的理想液体的伯努利方程。由于在实际应用中，液压系统内各处液体的压力可以用压力表很方便地测出来，因此式(2-20b)也常用。

**2. 实际液体的伯努利方程**

实际液体在管道内流动时，由于液体黏性的存在，会产生内摩擦力，消耗能量；同时管路中管道的尺寸和局部形状骤然变化使液流产生扰动，也引起能量消耗。因此实际液体流动时存在能量损失，设单位质量液体在管道中流动时的压力损失为 $\Delta p_w$。另外，由于实际液体在管道中流动时，管道过流断面上的流速分布是不均匀的，因此若用平均流速计算动能，必然会产生误差。为了修正这个误差，需要引入动能修正系数 $\alpha$。因此，实际液体的伯努利方程为

$$p_1 + \rho gh_1 + \frac{1}{2}\rho\alpha_1 v_1^2 = p_2 + \rho gh_2 + \frac{1}{2}\rho\alpha_2 v_2^2 + \Delta p_w \qquad (2\text{-}21)$$

式中，紊流时取 $\alpha=1$，层流时取 $\alpha=2$。

伯努利方程揭示了液体流动过程中的能量变化规律，因此它是流体力学中的一个特别重要的基本方程。伯努利方程不仅是进行液压系统分析的理论基础，还可用来对多种液压问题进行研究和计算。

应用伯努利方程时应注意：

(1) 断面 1、2 需顺流向选取(否则 $\Delta p_w$ 为负值)，且应选在缓变的过流断面上。

(2) 断面中心在基准面以上时，$h$ 取正值，反之取负值。通常选取特殊位置的水平面作为基准面。

**例2-2**

用伯努利方程分析图 2-13 所示液压泵的吸油过程，试分析吸油高度 $H$ 对液压泵工作性能的影响。

**解** 设油箱的液面为基准面，对基准面 1-1 和泵进油口处的管道截面 2-2 之间列实际液体的伯努利方程如下：

$$p_1+\rho h_1 g+\frac{1}{2}\rho\alpha_1 v_1^2 = p_2+\rho h_2 g+\frac{1}{2}\rho\alpha_2 v_2^2+\Delta p_w$$

式中，$p_1=p_a$，$h_1=0$，$v_1\approx 0$，$h_2=H$，代入上式后可写成

$$p_a+0+0=p_2+\rho g H+\frac{\rho\alpha_2 v_2^2}{2}+\Delta p_w$$

整理得

$$p_a-p_2=\rho g H+\frac{\rho\alpha_2 v_2^2}{2}+\Delta p_w$$

由上式可知，当液压泵的安装高度 $H>0$ 时，等式右边的值均大于零，所以 $p_a-p_2>0$，即 $p_2<p_a$。这时，液压泵进油口处的绝对压力低于大气压力，形成真空，油箱中的油在其液面上大气压力的作用下被液压泵吸入液压系统中。

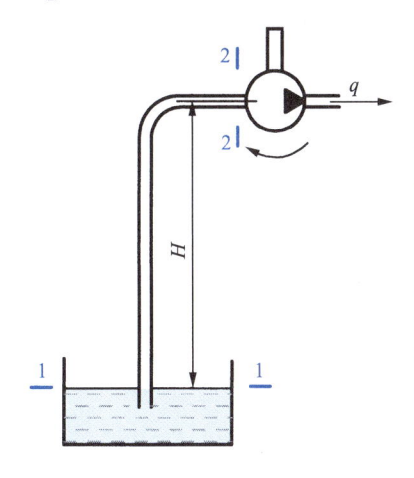

**图 2-13 液压泵装置**

实际工作时的真空度不能太大，若 $p_2$ 低于空气分离压，溶于油液中的空气就会析出；若 $p_2$ 低于油液的饱和蒸气压，油还会汽化，这样会形成大量气泡，产生噪声和振动，影响液压泵和系统的正常工作。因此等式右边的三项之和不能太大，即每一项的值都必须受到限制。由上述分析可知，液压泵的安装高度 $H$ 越小，液压泵越容易吸油，所以在一般情况下，液压泵的安装高度 $H$ 不应大于 0.5 m。为了减少液体的流动速度 $v_2$ 和油管的压力损失 $\Delta p_w$，液压泵一般应采用直径较粗的吸油管。

## 2.4 管路内液流的压力损失

实际液体在管道中流动时，因其具有黏性而产生摩擦力，故有能量损失。另外，液体在流动时会因管道尺寸或形状变化而产生撞击和出现漩涡，也会造成能量损失。在液压管路中能量损失表现为液体的压力损失，这样的压力损失可分为两种，一种是沿程压力损失，一种是局部压力损失。

### 一、沿程压力损失

液体在等截面直管中流动时因黏性摩擦而产生的压力损失称为沿程压力损失。液体的流动状态不同，所产生的沿程压力损失值也不同。

**1. 层流时的沿程压力损失**

管道中流动的液体为层流时，液体质点在做有规则的流动。经理论推导和实验证明，沿程压力损失 $\Delta p_f$ 可用以下公式计算：

$$\Delta p_f=\lambda\frac{l}{d}\frac{\rho v^2}{2} \tag{2-22}$$

式中　$\lambda$——沿程阻力系数。对圆管层流,其理论值 $\lambda=64/Re$,考虑到实际圆管截面有变形以及靠近管壁处的液层可能冷却,阻力略有加大。实际计算时,对金属管应取 $\lambda=75/Re$,对橡胶管应取 $\lambda=80/Re$;

　　　　$l$——油管长度,m;
　　　　$d$——油管内径,m;
　　　　$\rho$——液体的密度,kg/m³;
　　　　$v$——液流的平均流速,m/s。

**2. 紊流时的沿程压力损失**

紊流时计算沿程压力损失的公式在形式上与层流时的计算公式相同,但式中的阻力系数 $\lambda$ 除与雷诺数 $Re$ 有关外,还与管壁的粗糙度有关。实用中对于光滑管,$\lambda=0.3164Re^{-0.25}$;对于粗糙管,$\lambda$ 的值要根据不同的 $Re$ 值和管壁的粗糙程度,从有关资料的关系曲线中查取。

## 二、局部压力损失

液体流经管道的弯头、接头、突变截面以及过滤网等局部装置时,会使液流的方向和大小发生剧烈的变化,形成漩涡、脱流,液体质点产生相互撞击而造成能量损失。这种能量损失表现为局部压力损失。由于其流动状况极为复杂,影响因素较多,局部压力损失值不易从理论上进行分析计算,因此一般是先用实验来确定局部压力损失的阻力系数,再按公式计算局部压力损失值。局部压力损失 $\Delta p_\gamma$ 的计算公式为

$$\Delta p_\gamma = \xi \frac{\rho v^2}{2} \tag{2-23}$$

式中　$\xi$——局部阻力系数,由实验求得。各种局部结构的 $\xi$ 值可查有关手册;
　　　　$v$——液流在该局部结构处的平均流速。

## 三、管路系统的总压力损失

整个管路系统的总压力损失 $\sum \Delta p$ 等于油路中各串联直管的沿程压力损失 $\sum \Delta p_f$ 及局部压力损失 $\sum \Delta p_\gamma$ 之和,即

$$\sum \Delta p = \sum \Delta p_f + \sum \Delta p_\gamma = \sum \lambda \frac{l}{d} \frac{\rho v^2}{2} + \sum \xi \frac{\rho v^2}{2} \tag{2-24}$$

## 2.5　孔口的流量

液压传动中常利用液体流经阀的小孔或间隙来控制流量和压力,达到调速和调压的目的。讨论小孔的流量计算,了解其影响因素,对于合理设计液压系统,正确分析液压元件和系统的工作性能是很有必要的。

小孔的结构形式一般可以分为三种:当小孔的长径比 $l/d \leqslant 0.5$ 时,称为**薄壁孔**;当 $l/d > 4$ 时,称为**细长孔**;当 $0.5 < l/d \leqslant 4$ 时,称为**短孔**。

先研究薄壁孔的液流,图 2-14 所示为液流通过薄壁孔时的变化。当液体从薄壁孔流出时,左边大直径处的液体均向小孔汇集,在惯性力的作用下,小孔出口处的液流由于流线不能突然改变方向,通过孔口后会发生收缩现象,而后再开始扩散。在收缩和扩散过程中,会造成很大的能量损失。

利用实际液体的伯努利方程对液体流经薄壁孔时的能量变化进行分析,可以得到如下结论:流经薄壁孔的流量 $q$ 与小孔的过流断面面积 $A_T$ 及小孔两端压力差的平方根 $\Delta p^{1/2}$ 成正比,即

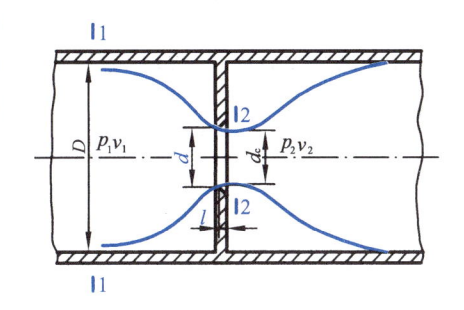

图 2-14 液流通过薄壁孔时的变化

$$q = C_q A_T \left(\frac{2}{\rho}\Delta p\right)^{1/2} = C A_T \Delta p^{1/2} \tag{2-25}$$

式中 $C_q$——流量系数,当孔前通道直径与小孔直径之比 $\frac{D}{d} \geqslant 7$ 时,$C_q = 0.6 \sim 0.62$;当 $\frac{D}{d} < 7$ 时,$C_q = 0.7 \sim 0.8$;

$C$——与小孔的结构及液体的密度等有关的系数,$C = C_q \left(\frac{2}{\rho}\right)^{1/2}$。

由于薄壁孔的孔短且孔口一般为刃口形,其摩擦作用很小,因此通过的流量受温度和黏度变化的影响很小,流量稳定,常用于液流速度调节要求较高的调速阀中。薄壁孔加工比较困难,实际应用较多的是短孔,液体流经短孔时的流量计算公式与薄壁孔的流量计算公式(2-25)相同,但其流量系数不同,一般 $C_q = 0.82$。

流经细长孔的液流,因其黏性作用而流动不畅,一般都呈层流状态,与液流在等径直管中流动相当,其各参数之间的关系可用沿程压力损失的计算公式 $\Delta p_f = \lambda \frac{l}{d}\frac{\rho v^2}{2}$ 表达。将式中 $\lambda$、$v$ 等用相应的参数代入,经推导可得到液体流经细长孔的流量计算公式,即

$$q = \frac{\pi d^4}{128\mu l}\Delta p = \frac{d^2}{32\mu l}\frac{\pi d^2}{4}\Delta p = C A_T \Delta p \tag{2-26}$$

式中 $d$——细长孔的直径;
$\mu$——液体的动力黏度;
$l$——小孔的长度;
$\Delta p$——小孔两端的压力差;
$A_T$——小孔的过流断面面积。

由式(2-26)可知,通过细长孔的流量与小孔的过流断面面积 $A_T$ 及小孔两端的压力差 $\Delta p$ 成正比;$q$ 与液体的动力黏度 $\mu$ 成反比,即当通过细长孔的液体黏度不同或黏度变化时,流量也随之不同或发生变化,所以流经细长孔的液体的流速受温度的影响比较大。

变换式(2-26),可以得到液体流过细长孔时,其压力损失 $\Delta p$ 的计算公式,即

$$\Delta p = \frac{128\mu l q}{\pi d^4} \tag{2-27}$$

由式(2-27)可知,$\Delta p$ 与 $d^4$ 成反比,当其直径 $d$ 很小时,$\Delta p$ 相对较大,即液体流过细长孔时的液阻很大。所以在设计液压元件时,常在压力表座、阀芯或阀体上设有细长的阻尼小

孔,以减小由液压泵运行等原因造成的液体流量或压力的波动,使系统运行平稳,且能保护仪表等较重要的元件。

纵观各小孔的流量计算公式,可以归纳出一个通用计算公式,即

$$q = CA_T \Delta p^\varphi \tag{2-28}$$

式中 $A_T$——小孔的过流断面面积;

$\Delta p$——小孔两端的压力差;

$C$——由孔的形状、尺寸和液体的性质决定的系数,细长孔 $C = \dfrac{d^2}{32\mu l}$,薄壁孔和短孔 $C = C_q \left(\dfrac{2}{\rho}\right)^{1/2}$;

$\varphi$——由孔的长径比决定的指数,薄壁孔 $\varphi = 0.5$,细长孔 $\varphi = 1$,短孔 $0.5 < \varphi < 1$。

由式(2-28)可见,不论是哪种小孔,其通过的流量均与小孔的过流断面面积 $A_T$ 成正比,改变 $A_T$ 即可改变通过小孔流入液压缸或液压马达的流量,从而达到对运动部件进行调速的目的。在实际应用中,中、小功率的液压系统常用的节流阀就是利用这种原理工作的。

从式(2-28)还可看到,当小孔的过流断面面积 $A_T$ 不变,而小孔两端的压力差 $\Delta p$ 变化(由负载变化或其他原因造成)时,通过小孔的流量也会发生变化,从而使所控执行元件的运动速度也随之变化。

## 2.6 气穴现象和液压冲击

液压冲击和气穴现象会给液压系统的正常工作带来不利影响,因此需要了解这些现象产生的原因,并采取措施加以防治。

### 一、气穴现象

在液体流动中,因某点处的压力低于空气分离压而产生大量气泡的现象,称为气穴现象。

**1. 气穴现象的机理及危害**

液压油中总是含有一定量的空气。常温时,矿物型液压油在一个大气压下含有6%~12%的溶解空气。溶解空气对液压油的体积模量没有影响。当油的压力低于液压油在该温度下的空气分离压时,溶于油中的空气就会迅速地从油中分离出来,产生大量气泡。含有气泡的液压油,其体积模量将减小。所含气泡越多,油的体积模量越小。

若液压油在某温度下的压力低于液压油在该温度下的饱和蒸气压时,油液本身迅速汽化,即油从液态变为气态,产生大量油的蒸气气泡。

当上述原因产生的大量气泡随着液流流到压力较高的部位时,因承受不了高压而破灭,产生局部的液压冲击,发出噪声并引起振动。附着在金属表面上的气泡破灭,它所产生的局部高温和高压会使金属剥落,表面粗糙,或出现海绵状小洞穴,这种现象称为气蚀。

在液压系统中,当液流流到节流口的喉部或其他管道狭窄位置时,其流速会大为增加。由伯努利方程可知,这时该处的压力会降低。如果压力降低到其工作温度的空气分离压以下,就会产生气穴现象。如果液压泵的转速过高,吸油管直径太小或滤油器堵塞,都会使泵

的吸油口处的压力降低到其工作温度的空气分离压以下,从而产生气穴现象。这将使吸油不足,流量下降,噪声激增,输出油的流量和压力剧烈波动,系统无法稳定工作,甚至使泵的机件腐蚀,产生气蚀现象。

**2. 防止产生气穴现象的措施**

要防止气穴现象的产生,就要防止液压系统中出现压力过低的情况,具体措施如下:

(1)减小阀孔前后的压差,一般应使油液在阀前与阀后的压力比小于3.5。

(2)正确设计液压泵的结构参数,适当加大吸油管的内径,限制吸油管中液流的速度,尽量避免管路急剧转弯或存在局部狭窄处,接头要有良好的密封,滤油器要及时清洗或更换滤芯以防堵塞,高压泵上应设置辅助泵向主泵的吸油口供应低压油的装置。

(3)提高零件的机械强度,采用抗腐蚀能力强的金属材料,使零件加工的表面粗糙度细化等。

## 二、液压冲击

在液压系统中,常由于某些原因导致液体压力突然急剧上升,形成很高的压力峰值,这种现象称为液压冲击。

**1. 液压冲击产生的原因和危害**

在阀门突然关闭或液压缸快速制动等情况下,液体在系统中的流动会突然受阻。这时由于液流的惯性作用,液体就从受阻端开始,迅速将动能逐层转换为压力能,因此产生了压力冲击波;此后,又从另一端开始,将压力能逐层转换为动能,液体又反向流动;然后,又再次将动能转换为压力能,如此反复地进行能量转换。这种压力波的迅速往复传播便在系统内形成压力振荡。实际上,由于液体受到摩擦力,而且液体自身和管壁都有弹性,不断消耗能量,因此振荡过程逐渐衰减并趋向稳定。

系统中出现液压冲击时,液体瞬时压力峰值可以比正常工作压力大好几倍。液压冲击会损坏密封装置、管道或液压元件,还会引起设备振动,产生很大噪声。有时,液压冲击会使某些液压元件(如压力继电器、顺序阀等)产生误动作,影响系统正常工作,甚至造成事故。

**2. 减小液压冲击的措施**

(1)延长阀门关闭时间和运动部件的制动时间。实践证明,当运动部件的制动时间大于0.2 s时,液压冲击就可大为减小。

(2)限制管道中液体的流速和运动部件的运动速度。在机床液压系统中,管道中液体的流速一般应限制在4.5 m/s以下,运动部件的运动速度一般不宜超过10 m/min。

(3)适当加大管道直径,尽量缩短管路长度。

(4)在液压元件中设置缓冲装置(如液压缸中的缓冲装置),或采用软管以增加管道的弹性。

(5)在液压系统中设置蓄能器或安全阀。

### 素养提升

我国是世界上较早发现和利用石油的国家之一。"石油"这一中文名称是由北宋科学家沈括命名的。20世纪50年代初期，我国的石油工业百废待兴，1959年9月26日，大庆石油工人克服重重困难，以顽强的意志和冲天干劲打出了第一口喷井，从根本上改变了我国"贫油"的面貌，为我国石油工业的发展立下了汗马功劳，这种精神被称为"铁人精神"。"铁人精神"一直是鼓舞全国人民战胜困难、勇往直前、不断取得新胜利的巨大精神力量，也是爱国主义精神、忘我拼搏精神、艰苦奋斗精神和科学求实精神的真实写照。"铁人精神"无论在过去、现在和将来，都有着不朽的价值和永恒的生命力。

## 思考题与习题

1. 液体的黏性是什么？黏度常用的表述方式有哪三种？它们的表示符号和单位各是什么？
2. 什么是压力？压力有哪几种表示方法？静止液体内的压力是如何传递的？
3. 液体在水平放置的变径管内流动时，为什么管道直径越细的部位压力越小？
4. 当液压系统中液压缸的有效面积一定时，其内的工作压力的大小由什么参数决定？活塞运动的速度由什么参数决定？
5. 管路中的压力损失有哪几种？对各种压力损失影响最大的因素（参数）是什么？
6. 气穴现象和液压冲击是怎样产生的？有何危害？应如何避免？
7. 图2-15中，液压缸直径$D=150$ mm，活塞直径$d=100$ mm，负载$F=5\times10^4$ N。若不计液压油自重及活塞或缸体的质量，求(a)、(b)两种情况下液压缸内的压力。
8. 如图2-16所示，具有一定真空度的容器用一根管子倒置于液面与大气相通的水槽中，液体在管中上升的高度$h=1$ m，设液体的密度为$\rho=1\,000$ kg/m³，试求容器内的真空度。

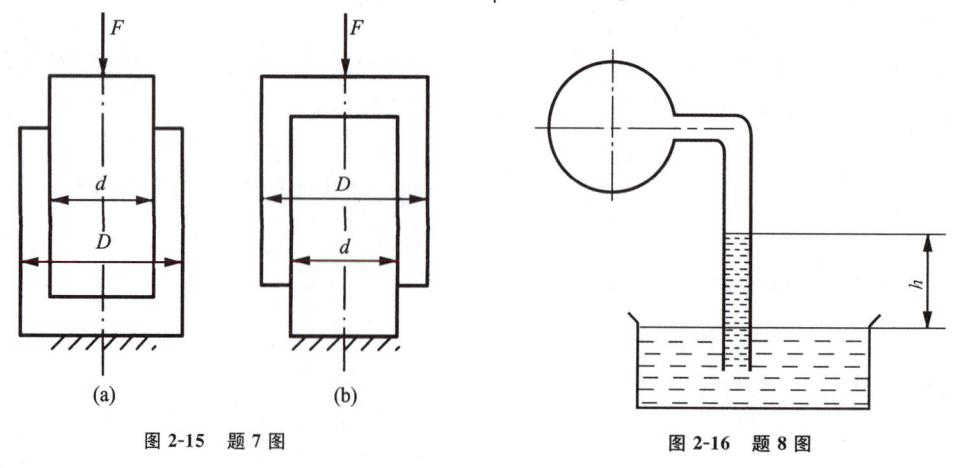

图2-15 题7图

图2-16 题8图

9. 如图 2-17 所示，有一直径为 $d$、质量为 $m$ 的活塞浸在液体中，并在力 $F$ 的作用下处于静止状态。若液体的密度为 $\rho$，活塞浸入深度为 $h$，试确定液体在测压管内的上升高度 $x$。

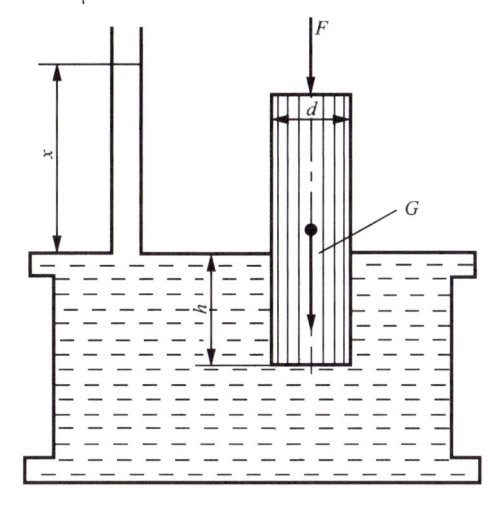

图 2-17　题 9 图

10. 图 2-18 所示容器 A 中的液体的密度 $\rho_A=900$ kg/m³，容器 B 中液体的密度 $\rho_B=1\,200$ kg/m³，$z_A=200$ mm，$z_B=180$ mm，$h=60$ mm，U 形管中的测压介质为汞（$\rho_g=13.6\times10^3$ kg/m³），试求容器 A、B 之间的压力差。

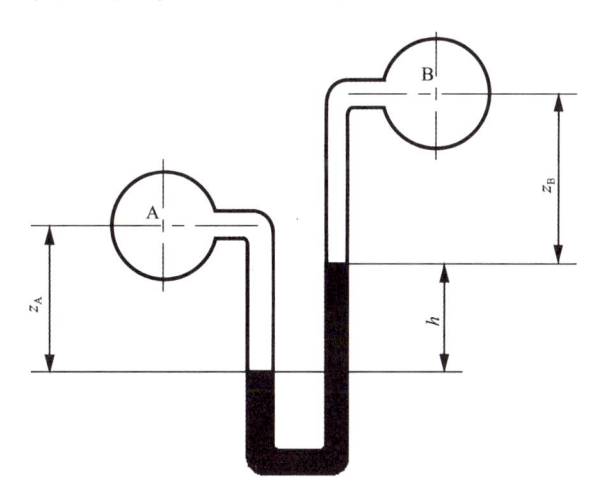

图 2-18　题 10 图

11. 如图 2-19 所示，已知水深 $H=10$ m，截面 $A_1=0.02$ m²，截面 $A_2=0.04$ m²，求孔口的流量以及点 2 处的表压力。（取 $\alpha=1$，$\rho=1\,000$ kg/m³，不计损失）

12. 如图 2-20 所示一抽吸设备水平放置，其出口和大气相通，细管处截面积 $A_1=3.2\times10^{-4}$ m²，出口处管道截面积 $A_2=4A_1$，$h=1$ m，求开始抽吸时水平管中必须通过的流量 $q$。（液体为理想液体，不计损失）

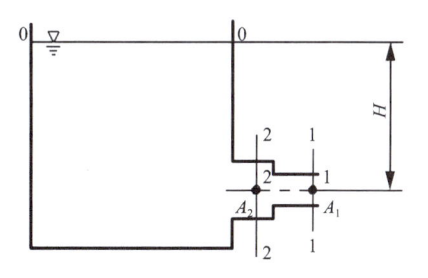

图 2-19　题 11 图

13. 图 2-21 中,已知液压泵的输出流量 $q=32$ L/min,吸油管通径 $d=20$ mm,泵的吸油口距油箱液面的高度 $H=0.5$ m。设油的运动黏度 $v=20$ mm²/s,密度 $\rho=900$ kg/m³。若仅考虑吸油管中的沿程损失,试计算液压泵吸油口处的真空度。

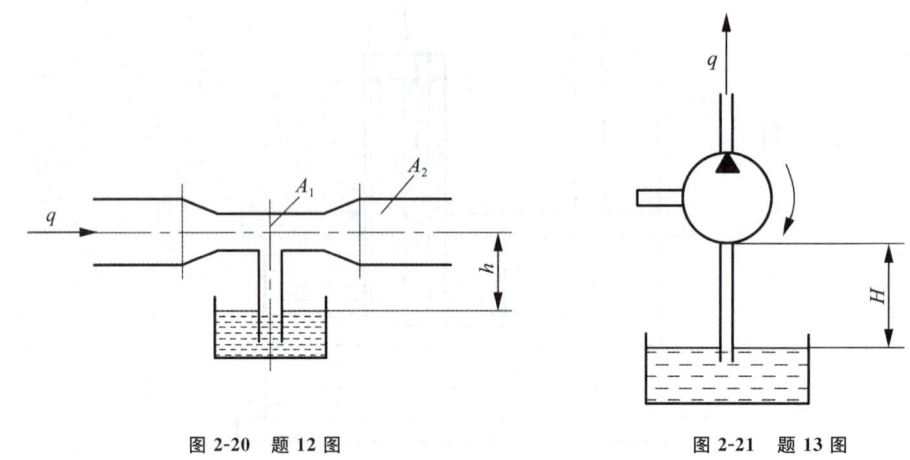

图 2-20 题 12 图  图 2-21 题 13 图

14. 有一薄壁节流小孔,通过的流量 $q=25$ L/min 时,压力损失为 0.3 MPa。设流量系数 $C_q=0.62$,油液的密度 $\rho=900$ kg/m³,试求节流孔的通流面积。

# 第3章

# 液压动力元件

液压动力元件是把原动机输入的机械能转变成液压能输出的装置。液压传动系统中使用的液压泵都是容积式的,它是依靠周期性变化的密闭容积和配流装置来工作的。

液压系统中常用的液压泵有齿轮泵、叶片泵和柱塞泵三大类。齿轮泵分为外啮合齿轮泵和内啮合齿轮泵;叶片泵分为单作用叶片泵和双作用叶片泵;柱塞泵分为轴向柱塞泵和径向柱塞泵等。

○ **本章重点**
1. 容积式液压泵的工作原理、工作压力、排量和流量的概念。
2. 液压泵的机械效率和容积效率的物理意义。
3. 限压式变量叶片泵的工作原理及压力流量特性曲线。
4. 液压泵常见故障及其排除方法。

○ **本章难点**
1. 液压泵的功率和效率及其计算方法。
2. 齿轮泵的困油现象及其原因和消除方法。
3. 液压泵常见故障及其排除方法。

## 3.1 液压动力元件概述

### 一、液压泵的工作原理

图 3-1 所示为一单柱塞液压泵的工作原理。柱塞 2 安装在泵体 3 里,并在弹簧的作用下始终与偏心轮 1 接触,当偏心轮 1 由原动机带动旋转时,柱塞 2 便在泵体 3 内往复移动,使密封腔 a 的容积发生变化。柱塞 2 向右运动时,密封容积增大,形成局部真空,油箱中的油便在大气压力作用下通过单向阀 4 流入泵体内,单向阀 5 关闭,防止系统油液回流,这时液压泵吸油。柱塞 2 向左运动时,密封容积减小,油液受挤压,便经单向阀 5 压入系统,单向阀 4 关闭,避免油液流回油箱,这时液压泵压油。若偏心轮不停地旋转,泵就不断地吸油和压油。

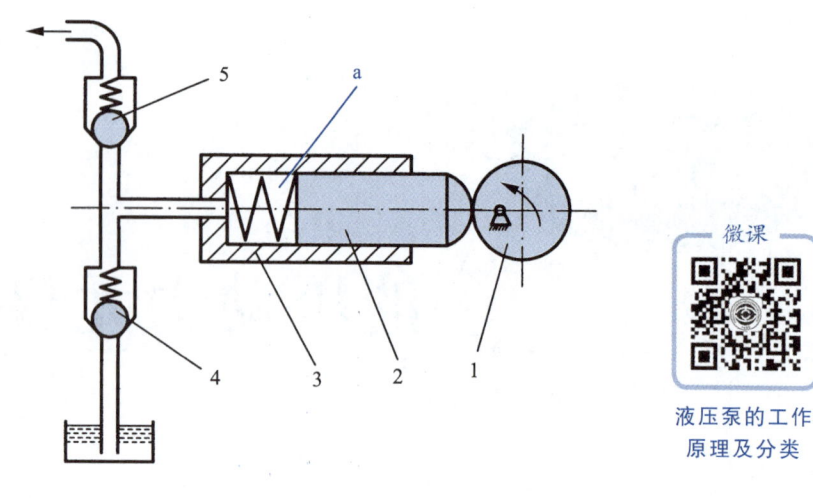

图 3-1 单柱塞液压泵的工作原理

1—偏心轮；2—柱塞；3—泵体；4、5—单向阀

由此可见，容积式液压泵是靠密封容积的变化来实现吸油和压油的，其排油量的大小取决于密封腔的容积变化量。容积式液压泵工作的三个必要条件是：

(1) 有周期性变化的密封容积。密封容积由小变大时吸油，由大变小时压油，如由柱塞 2 和泵体 3 形成的密封腔 a。

(2) 具有相应的配油装置。它将吸油腔和压油腔隔开，保证密封容积由小变大时只与吸油管连通，由大变小时只与压油管连通。上述单柱塞液压泵中的两个单向阀 4 和 5 就是起配油作用的，是配油装置的一种类型。

(3) 油箱中液压油的压力大于或等于大气压力。

## 二、液压泵的分类

按照结构形式不同，液压泵可分为齿轮式、叶片式和柱塞式三大类。按照输出流量能否调节，液压泵可分为定量式（输出流量不能调节）和变量式（输出流量可以调节）。

按照压力大小不同，液压泵可分为低压泵、中压泵、中高压泵、高压泵和超高压泵，其压力分级见表 3-1。

表 3-1　压力分级

| 压力等级 | 低压 | 中压 | 中高压 | 高压 | 超高压 |
| --- | --- | --- | --- | --- | --- |
| 压力 $p$/MPa | ≤2.5 | 2.5～8 | 8～16 | 16～32 | >32 |

液压泵的图形符号如图 3-2 所示。

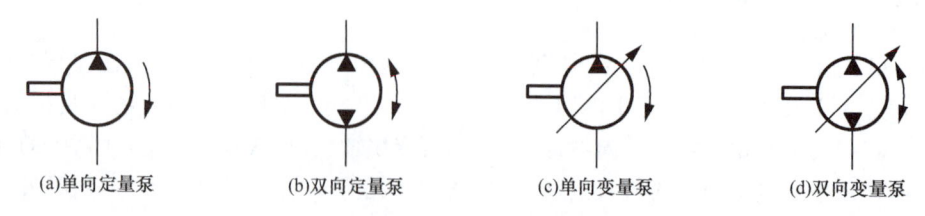

(a) 单向定量泵　　(b) 双向定量泵　　(c) 单向变量泵　　(d) 双向变量泵

图 3-2　液压泵的图形符号

## 三、液压泵的性能参数

### 1. 液压泵的压力

(1) 工作压力 $p$

液压泵的工作压力是指液压泵实际工作时的输出压力。其大小取决于负载和排油管路上的压力损失，与液压泵的流量无关。

(2) 额定压力 $p_n$

液压泵的额定压力是指液压泵在正常工作条件下，按试验标准规定连续运转的最高压力。超过此压力值就是过载。

(3) 最高允许压力

液压泵的最高允许压力是指液压泵在超过额定压力的条件下，根据试验标准规定，允许液压泵短暂运行的最高压力。

### 2. 液压泵的排量

液压泵的排量 $V$ 是指泵轴每转一周，由其密封容积的几何尺寸变化计算而得的排出液体的体积。排量的单位为 mL/r。

### 3. 液压泵的流量

(1) 理论流量 $q_t$

液压泵的理论流量是在不考虑泄漏的情况下，泵在单位时间内由其密封容积的几何尺寸变化计算而得的排出液体的体积。理论流量与工作压力无关，等于排量与其转速的乘积，即

$$q_t = Vn \tag{3-1}$$

(2) 实际流量 $q$

液压泵的实际流量是泵工作时实际排出的流量，等于理论流量减去泄漏、压缩等损失的流量 $\Delta q$，即

$$q = q_t - \Delta q \tag{3-2}$$

(3) 额定流量 $q_n$

液压泵的额定流量是泵在额定压力和额定转速下必须保证的输出流量。

## 四、液压泵的功率和效率

### 1. 液压泵的功率

(1) 输入功率 $P_i$

驱动泵的机械功率为泵的输入功率。

$$P_i = T_i 2\pi n \tag{3-3}$$

式中 $T_i$——泵轴上的实际输入转矩；
$n$——泵轴的转速。

(2) 输出功率 $P_o$

泵输出的液压功率为泵的输出功率。

$$P_o = pq \tag{3-4}$$

### 2. 液压泵的效率

(1) 机械效率 $\eta_m$

由于泵内有各种摩擦损失（机械摩擦损失、液体摩擦损失），因此泵轴上的实际输入转矩

$T_i$ 总是大于其理论转矩 $T_t$。其机械效率 $\eta_m$ 为

$$\eta_m = \frac{T_t}{T_i} \tag{3-5}$$

由于泵的理论机械功率应无损耗地全部变换为泵的理论液压功率,因此得

$$T_t 2\pi n = pVn$$

于是

$$T_t = \frac{pV}{2\pi} \tag{3-6}$$

得

$$\eta_m = \frac{pV}{2\pi T_i} \tag{3-7}$$

(2) 容积效率 $\eta_V$

由于泵存在泄漏(高压区流向低压区的内泄漏、泵体内流向泵体外的泄漏),因此泵的实际流量 $q$ 总是小于其理论流量 $q_t$。其容积效率 $\eta_V$ 为

$$\eta_V = \frac{q}{q_t} \tag{3-8}$$

$$\eta_V = \frac{q}{Vn} \tag{3-9}$$

(3) 总效率 $\eta$

由于泵在能量转换时有能量损失(机械摩擦损失、泄漏流量损失),因此泵的输出功率 $P_o$ 总是小于泵的输入功率 $P_i$。其总效率 $\eta$ 为

$$\eta = \frac{P_o}{P_i} \tag{3-10}$$

将式(3-3)、式(3-4)代入式(3-10)得

$$\eta = \frac{pq}{2\pi n T_i} = \frac{pV}{2\pi T_i} \frac{q}{Vn} = \eta_m \eta_V \tag{3-11}$$

即泵的总效率 $\eta$ 等于机械效率 $\eta_m$ 和容积效率 $\eta_V$ 的乘积。

常见液压泵的容积效率和总效率见表3-2。

表3-2 常见液压泵的容积效率和总效率

| 泵的类别 | 齿轮泵 | 叶片泵 | 柱塞泵 |
| --- | --- | --- | --- |
| 容积效率 $\eta_V$ | 0.7~0.9 | 0.8~0.95 | 0.85~0.98 |
| 总效率 $\eta$ | 0.6~0.8 | 0.75~0.85 | 0.75~0.9 |

### 例3-1

液压泵的输出油压 $p=10$ MPa,转速 $n=1\,450$ r/min,排量 $V=46.2$ mL/r,容积效率 $\eta_V=0.95$,总效率 $\eta=0.9$。求液压泵的输出功率和驱动泵的电动机功率。

**解** (1) 求液压泵的输出功率

液压泵输出的实际流量为

$$q = q_t \eta_V = Vn\eta_V = 46.2 \times 10^{-3} \times 1\,450 \times 0.95 = 63.64 \text{ L/min}$$

液压泵的输出功率为

$$P_o = pq = \frac{10 \times 10^6 \times 63.64 \times 10^{-3}}{60} = 10.6 \times 10^3 \text{ W} = 10.6 \text{ kW}$$

(2) 求驱动泵的电动机功率

驱动泵的电动机功率即泵的输入功率,为

$$P_\text{i} = \frac{P_\text{o}}{\eta} = \frac{10.6}{0.9} = 11.8 \text{ kW}$$

## 3.2　齿　轮　泵

齿轮泵是液压系统中广泛采用的液压泵,有外啮合和内啮合两种结构形式。齿轮泵的主要优点是结构简单,制造方便,体积小,质量轻,转速高,自吸性能好,对油的污染不敏感,工作可靠,寿命长,便于维护修理以及价格低廉等;其主要缺点是流量和压力脉动较大,噪声较大(只有内啮合齿轮泵噪声较小),排量不可调。

### 一、外啮合齿轮泵

#### 1. 外啮合齿轮泵的工作原理

图 3-3 所示为渐开线圆柱直齿形外啮合齿轮泵的工作原理,在泵体内有一对齿数相同的外啮合渐开线齿轮,齿轮两侧由端盖盖住(图中未示出)。泵体、端盖和齿轮之间形成了密封腔,并由两个齿轮的齿面接触线将左、右两腔隔开,形成了吸、压油腔。当齿轮按图示方向旋转时,右侧吸油腔内的轮齿相继脱开啮合,使密封容积增大,形成局部真空,油箱中的油在大气压力作用下进入吸油腔,并被旋转的齿轮带入左侧,左侧压油腔的轮齿不断进入啮合,使密封容积变小,油液被挤出,通过压油口压油。这就是齿轮泵的吸油和压油过程。齿轮不断地旋转,泵就不断地吸油和压油。

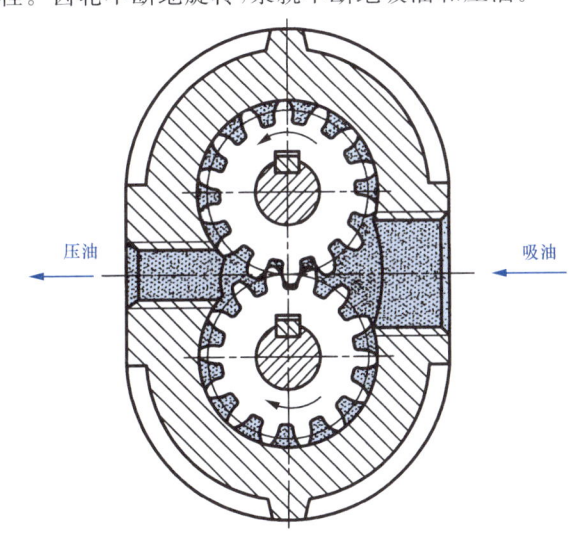

图 3-3　渐开线圆柱直齿形外啮合齿轮泵的工作原理

齿轮泵的齿数越少,流量脉动率就越大。流量脉动引起压力脉动,随之产生振动与噪声(内啮合齿轮泵的流量脉动率要小得多),所以高精度机械不宜采用外啮合齿轮泵。

### 2. 外啮合齿轮泵的结构特点

CB-B 型齿轮泵是外啮合齿轮泵,它属于中低压泵,不能承受较高的压力。其额定压力为 2.5 MPa,排量为 2.5~125 mL/r,转速为 1 450 r/min。CB-B 型齿轮泵主要在机床上作为液压系统动力源以及用于各种补油、润滑和冷却系统。

CB-B 型齿轮泵的外形和轴测图分别如图 3-4(a)、图 3-4(b)所示,其结构如图 3-4(c)所示,属于三片式结构。主动轴 6 上装有主动齿轮 7,从动轴 8 上装有从动齿轮 9。用定位销 10 和螺钉 13 把泵体 2 与左端盖 1 和右端盖 3 装在一起,形成齿轮泵的密封腔。泵体两端面开有封油卸荷槽口 c,可防止油外泄并可减轻螺钉拉力。油孔 a、b、d 可使轴承处泄漏油液流向吸油口。

微课
外啮合齿轮泵的结构

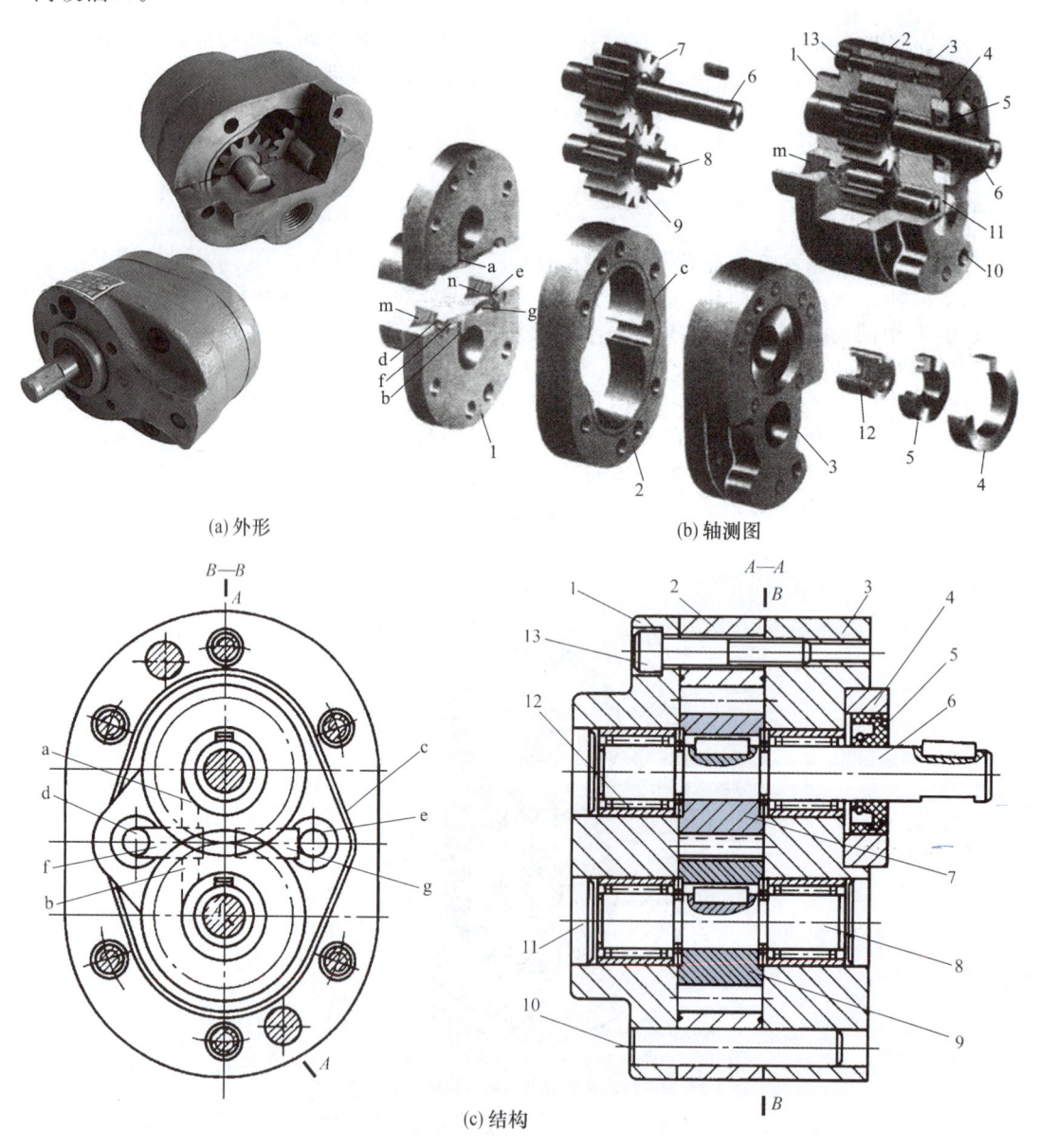

(a) 外形　　(b) 轴测图

(c) 结构

图 3-4　CB-B 型齿轮泵

1—左端盖;2—泵体;3—右端盖;4—套;5—密封圈;6—主动轴;7—主动齿轮;
8—从动轴;9—从动齿轮;10—定位销;11—压盖;12—滚针轴承;13—螺钉

外啮合齿轮泵在结构上存在如下问题:

(1) 困油现象

齿轮泵要平稳地工作,就要求齿轮啮合的重合度大于1,即一对轮齿尚未脱开时,另一对轮齿已进入啮合。此时,就有一部分油液被围困在两对轮齿所形成的密封腔内,如图3-5所示。这个密封容积随齿轮转动,先由最大(图3-5(a))逐渐减到最小(图3-5(b)),又由最小逐渐增到最大(图3-5(c))。密封容积减小时,被困油液受到挤压,压力急剧上升,并从缝隙中流出,导致油液发热,轴承等机件也受到附加的不平衡负载作用;密封容积增大又会造成局部真空,使溶于油中的气体分离出来,产生气穴,引起噪声、振动和气蚀,这就是齿轮泵的困油现象。

消除困油现象的方法通常是在齿轮的两端盖板上开卸荷槽(如图3-5(d)中的虚线所示),使密封容积减小时通过右边的卸荷槽与压油腔相通,密封容积增大时通过左边的卸荷槽与吸油腔相通。在很多齿轮泵中,两槽并不对称于齿轮中心线分布,而是整个向吸油腔侧平移一段距离,这样能取得更好的卸荷效果。

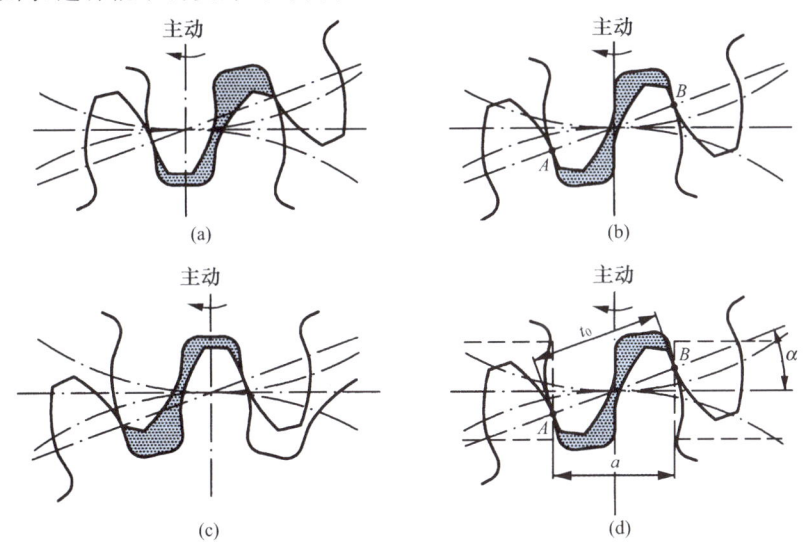

图 3-5 外啮合齿轮泵的困油现象及消除措施

(2) 径向作用力不平衡

齿轮泵工作时,液体作用在齿轮外缘上的压力是不均匀的,从低压腔到高压腔,压力沿齿轮旋转方向逐齿递增,因此齿轮和轴受到径向不平衡力的作用。工作压力越高,径向不平衡力越大,严重时能使泵轴弯曲,导致齿顶接触泵体,产生磨损,同时也降低轴承使用寿命。

为了减轻径向不平衡力的影响,常采取缩小压油口的办法,使压油腔的压力油仅作用在一到两个齿的范围内;同时适当增大径向间隙,使齿顶不与泵体接触。

(3) 泄漏

外啮合齿轮泵压油腔的压力油向吸油腔泄漏有三条途径:一是通过齿轮啮合处的间隙;二是通过泵体内孔和齿顶圆间的径向间隙;三是通过齿轮两端面和盖板间的端面间隙。在三类间隙中,端面间隙的泄漏量最大,占70%~80%,而且泵的压力越高,间隙泄漏就越大,因此其容积效率很低。一般齿轮泵只适用于低压场合。

## 二、高压齿轮泵

一般齿轮泵由于泄漏大且存在径向不平衡力,因此限制了压力的提高。高压齿轮泵针对上述问题采取了一系列措施,如尽量减小径向不平衡力、提高轴与轴承的刚度、对泄漏量最大处的轴向间隙采用自动补偿装置等。

齿轮泵轴向间隙自动补偿原理是利用特制的通道把泵内压油腔的压力油引到浮动轴套外侧,作用在一定形状和大小的面积(用密封圈分隔构成)上,产生液压作用力,使轴套压向齿轮端面,从而实现轴向间隙补偿,减小泄漏。

图 3-6(a)所示为 CB-46 型齿轮泵的外形,它是采用了浮动轴套的中高压齿轮泵,其额定压力为 10 MPa,排量为 32~100 mL/r,转速为 1 450 r/min。它广泛用于工程机械和各种拖拉机液压系统上。其结构如图 3-6(b)所示,浮动轴套是分开式,呈 8 字形,压力油通过孔 b 进入 a 腔,作用在 8 字面积上,使浮动轴套压向齿轮端面,压紧力随工作压力提高而增大,从而实现轴向间隙补偿。因浮动轴套内侧端面液压力分布不均,故所产生的撑开力合力的作用线偏移到压油腔一侧,使浮动轴套倾斜,增加泄漏并加剧磨损。为了使浮动轴套两侧液压力合力的作用线重合,在浮动轴套和端盖之间靠近吸油腔处安装了卸压片 9 和密封圈 10,形成卸压区,卸压区通过卸压片上的小孔 c 与吸油腔相通,高压油不能进入卸压区,使浮动轴套外侧压紧力合力的作用线也向压油腔偏移,从而使压紧力和撑开力合力的作用线趋于重合,使浮动轴套磨损均匀。在泵启动或空载时,密封圈的弹性使浮动轴套与齿轮间产生必要的预紧力,有助于提高容积效率和机械效率。两浮动轴套接合面的密封由弹簧钢丝 7 来保证。安装弹簧钢丝时,应使两轴套(在弹簧力作用下)的扭转方向与从动齿轮的旋转方向一致。

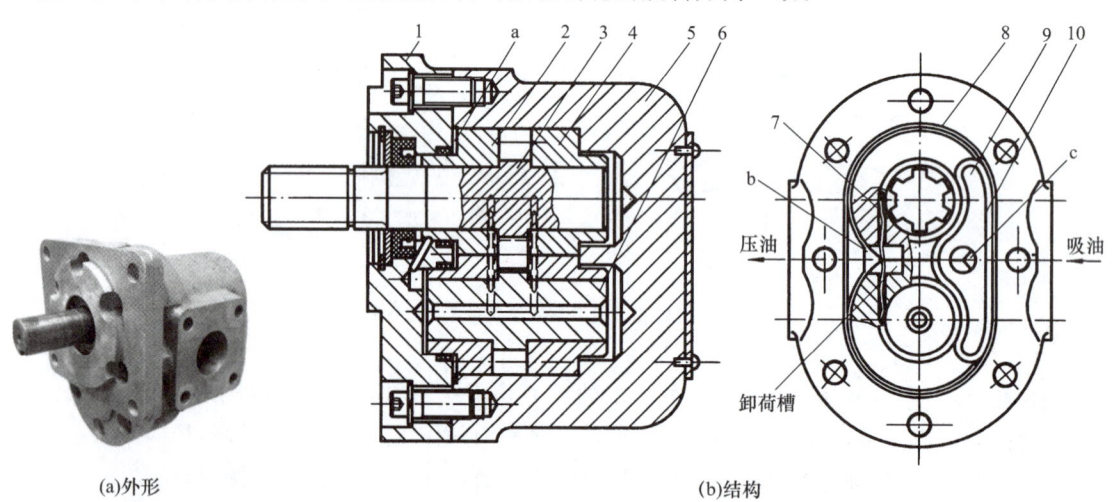

图 3-6 CB-46 型齿轮泵
1—端盖;2、4—浮动轴套;3—主动齿轮轴;5—泵体;6—从动齿轮轴;
7—弹簧钢丝;8、10—密封圈;9—卸压片

(a)外形　　(b)结构

## 三、内啮合齿轮泵

内啮合齿轮泵有渐开线齿形和摆线齿形两种。

## 1. 渐开线齿形内啮合齿轮泵

图 3-7(a)所示为渐开线齿形内啮合齿轮泵的外形,其工作原理如图 3-7(b)所示,它由小齿轮、内齿环、月牙形隔板等组成。当小齿轮为主动轮时,带动内齿环绕各自的中心同方向旋转,左半部轮齿退出啮合,容积增大,形成真空,进行吸油。进入齿槽的油被带到压油腔,右半部轮齿进入啮合,容积减小,从压油口压油。在小齿轮和内齿轮之间要装一块月牙形隔板,以便将吸、压油腔隔开。

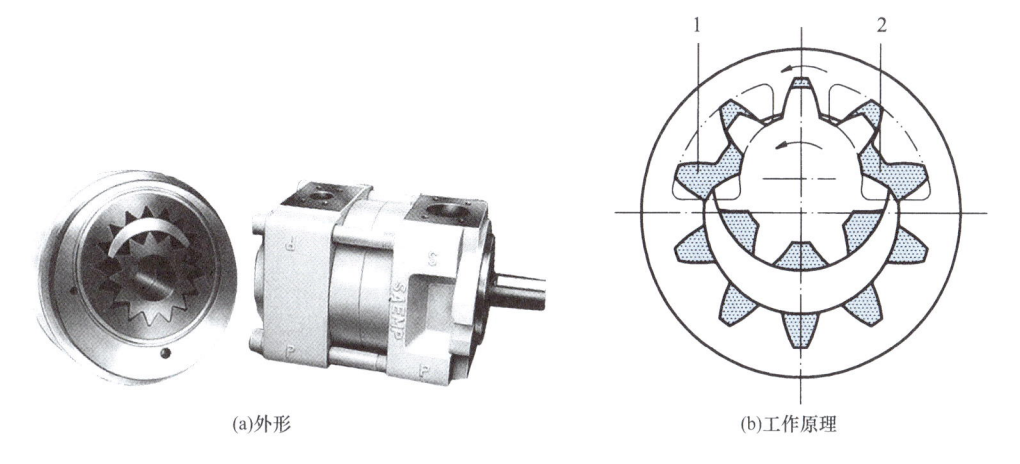

(a)外形　　　　(b)工作原理

**图 3-7　渐开线齿形内啮合齿轮泵**
1—吸油腔;2—压油腔

## 2. 摆线齿形内啮合齿轮泵

图 3-8(a)所示为摆线齿形内啮合齿轮泵(又称转子泵)的外形,其工作原理如图 3-8(b)所示,其主要零件是一对内啮合的齿轮(即内、外转子)。内转子齿数比外转子齿数少一个,两转子之间有一偏心距。工作时内转子带动外转子同向旋转,所有内转子的齿都进入啮合,形成几个独立的密封腔。随着内外转子的啮合旋转,各密封腔的容积将发生变化,从而进行吸油和压油。

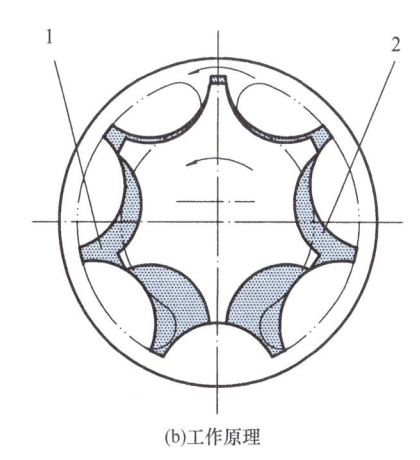

(a)外形　　　　(b)工作原理

**图 3-8　摆线齿形内啮合齿轮泵**
1—吸油腔;2—压油腔

内啮合齿轮泵具有结构紧凑、尺寸小、质量轻、运转平稳、噪声小、流量脉动率小等优点；其缺点是齿形复杂，加工困难，价格较贵。

## 3.3 叶片泵

叶片泵在机床液压泵中应用最广泛。它具有结构紧凑、运动平衡、噪声小、输油均匀、寿命长等优点；其缺点是结构复杂，吸油特性差，对油液的污染敏感。

一般叶片泵的工作压力为 7 MPa，高压叶片泵的工作压力可达 14 MPa。随着结构和工艺材料的不断改进，叶片泵也逐步向中、高压方向发展，现有产品的额定压力高达 28 MPa。

叶片泵按其排量是否可变，分为定量叶片泵和变量叶片泵。按每转吸、压油次数和轴承所受径向力的情况，又分为单作用非卸荷式叶片泵和双作用卸荷式叶片泵。

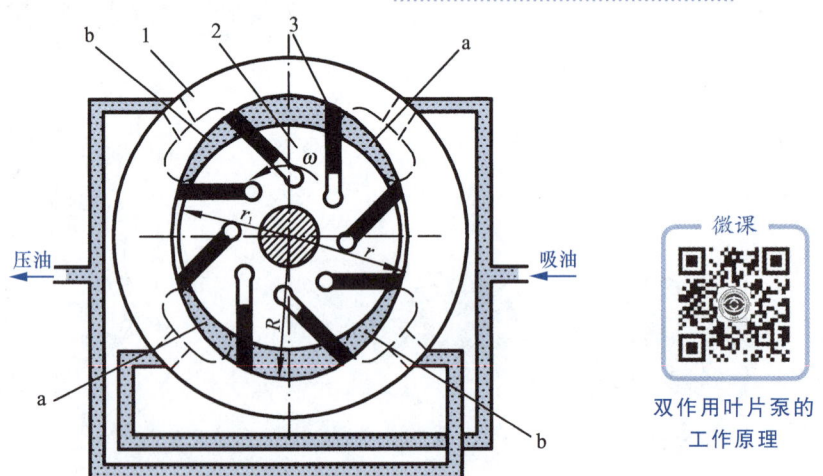

### 一、双作用叶片泵

#### 1. 双作用叶片泵的工作原理

图 3-9 所示为双作用叶片泵的工作原理，该泵主要由定子 1、转子 2、叶片 3、配油盘和泵体等组成。定子内表面形似椭圆，由两段大半径 $R$ 圆弧、两段小半径 $r$ 圆弧和四段过渡曲线组成，且定子和转子是同心的。在转子上沿圆周均布的若干个槽内分别放有叶片，这些叶片可沿槽做径向滑动。在配油盘上，对应于定子四段过渡曲线的位置开有四个腰形配油窗口，其中两个窗口 a 与泵的吸油口连通，为吸油窗口；另两个窗口 b 与压油口连通，为压油窗口。当转子由轴带动按图示方向旋转时，叶片在离心力和根部油压（叶片根部与压油腔连通）的作用下压向定子内表面，并随定子内表面曲线的变化而被迫在转子槽内往复滑动。于是，相邻两叶片间的密封容积就发生增大或缩小的变化，经过窗口 a 处时容积增大，便通过窗口 a 吸油；经过窗口 b 处时容积缩小，便通过窗口 b 压油。转子每转一周，每个叶片往复滑动两次，因而吸、压油两次，故这种泵称为双作用叶片泵。又因泵的两个吸油区和压油区是对称分布，作用在转子和轴承上的径向液压力平衡，所以这种泵又称为卸荷式叶片泵。这种泵的排量不可调，是定量泵。

图 3-9 双作用叶片泵的工作原理

1—定子；2—转子；3—叶片

双作用叶片泵在叶片数为 4 的整数倍且大于 8 时,流量脉动率最小,故双作用叶片泵的叶片数通常取为 12。

**2. 双作用叶片泵的结构特点**

YB1 型双作用叶片泵是我国自行设计生产的中压泵,额定压力为 6.3 MPa。图 3-10(a)、图 3-10(b) 分别所示为其外形和轴测图,其结构如图 3-10(c)所示,它由后泵体 6、前泵体 7、左配油盘 1、右配油盘 5、定子 4、转子 12、叶片 1 和传动轴 3 等组成。左、右配油盘及定子、转子和叶片预先组装成一体,再装入泵体内。组装部件用两个螺钉紧固并提供轴向间隙预紧,以确保液压泵启动后能建立压力。转子上开有 12 条叶片槽,槽底经环形槽与压油腔相通,叶片可在槽中滑动。传动轴靠向心球轴承支承,密封圈用以防止油液泄漏和空气渗入。

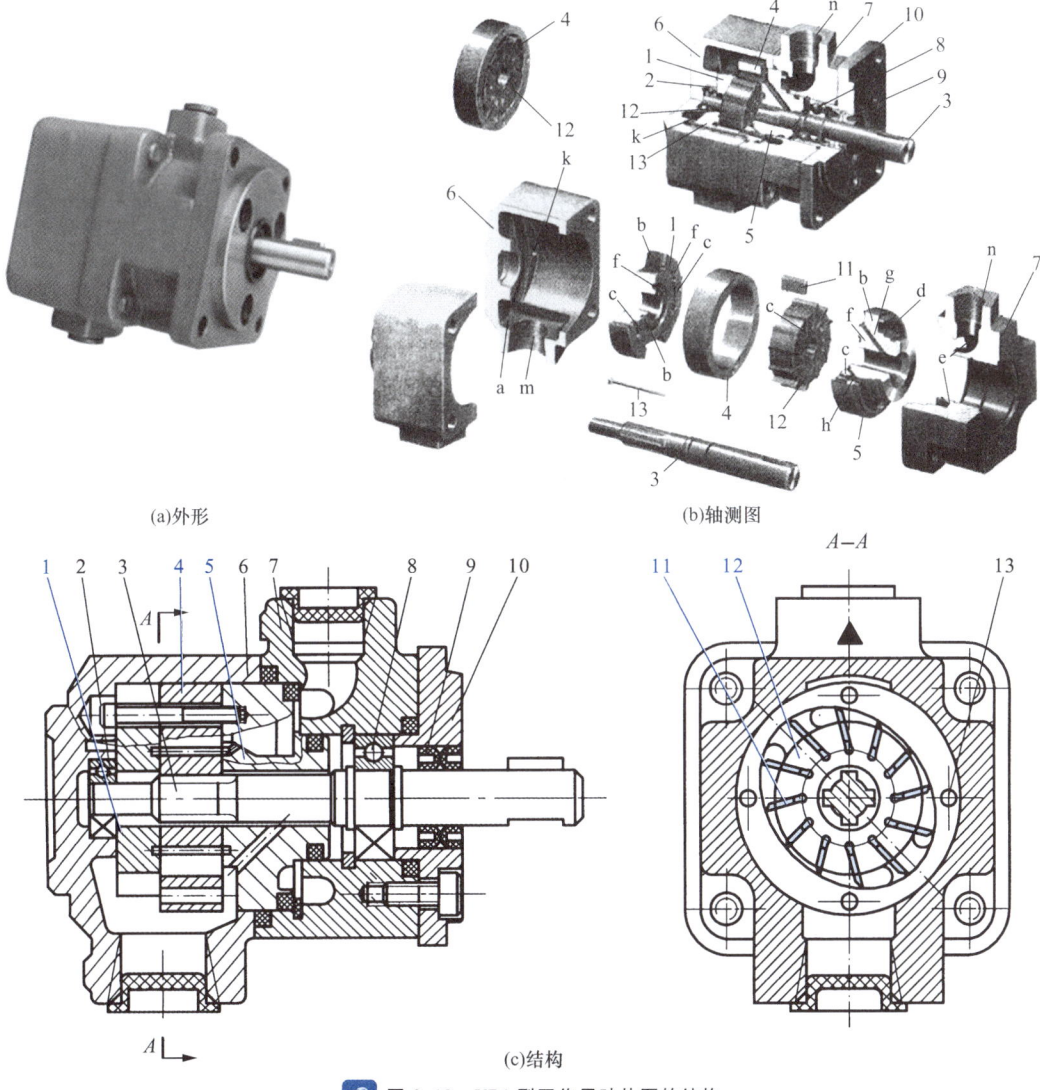

(a) 外形　　(b) 轴测图　　(c) 结构

**图 3-10　YB1 型双作用叶片泵的结构**

1—左配油盘;2,8—向心球轴承;3—传动轴;4—定子;5—右配油盘;6—后泵体;
7—前泵体;9—密封圈;10—端盖;11—叶片;12—转子;13—螺钉

YB1 型双作用叶片泵的结构特点如下：

(1) 定子曲线

定子内表面的曲线由四段圆弧和四段过渡曲线组成，如图 3-9 所示。理想的过渡曲线不仅应使叶片在槽中滑动时的径向速度和加速度变化均匀，还应使叶片转到过渡曲线和圆弧交接点处的加速度突变不大，以减小冲击和噪声。目前双作用叶片泵一般都使用综合性能较好的等加速等减速曲线作为过渡曲线。

(2) 叶片倾角 $\theta$

叶片在工作过程中，受离心力和叶片根部压力油的作用，使叶片和定子紧密接触。叶片相对转子旋转方向向前倾斜一角度 $\theta$，使叶片在槽中运动灵活，并减小磨损，常取 $\theta=13°$。

(3) 配油盘

如图 3-11 所示，双作用叶片泵的配油盘有两个吸油窗口 1、3 和两个压油窗口 2、4，窗口之间为封油区，通常应使封油区对应的中心角 $\alpha$ 稍大于或等于两个叶片之间的夹角 $\beta$，否则会使吸油腔和压油腔连通，造成泄漏。当两个叶片间的密封油液从吸油区过渡到封油区时，其压力基本上与吸油压力相同，但当转子再继续旋转一个微小角度时，该密封腔突然与压油腔相通，使其中的油液压力突然升高，油液的体积突然收缩，压油腔中的油液倒流进该腔，使液压泵的瞬时流量突然减小，引起液压泵的流量脉动、压力脉动和噪声。为此在配油盘的压油窗口靠叶片处，从封油区进入压油区的一边开有一个截面形状为三角形的三角槽（又称眉毛槽），使两叶片之间的封闭油液在未进入压油区之前就通

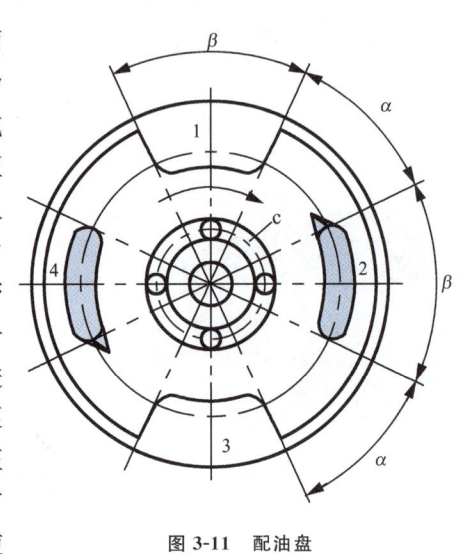

**图 3-11 配油盘**
1、3—吸油窗口；2、4—压油窗口

过该三角槽与液压油相通，使其压力逐渐上升，因而减小了流量和压力脉动并降低了噪声。槽 c 与压油腔相通并与转子叶片槽底部相通，使叶片的底部有液压油作用。

## 二、单作用叶片泵

### 1. 单作用叶片泵的工作原理

如图 3-12 所示为单作用叶片泵的工作原理。与双作用叶片泵的显著不同之处是，单作用叶片泵的定子内表面是一个圆形，转子与定子之间有一偏心距 e，两端的配油盘上只开有一个吸油窗口和一个压油窗口。当转子旋转一周时，每个叶片在转子槽内往复滑动一次，每相邻两叶片间的密封容积发生一次增大和缩小的变化，容积增大时通过吸油窗口吸油，容积缩小时则通过压油窗口压油。由于这种泵在转子每转一转的过程中吸油、压油各一次，因此称为单作用叶片泵。又因这种泵的转子受不平衡的径向液压力的作用，故又称为非卸荷式叶片泵，也因此使泵工作压力的提高受到了限制。如果改变定子和转子间的偏心距 e，就可以改变泵的排量，故单作用叶片泵常做成变量泵。

# 第3章 液压动力元件

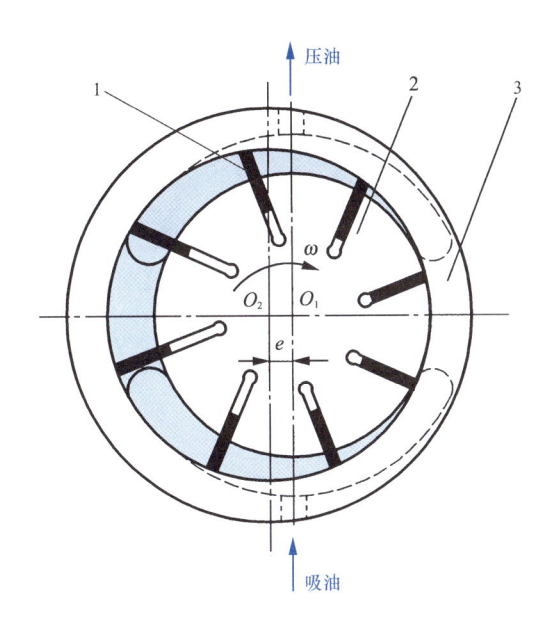

图 3-12 单作用叶片泵的工作原理
1—叶片；2—转子；3—定子

单作用叶片泵的叶片数越多，流量脉动率越小，而且当叶片数为奇数时流量脉动率较小，故单作用叶片泵的叶片数一般为 13 或 15。

### 2. 单作用叶片泵的结构特点

(1) 定子和转子偏心安置

移动定子位置以改变偏心距，就可以调节泵的输出流量。偏心反向时，吸油和压油的方向也相反。

(2) 叶片后倾

为了减小叶片与定子间的磨损，叶片底部油槽采取在压油区通压力油、在吸油区与吸油腔相通的结构形式，因而叶片的底部和顶部所受的液压力是平衡的。这样，叶片仅靠旋转时所受的离心力作用而向外运动顶在定子内表面上。根据力学分析，叶片后倾一个角度更有利于叶片向外伸出，通常后倾角为 24°。

(3) 径向液压力不平衡的工作原理

由于转子及轴承上承受的径向力不平衡，因此该泵不宜用于高压场合，其额定压力一般不超过 7 MPa。

### 3. 限压式变量叶片泵的工作原理

单作用叶片泵的变量方法有手调和自调两种。自调变量泵又根据其工作特性的不同分为限压式、恒压式和恒流式三类，其中限压式应用较多。

限压式变量叶片泵是利用泵排油压力的反馈作用实现变量的，它有外反馈和内反馈两种形式。这里介绍外反馈限压式变量叶片泵。

图 3-13 所示为外反馈限压式变量叶片泵的工作原理。转子 1 的中心 $O_1$ 是固定的，定子 2 可以左右移动，在右端限压弹簧 3 的作用下定子被推向左端，紧靠在活塞 6 的右端面上，使定子中心 $O_2$ 和转子中心 $O_1$ 之间有一原始偏心距 $e_0$，它决定了泵的最大流量。$e_0$ 的大小可用流量调节螺钉 7 调节。泵的出口压力油经泵体内的

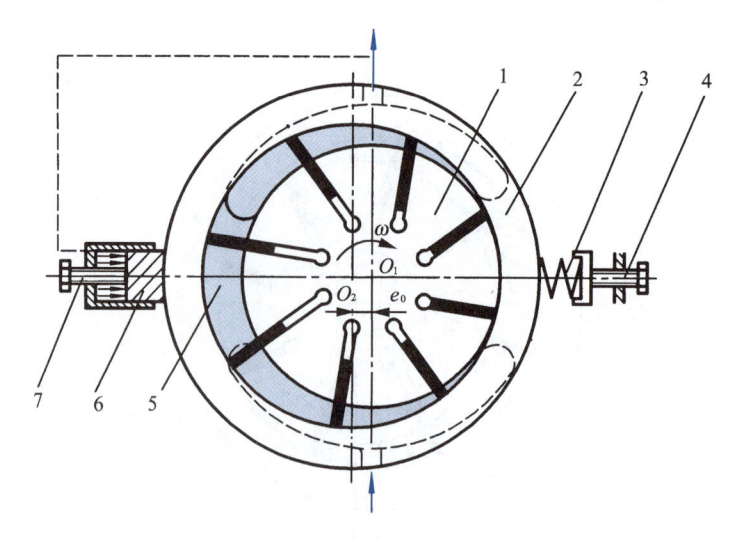

**图 3-13 外反馈限压式变量叶片泵的工作原理**
1—转子；2—定子；3—限压弹簧；4—调压螺钉；5—配油盘；6—活塞；7—流量调节螺钉

通道作用于活塞 6 的左端面上，使活塞对定子 2 产生一作用力 $pA$，它平衡限压弹簧 3 的预紧力 $kx_0$（$k$ 为弹簧压缩系数，$x_0$ 为弹簧的预压缩量）。当负载变化时，$pA$ 发生变化，定子相对转子移动，使偏心距 $e_0$ 改变，其工作过程如下所述：

当泵的工作压力 $p$ 小于限定压力 $p_B$ 时，$pA<kx_0$，此时限压弹簧的预压缩量不变，定子不移动，最大偏心距 $e_0$ 保持不变，泵输出流量为最大。

当泵的工作压力升高而大于限定压力 $p_B$ 时，$pA \geqslant kx_0$，此时限压弹簧被压缩，定子右移，偏心距减小，泵输出流量也减小。泵的工作压力越高，偏心距越小，泵输出流量也越小。当工作压力达到某一极限值 $p_C$（截止压力）时，定子移到最右端位置，偏心距减至最小，使泵内偏心所产生的流量全部用于补偿泄漏，泵的输出流量为零。此时，不管外负载如何加大，泵的输出压力也不会再升高，所以这种泵被称为限压式变量叶片泵。

限压式变量叶片泵流量与压力的特性曲线如图 3-14 所示。图中 AB 段表示工作压力小于限定压力 $p_B$ 时，流量最大而且基本保持不变，只是因泄漏随工作压力的增加而增加，使实际输出流量减小。B 为拐点，$p_B$ 表示泵输出最大流量时可达到的最高工作压力，其大小可由图 3-13 中的限压弹簧 3 来调节。图中 BC 段表示工作压力超过限定压力 $p_B$ 后，输出流量开始变化，即流量随压力升高而自动减小，直到 C 点，这时输出流量为零，压力为截止压力 $p_C$。

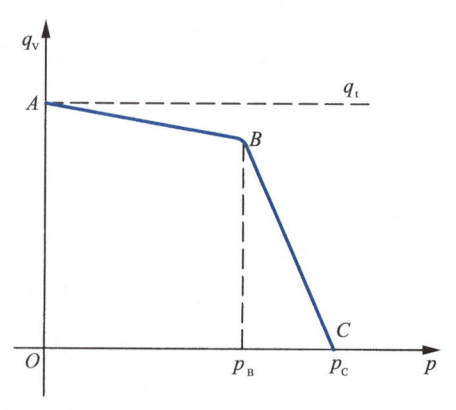

**图 3-14 限压式变量叶片泵流量与压力的特性曲线**

单作用变量叶片泵也有一个倾角，但方向与双作用定量叶片泵恰好相反。在变量叶片泵中，叶片上、下的液压力是平衡的，叶片向外运动主要依靠叶片旋转时离心力的作用。叶片相对转子旋转方向向后倾斜一角度（倾角为 24°），更有利于保证叶片被甩出。

## 3.4 柱塞泵

柱塞泵是依靠柱塞在缸体内往复运动,使密封容积产生变化来实现吸油、压油的。由于其主要构件柱塞与缸体的工作部分均为圆柱表面,因此加工方便,配合精度高,密封性能好。同时柱塞泵主要零件处于受压状态,使材料强度性能得到充分利用,故柱塞泵常做成高压泵。而且只要改变柱塞的工作行程就能改变泵的排量,易于实现单向或双向变量。所以,柱塞泵具有压力高、结构紧凑、效率高及流量调节方便等优点。其缺点是结构较为复杂,有些零件对材料及加工工艺的要求较高,因而在各类容积式泵中,柱塞泵的价格最高。柱塞泵常用于需要高压大流量和流量需要调节的液压系统,如龙门刨床、拉床、液压机、起重机械等设备的液压系统。

柱塞泵按柱塞排列方向的不同,分为轴向柱塞泵和径向柱塞泵。轴向柱塞泵按其结构特点又分为斜盘式和斜轴式两类。

### 一、斜盘式轴向柱塞泵

#### 1. 斜盘式轴向柱塞泵的工作原理

斜盘式轴向柱塞泵的工作原理图如图 3-15 所示。泵的传动轴中心线与缸体中心线重合,故又称为直轴式轴向柱塞泵。它主要由斜盘 1、柱塞 2、缸体 3、配油盘 4 等组成。缸体上均匀分布了若干个轴向柱塞孔,孔内装有柱塞,柱塞都与缸体轴线平行。斜盘与缸体间倾斜了一个 $\gamma$ 角。缸体由轴带动旋转,斜盘和配油盘固定不动。在底部弹簧的作用下,柱塞头部始终紧贴斜盘。当缸体按图示方向旋转时,斜盘和弹簧的共同作用使柱塞产生往复运动,各柱塞与缸体间的密封容积便发生增大或缩小的变化,通过配油盘上的窗口吸油和压油。当缸孔自最低位置向前上方转动(相对配油盘做逆时针方向转动)时,柱塞转角在 $0 \sim \pi$ 范围内,柱塞向左运动,柱塞端部和缸体间的密封容积增大,通过配油盘吸油窗口 a 吸油;柱塞转角在 $\pi \sim 0$ 范围内,柱塞被斜盘逐步压入缸体,柱塞端部和缸体间的密封容积减小,通过配油盘压油窗口 b 压油。缸体每转一转,每个柱塞各完成一次吸油和压油,缸体连续旋转,柱塞则不断地吸油和压油。

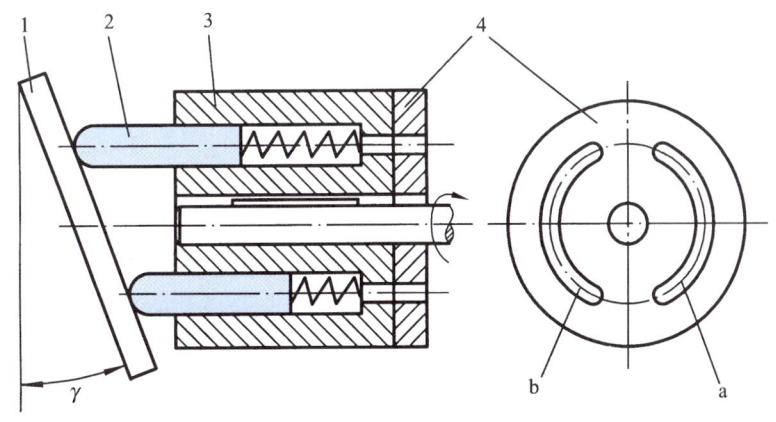

**图 3-15 斜盘式轴向柱塞泵的工作原理**
1—斜盘;2—柱塞;3—缸体;4—配油盘

如果改变斜盘倾角γ的大小,就改变了柱塞的行程,也就改变了泵的排量;如果改变斜盘倾角的方向,就能改变吸油、压油的方向,因此就成为双向变量泵。

轴向柱塞泵的柱塞数为奇数且柱塞数多时脉动较小,因而一般柱塞泵的柱塞数为7、9或11。

**2. 斜盘式轴向柱塞泵的结构特点**

图3-16(a)、图3-16(b)分别所示为斜盘式轴向柱塞泵的外形和轴测图。其结构如图3-16(c)所示,它由两部分组成:右边的主体部分(又分为前泵体部分、中间泵体部分)和左边的变量部分。缸体5安装在中间泵体1和前泵体7内,由传动轴8通过花键带动旋转。在缸体内的七个轴向缸孔中分别装有柱塞9。柱塞的球形头部装在滑履12的孔内,并可做相对滑动。弹簧3通过内套2、钢珠13和回程盘14将滑履紧紧地压在斜盘15上,同时弹簧又通过外套10将缸体压向配油盘6。当缸体由传动轴带动旋转时,柱塞相对缸体做往复运动,于是容积发生变化,这时油液可通过缸孔底部月牙形的通油孔、配油盘上的配油窗口和前泵体的进、出油孔等完成吸、压油工作。

斜盘式轴向柱塞泵的结构特点如下:

(1)滑履结构

在图3-15中,各柱塞以球形头部直接接触斜盘而滑动,柱塞头部与斜盘之间为点接触,因此被称为点接触式轴向柱塞泵。泵工作时,柱塞头部接触应力大,极易磨损,故一般轴向柱塞泵都在柱塞头部装有滑履(图3-16(c)),改点接触为面接触,并且各相对运动表面之间通过滑履上的小孔引入压力油,实现可靠的润滑,大大降低了相对运动零件表面的磨损。这样,就有利于泵在高压下工作。

(2)弹簧机构

柱塞泵要想正常工作,柱塞头部的滑履必须始终紧贴斜盘。图3-15中采用在每个柱塞底部加一个弹簧的方法。但在这种结构中,随着柱塞的往复运动,弹簧易疲劳损坏。图3-16(c)中改用一个弹簧3,通过钢珠13和回程盘14将滑履压向斜盘,从而使泵具有较好的自吸能力。这种结构中的弹簧只受静载荷,不易疲劳损坏。

(3)缸体端面间隙的自动补偿

由图3-16(c)可见,在使缸体紧压配油盘端面的作用力中,除弹簧3的推力外,还有柱塞孔底部台阶面上所受的液压力,此液压力比弹簧力大得多,而且随泵工作压力的增大而增大。由于缸体始终受力而紧贴着配油盘,因此端面间隙得到了自动补偿,提高了泵的容积效率。

(4)变量机构

在变量轴向柱塞泵中均设有专门的变量机构,用来改变斜盘倾角γ的大小以调节泵的排量。轴向柱塞泵的变量方式有多种,其变量机构的结构形式也多种多样。

图3-16(c)中采用的是手动变量机构,设置在泵的左侧。变量时,转动手轮19,螺杆18随之转动,因导键的作用,变量活塞17便上下移动,通过轴销16使支承在变量壳体上的斜盘15绕其中心转动,从而改变了斜盘倾角γ。手动变量机构的结构简单,但操作力较大,通常只能在停机或泵压较低的情况下实现变量。

第3章 液压动力元件 51

(a)外形

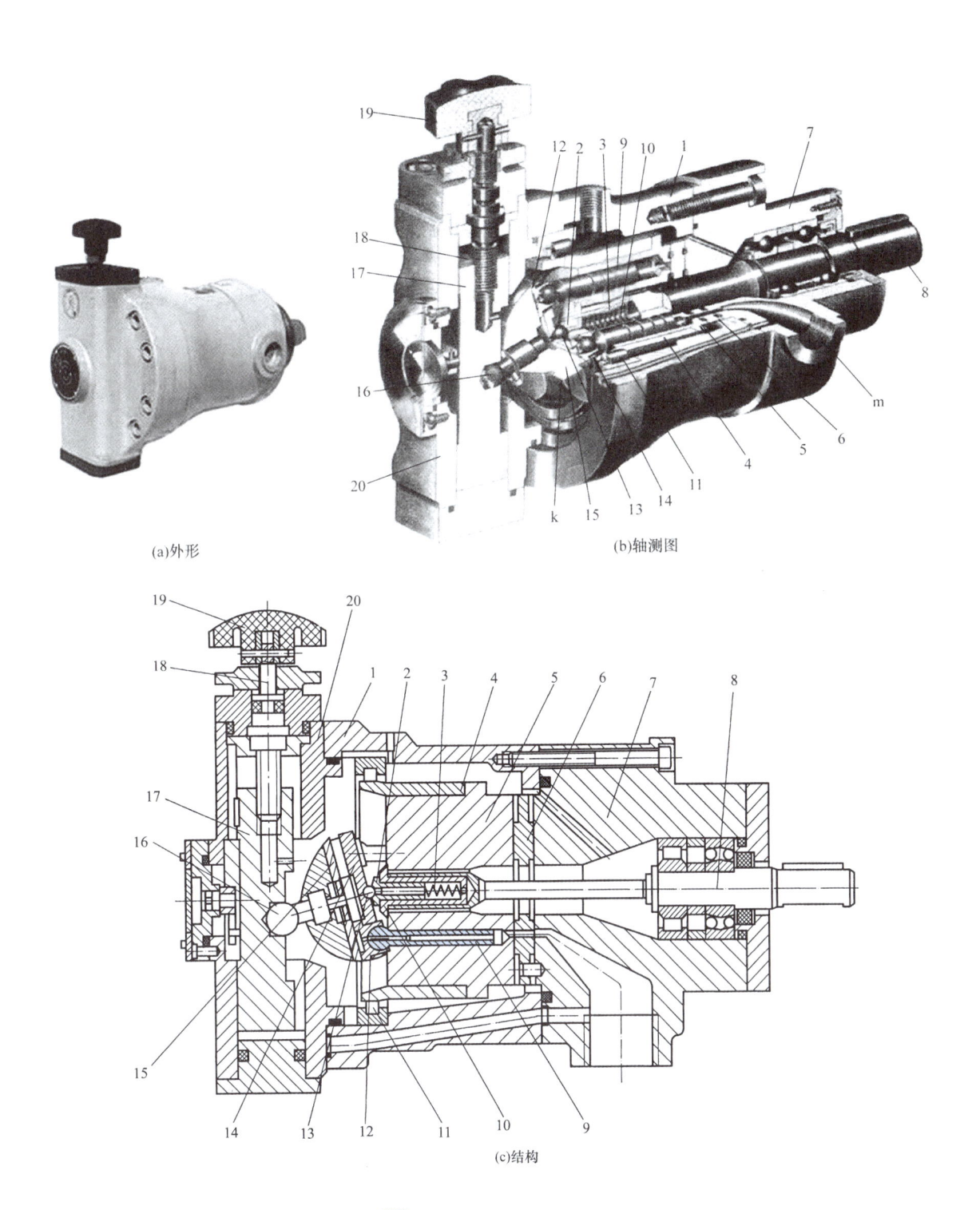

(b)轴测图

(c)结构

图 3-16 斜盘式轴向柱塞泵

1—中间泵体；2—内套；3—弹簧；4—钢套；5—缸体；6—配油盘；7—前泵体；8—传动轴；9—柱塞；10—外套；11—轴承；
12—滑履；13—钢珠；14—回程盘；15—斜盘；16—轴销；17—变量活塞；18—螺杆；19—手轮；20—变量机构壳体

## 二、径向柱塞泵

图 3-17(a)所示为径向柱塞泵的外形。其工作原理如图 3-17(b)所示,该泵由转子 1、定子 2、柱塞 3、配油铜套 4 和配油轴 5 等主要零件组成。柱塞沿径向分布均匀地安装在转子上。配油铜套和转子紧密配合,并套装在配油轴上,配油轴是固定不动的。转子连同柱塞由电动机带动一起旋转。柱塞靠离心力(有些结构是靠弹簧或低压补油作用)紧压在定子的内壁面上。由于定子和转子之间有一偏心距 $e$,因此当转子按图示方向旋转时,柱塞在上半周内向外伸出,其底部的密封容积逐渐增大,产生局部真空,于是通过固定在配油轴窗口 a 吸油。当柱塞处于下半周时,柱塞底部的密封容积逐渐减小,通过配油轴窗口 b 把油液压出。转子转一周,每个柱塞各吸、压油一次。若改变定子和转子的偏心距 $e$,则泵的输出流量也改变,即径向变量柱塞泵;若偏心距 $e$ 从正值变为负值,则进油口和压油口互换,即双向径向变量柱塞泵。

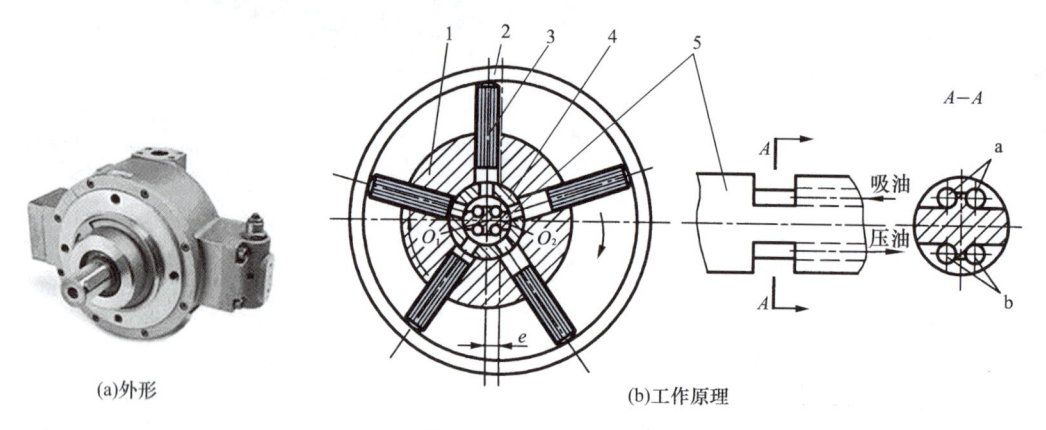

图 3-17 径向柱塞泵
1—转子;2—定子;3—柱塞;4—配油铜套;5—配油轴

径向柱塞泵的瞬时流量也是脉动的,与轴向柱塞泵相同,为了减少脉动,柱塞数通常也取奇数。

径向柱塞泵的优点是制造工艺性好(主要配合面为圆柱面),变量容易,工作压力较高,轴向尺寸小,便于做成多排柱塞的形式。其缺点是径向尺寸大,配油轴受径向不平衡液压力的作用,易磨损,泄漏间隙不能补偿。配油轴中吸、压油流道的尺寸受配油轴尺寸的限制而不能太大,从而影响泵的吸入性能。

# 3.5 液压泵的性能及选用

液压泵是向液压系统提供一定流量和压力的油液的动力元件,它是每个液压系统不可缺少的核心元件。合理地选择液压泵对降低液压系统的能耗、提高系统的效率、降低噪声、改善工作性能和保证系统可靠地工作都十分重要。

选择液压泵的原则:根据主机工况、功率大小和系统对工作性能的要求,首先确定液压泵的类型，然后按系统所要求的压力、流量大小确定其规格型号。表3-3列出了液压系统中常用液压泵的主要性能和应用范围，供选用时参考。

表 3-3　　　　　　　　　　常用液压泵的主要性能和应用范围

| 项目 | 齿轮泵 | 双作用叶片泵 | 单作用叶片泵 | 轴向柱塞泵 | 径向柱塞泵 |
| --- | --- | --- | --- | --- | --- |
| 工作压力/MPa | <20 | 6.3~20 | ≤7 | 20~35 | 10~20 |
| 流量调节 | 不能 | 不能 | 能 | 能 | 能 |
| 容积效率 | 0.70~0.95 | 0.80~0.95 | 0.80~0.90 | 0.90~0.98 | 0.85~0.95 |
| 总效率 | 0.60~0.85 | 0.75~0.85 | 0.70~0.85 | 0.85~0.95 | 0.75~0.92 |
| 流量脉动率 | 大 | 小 | 中等 | 中等 | 中等 |
| 对油的污染敏感性 | 不敏感 | 敏感 | 敏感 | 敏感 | 敏感 |
| 自吸特性 | 好 | 较差 | 较差 | 较差 | 差 |
| 噪声 | 大 | 小 | 较大 | 大 | 较大 |
| 应用范围 | 机床、工程机械、农业机械、航空、船舶、一般机械 | 机床、注塑机、液压机、起重运输机械、工程机械、航空 | 机床、注塑机 | 机床、工程机械、锻压机械、起重运输机械、矿山机械、冶金机械、船舶、航空 | 机床、液压机、船舶 |

## 3.6　液压泵常见故障及其排除方法

液压泵常见故障及其排除方法见表3-4。

表 3-4　　　　　　　　　　液压泵常见故障及其排除方法

| 故障现象 | 原因分析 | 排除方法 |
| --- | --- | --- |
| 不排油或无压力 | (1)原动机和液压泵转向不一致<br>(2)油箱油位过低<br>(3)吸油管或滤油器堵塞<br>(4)启动时转速过低<br>(5)油液黏度过大或叶片移动不灵活<br>(6)叶片泵配油盘与泵体接触不良或叶片在滑槽内卡死<br>(7)进油口漏气<br>(8)组装螺钉过松 | (1)纠正转向<br>(2)补油至油标线<br>(3)清洗吸油管路或滤油器，使其畅通<br>(4)使转速达到液压泵的最低转速以上<br>(5)检查油质，更换黏度合适的液压油或提高油温<br>(6)修理接触面，重新调试；清洗滑槽和叶片，重新安装<br>(7)更换密封件或接头<br>(8)拧紧螺钉 |
| 流量不足或压力不能升高 | (1)吸油管或滤油器部分堵塞<br>(2)吸油端连接处密封不严，有空气进入，吸油位置太高<br>(3)叶片泵个别叶片装反，运转不灵活<br>(4)泵盖螺钉松动<br>(5)系统泄漏<br>(6)齿轮泵轴向和径向间隙过大<br>(7)叶片泵定子内表面磨损<br>(8)柱塞泵柱塞与缸体或配油盘与缸体间磨损，柱塞回程不够或不能回程，引起缸体与配油盘间失去密封<br>(9)柱塞泵变量机构失灵<br>(10)侧板端磨损严重，漏损增加<br>(11)溢流阀失灵 | (1)除去脏物，使吸油畅通<br>(2)在吸油端连接处涂油，若有好转，则紧固连接件或更换密封件，降低吸油高度<br>(3)逐个检查，不灵活叶片应重新研配<br>(4)适当拧紧<br>(5)对系统进行顺序检查<br>(6)找出间隙过大部位，采取措施<br>(7)更换零件<br>(8)更换柱塞，修磨配油盘与缸体的接触面，保证接触良好，检查或更换弹簧<br>(9)检查变量机构，纠正其调整误差<br>(10)更换零件<br>(11)检修溢流阀 |

续表

| 故障现象 | 原因分析 | 排除方法 |
|---|---|---|
| 噪声严重 | (1)吸油管或滤油器部分堵塞<br>(2)吸油端连接处密封不严,有空气进入,吸油位置太高<br>(3)从泵轴油封处有空气进入<br>(4)泵盖螺钉松动<br>(5)泵与联轴器不同心或松动<br>(6)油液黏度过高,油中有气泡<br>(7)吸入口滤油器通过能力太小<br>(8)转速太高<br>(9)泵体腔道阻塞<br>(10)齿轮泵齿形精度不高或接触不良,泵内零件损坏<br>(11)齿轮泵轴向间隙过小,齿轮内孔与端面垂直度或泵盖上两孔平行度超差<br>(12)溢流阀阻尼孔堵塞<br>(13)管路振动 | (1)除去脏物,使吸油畅通<br>(2)在吸油端连接处涂油,若有好转,则紧固连接件或更换密封件,降低吸油高度<br>(3)更换油封<br>(4)适当拧紧<br>(5)重新安装,使其同心,紧固连接件<br>(6)更换黏度适当的液压油,提高油液质量<br>(7)改用通过能力较大的滤油器<br>(8)使转速降至允许的最高转速以下<br>(9)清理或更换泵体<br>(10)更换齿轮或研磨修整,更换损坏零件<br>(11)检查并修复有关零件<br>(12)拆卸溢流阀并清洗<br>(13)采取隔离消振措施 |
| 泄漏 | (1)柱塞泵中心弹簧损坏,使缸体与配油盘间失去密封性<br>(2)油封或密封圈损伤<br>(3)密封表面不良<br>(4)泵内零件间磨损、间隙过大 | (1)更换弹簧<br>(2)更换油封或密封圈<br>(3)检查修理<br>(4)更换或重新配研零件 |
| 过热 | (1)油液黏度过高或过低<br>(2)侧板和轴套与齿轮端面有严重摩擦<br>(3)油液变质,吸油阻力增大<br>(4)油箱容积太小,散热不良 | (1)更换黏度合适的液压油<br>(2)修理或更换侧板和轴套<br>(3)换油<br>(4)加大油箱,扩大散热面积 |
| 柱塞泵变量机构失灵 | (1)在控制油路上可能出现阻塞<br>(2)变量活塞及弹簧心轴卡死 | (1)净化液压油,必要时冲洗油路<br>(2)如机械卡死,则可研磨、修复;如油液污染,则清洗零件并更换油液 |
| 柱塞泵不转 | (1)柱塞与缸体卡死<br>(2)柱塞球头折断,滑履脱落 | (1)研磨、修复<br>(2)更换零件 |

## 实训

### 液压泵的拆装

**1. 实训目的**

(1)熟悉常用液压泵的结构,进一步掌握其工作原理。
(2)学会使用各种工具正确拆装常用液压泵,培养实际动手能力。
(3)初步掌握液压泵的安装技术要求和使用条件。
(4)在拆装的同时,分析和了解常用液压泵易出现的故障及其排除方法。

**2. 实训器材**

(1)实物:液压泵的种类、型号甚多,建议结合本章内容,选取CB-B型齿轮泵和中高压齿轮泵、YB1型双作用叶片泵和斜盘式轴向柱塞泵。
(2)工具:内六角扳手1套、耐油橡胶板1块、油盆1个及钳工常用工具1套。

**3. 实训内容与注意事项**

(1)CB-B型齿轮泵(其结构见图3-4(c))
①拆卸顺序
- 拆掉左端盖1上的螺钉13和定位销10,使泵体2与右端盖3和左端盖1分离。

- 拆下主动轴 6 及主动齿轮 7、从动轴 8 及从动齿轮 9 等。

在拆卸过程中注意观察主要零件的结构和相互配合关系,分析工作原理。

② 主要零件的结构及作用
- 观察泵体两端面上泄油槽的形状和位置,并分析其作用。
- 观察左、右端盖上两个矩形卸荷槽的形状和位置,并分析其作用。
- 观察进、出油口的位置和尺寸。

③ 装配要领

装配前清洗各零件,将轴与端盖之间、齿轮与泵体之间的配合表面涂上润滑液,然后按拆卸时的反向顺序装配。

④ 拆装思考题
- 了解铭牌上主要参数的含义。
- 熟悉各主要零件的名称和作用。
- 找出密封工作腔,并分析吸油和压油过程。
- 分析为什么缩小压油口可减少齿轮泵的径向不平衡力。
- 齿轮泵进、出油口的孔径为何不等?若进、出油口反接会发生什么变化?
- 观察泵的安装定位方式及泵与原动机的连接形式。

(2) YB1 型双作用叶片泵(其结构见图 3-10(c))

① 拆卸顺序
- 拧下端盖 10 上的螺钉,取下端盖。
- 卸下前泵体 7。
- 卸下左、右配油盘 1 和 5、定子 4 和转子 12、叶片 11 和传动轴 3,使它们与后泵体 6 脱离。

在拆卸过程中要注意,由于左、右配油盘与定子、转子、叶片之间以及轴与轴承之间是预先组成一体的,因此不能分离的部分不要强拆。

② 主要零件的结构及作用
- 观察定子内表面的四段圆弧和四段过渡曲线的组成情况。
- 观察转子叶片上叶片槽的倾斜角度和倾斜方向。
- 观察配油盘的结构。
- 观察吸油口、压油口、三角槽、环形槽及槽底孔,并分析其作用。
- 观察泵中所用密封圈的位置和形式。

③ 装配要领

装配前清洗各零件,按拆卸时的反向顺序装配。

④ 拆装思考题
- 了解铭牌上标出的主要参数,熟悉外部结构,找出进、出油口。
- 熟悉主要组成零件的名称及作用。
- 找出密封工作腔(共 12 个)和吸油区、压油区,分析吸油和压油过程。
- 泵工作时,叶片一端靠什么力量始终顶住定子内圆表面而不产生脱空现象?
- 观察泵的安装方式及泵与原动机的连接方式。

(3) 斜盘式轴向柱塞泵(其结构见图 3-16(c))

① 拆卸顺序
- 拆掉前泵体 7 上的螺钉(10 个)与销子,分离前泵体与中间泵体;再拆掉变量机构上的螺钉(10 个,图中未示出),分离中间泵体与变量机构。这样将泵分为前泵体、中间泵体和

变量机构三部分。
- 拆卸前泵体部分：拆下端盖，再拆下传动轴 8、前轴承及轴套等。
- 拆卸中间泵体部分：拆下回程盘 14 及其上的七个柱塞 9，取出弹簧 3、钢珠 13、内套 2 以及外套 10 等，卸下缸体 5 和配油盘 6。
- 拆卸变量机构部分：拆下斜盘 15，拆掉手轮 19 上的销子，拆掉手轮。拆掉两端的八个螺钉，卸掉端盖，取出螺杆 18 及变量活塞 17 等。

在拆卸过程中，注意旋转手轮时斜盘倾角的变化。

② 主要零件的结构及作用
- 观察柱塞球形头部与滑履之间的连接形式以及滑履与柱塞之间的相互滑动情况。
- 观察滑履上的小孔。
- 观察配油盘的结构，找出吸油口、压油口，分析外圈的环形卸压槽、两个通孔和四个盲孔的作用。
- 观察泵的密封及连接、安装形式。

③ 装配要领

装配前清洗各零件，按拆卸时的反向顺序装配。

④ 拆装思考题
- 熟悉各主要零件的名称。
- 观察并分析滑履的结构及中心小孔的作用。
- 分析弹簧的两个作用。
- 找出七个密封工作腔的位置，分析其吸、压油的工作原理。
- 分析柱塞泵缸体端面的轴向间隙如何自动补偿。
- 分析变量机构的工作原理和使用方法。
- 分析大轴承的作用。

(4) 其他液压泵

有条件也可对其他液压泵进行拆装，如高压齿轮泵、内啮合齿轮泵、限压式变量叶片泵、径向柱塞泵等，观察其结构，掌握其吸、压油工作原理。

### 素养提升

阿基米德出生于公元前 287 年希腊叙拉古附近的一个小村庄，当时的叙拉古经济空前繁荣，科学研究之风甚浓，阿基米德从小生活在这种氛围之中，养成了喜欢思索和学习的良好习惯。有一天，阿基米德和同学们乘木船在尼罗河上缓缓行驶，看见一群农民因河床地势低、农田地势高而不得不用木桶拎水灌溉农田，效率低下又十分辛苦，心生同情。回去后，阿基米德的眼前总是闪现出农民拎水时吃力的样子，"可不可以让水往高处流呢？"阿基米德开始思考这一问题。渐渐地，在阿基米德的脑海中产生了一个设想：做一个大螺旋，把它放在一个圆筒里，这样螺旋转起来后，水不就可以沿着螺旋沟被带到高处去了吗？他根据这个设想画出了一张草图，他拿着这张草图去找木匠，请木匠师傅帮他做出了这个用于泵水的工具。世界上最早的水泵——阿基米德螺旋泵由此诞生，它造福了广大农民，其原理仍为现代螺杆泵所利用。

## 思考题与习题

1. 液压泵完成吸油和压油必须具备什么条件？
2. 液压泵的排量、流量各取决于哪些参数？流量的理论值和实际值有什么区别？
3. 分析叶片泵的工作原理。双作用叶片泵和单作用叶片泵各有什么优缺点？
4. 为什么轴向柱塞泵适用于高压？
5. 在各类液压泵中，哪些能实现单向变量或双向变量？画出定量泵和变量泵的图形符号。
6. 某液压泵的输出油压 $p=10$ MPa，转速 $n=1\,450$ r/min，排量 $V=200$ mL/r，容积效率 $\eta_V=0.95$，总效率 $\eta=0.9$，求泵的输出功率和电动机的驱动功率。
7. 某液压泵的转速 $n=950$ r/min，排量 $V=168$ mL/r，在额定压力 29.5 MPa 和同样转速下，测得的实际流量为 150 L/min，额定工况下的总效率为 0.87，试求：

(1) 泵的理论流量 $q_t$。

(2) 泵的容积效率 $\eta_V$ 和机械效率 $\eta_m$。

(3) 泵在额定工况下所需的电动机驱动功率 $P_i$。

(4) 驱动泵的转矩 $T_i$。

# 第4章 液压执行元件

液压执行元件是把通过回路输入的液压能转变成机械能输出的装置。液压执行元件有液压缸和液压马达两种类型。液压缸一般用于实现直线往复运动或摆动；液压马达用于实现回转运动。

## 本章重点
1. 双杆活塞液压缸的工作原理及速度、推力的计算。
2. 单杆活塞液压缸的工作特点及速度、推力的计算。
3. 液压缸常见故障及其排除方法。
4. 液压马达的工作原理。
5. 液压马达常见故障及排除方法。

## 本章难点
1. 差动液压缸的工作原理及计算。
2. 液压缸常见故障诊断。
3. 液压马达常见故障诊断。

## 4.1 液压缸的类型和特点

液压缸按结构特点不同可分为活塞式、柱塞式和摆动式三类。

### 一、活塞式液压缸

活塞式液压缸可分为双杆式和单杆式两种结构。

#### 1. 双杆活塞液压缸

双杆活塞液压缸根据缸体固定和活塞杆固定又可分为实心双杆液压缸和空心双杆液压缸两种，如图4-1所示。

## 第4章 液压执行元件

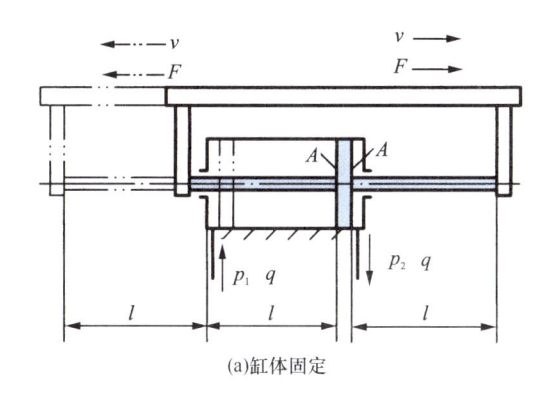

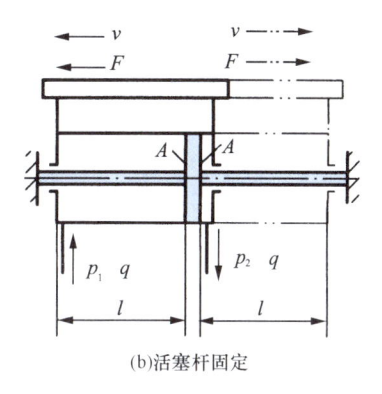

(a)缸体固定  (b)活塞杆固定

图 4-1 双杆活塞液压缸的工作原理

双杆活塞液压缸活塞两端的有效面积相等,如果供油压力和流量不变,那么活塞往返运动时两个方向的推力和运动速度均相等,即

$$F = pA = \frac{\pi}{4}(D^2 - d^2)(p_1 - p_2) \tag{4-1}$$

$$v = \frac{q}{A} = \frac{4q}{\pi(D^2 - d^2)} \tag{4-2}$$

式中 $F$——活塞(或缸体)上的推力;
$p_1$、$p_2$——液压缸进、出口压力;
$v$——活塞运动速度;
$q$——供油流量;
$A$——液压缸有效工作面积;
$D$、$d$——活塞、活塞杆的直径。

(1) 实心双杆液压缸

图 4-2(a)、图 4-2(b)分别所示为实心双杆液压缸的外形和剖视图,图 4-2(c)所示为一台平面磨床的实心双杆液压缸的结构。这种形式的液压缸,其缸体固定在床身上,活塞杆和工作台靠支架和螺母连接在一起。当压力油通过油道 a(或 b)分别进入液压缸两腔时,就推动活塞带动工作台做往复运动。活塞上的孔 c 用于装配活塞杆时排除空气。

这种实心双杆液压缸驱动工作台的运动范围大,约等于液压缸有效行程的 3 倍,因而其占地面积较大,如图 4-1(a)所示。它一般只适用于小型机床。

(2) 空心双杆液压缸

图 4-3 所示为外圆磨床的空心双杆液压缸的结构。这种形式的液压缸,其活塞杆固定在床身上,缸体和工作台连接在一起。当压力油通过活塞杆的中心孔和径向孔 b(或 a)分别进入液压缸两腔时,就推动缸体带动工作台做往复运动。缸体所受到的作用力和运动速度的计算与实心双杆液压缸类似。

(a)外形　　　　　　　　　　(b)剖视图

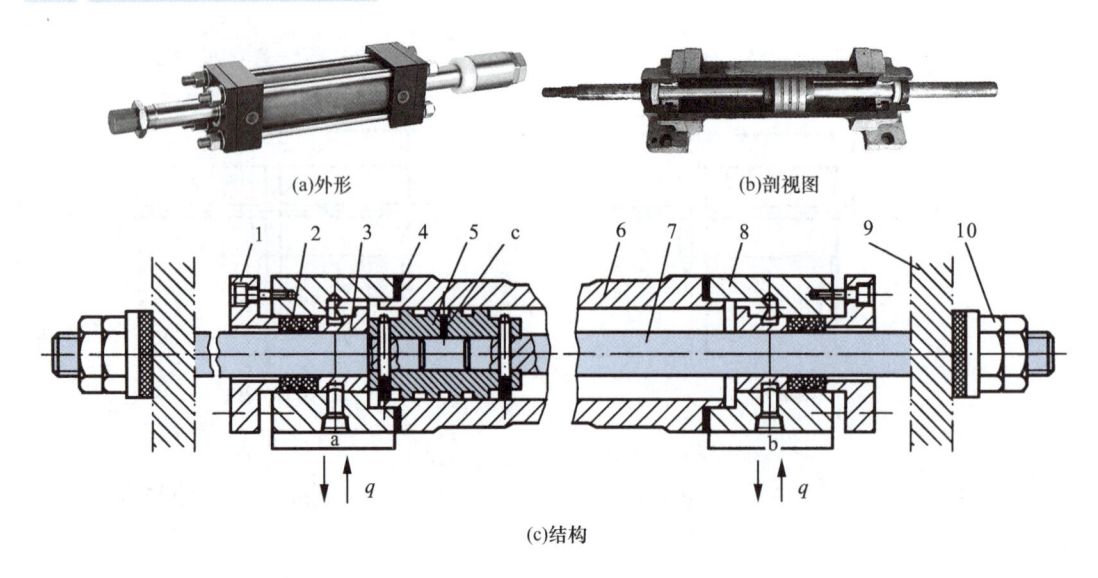

(c)结构

**图 4-2　实心双杆液压缸**

1—压盖；2—密封圈；3—导向套；4—纸垫；5—活塞；6—缸体；7—活塞杆；8—端盖；9—支架；10—螺母

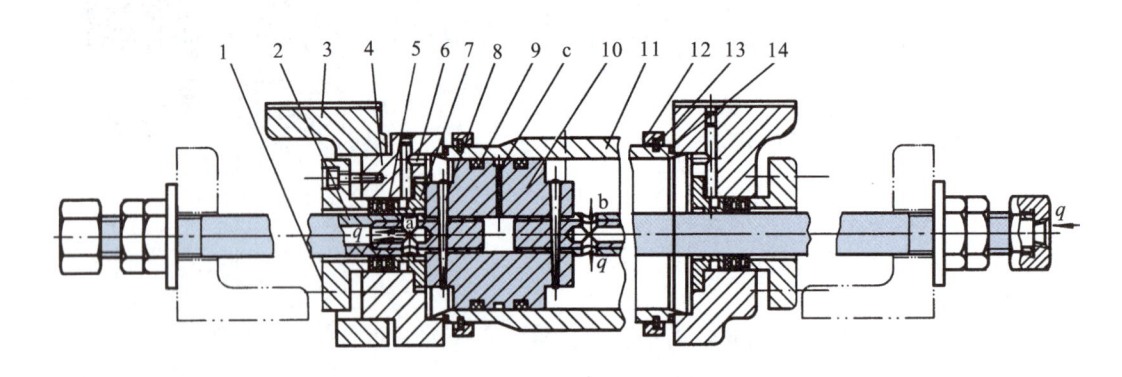

**图 4-3　空心双杆液压缸的结构**

1—压盖；2—活塞杆；3—托架；4—端盖；5—V形密封圈；6—排气孔；7—导向套；8—锥销；9—O形密封圈；10—活塞；11—缸体；12—压板；13—半环；14—密封圈

这种空心双杆液压缸由于活塞杆固定不动，其驱动工作台的运动范围约等于液压缸有效行程的 2 倍，因此占地面积较小，如图 4-1(b)所示。它常用于大中型机床和其他设备上。

### 2. 单杆活塞液压缸

图 4-4 所示为单杆活塞液压缸的工作原理。它只在活塞的一侧有伸出杆，两腔的有效工作面积不相等。若供油压力和流量相同，当向液压缸两腔分别供油时，活塞(或缸体)在两个方向的推力和运动速度不相等。

(1) 当无杆腔进油、有杆腔回油(图 4-4(a))时，活塞推力 $F_1$ 和运动速度 $v_1$ 分别为

$$F_1 = p_1 A_1 - p_2 A_2 = \frac{\pi}{4}[D^2 p_1 - (D^2 - d^2)p_2] \quad (4-3)$$

微课
单杆活塞缸的工作原理

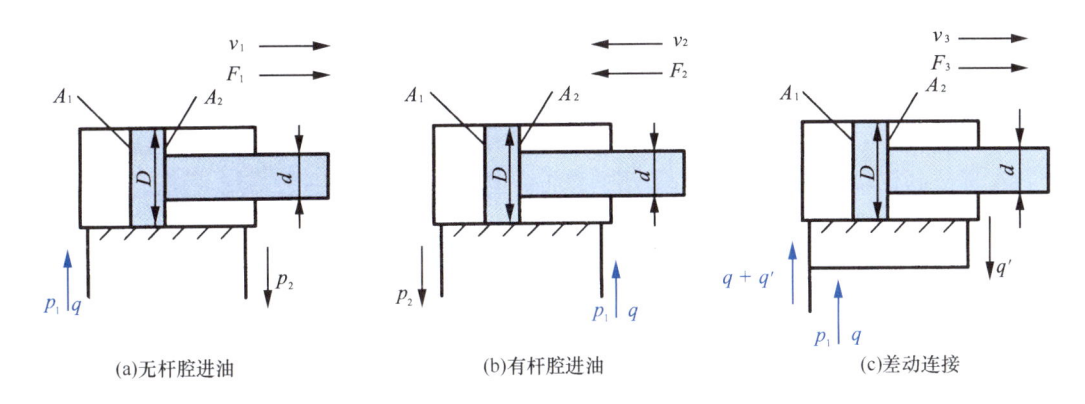

(a)无杆腔进油　(b)有杆腔进油　(c)差动连接

图 4-4　单杆活塞液压缸的工作原理

$$v_1=\frac{q}{A_1}=\frac{4q}{\pi D^2} \tag{4-4}$$

(2)当有杆腔进油、无杆腔回油(图 4-4(b))时,活塞推力 $F_2$ 和运动速度 $v_2$ 分别为

$$F_2=p_1A_2-p_2A_1=\frac{\pi}{4}[(D^2-d^2)p_1-D^2p_2] \tag{4-5}$$

$$v_2=\frac{q}{A_2}=\frac{4q}{\pi(D^2-d^2)} \tag{4-6}$$

式中　$A_1$——无杆腔有效工作面积;

　　　$A_2$——有杆腔有效工作面积。

比较上面公式可知,$v_1<v_2$,$F_1>F_2$,即无杆腔进油工作时推力大、速度低,有杆腔进油工作时推力小、速度高。因此,单杆活塞液压缸常用于一个方向有较大负载但运行速度较低,另一个方向为空载快速退回运动的设备,如各种金属切削机床、压力机、注塑机、起重机的液压系统。

(3)单杆活塞液压缸的两腔同时通入压力油(图 4-4(c))时,由于无杆腔工作面积比有杆腔工作面积大,活塞向右的推力大于向左的推力,因此其向右移动。液压缸的这种连接方式称为差动连接。差动连接时,活塞的推力为

$$F_3=(A_1-A_2)p_1=\frac{\pi}{4}d^2p_1 \tag{4-7}$$

设活塞的速度为 $v_3$,则无杆腔的进油量为 $v_3A_1$,有杆腔的出油量 $q'=v_3A_2$,因而有 $v_3A_1=q+v_3A_2$,故

$$v_3=\frac{q}{A_1-A_2}=\frac{q}{A_3}=\frac{4q}{\pi d^2} \tag{4-8}$$

比较式(4-4)和式(4-8)可知,$v_3>v_1$;比较式(4-3)和式(4-7)可知,$F_3<F_1$。这说明在输入流量和工作压力相同的情况下,单杆活塞液压缸差动连接时能使其速度提高,同时其推力下降。如果要求往复运动速度相等,即 $v_3=v_2$,则由式(4-8)和式(4-6)可知,$A_3=A_2$,即

$$D=\sqrt{2}d \tag{4-9}$$

单杆活塞液压缸不论是缸体固定还是活塞杆固定,它所驱动的工作台的运动范围都约等于液压缸有效行程的 2 倍。

图 4-5(a)、图 4-5(b)分别所示为双作用单杆活塞液压缸的外形和剖视图。其结构如图 4-5(c)所示,它主要由缸底 1、缸筒 6、活塞 4、活塞杆 7、缸盖 10 和导向套 8 等组成。缸筒一端与缸底焊接,另一端与缸盖采用螺纹连接。活塞与活塞杆采用卡键连接。为了保证液压缸的可靠密封,在相应部位设置了密封圈 3、5、9、11 和防尘圈 12。

**单杆活塞缸的结构**

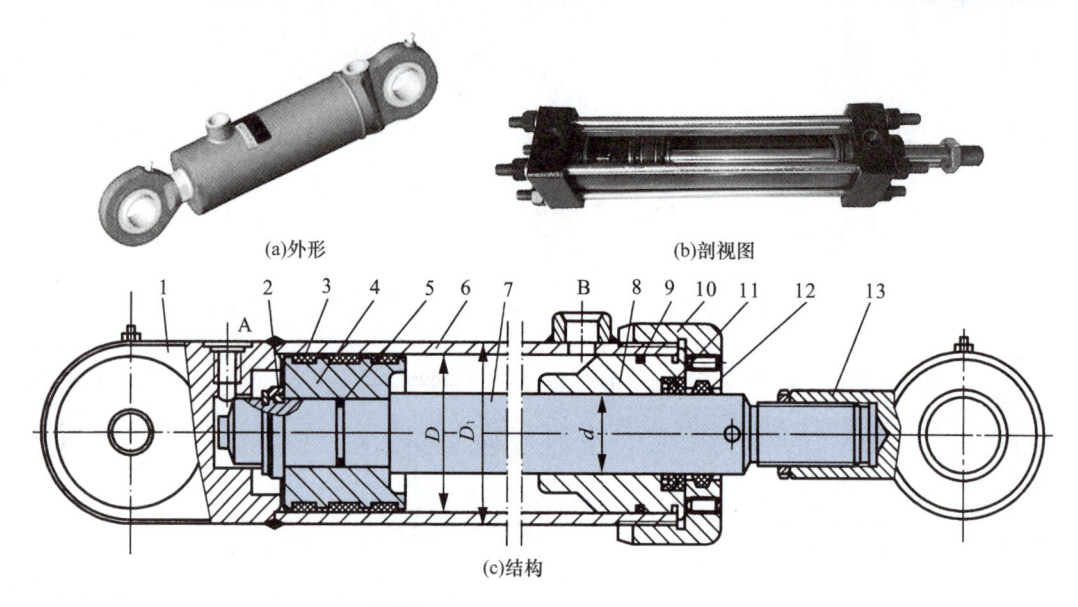

(a)外形　(b)剖视图

(c)结构

图 4-5　双作用单杆活塞液压缸

1—缸底;2—卡键;3、5、9、11—密封圈;4—活塞;6—缸筒;7—活塞杆;8—导向套;10—缸盖;12—防尘圈;13—耳轴

## 二、柱塞式液压缸

图 4-6(a)、图 4-6(b)分别所示为柱塞式液压缸的外形和结构。其工作原理如图 4-6(c)所示,当压力油进入缸筒时,推动柱塞并带动运动部件向右运动。若柱塞的直径为 $d$,输入液压油流量为 $q$,压力为 $p$,则柱塞上产生的推力 $F$ 和速度 $v$ 为

$$F = pA = p\frac{\pi}{4}d^2 \tag{4-10}$$

$$v = \frac{q}{A} = \frac{4q}{\pi d^2} \tag{4-11}$$

**柱塞式液压缸的结构与工作原理**

柱塞式液压缸是单作用液压缸,只能做单向运动,其回程必须靠其他外力(如弹簧力)或自重(垂直放置时)驱动。在大行程设备中,为了得到双向运动,柱塞式液压缸常成对使用,如图 4-6(d)所示。

柱塞式液压缸的主要特点是柱塞与缸筒无配合要求,缸筒内孔不需精加工,甚至可以不加工。运动时由缸盖上的导向套来导向,所以它特别适用于行程较长的场合,如导轨磨床、龙门刨床和液压机等设备的液压系统。

图 4-6 柱塞式液压缸

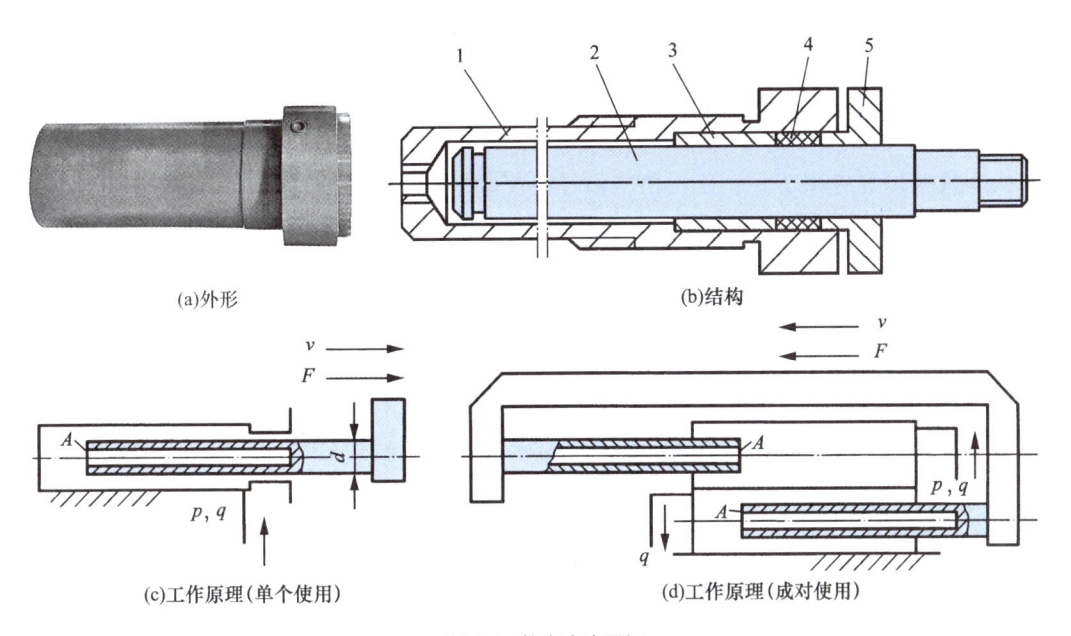

(a)外形　(b)结构　(c)工作原理(单个使用)　(d)工作原理(成对使用)

1—缸筒；2—柱塞；3—导向套；4—密封圈；5—缸盖

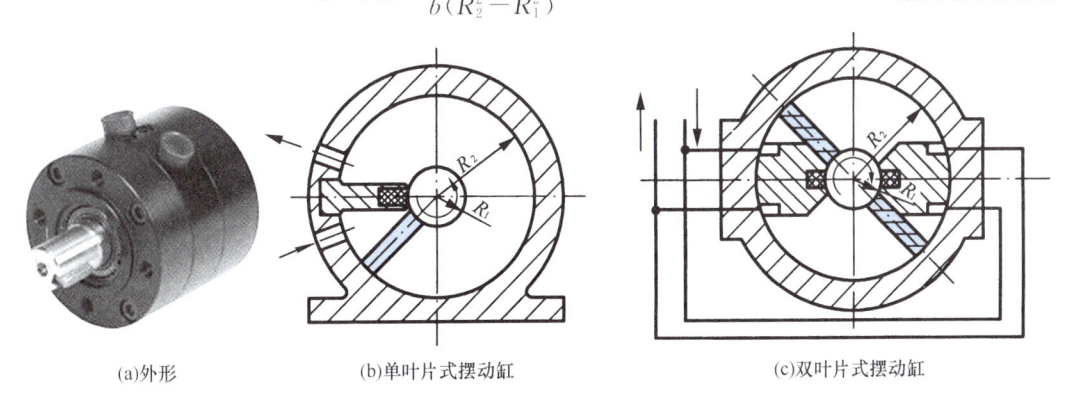

## 三、摆动式液压缸

摆动式液压缸也称摆动马达，是输出转矩并实现往复摆动的执行元件，有单叶片和双叶片两种形式。

图 4-7(a)所示为摆动式液压缸的外形。图 4-7(b)所示为单叶片式摆动缸，它的摆动角较大，可达 300°。当摆动缸进、出油口的压力分别为 $p_1$ 和 $p_2$，输入流量为 $q$ 时，它的输出转矩 $T$ 和角速度 $\omega$ 各为

$$T = b\int_{R_1}^{R_2}(p_1 - p_2)r\mathrm{d}r = \frac{b}{2}(R_2^2 - R_1^2)(p_1 - p_2) \tag{4-12}$$

$$\omega = 2\pi n = \frac{2q}{b(R_2^2 - R_1^2)} \tag{4-13}$$

摆动式液压缸的结构与工作原理

(a)外形　(b)单叶片式摆动缸　(c)双叶片式摆动缸

图 4-7 摆动式液压缸

式中　$b$——叶片的宽度；

$R_1$、$R_2$——叶片底部、顶部的回转半径。

图 4-7(c)所示为双叶片式摆动缸,它的摆动角度较小,可达 150°,它的输出转矩是单叶片式的 2 倍,而角速度则是单叶片式的一半。

摆动式液压缸应用于驱动工作机构做往复摆动或间歇运动等场合,而且由于其密封性较差,因此一般只用于低压场合,如送料、夹紧和工作台回转等辅助装置。

## 四、其他液压缸

### 1. 伸缩液压缸

图 4-8(a)所示为伸缩液压缸的外形。其结构如图 4-8(b)所示,它由两级或多级活塞缸套装而成,前一级缸的活塞就是后一级缸的缸筒,活塞伸出的顺序从大到小,相应推力也由大变小,而速度则由慢变快。空载缩回的顺序一般是从小到大。伸缩液压缸的活塞杆伸出时行程大而收缩后长度尺寸小,多用于行走机械,如自卸汽车举升缸、起重机伸缩臂缸等。

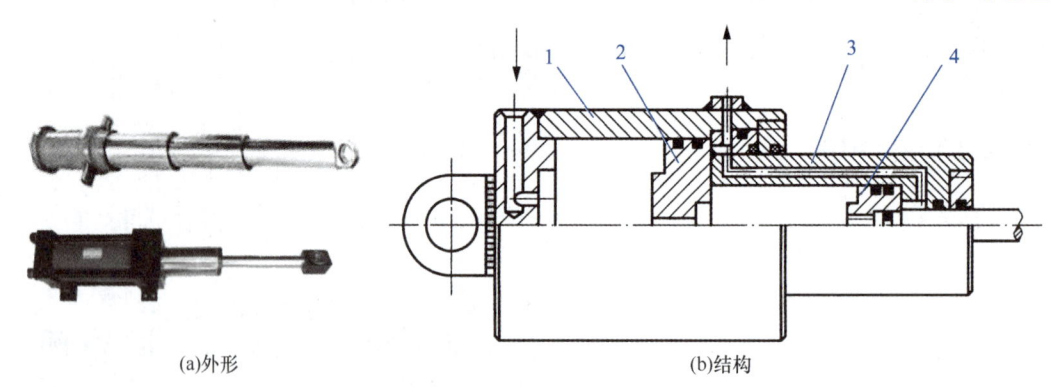

图 4-8　伸缩液压缸

1——一级缸筒；2——一级活塞；3——二级缸筒；4——二级活塞

### 2. 增压液压缸

增压液压缸将输入的低压油转变为高压油,供液压系统中的高压支路使用。图 4-9(a)所示为增压液压缸的外形。其工作原理如图 4-9(b)所示,它由直径不同($D$ 和 $d$)的两个液压缸串联而成,大缸为原动缸,小缸为输出缸。设输入原动缸的压力为 $p_1$,输出缸的出油压力为 $p_2$,根据力平衡关系,有如下等式:

$$\frac{\pi}{4}D^2 p_1 = \frac{\pi}{4}d^2 p_2$$

整理得

$$p_2 = \frac{D^2}{d^2} p_1 \qquad (4\text{-}14)$$

式中,比值 $D^2/d^2$ 称为增压比。

(a)外形　　　　　　　　　　(b)工作原理

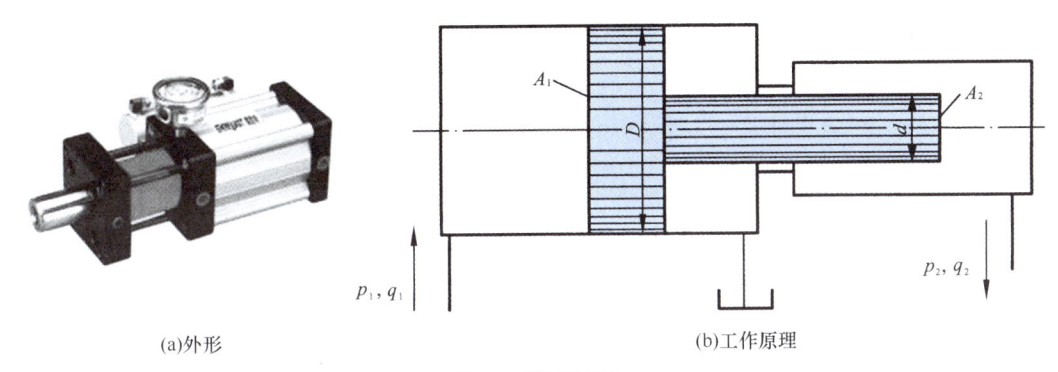

图 4-9　增压液压缸

### 3. 齿条液压缸

图 4-10(a)所示为齿条液压缸的外形。其工作原理如图 4-10(b)所示，它由带有齿条杆的双活塞缸和齿轮齿条机构组成。这种液压缸的特点是将活塞的直线往复运动经过齿轮齿条机构转换成回转运动，常用于机械手与磨床的进给机构、回转工作台的转位机构和回转夹具等。

齿条液压缸的结构与工作原理

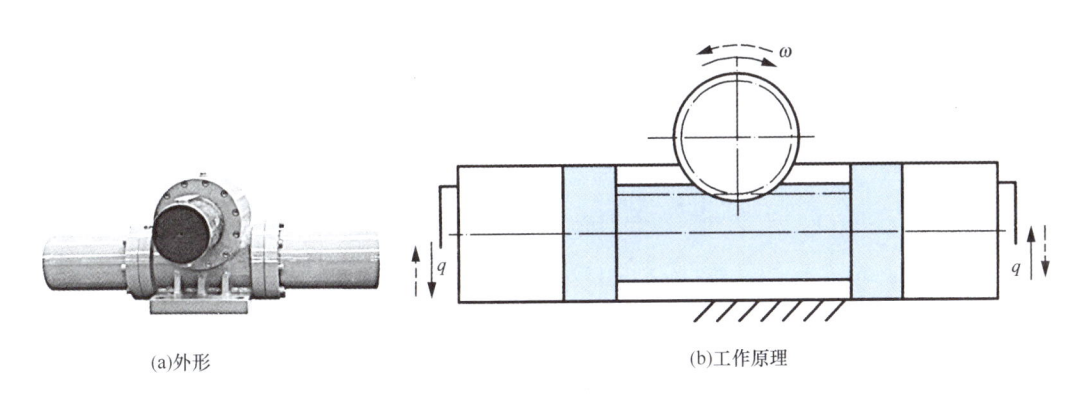

(a)外形　　　　　　　　　　(b)工作原理

图 4-10　齿条液压缸

## 4.2　液压缸的设计与计算

液压缸的设计是在对所设计的液压系统进行工况分析、负载计算和确定了其工作压力的基础上进行的。首先根据使用要求确定液压缸的类型，再按负载和运动要求确定液压缸的主要结构尺寸，必要时需进行强度验算，最后进行结构设计。

液压缸的主要尺寸包括液压缸内径 $D$、缸的长度 $L$、活塞杆直径 $d$。上述参数主要根据液压缸的负载 $F$、活塞运动速度 $v$ 和行程 $s$ 等因素来确定。

### 一、液压缸工作压力的确定

液压缸的推力 $F$ 是由油液的工作压力 $p$ 和活塞的有效工作面积 $A$ 来确定的，而活塞的运动速度 $v$ 是由输入液压缸的液压油的流量 $q$ 和活塞的有效工作面积 $A$ 来确定的，即

$$F = Ap \tag{4-15}$$

$$v = \frac{q}{A} \tag{4-16}$$

式中　$F$——活塞（或液压缸）的推力；

　　　$p$——进油腔的工作压力；

　　　$A$——活塞的有效工作面积；

　　　$q$——输入液压缸的液压油的流量；

　　　$v$——活塞（或液压缸）运动的速度。

由以上两式可见，当液压缸的推力 $F$ 一定时，工作压力 $p$ 取得高，活塞的有效面积 $A$ 就小，缸的结构就紧凑，但液压元件的性能及密封要求要相应提高；工作压力 $p$ 取得低，活塞的有效面积 $A$ 就大，缸的结构尺寸就大。要使工作机构得到同样的速度，就要求有较大的流量，这将使有关的泵、阀等液压元件的规格相应增大，有可能导致整个液压系统的结构庞大。

设计时，液压缸的工作压力可按负载大小由表 4-1 确定，也可按液压设备类型参考表 4-2 来确定。

表 4-1　　液压缸负载与工作压力之间的关系

| 负载 $F$/kN | <5 | 5～10 | 10～20 | 20～30 | 30～50 | >50 |
|---|---|---|---|---|---|---|
| 工作压力 $p$/MPa | <0.8～1 | 1.5～2 | 2.5～3 | 3～4 | 4～5 | ≥5～7 |

表 4-2　　各类液压设备常用的工作压力

| 设备类型 | 磨床 | 组合机床 | 车床、铣床、镗床 | 拉床 | 龙门刨床 | 农业机械、小型工程机械 | 液压机、重型机械、起重运输机械 |
|---|---|---|---|---|---|---|---|
| 工作压力 $p$/MPa | 0.8～2 | 3～5 | 2～4 | 8～10 | 2～8 | 10～16 | 20～32 |

## 二、液压缸主要尺寸的确定

### 1. 液压缸内径 $D$ 和活塞杆直径 $d$ 的确定

（1）动力较大的液压设备（如拉床、刨床、车床、组合机床、液压机等），其液压缸内径通常是根据液压缸的负载来确定的，其计算公式推导如下：

当无杆腔进压力油驱动负载时，液压缸内径 $D$ 与负载 $F$、工作压力 $p$ 的关系由式（4-3）可知：

$$D = \sqrt{\frac{4F_1}{\pi(p_1 - p_2)} - \frac{d^2 p_2}{p_1 - p_2}}$$

在液压系统设计中，常初选回油压力 $p_2 = 0$，则上式简化为

$$D = \sqrt{\frac{4F_1}{\pi p_1}} \tag{4-17}$$

对于有杆腔进压力油驱动负载的液压缸，其内径 $D$、活塞杆直径 $d$ 与负载 $F$、工作压力 $p$ 之间的关系由式（4-5）可得

$$D = \sqrt{\frac{4F_2}{\pi(p_1 - p_2)} + \frac{d^2 p_1}{p_1 - p_2}}$$

若选回油压力 $p_2=0$,则上式简化为

$$D=\sqrt{\frac{4F_2}{\pi p_1}+d^2} \qquad (4-18)$$

设 $\lambda=\dfrac{d}{D}$,并将 $d=\lambda D$ 代入上式,化简整理得

$$D=\sqrt{\frac{4F_2}{\pi p_1(1-\lambda^2)}} \qquad (4-19)$$

式中,$\lambda$ 为活塞杆直径与液压缸内径的比值。$\lambda$ 的数值与活塞杆受力的性质及缸的工作压力有关,可参考表 4-3 选取。

表 4-3　　　　　　　　　系数 $\lambda$ 的推荐用值

| 受力情况 | 工作压力 $p$/MPa |||
|---|---|---|---|
| | <5 | 5~7 | >7 |
| 活塞杆受拉力 | 0.3~0.45 |||
| 活塞杆受压力 | 0.5~0.55 | 0.6~0.7 | 0.7 |

算出液压缸内径 $D$ 之后,即可求出活塞杆直径 $d$。

(2) 动力较小的液压设备(如磨床、珩磨机床及研磨机床等),其液压缸(单杆式)内径和活塞杆直径可按往复运动速度的比值 $\Phi$ 来确定。其计算公式可由式(4-4)、式(4-6)推导得

$$\Phi=\frac{v_2}{v_1}=\frac{D^2}{D^2-d^2}$$

将上式整理得

$$D=\sqrt{\frac{\Phi}{\Phi-1}}d \quad \text{或} \quad D=\sqrt{\frac{v_2}{v_2-v_1}}d \qquad (4-20)$$

由式(4-20)可知,若液压缸的往复运动速度已定,只要按结构要求选定活塞杆直径 $d$,即可计算出液压缸内径 $D$,或按速比 $\Phi$ 值从有关表格中直接查出 $D$ 的数值。

用上述方法计算出的液压缸内径 $D$ 和活塞杆直径 $d$ 必须取标准值(见表 4-4、表 4-5),然后按标准 $D$、$d$ 计算液压缸的实际工作面积,作为以后运算的依据。

表 4-4　　　　　　　　　液压缸内径尺寸系列　　　　　　　　　　mm

| 8 | 10 | 12 | 16 | 20 | 25 | 32 | 40 | 50 |
|---|---|---|---|---|---|---|---|---|
| 63 | 80 | (90) | 100 | (110) | 125 | (140) | 160 | (180) |
| 200 | 220 | 250 | 320 | 400 | 500 | 630 | | |

注:括号内的数值为非优先使用数值。

表 4-5　　　　　　　　　活塞杆直径尺寸系列　　　　　　　　　　mm

| 4 | 5 | 6 | 8 | 10 | 12 | 14 | 16 | 18 |
|---|---|---|---|---|---|---|---|---|
| 20 | 22 | 25 | 28 | 32 | 36 | 40 | 45 | 50 |
| 55 | 63 | 70 | 80 | 90 | 100 | 110 | 125 | 140 |
| 160 | 180 | 200 | 220 | 250 | 280 | 320 | 136 | 400 |

**2. 液压缸长度 $L$ 的确定**

液压缸长度 $L$ 根据所需最大工作行程长度而定,一般长度 $L$ 不大于内径 $D$ 的 20~30 倍。

### 3. 液压缸壁厚 δ 的确定

在一般中低压液压系统中,液压缸的壁厚不用计算的方法确定,而是由结构和工艺上的需要来确定。只有当液压缸的工作压力较高且直径较大时,才有必要对其最薄弱部位的壁厚进行强度校核。

当 $\dfrac{D}{\delta} \geqslant 10$ 时,可按薄壁圆筒的计算公式进行校核:

$$\delta \geqslant \dfrac{p_y D}{2[\sigma]} \tag{4-21}$$

当 $\dfrac{D}{\delta} < 10$ 时,可按厚壁圆筒的计算公式进行校核:

$$\delta \geqslant \dfrac{D}{2}\left[\sqrt{\dfrac{[\sigma]+0.4p_y}{[\sigma]-1.3p_y}}-1\right] \tag{4-22}$$

式中　$\delta$——缸筒壁厚;
　　　$D$——缸筒内径;
　　　$p_y$——试验压力,比最大工作压力大 20%~30%;
　　　$[\sigma]$——缸筒材料的许用应力。对于铸铁,$[\sigma]=60\sim70$ MPa;对于铸钢、无缝钢管,$[\sigma]=100\sim110$ MPa;对于锻钢,$[\sigma]=110\sim120$ MPa。

### 4. 液压缸其他尺寸的确定

活塞宽度 $B$ 根据液压缸的工作压力和密封方式确定,一般取 $B=(0.6\sim1)D$。导向套滑动面的长度 $l_1$ 与液压缸内径 $D$ 和活塞杆直径 $d$ 有关。当 $D<80$ mm 时,取 $l_1=(0.6\sim1)D$;当 $D>80$ mm 时,取 $l_1=(0.6\sim1)d$。活塞杆的长度 $l$ 可根据液压缸长度 $L$、活塞宽度 $B$、导向套和端盖的有关尺寸及活塞杆的连接方式确定。对长径比 $l/d>15$ 的受压活塞杆,应按照材料力学中的有关公式进行稳定性校核计算。液压缸的端盖尺寸、紧固螺钉的个数和尺寸等一般由结构决定。对压力高的液压缸,应验算连接螺钉的强度。

液压缸主要零件的材料和技术条件见《液压传动设计手册》。

## 4.3　液压缸的结构设计

在液压传动设计中,除液压泵和液压阀可选用标准元件外,液压缸往往需要自行设计和制造。除了液压缸的基本尺寸需要计算外,还需对结构进行设计。结构设计中重点考虑缸筒和缸盖、活塞和活塞杆、密封装置、缓冲装置和排气装置等。

### 一、缸筒和缸盖连接

缸筒和缸盖的连接方式主要有法兰连接、半环连接和螺纹连接等,如图 4-11 所示。在设计过程中,采用何种连接方式主要取决于液压缸的工作压力、缸筒的材料和具体工作条件。当工作压力 $p<10$ MPa 时使用铸铁缸筒,多用图 4-11(a)所示的法兰连接,这种结构易

于加工和装拆,但外形尺寸大。当工作压力 $p<20$ MPa 时缸筒使用无缝钢管;$p>20$ MPa 时缸筒使用铸钢或锻钢。缸筒与缸盖的连接方式常用图 4-11(b)、图 4-11(c)所示的半环连接或螺纹连接。采用半环连接装拆方便,但缸筒壁因开了环形槽而削弱了强度,为此有时要加厚缸壁;采用螺纹连接时,缸筒端部结构复杂,加工外径时要求保证内、外径同心,装卸时要使用专用工具,但外形尺寸和质量均较小,常用于无缝钢管或铸钢制造的缸筒上。

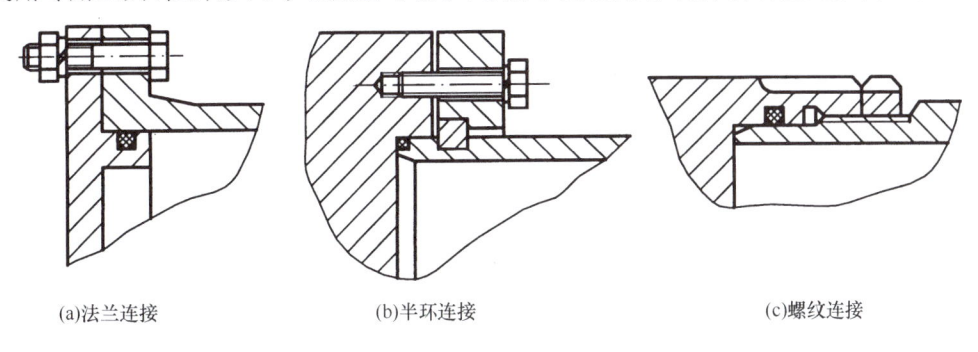

(a)法兰连接　　(b)半环连接　　(c)螺纹连接

图 4-11　缸筒和缸盖的连接方式

## 二、活塞和活塞杆连接

活塞和活塞杆的连接方式常见的有螺纹连接和卡键连接等,如图 4-12 所示。螺纹连接常用于单杆活塞缸的活塞和活塞杆的连接。采用螺纹连接时,活塞可用各种锁紧螺母紧固在活塞杆的连接部位,其优点是连接稳固,缺点是螺纹加工和装配较麻烦。在高压大负载的场合,特别是在振动比较大的情况下,常采用卡键连接结构,这种连接方式可以使活塞在活塞杆上浮动,使活塞与缸体不易卡住,它比螺纹连接更好,但结构较复杂。在小直径液压缸中,也有将活塞和活塞杆做成一个整体的结构形式。

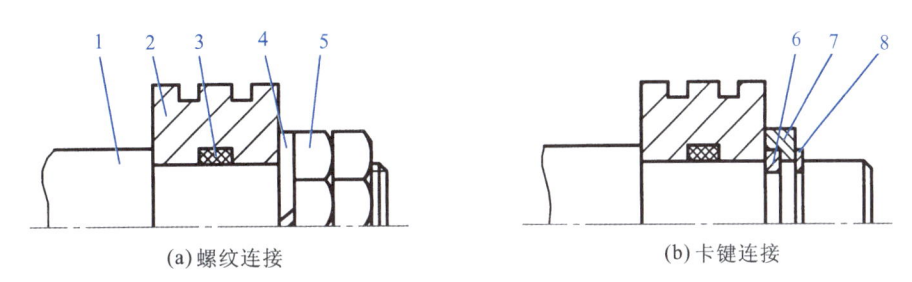

(a)螺纹连接　　　　　　　　(b)卡键连接

图 4-12　活塞和活塞杆的连接方式
1—活塞杆;2—活塞;3—密封圈;4—弹簧圈;5—螺母;6—卡键;7—套环;8—弹簧卡圈

## 三、液压缸的缓冲装置

当运动部件的质量较大、运动速度较高时,由于惯性力较大,具有很大的动量,因此在活塞运动到液压缸体的终端时,会与端盖发生机械碰撞,产生很大的冲击和噪声,严重影响机械精度。为此,在大型、高速或高精度的液压设备中,必须设置缓冲装置。常见的缓冲装置主要有下述几种:

**1. 圆柱形环隙式缓冲装置**

如图4-13(a)所示,当缓冲柱塞A进入缸盖上的内孔时,缸盖和活塞间形成环形缓冲油腔B,被封闭的油液只能经环形间隙δ排出,产生缓冲压力,从而实现减速缓冲。这种装置在缓冲过程中,因回油通道的节流面积不变,故缓冲开始时产生的缓冲制动力很大,其缓冲效果较差,液压冲击较大,且实现减速所需行程较长,但这种装置结构简单,便于设计和降低成本,所以多用在一般系列化的成品液压缸中。

**2. 圆锥形环隙式缓冲装置**

如图4-13(b)所示,由于缓冲柱塞A为圆锥形,因此缓冲环形间隙δ随位移量不同而改变,即节流面积随缓冲行程的增大而缩小,使机械能的吸收较均匀,其缓冲效果较好,但仍有液压冲击。

**3. 可变节流槽式缓冲装置**

如图4-13(c)所示,在缓冲柱塞A上开有三角节流沟槽,节流面积随着缓冲行程的增大而逐渐减小,其缓冲压力变化较平缓。

**4. 可调节流孔式缓冲装置**

如图4-13(d)所示,当缓冲柱塞A进入到缸盖内孔时,回油口被柱塞堵住,只能通过节流阀C回油,调节节流阀的开度可以控制回油量,从而控制活塞的缓冲速度。当活塞反向运动时,压力油通过单向阀D很快进入到液压缸内,并作用在活塞的整个有效面积上,故活塞不会因推力不足而产生启动缓慢现象。这种缓冲装置可以根据负载情况调整节流阀开度的大小,从而改变缓冲压力的大小,因此适用范围较广。

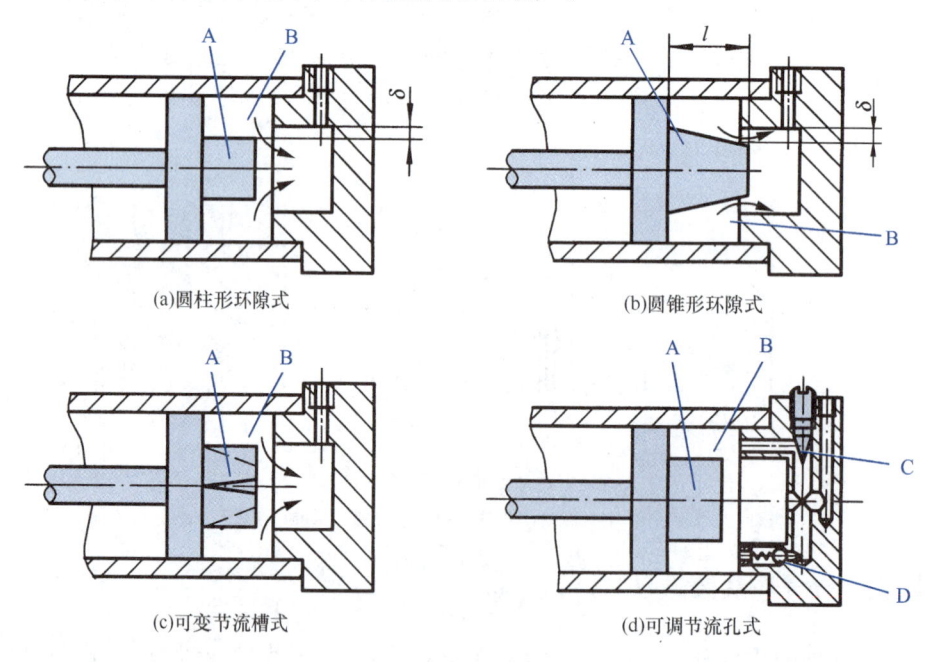

(a)圆柱形环隙式　　(b)圆锥形环隙式

(c)可变节流槽式　　(d)可调节流孔式

图4-13 液压缸的缓冲装置

## 四、排气装置

液压系统往往会混入空气,使系统工作不稳定,产生振动、噪声及工作部件爬行和前冲等现象,严重时会使系统不能正常工作,因此设计液压缸时必须考虑排出空气。

当液压系统安装或长时间停止工作后又重新启动时,必须把液压系统中的空气排出去。对于要求不高的液压缸往往不设专门的排气装置,而是将油口布置在缸筒两端的最高处,这样也能使空气随油液排往油箱,再从油面逸出;对于速度稳定性要求较高的液压缸或大型液压缸,常在液压缸两侧面的最高位置处(该处往往是空气聚集的地方)设置专门的排气装置,如排气塞、排气阀等。如图4-14所示为两种排气塞的结构。当松开排气塞螺钉后,让液压缸全行程空载往复运动若干次,带有气泡的油液就会被排出。然后再拧紧排气塞螺钉,液压缸便可正常工作。

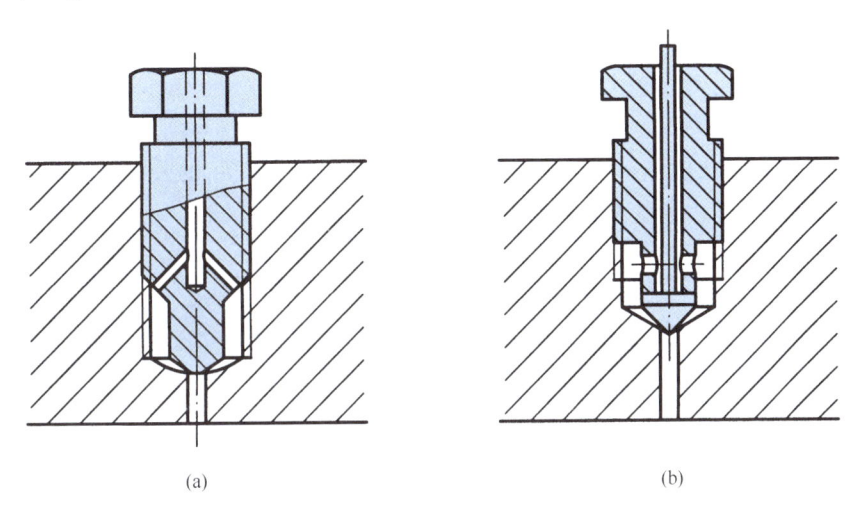

图 4-14 排气塞的结构

## 4.4 液压马达

液压马达是执行元件,它能将液体的压力能转换为机械能,输出转矩和转速。液压马达与液压泵的结构基本相同,也可分为齿轮式、叶片式和柱塞式三大类。从原理上讲液压泵可作为液压马达,液压马达也可作为液压泵,但由于二者的使用目的和工作条件不同,因此实际结构有所区别。

液压马达的分类与图形符号

### 一、液压马达的主要性能参数

从液压马达的功用来看,其主要性能参数为转速 $n$、转矩 $T$ 和效率 $\eta$。

### 1. 转速和容积效率

若液压马达的排量为 $V$，以转速 $n$ 旋转时，在理想情况下，液压马达需要油液流量为 $Vn$（理论流量）。由于液压马达存在泄漏，因此实际所需流量应大于理论流量。设液压马达的泄漏量为 $\Delta q$，则实际供给液压马达的流量应为

$$q = Vn + \Delta q$$

液压马达的容积效率为理论流量和实际流量之比，即

$$\eta_V = \frac{Vn}{q} \tag{4-23}$$

液压马达的转速为

$$n = \frac{q}{V} \eta_V \tag{4-24}$$

### 2. 转矩和机械效率

若不考虑液压马达的摩擦损失，液压马达的理论输出转矩 $T_t$ 的公式与泵相同，即

$$T_t = \frac{pV}{2\pi}$$

实际上液压马达存在机械损失，设由摩擦损失造成的转矩为 $\Delta T$，则液压马达实际输出转矩 $T = T_t - \Delta T$。设机械效率为 $\eta_m$，则

$$\eta_m = \frac{T}{T_t} \tag{4-25}$$

液压马达的输出转矩为

$$T = T_t \eta_m = \frac{pV}{2\pi} \eta_m \tag{4-26}$$

### 3. 液压马达的总效率

液压马达的总效率 $\eta$ 为液压马达的输出功率 $T2\pi n$ 和输入功率 $pq$ 之比，即

$$\eta = \frac{T 2\pi n}{pq} = \frac{T 2\pi n}{\dfrac{pVn}{\eta_V}} = \frac{T}{\dfrac{pV}{2\pi}} \eta_V = \eta_m \eta_V \tag{4-27}$$

从上式可知，液压马达的总效率等于液压马达的机械效率 $\eta_m$ 和容积效率 $\eta_V$ 的乘积。

## 二、轴向柱塞式液压马达

图 4-15（a）所示为轴向柱塞式液压马达的外形。其工作原理如图 4-15（b）所示，当压力油经配油盘通过柱塞底部孔时，柱塞受压力油作用而向外伸出，并紧压在斜盘上，这时斜盘对柱塞产生一反作用力 $F$。由于斜盘倾斜角为 $\gamma$，因此 $F$ 可分解为两个分力：一个是轴向分力 $F_x$，它和作用在柱塞上的液压作用力相平衡；另一个分力为 $F_y$，它使缸体产生转矩。设柱塞和缸体的垂直中心线成 $\varphi$ 角，则该柱塞产生的转矩为

$$T_i = F_y a = F_y R \sin\varphi = F_x R \tan\gamma \sin\varphi \tag{4-28}$$

式中，$R$ 为柱塞在缸体中的分布圆半径。

(a)外形　　　　　　　　　　(b)工作原理

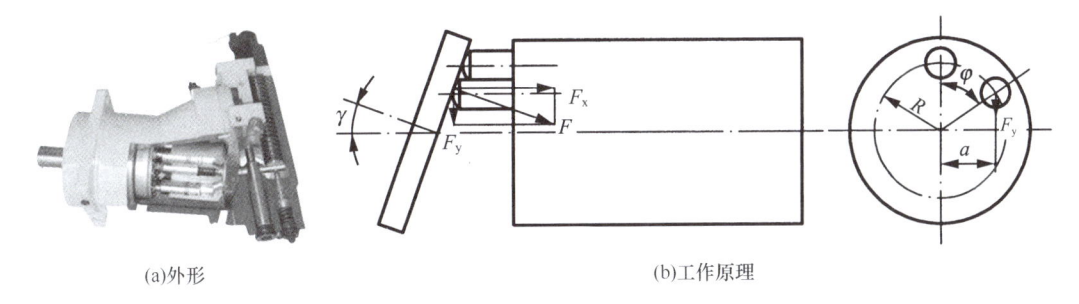

图 4-15　轴向柱塞式液压马达

液压马达输出的转矩应是高压腔柱塞产生的转矩的总和,即

$$T = \sum F_x R \tan\gamma \sin\varphi \qquad (4-29)$$

由于柱塞的瞬时方位角 $\varphi$ 是变量,柱塞产生的转矩也发生变化,因此液压马达产生的总转矩是脉动的。

液压马达的转速 $n$ 和平均转矩 $T$ 也可按式(4-24)和式(4-26)计算。

## 三、叶片式液压马达

图 4-16(a)所示为叶片式液压马达的外形。其工作原理如图 4-16(b)所示,当压力油通入压油腔后,在叶片 1、3 和 5、7 上,一面作用有高压油,另一面则为低压油,由于叶片 3、7 受力面积大于叶片 1、5,因此由叶片受力差产生的力矩推动转子和叶片做逆时针方向旋转。当改变输油方向时,液压马达反转。叶片式液压马达的输出转速与转矩可按式(4-24)和式(4-26)计算。

微课

叶片式液压马达的工作原理

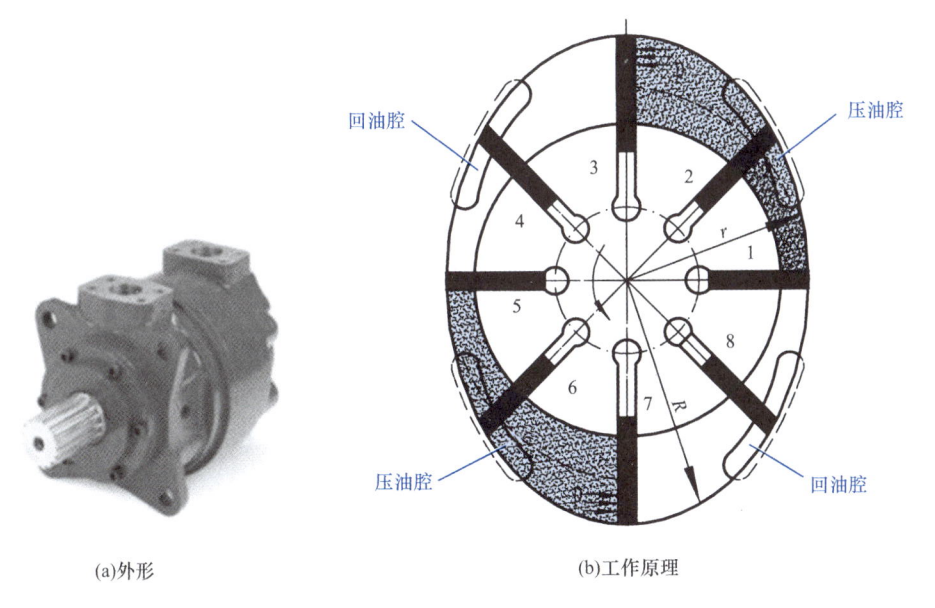

(a)外形　　　　　　　　　　(b)工作原理

图 4-16　叶片式液压马达

为使液压马达正常工作,叶片式液压马达在结构上与叶片泵有一些重要区别。根据液压马达要双向旋转的要求,马达的叶片既不前倾也不后倾,而是径向放置。为使叶片始终紧贴定子内表面以保证正常启动,在吸、压油腔通入叶片根部的通路上应设置单向阀,使叶片底部能与压力油相通。另外还设有弹簧,使叶片始终处于伸出状态,保证初始密封。

叶片式液压马达的转子惯性小,动作灵敏,可以频繁换向,但泄漏量较大,不宜在低速情况下工作,因此叶片式液压马达一般用于转速高、转矩小、动作要求灵敏的场合。

## 4.5 液压执行元件的常见故障及其排除方法

液压缸和液压马达的常见故障及其排除方法分别见表 4-6 和表 4-7。

表 4-6　　　　　　　　　　液压缸的常见故障及其排除方法

| 故障现象 | 原因分析 | 排除方法 |
| --- | --- | --- |
| 爬行 | (1)混入空气<br>(2)运动密封件装配过紧<br>(3)活塞杆与活塞不同轴<br>(4)导向套与缸筒不同轴<br>(5)活塞杆弯曲<br>(6)液压缸安装不良,其中心线与导轨不平行<br>(7)缸筒内径圆柱度超差<br>(8)缸筒内孔锈蚀、拉毛<br>(9)活塞杆两端螺母拧得过紧,使其同轴度降低<br>(10)活塞杆刚性差<br>(11)液压缸运动件之间间隙过大<br>(12)导轨润滑不良 | (1)排除空气<br>(2)调整密封圈,使之松紧适当<br>(3)校正、修整或更换<br>(4)修正调整<br>(5)校直活塞杆<br>(6)重新安装<br>(7)镗磨修复,重配活塞或增加密封件<br>(8)除去锈蚀、毛刺或重新镗磨<br>(9)略松螺母,使活塞杆处于自然状态<br>(10)加大活塞杆直径<br>(11)减小配合间隙<br>(12)保持良好润滑 |
| 冲击 | (1)缓冲间隙过大<br>(2)缓冲装置中的单向阀失灵 | (1)减小缓冲间隙<br>(2)修理单向阀 |
| 推力不足或工作速度下降 | (1)缸体和活塞的配合间隙大,或密封件损坏,造成内泄漏<br>(2)缸体和活塞的配合间隙过小,密封过紧,运动阻力大<br>(3)运动零件制造存在误差和装配不良,引起不同心或单面剧烈摩擦<br>(4)活塞杆弯曲,引起剧烈摩擦<br>(5)缸体内孔拉伤与活塞咬死,或缸体内孔加工不良<br>(6)液压油中杂质过多,使活塞或活塞杆卡死<br>(7)油温过高,加剧泄漏 | (1)修理或更换不合精度要求的零件,重新装配、调整或更换密封件<br>(2)增加配合间隙,调整密封件的压紧程度<br>(3)修理误差较大的零件,重新装配<br>(4)校直活塞杆<br>(5)镗磨、修复缸体或更换缸体<br>(6)清洗液压系统,更换液压油<br>(7)分析温升原因,改进密封结构,避免温升过高 |
| 外泄漏 | (1)密封件咬边、拉伤或破坏<br>(2)密封件方向装反<br>(3)缸盖螺钉未拧紧<br>(4)运动零件之间有纵向拉伤或沟痕 | (1)更换密封件<br>(2)改正密封件方向<br>(3)拧紧螺钉<br>(4)修理或更换零件 |

表 4-7　　　　　　　　　　液压马达的常见故障及其排除方法

| 故障现象 | 原因分析 | 排除方法 |
| --- | --- | --- |
| 转速低且输出转矩小 | (1)滤油器阻塞,油液黏度过大,泵间隙过大,泵效率低,使供油不足<br>(2)电动机转速低,功率不匹配<br>(3)密封不严,有空气进入<br>(4)油液污染,堵塞马达内部通道<br>(5)油液黏度小,内泄漏增大<br>(6)油箱中油液不足,管径过小或过长<br>(7)齿轮马达侧板和齿轮两侧面、叶片马达配油盘和叶片等零件磨损而造成内、外泄漏<br>(8)单向阀密封不良,溢流阀失灵 | (1)清洗滤油器,更换黏度合适的油液,保证供油量<br>(2)更换电动机<br>(3)紧固密封<br>(4)拆卸、清洗马达,更换油液<br>(5)更换黏度合适的油液<br>(6)加油,加大吸油管径<br>(7)对零件进行修复<br><br>(8)修理阀芯和阀座 |
| 噪声过大 | (1)进油口滤油器堵塞,进油管漏气<br>(2)联轴器与马达轴不同心或松动<br>(3)齿轮马达齿形精度低,接触不良,轴向间隙小,内部个别零件损坏,齿轮内孔与端面不垂直,端盖上两孔不平行,滚针轴承断裂,轴承架损坏<br>(4)叶片和主配油盘接触的两侧面、叶片顶端或定子内表面磨损或刮伤,扭力弹簧变形或损坏<br>(5)径向柱塞马达的径向尺寸严重磨损 | (1)清洗、紧固接头<br>(2)重新安装调整或紧固<br>(3)更换齿轮或研磨修整齿形,研磨有关零件,重配轴向间隙,对损坏零件进行更换<br><br><br>(4)根据磨损程度修复或更换<br><br>(5)修磨缸孔,重配柱塞 |
| 泄漏 | (1)管接头未拧紧<br>(2)接合面未拧紧<br>(3)密封件损坏<br>(4)配油装置发生故障<br>(5)相互运动零件间的间隙过大 | (1)拧紧管接头<br>(2)拧紧螺钉<br>(3)更换密封件<br>(4)检修配油装置<br>(5)重新调整间隙或修理、更换零件 |

## 实训

### 液压缸的拆装

**1. 实训目的**

在液压系统中,液压缸是液压系统的主要执行元件。通过对各种液压缸的拆装,应达到以下目的:

(1)了解各类液压缸的结构形式、连接方式、性能特点及应用等。

(2)掌握液压缸的工作原理。

(3)掌握液压缸的常见故障及其排除方法,培养学生实际动手能力和分析问题、解决问题的能力。

**2. 实训器材**

(1)实物:液压缸的种类较多,建议结合本章内容选择典型的液压缸。本实训的重点是拆装双杆活塞液压缸或单杆活塞液压缸。

(2)工具:内六角扳手1套、耐油橡胶板1块、油盆1个及钳工常用工具1套。

## 3. 实训内容与注意事项

下面以双杆活塞液压缸的拆装为例进行介绍。(实心双杆液压缸的结构见图 4-2,空心双杆液压缸的结构见图 4-3)

(1)拆卸顺序

① 拆掉左、右压盖上的螺钉,卸下压盖。

② 拆下端盖。

③ 将活塞与活塞杆从缸体中分离。

(2)主要零件的结构及作用

① 观察所拆装液压缸的类型及安装形式。

② 观察活塞和活塞杆的结构及连接形式。

③ 观察缸筒和缸盖的连接形式。

④ 观察缓冲装置的类型,分析其工作原理和调节方法。

⑤ 观察活塞上小孔的作用。

(3)装配要领

装配前清洗各部件,将活塞杆与导向套、活塞杆与活塞、活塞与缸筒等配合表面涂润滑液,然后按拆卸时的反向顺序装配。

(4)拆装思考题

① 实心双杆液压缸与空心双杆液压缸的固定部件有何区别?

② 上述两种液压缸的活塞杆有何本质区别?为什么?

③ 找出上述两种液压缸的进、出油口及油流通道。

④ 分析上述两种液压缸的工作原理及行程。

⑤ 液压缸的调整通常包括哪些方面?分别如何进行?

### 素养提升

歼-20(代号"威龙")是我国自主研制的第五代制空战斗机,它具备高隐身性、高态势感知、高机动性等能力,其起落架的升降是由多液压缸伸缩实现的。歼-20的自主研发实现了打造跨代新机、引领技术发展、创新研发体系和建设卓越团队的四大目标,在态势感知、信息对抗、协同作战等多方面取得了突破。一大批优秀青年加入到了歼-20的研发当中,他们发挥了举足轻重的作用,形成了高素质专业化人才方阵,体现了中国航空工业从"跟跑"到"并跑",再到"领跑"的必由之路。未来,我们将在战斗机的机械化、信息化、智能化发展征程上不断前行。

## 思考题与习题

1. 液压缸有哪些类型?它们的工作特点是什么?

2. 如果要使机床工作往复运动速度相同,应采用什么类型的液压缸?

# 第4章 液压执行元件

3. 如图 4-17 所示三种结构形式的液压缸,液压缸内径和活塞杆直径分别为 $D$、$d$,如进入液压缸的流量为 $q$,工作压力为 $p$,分析各缸产生的推力、速度大小以及运动的方向。

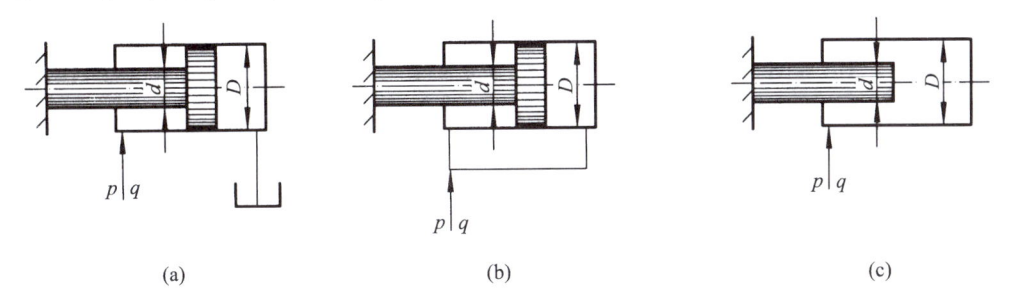

(a)　　　　　　　　　　(b)　　　　　　　　　　(c)

图 4-17　题 3 图

4. 某液压系统执行元件为双杆活塞液压缸,液压缸的工作压力 $p=3.5$ MPa,活塞直径 $D=0.09$ m,活塞杆直径 $d=0.04$ m,工作进给速度 $v=0.015\ 2$ m/s。问液压缸能克服多大阻力? 液压缸所需流量为多少?

5. 图 4-18 所示为两个结构相同且相互串联的液压缸,无杆腔的面积 $A_1=100\ \text{cm}^2$,有杆腔的面积 $A_2=80\ \text{cm}^2$,缸 1 输入压力 $p_1=9\times10^5$ Pa,输入流量 $q_1=12$ L/min。不计损失和泄漏,求:

(1) 当两缸承受相同负载($F_1=F_2$)时,该负载的数值及两缸的运动速度。

(2) 当缸 2 的输入压力是缸 1 的一半($p_2=\dfrac{1}{2}p_1$)时,两缸各能承受多少负载?

(3) 当缸 1 承受负载 $F_1=0$ 时,缸 2 能承受多少负载?

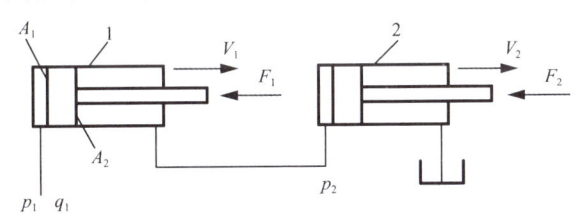

图 4-18　题 5 图

6. 某差动连接液压缸,已知进油流量 $q=30$ L/min,进油压力 $p=4$ MPa,要求活塞往复运动速度均为 6 m/min,试计算此液压缸内径 $D$ 和活塞杆直径 $d$,并求输出推力 $F$。

7. 有一单杆液压缸,已知缸筒内径 $D=125$ mm,活塞杆直径 $d=90$ mm,进油流量 $q=40$ L/min,进油压力 $p_1=2.5$ MPa,回油压力 $p_2=0$。试求:

(1) 当压力油从无杆腔进入且有杆腔的油直接回油箱时,活塞的运动速度 $v_1$ 和输出推力 $F_1$。

(2) 当压力油从有杆腔进入且无杆腔的油直接回油箱时,活塞的运动速度 $v_2$ 和输出推力 $F_2$。

(3) 当差动连接时,活塞的运动速度 $v_3$ 和输出推力 $F_3$。

8. 已知液压泵的流量为 25 L/min,工作压力为 4 MPa,要求活塞往复运动速度均为 6 m/min,而且无杆腔进油、有杆腔回油时推力为 25 000 N。试求:

(1) 液压缸内径 $D$ 和活塞杆直径 $d$。

(2)若缸筒材料选用无缝钢管,其许用应力$[\sigma]=120$ MPa,试确定液压缸壁厚。

9. 在设计液压缸结构时,通常要考虑哪几个问题?

10. 已知某液压马达的排量$V=250$ mL/r,液压马达入口压力$p_1=10$ MPa,出口压力$p_2=0.5$ MPa,其总效率$\eta=0.9$,容积效率$\eta=0.92$,当输入流量$q=22$ L/min时,试求液压马达的实际输出转速$n$和输出转矩$T$。

# 第5章 液压控制元件

在液压传动系统中,液压控制元件主要用来控制液压执行元件运动的方向、承载的能力和运动的速度,以满足机械设备工作性能的要求。按其用途可分为方向控制阀、压力控制阀和流量控制阀三大类。尽管其类型各不相同,但它们之间存在着共性,在结构上所有阀都由阀体、阀芯和驱动阀芯动作的元件(如弹簧、电磁铁)组成,在工作原理上所有阀的阀口开度面积,进、出油口的压力差与流经阀的流量都遵循孔口流量公式,所有的阀都是通过控制阀体和阀芯的相对运动来实现控制目的的。

○ **本章重点**
1. 三位阀的中位机能及电液换向阀的工作原理。
2. 先导式溢流阀的工作原理及溢流阀的应用。
3. 调速阀的工作原理及应用。
4. 液压控制元件的常见故障及其排除方法。

○ **本章难点**
1. 电液换向阀的工作原理。
2. 调速阀的工作原理。
3. 液压控制元件的常见故障诊断。

## 5.1 液压控制元件概述

液压控制阀是液压系统的控制元件,其作用是控制和调节液压系统中液体流动的方向、压力的高低和流量的大小,以满足执行元件的工作要求。

### 一、对液压控制元件的基本要求

(1)动作灵敏,使用可靠,工作时冲击和振动小,使用寿命长。
(2)油液通过液压控制阀时的压力损失小。

(3) 密封性能好,内泄漏少,无外泄漏。
(4) 结构简单紧凑,体积小。
(5) 安装、维护、调整方便,通用性好。

## 二、液压控制阀的分类

### 1. 按用途分

液压控制阀可分为方向控制阀、压力控制阀和流量控制阀。这三类阀还可根据需要互相组合成为组合阀,以使结构紧凑,连接简单,并可提高效率。

### 2. 按控制原理分

液压控制阀可分为开关阀、比例阀、伺服阀和数字阀。开关阀调定后只能在调定状态下工作,本章将重点介绍这一使用最为普遍的液压控制阀。比例阀和伺服阀能根据输入信号连续地或按比例地控制系统的参数。数字阀则用数字信息直接控制阀的动作。

### 3. 按安装连接形式分

(1) 管式连接

管式连接又称螺纹式连接,阀的油口用螺纹管接头或法兰和管道及其他元件连接,并由此固定在管路上,适用于元件较少的简单系统。

(2) 板式连接

阀的各油口均布置在同一安装面上,并用螺钉固定在与阀有对应油口的连接板上,再用管接头与管道及其他元件连接。板式连接方便,应用较广。

(3) 叠加式连接

阀的上下面为连接结合面,各油口分别在这两个面上,且同规格阀的油口连接尺寸相同。每个阀除其自身的功能外,还起油路通道的作用。阀相互叠装便构成回路,无须管道连接,故结构紧凑,压力损失很小。

(4) 插装式连接

这类阀无单独的阀体,由阀芯、阀套等组成的单元插装在插装块体的预制孔中,用连接螺纹或盖板固定,并通过块内通道把各插装式阀连通组成回路,插装块体起到阀体和管路的作用。这是适应液压系统集成化而发展起来的一种新型安装连接方式。

## 5.2 方向控制阀

方向控制阀用以控制液压系统中液流的方向和通断,分为单向阀和换向阀两类。

### 一、单向阀

#### 1. 普通单向阀

普通单向阀简称单向阀,其作用是控制油液只能按一个方向流动,而反向截止。图 5-1(a)、图 5-1(c) 分别所示为管式单向阀的外形和结构原理,图 5-1(b)、图 5-1(d) 分别所示为板式单向阀的外形和结构原理。单向阀由阀体 1、阀芯 2、弹簧 3 等零件组成。压力油从进油口 $P_1$ 流入,作用于锥形阀芯

微课

单向阀的工作
原理与结构

2上，当克服弹簧3的弹力时，顶开阀芯2，经过环形阀口（对于图5-1(c)还要经过阀芯上的四个径向孔）从出油口 $P_2$ 流出。当液流反向时，在弹簧力和油液压力的作用下，阀芯锥面紧压在阀体的阀座上，则油液不能通过。图5-1(e)所示为单向阀的图形符号。

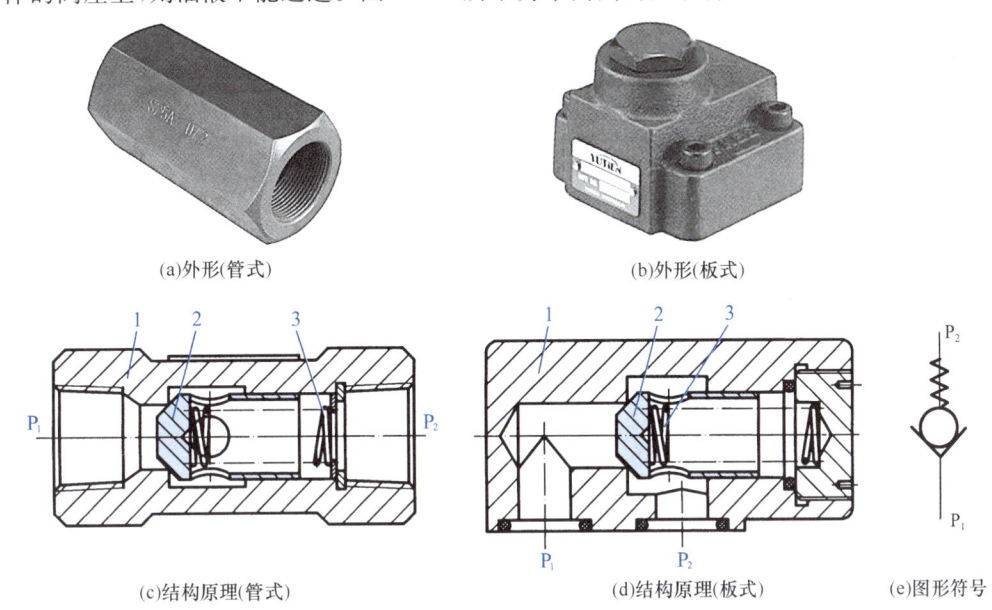

(a)外形(管式)　　(b)外形(板式)

(c)结构原理(管式)　　(d)结构原理(板式)　　(e)图形符号

图 5-1　普通单向阀
1—阀体；2—阀芯；3—弹簧

为了保证单向阀工作灵敏可靠，单向阀中的弹簧刚度一般都较小。单向阀的开启压力为 $0.035\sim0.05$ MPa，通过其额定流量时的压力损失一般不超过 $0.1\sim0.3$ MPa。若更换刚度较大的弹簧，使其开启压力达到 $0.2\sim0.6$ MPa，则可作背压阀使用。

**2. 液控单向阀**

图 5-2(a)所示为液控单向阀的外形。其结构原理如图 5-2(b)所示，它由普通单向阀和液控装置两部分组成。当控油口 K 不通入压力油时，其作用与普通单向阀相同。当控油口 K 通入压力油时，推动活塞1、顶杆2，将阀芯3顶开，使 $P_2$ 和 $P_1$ 接通，液流在两个方向可以自由流动。为了减小活塞1移动的阻力，设有一外泄油口 L。图5-2(c)所示为液控单向阀的图形符号。

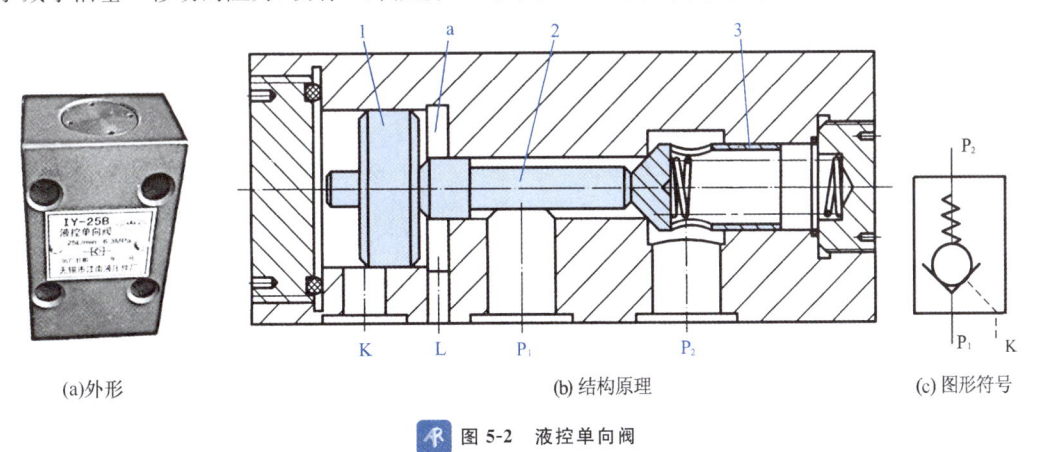

(a)外形　　(b)结构原理　　(c)图形符号

图 5-2　液控单向阀
1—活塞；2—顶杆；3—阀芯

液控单向阀具有良好的反向密封性,常用于执行元件需长时间保压、锁紧的场合。

## 二、换向阀

换向阀的作用是利用阀芯和阀体相对位置的改变来控制各油口的通断,从而控制执行元件的换向和启停。换向阀的种类很多,其分类见表5-1。

表 5-1　　　　　　　　　　　换向阀的分类

| 分类方式 | 类型 |
| --- | --- |
| 按阀芯的运动形式 | 滑阀、转阀 |
| 按阀的工作位置和通路数 | 二位二通、二位三通、二位四通、三位四通、三位五通等 |
| 按阀的操纵方式 | 手动、机动、电动、液动、电液动 |

### 1. 换向阀的工作原理

图 5-3 所示为换向阀的工作原理。在图示状态下,液压缸两腔不通压力油,活塞处于停止状态。若使阀芯 1 左移,阀体 2 的油口 P 和 A 连通、B 和 T 连通,则压力油经 P、A 进入液压缸左腔,右腔油液经 B、T 流回油箱,活塞向右运动;反之,若使阀芯右移,则油口 P 和 B 连通、A 和 T 连通,活塞便向左运动。

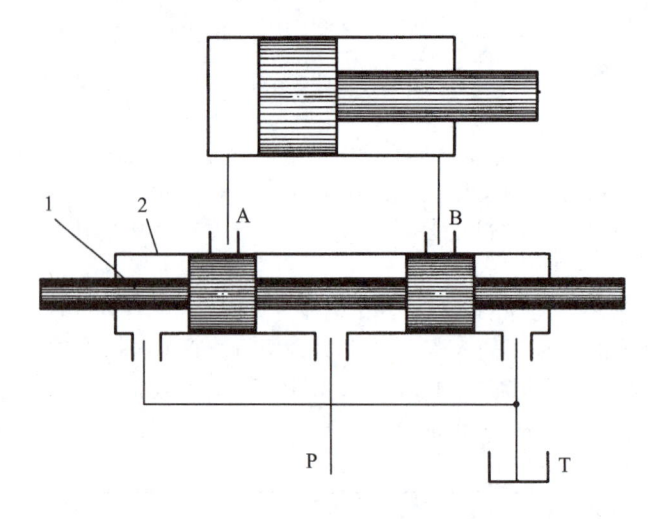

图 5-3　换向阀的工作原理
1—阀芯;2—阀体

表 5-2 列出了几种常用换向阀的结构原理图和图形符号。换向阀图形符号的含义如下:

(1)方格数表示换向阀的阀芯相对于阀体所具有的工作位置数,二格即二位,三格即三位。

(2)方格内的箭头表示两油口连通,但不表示流向,符号"⊥"和"⊤"表示此油口不连通。箭头、箭尾及不连通符号与任一方格的交点数表示油口通路数。

(3)P 表示压力油的进油口,T 表示与油箱相连的回油口,A 和 B 表示连接其他工作油路的油口。

(4)三位阀的中间方格和二位阀靠近弹簧的方格为阀的常态位置。在哪边推阀芯,通断情况就画在哪边的方格中。在液压系统图中,换向阀的符号与油路的连接一般应画在常态位置上。

表 5-2　　　　　　　　　　换向阀的结构原理图和图形符号

| 名称 | 结构原理图 | 图形符号 |
|------|------------|----------|
| 二位二通 | | |
| 二位三通 | | |
| 二位四通 | | |
| 三位四通 | | |
| 二位五通 | | |
| 三位五通 | | |

## 2. 换向阀的滑阀机能

换向阀处于常态位置时，其各油口的连通方式称为滑阀机能。三位换向阀的常态为中位，因此三位换向阀的滑阀机能又称为中位机能。不同中位机能的三位换向阀阀体通用，仅阀芯台肩的结构、尺寸及内部通孔情况有区别。

表 5-3 列出三位四通换向阀常用的五种中位机能。

滑阀式换向阀的结构原理与中位机能

表 5-3　　　　　　　　　　　三位四通换向阀的中位机能

| 代号 | 结构简图 | 中位符号 | 中位油口的状态和特点 |
|---|---|---|---|
| O | | | 各油口全封闭,换向精度高,但有冲击,缸被锁紧,泵不卸荷,并联缸可运动 |
| H | | | 各油口全通,换向平稳,缸浮动,泵卸荷,其他缸不能并联使用 |
| Y | | | P口封闭,A、B、T口相通,换向较平稳,缸浮动,泵不卸荷,并联缸可运动 |
| P | | | T口封闭,P、A、B口相通,换向最平稳,双杆缸浮动,单杆缸差动,泵不卸荷,并联缸可运动 |
| M | | | P、T口相通,A、B口封闭,换向精度高,但有冲击,缸被锁紧,泵卸荷,其他缸不能并联使用 |

### 3. 几种常用的换向阀

(1) 机动换向阀

机动换向阀又称行程阀。机动换向阀是利用安装在运动部件上的行程挡块压下顶杆或滚轮,使阀芯移动来实现油路切换的。机动换向阀常为二位阀,用弹簧复位,有二通、三通、四通等几种。二位二通又分常开(常态位置两油口连通)和常闭(常态位置两油口不通)两种形式。

图 5-4(a) 所示为二位二通机动换向阀的外形。其结构原理如图 5-4(b) 所示,在图示状态(常态)下,阀芯 2 被弹簧 3 顶向上端,油口 P 和 A 不通。当挡块压下滚轮 1 经推杆使阀芯移到下端时,油口 P 和 A 连通。图 5-4(c) 所示为其图形符号。

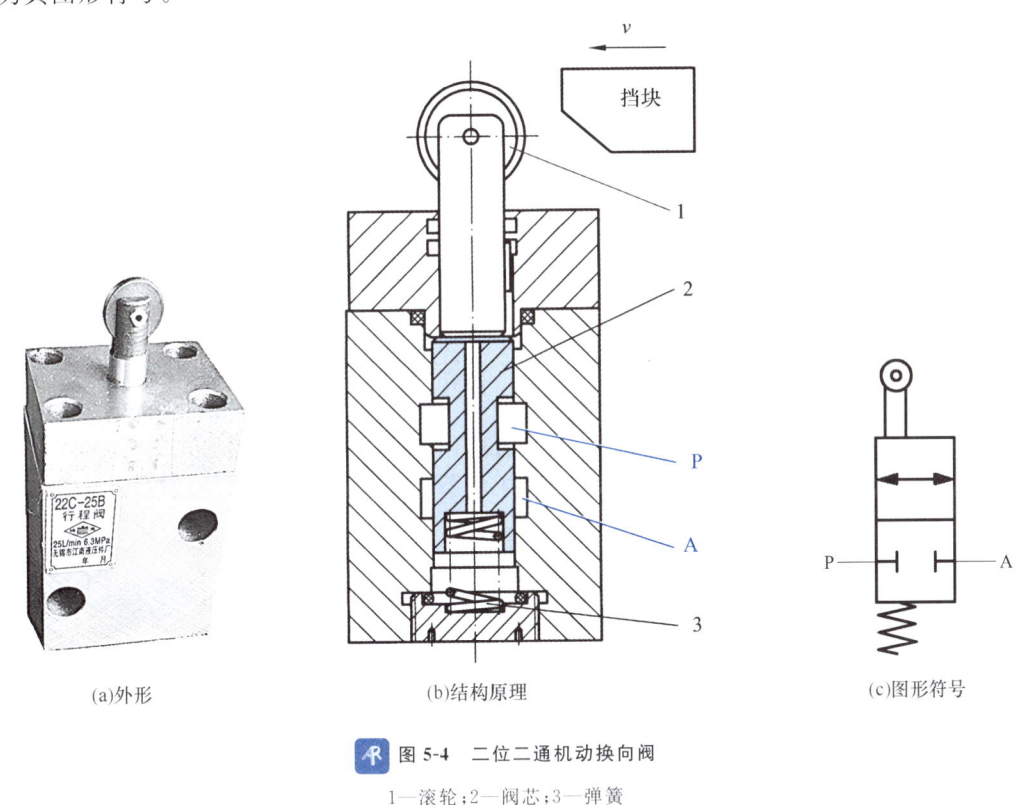

(a)外形　　(b)结构原理　　(c)图形符号

图 5-4　二位二通机动换向阀

1—滚轮；2—阀芯；3—弹簧

(2) 电磁换向阀

电磁换向阀是利用电磁铁的通电吸合与断电释放而直接推动阀芯来控制液流方向的。它是电气系统与液压系统之间的信号转换元件。图 5-5(a)～图 5-5(c) 分别所示为三位四通电磁换向阀的外形、剖视图和分解图。其结构原理如图 5-5(d) 所示,阀的两端各有一个电磁铁和一个对中弹簧。阀芯在常态时处于中位。当右端电磁铁通电时,衔铁 6 通过推杆将阀芯 4 推至左端,阀右位工作,油口 P 通 B、A 通 T；当左端电磁铁通电时,阀芯移至右端,阀左位工作,油口 P 通 A、B 通 T。图 5-5(e) 所示为其图形符号。

(a)外形　　　(b)剖视图

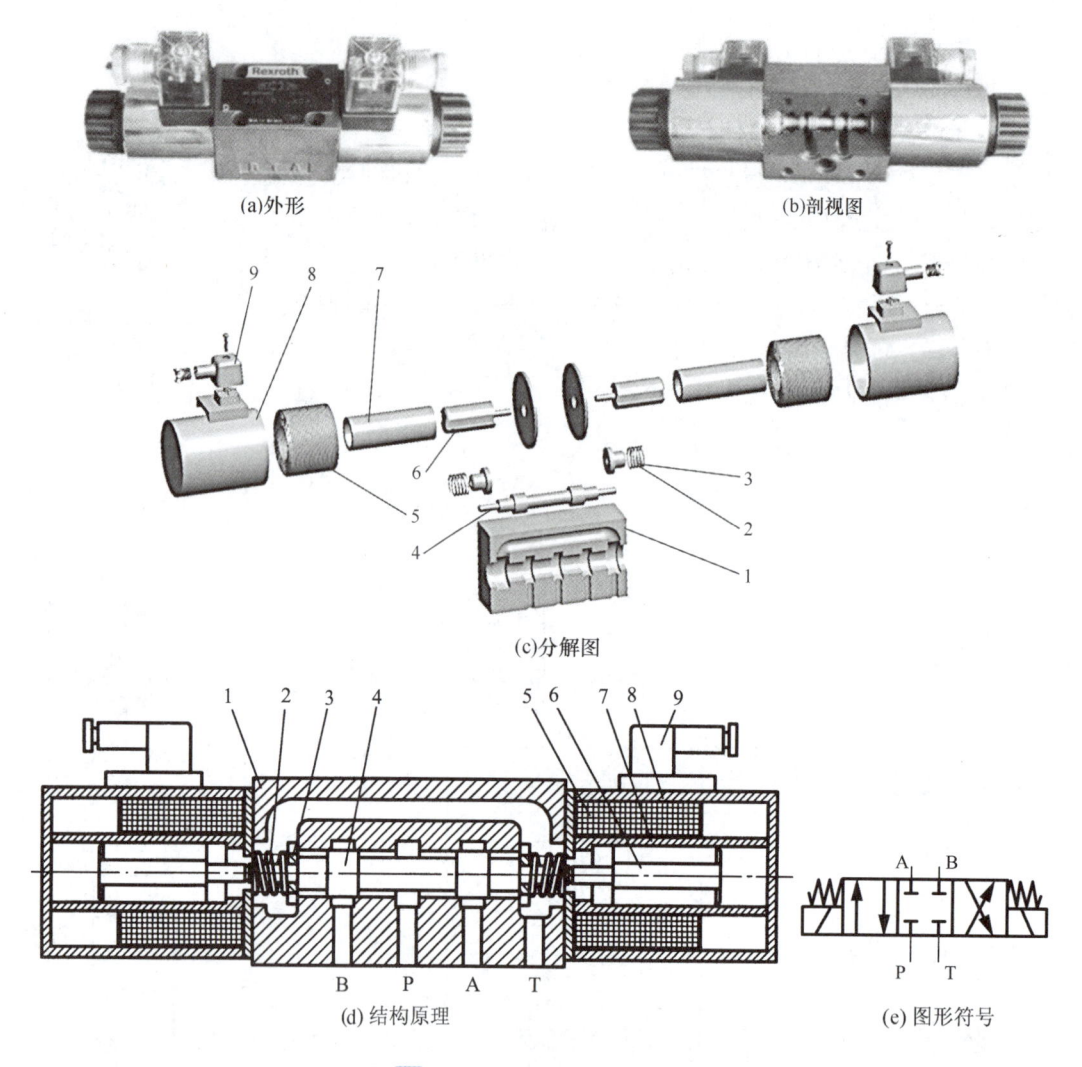

(c)分解图

(d)结构原理　　　(e)图形符号

图 5-5　三位四通电磁换向阀

1—阀体；2—弹簧；3—弹簧座；4—阀芯；5—线圈；6—衔铁；7—隔套；8—壳体；9—插头组件

电磁换向阀操纵方便，布局灵活，有利于提高设备的自动化程度，因而应用十分广泛。按使用电源不同，电磁换向阀可分为交流和直流两种。交流电压常用 220 V 或 380 V，直流电压常用 24 V。

前述电磁阀的阀芯皆为滑动式圆柱阀芯，故这种电磁阀又称为电磁滑阀。近年来出现了一种电磁球阀，它以电磁力为动力，推动钢球来实现油路的通断和切换。与电磁滑阀相比较，电磁球阀具有密封性好、反应速度快、使用压力高和适应能力强等优点，是一种颇具特色的换向阀。电磁球阀的主要缺点是不像电磁滑阀那样具备多种位通组合形式和中位机能，故目前在使用范围方面还受到限制。

（3）液动换向阀

电磁换向阀布置灵活，易实现程序控制，但受电磁铁尺寸限制，难以用于切换大流量（63 L/min 以上）的油路。当阀的通径大于 10 mm 时，常用压力油操纵阀芯换位。这种利用控制油路的压力油推动阀芯改变位置的

微课

液动换向阀的工作原理与结构

阀,称为液动换向阀。

图 5-6(a)所示为三位四通液动换向阀的外形。其结构原理如图 5-6(b)所示,当其两端控制油口 $K_1$ 和 $K_2$ 均不通入压力油时,阀芯在两端弹簧的作用下处于中位(图示位置);当 $K_1$ 进压力油、$K_2$ 接油箱时,阀芯移至右端,阀左位工作,其通油状态为 P 通 A、B 通 T;反之,当 $K_2$ 进压力油、$K_1$ 接油箱时,阀芯移至左端,阀右位工作,其通油状态为 P 通 B、A 通 T。图 5-6(c)所示为三位四通液动换向阀的图形符号。

(a)外形

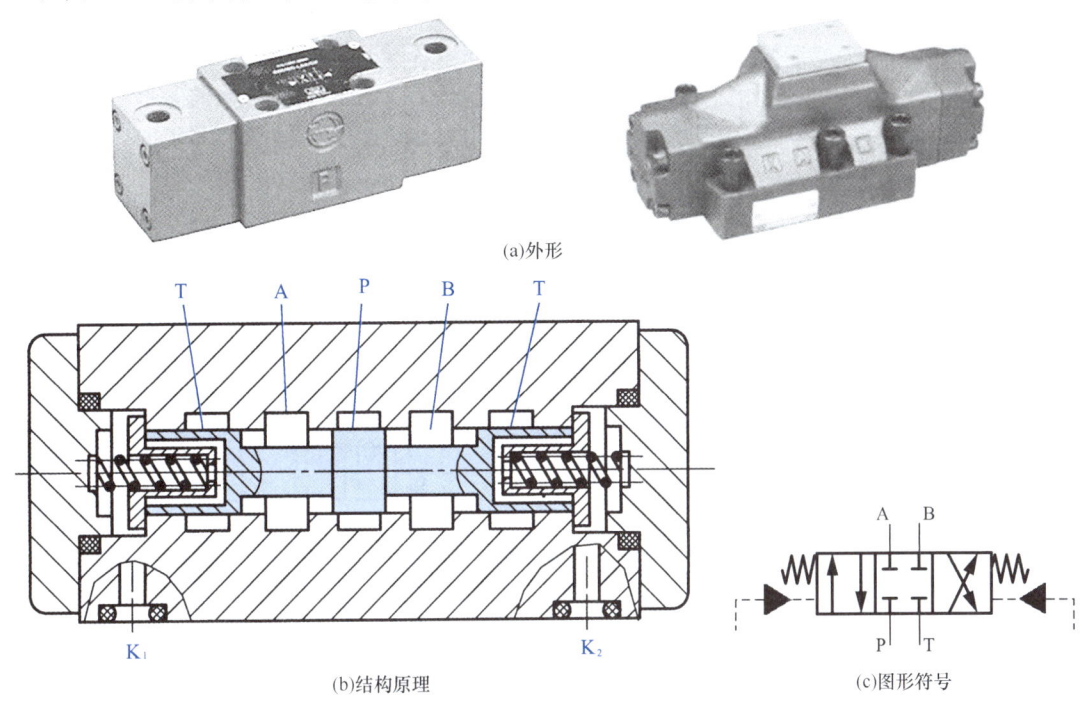

(b)结构原理　　　　　　　　　　(c)图形符号

图 5-6　三位四通液动换向阀

(4)电液换向阀

电液换向阀是由电磁阀和液动换向阀结合在一起而构成的一种组合式换向阀。在电液换向阀中,电磁阀起先导控制作用(称为先导阀),液动换向阀则控制主油路换向(称为主阀)。

如图 5-7(a)所示为三位四通电液换向阀的外形。其结构原理如图 5-7(b)所示,上面是电磁阀(先导阀),下面是液动阀(主阀)。其详细图形符号如图 5-7(c)所示,常态时,先导阀和主阀皆处于中位,主油路中 A、B、P、T 油口均不相通。当左电磁铁通电时,先导阀左位工作,控制油由 K 经先导阀到主阀芯左端油腔,操纵主阀芯右移,使主阀也切换至左位工作,主阀芯右端油腔回油,经先导阀及泄油口 L 流回油箱。此时主油路油口 P 与 A 相通,B 与 T 相通。同理,当先导阀右电磁铁通电时,主油路油口换接,P 与 B 相通、A 与 T 相通,实现了油液换向。图 5-7(d)所示为三位四通电液换向阀的简化符号。

若在液动换向阀的两端盖处加调节螺钉,则可调节液动换向阀阀芯移动的行程和各主阀口的开度,从而改变通过主阀的流量,对执行元件起粗略的速度调节作用。

微课

电液换向阀的工作原理与结构

(a)外形　　(b)结构原理

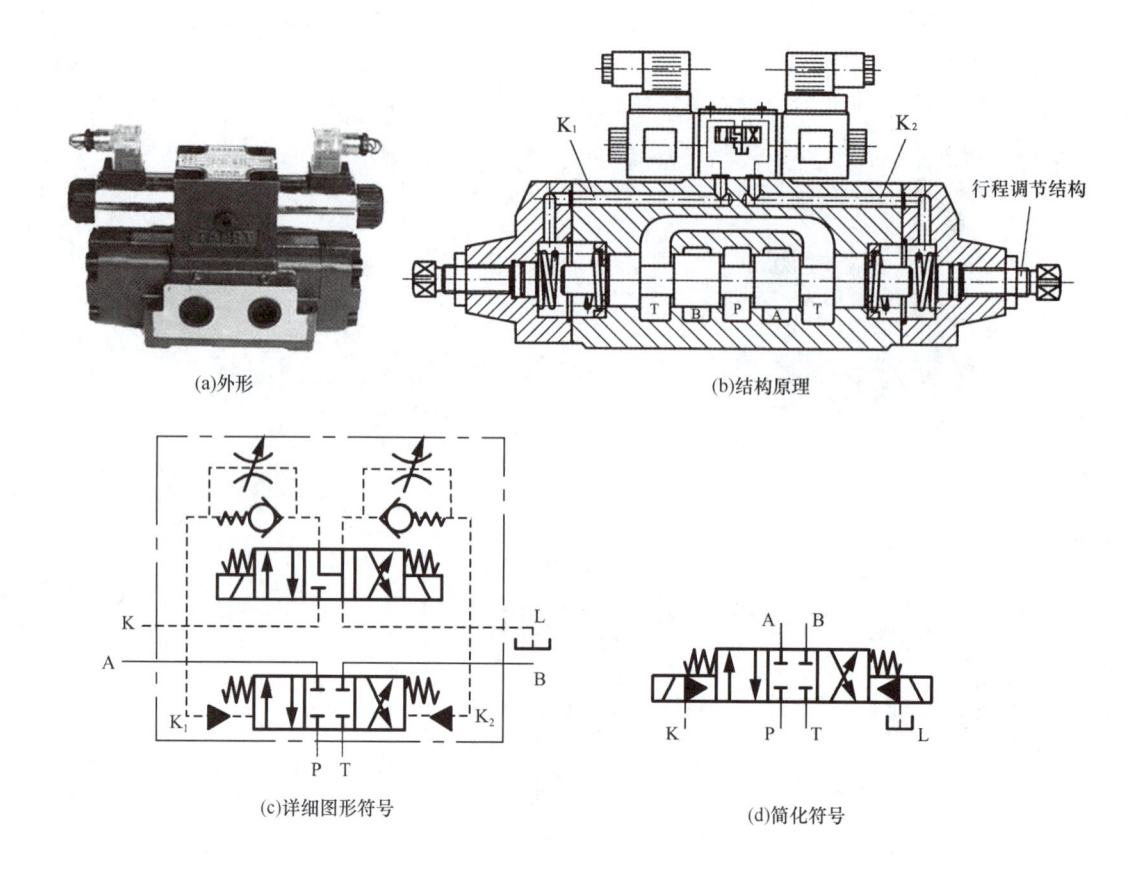

(c)详细图形符号　　(d)简化符号

图 5-7　三位四通电液换向阀

(5)手动换向阀

手动换向阀是用手动杆操纵阀芯换位的换向阀。图 5-8(a)、图 5-8(b)分别所示为弹簧复位式和钢球定位式手动换向阀的外形,其中弹簧复位式手动换向阀的结构原理如图 5-8(c)所示,放开手柄 1,阀芯 2 在弹簧 3 的作用下自动回复中位。如果将该阀阀芯右端弹簧 3 的部位改为图 5-8(d)所示的形式,即可成为可在三个位置定位的手动换向阀。图 5-8(e)、图 5-8(f)为其图形符号。手动换向阀结构简单,动作可靠,常用于持续时间较短且要求人工控制的场合。

(6)多路换向阀

多路换向阀是一种集中布置的组合式手动换向阀,常用于工程机械等要求集中操纵多个执行元件的设备中。多路换向阀的组合方式有并联式、串联式和顺序单动式三种,其外形如图 5-9(a)所示。

图 5-9(b)所示为并联式多路换向阀的图形符号,泵可以同时对三个

或单独对其中任一个执行元件供油。在对三个执行元件同时供油的情况下,因负载不同,故三者将先后动作。图 5-9(c)所示为串联式多路换向阀的图形符号,泵依次向各执行元件供油,第一个阀的回油口与第二个阀的压油口相连。各执行元件可单独动作,也可同时动作。在三个执行元件同时动作的情况下,三个负载压力之和不应超过泵压。图 5-9(d)所示为顺序单动式多路换向阀的图形符号,泵按顺序向各执行元件供油。操作前一个阀时,就切断了后面阀的油路,从而可以防止各执行元件之间的动作干扰。

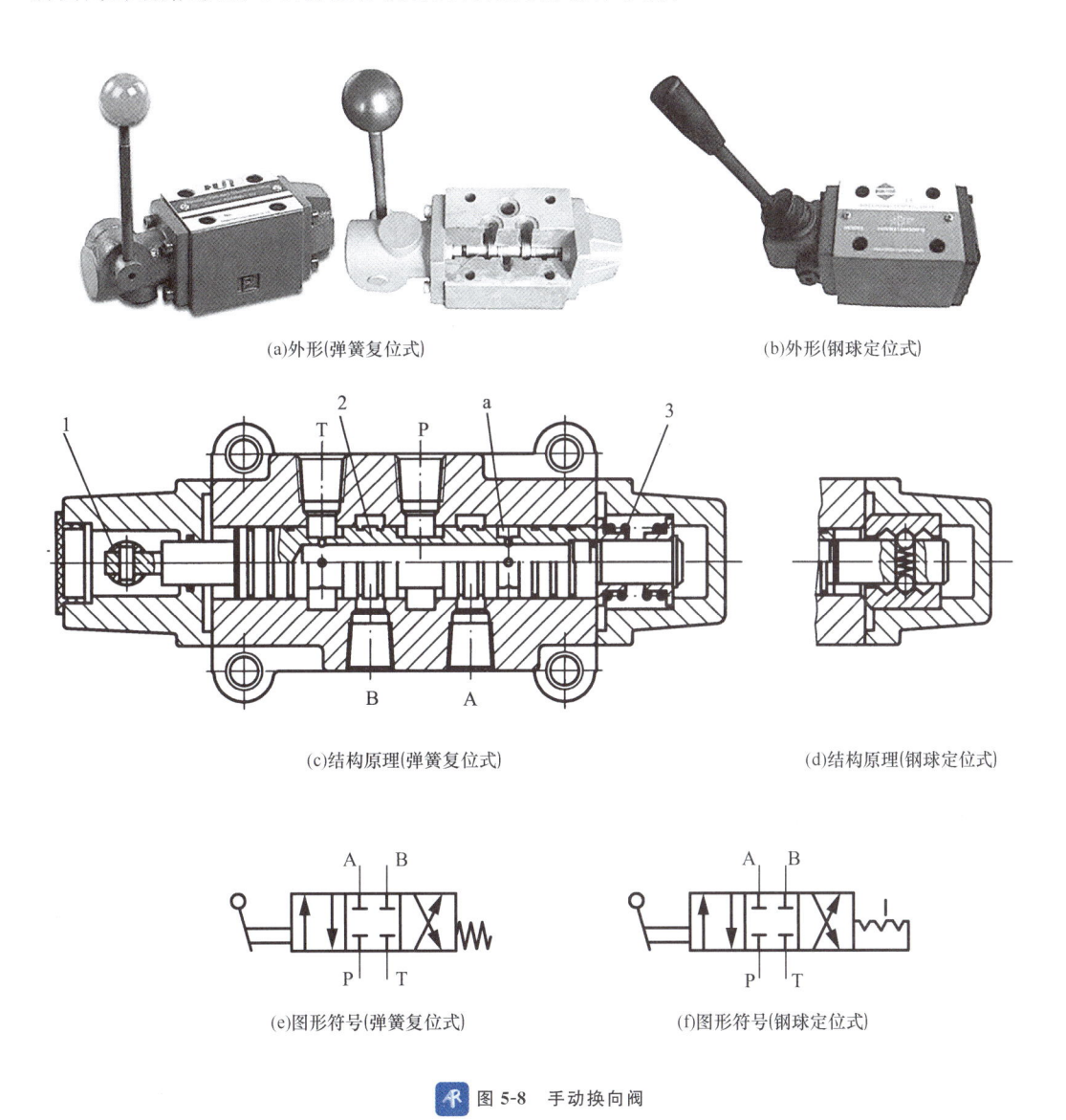

(a)外形(弹簧复位式)　　　　　(b)外形(钢球定位式)

(c)结构原理(弹簧复位式)　　　　　(d)结构原理(钢球定位式)

(e)图形符号(弹簧复位式)　　　　　(f)图形符号(钢球定位式)

图 5-8　手动换向阀

1—手柄;2—阀芯;3—弹簧

(a)外形

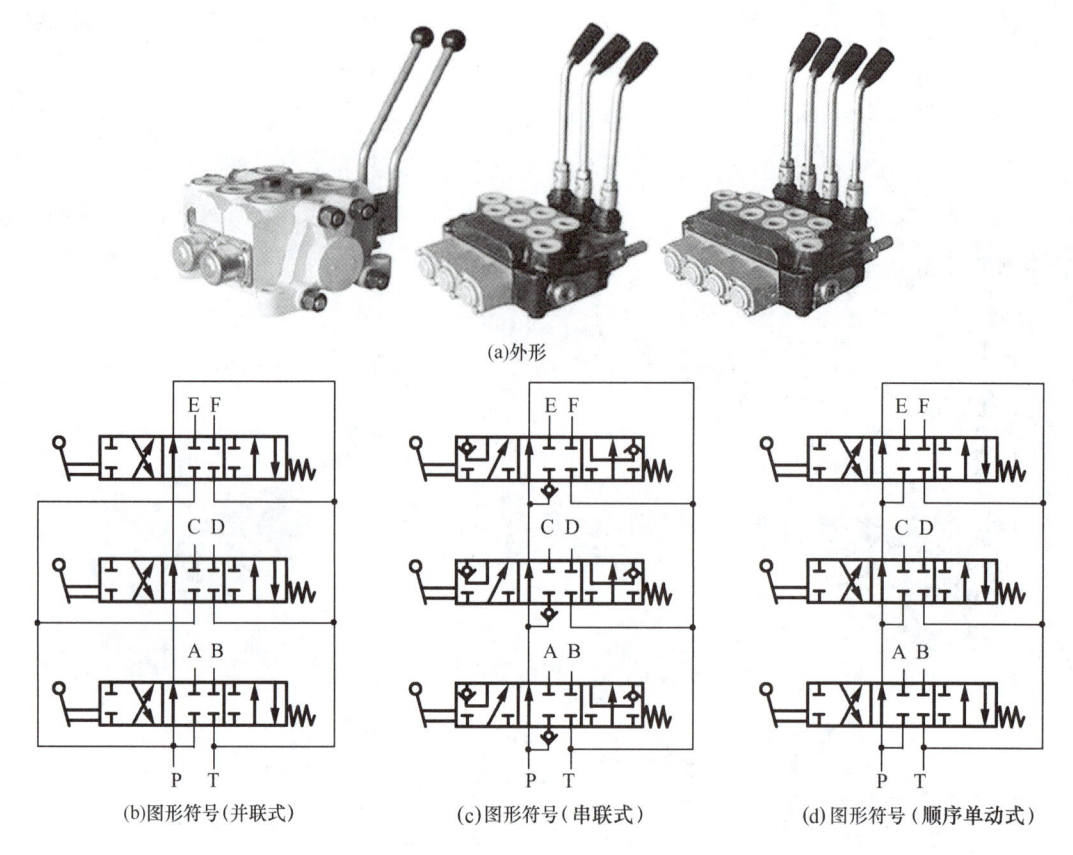

(b)图形符号(并联式)　　　(c)图形符号(串联式)　　　(d)图形符号(顺序单动式)

图 5-9　多路换向阀

### 4. 方向控制阀的常见故障及其排除方法

表 5-4 列出了换向阀的常见故障及其排除方法。

表 5-4　　　　　　　　　　　换向阀的常见故障及其排除方法

| 故障现象 | 原因分析 | 排除方法 |
| --- | --- | --- |
| 阀芯不动或不到位 | (1)滑阀卡住<br>①滑阀(阀芯)与阀体配合间隙过小,阀芯在孔中容易卡住而不能动作或动作不灵<br>②阀芯(或阀体)被碰伤,油液被污染<br>③阀芯几何形状超差。阀芯与阀孔装配不同心,产生轴向液压卡紧现象<br>(2)液动换向阀的控制油路有故障<br>①油液控制压力不够,滑阀不动,不能换向或换向不到位<br>②节流阀关闭或堵塞<br>③滑阀两端泄油口没有接回油箱或泄油管堵塞<br>(3)电磁铁故障<br>①交流电磁铁因滑阀卡住,铁芯吸不到底面而被烧毁<br>②漏磁、吸力不足<br>③电磁铁接线焊接不良,接触不好<br>(4)弹簧折断、漏装、太软,都不能使滑阀恢复中位,因而不能换向<br>(5)电磁换向阀的推杆磨损后长度不够或行程不正确,使阀芯移动过小或过大,都会引起换向不灵或不到位 | (1)检修滑阀<br>①检查间隙情况,研修或更换阀芯<br>②检查、研磨或重配阀芯,必要时更换新油<br>③检查、修正几何偏差及同心度,检查液压卡紧情况并修复<br>(2)检查控制油路<br>①提高控制油压,检查弹簧是否过硬,以便更换<br>②检查、清洗节流口<br>③检查并接通回油箱,清洗回油管,使之畅通<br>(3)检查并修复<br>①检查滑阀卡住故障,更换电磁铁<br>②检查漏磁原因,更换电磁铁<br>③检查并重新焊接<br>(4)检查、更换或补装<br>(5)检查并修复,必要时可更换推杆 |

续表

| 故障现象 | 原因分析 | 排除方法 |
|---|---|---|
| 换向冲击与噪声 | (1)控制流量过大,滑阀移动速度太快,产生冲击声<br>(2)单向节流阀阀芯与阀孔配合间隙过大,单向阀弹簧漏装,阻尼失效,产生冲击声<br>(3)电磁铁的铁芯接触面不平或接触不良<br>(4)滑阀时卡时或局部摩擦力过大<br>(5)固定电磁铁的螺栓松动而产生振动 | (1)调小单向节流阀的节流口,减慢滑阀移动速度<br>(2)检查、修整(修复)到合理间隙,补装弹簧<br>(3)清除异物,并修整电磁铁的铁芯<br>(4)研磨修整或更换滑阀<br>(5)紧固螺栓,并加防松垫圈 |

## 5.3　压力控制阀

压力控制阀是控制液压系统压力或利用压力变化来实现某种动作的阀的统称。这类阀的共同特点是利用阀芯上液体压力与弹簧力相平衡的原理来进行工作的。压力控制阀按用途不同可分为溢流阀、顺序阀、减压阀和压力继电器等。

### 一、溢流阀

#### 1.溢流阀的工作原理与结构

溢流阀按其结构原理可分为直动式和先导式。直动式溢流阀用于低压系统,先导式溢流阀用于中、高压系统。

(1)直动式溢流阀

图 5-10(a)所示为直动式溢流阀的外形,其结构原理如图 5-10(b)所示。来自进油口 P 的压力油经阀芯 3 上的径向孔和阻尼孔 a 通入阀芯的底部,阀芯的下端便受到压力为 $p$ 的油液作用,若作用面积为 $A$,则压力油作用于该面上的力为 $pA$。调压弹簧 2 作用在阀芯上的预紧力为 $F_s$。当进油压力较小($pA<F_s$)时,阀芯处于下端(图示)位置,将进油口 P 和回油口 T 隔开,即不溢流。随着进油压力升高,当 $pA=F_s$ 时,阀芯即将开启。当 $pA>F_s$ 时,阀芯上移,调压弹簧进一步被压缩,油口 P 和 T 相通,溢流阀开始溢流。当溢流阀稳定工作时,若不考虑阀芯的自重以及摩擦力和液动力的影响,则 $p=F_s/A$,因 $F_s$ 变化不大,故可以认为溢流阀进口处的压力 $p$ 基本保持恒定,这时溢流阀起定压溢流作用。

调节螺母 1 可以改变弹簧的预压缩量,从而调定溢流阀的溢流压力。阻尼小孔 a 的作用是增加液阻以减小滑阀的振动(移动过快而引起)。泄油口 b 可将泄漏到弹簧腔的油液引到回油口 T。

这种溢流阀因压力油直接作用于阀芯,故称为直动式溢流阀。直动式溢流阀一般只能用于低压小流量的场合,当控制较高压力和较大流量时,需要刚度较大的调压弹簧,不但手动调节困难,而且溢流阀口开度(调压弹簧附加压缩量)略有变化便会引起较大的压力变化。这种低压直动式溢流阀一般用于压力小于 2.5 MPa 的小流量场合。图 5-10(c)所示为直动式溢流阀的图形符号,也是溢流阀的一般符号。

(a)外形　(b)结构原理　(c)图形符号

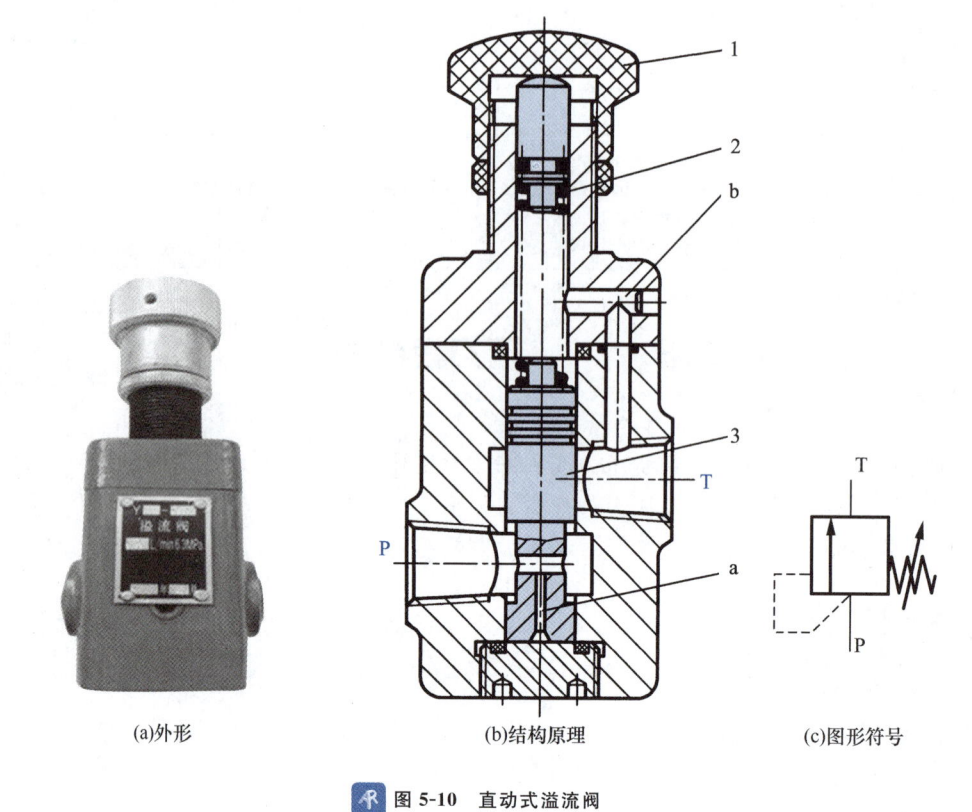

**图 5-10　直动式溢流阀**

1—调节螺母；2—调压弹簧；3—阀芯

（2）先导式溢流阀

图 5-11(a)～图 5-11(c)分别所示为先导式溢流阀的外形、轴测剖视图和分解图。其结构原理如图 5-11(d)所示，该阀由先导阀和主阀两部分组成。压力油从进油口（图中未示出）进入进油腔 P 后，经主阀芯 5 的轴向孔 f 进入主阀芯的下端，同时油液又经阻尼小孔 e 进入主阀芯上端，再经孔 c 和 b 作用于先导阀的锥阀芯 3 上，此时远程控制口 K 不接通。当系统压力较低时，先导阀关闭，主阀芯两端压力相等，主阀芯在平衡弹簧的作用下处于最下端（图示位置），主阀溢流口封闭。若系统压力升高，主阀上腔压力也随之升高，直至大于先导阀调压弹簧 2 的调定压力时，先导阀被打开，主阀上腔的压力油经锥阀阀口、小孔 a、油腔 T 流回油箱。由于阻尼小孔 e 的作用，在主阀芯两端形成的一定压力差的作用下，克服平衡弹簧的弹力而上移，主阀溢流阀口开启，P 和 T 接通，实现溢流。调节螺母 1 即可调节调压弹簧 2 的预压缩量，从而调整系统压力。

在先导式溢流阀中，先导阀用于控制和调节溢流压力，主阀通过控制溢流口的启闭来稳定压力。由于需要通过先导阀的流量较小，锥阀的阀孔尺寸也较小，调压弹簧的刚度也就不大，因此调压比较方便。主阀芯因两端均受油液压力作用，平衡弹簧只需很小的刚度，当溢流量变化而引起主阀平衡弹簧的压缩量变化时，溢流阀所控制的压力变化也就较小，故先导式溢流阀的稳压性能优于直动式溢流阀。但先导式溢流阀必须在先导阀和主阀都动作后才能起控制压力作用，因此不如直动式溢流阀反应快。远程控制口 K 在一般情况下是不用的,若 K 口接远程调压阀,就可以对主阀进行远程控制;若 K 口接二位二通阀,通油箱,则可使泵卸荷。图 5-11(e)所示为先导式溢流阀的图形符号。

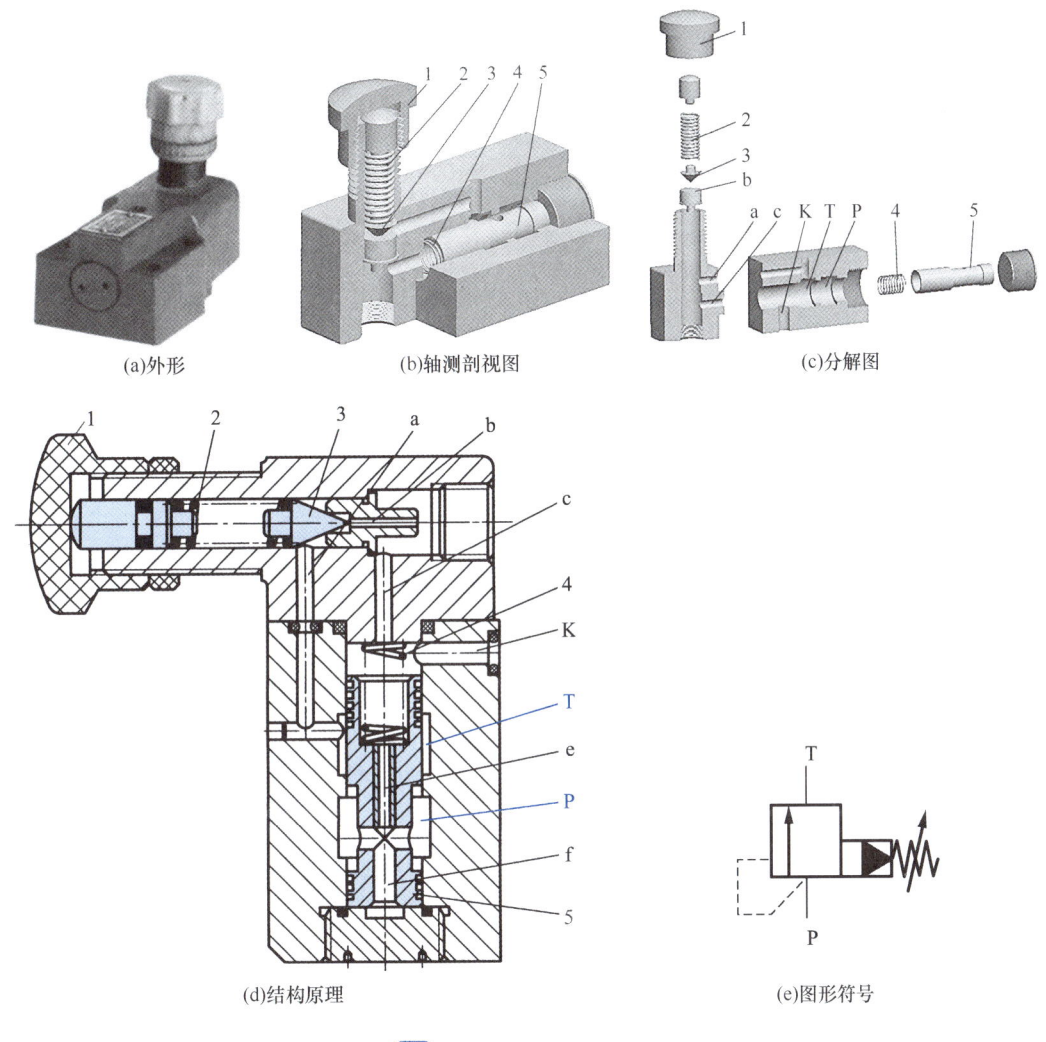

(a)外形　(b)轴测剖视图　(c)分解图

(d)结构原理　(e)图形符号

图 5-11　先导式溢流阀

1—调节螺母;2—调压弹簧;3—锥阀芯;4—平衡弹簧;5—主阀芯

### 2. 溢流阀的应用

根据溢流阀在液压系统中所起的作用,溢流阀除可溢流外,还可作安全阀、卸荷阀和背压阀使用。

(1)作溢流阀用

在采用定量泵供油的液压系统中,由流量控制阀调节进入执行元件的流量,定量泵输出的多余油液则从溢流阀流回油箱。在工作过程中溢流阀口常开,系统的工作压力由溢流阀调整并保持基本恒定,如图 5-12(a)所示的溢流阀 1。

(2)作安全阀用

图 5-12(b)所示为一变量泵供油系统,执行元件的速度由变量泵自身调节,系统中无多余油液,系统工作压力随负载变化而变化。正常工作时,溢流阀口关闭。一旦过载,溢流阀

(a)          (b)          (c)

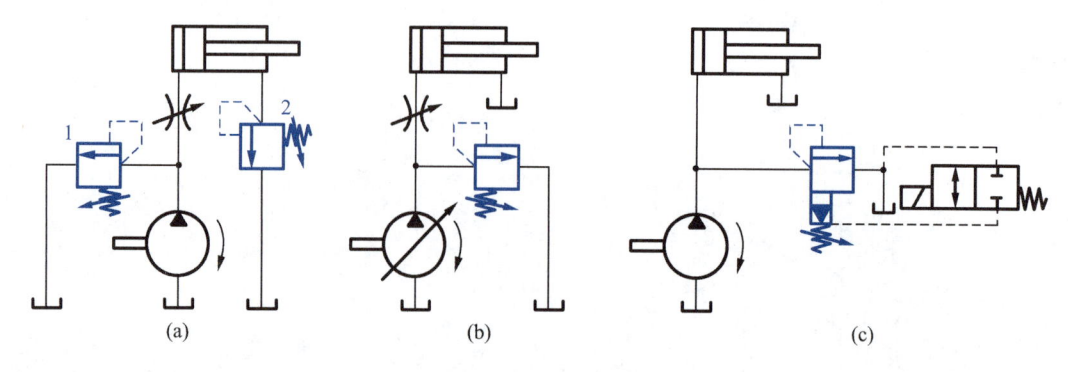

图 5-12 溢流阀的应用

口立即打开,使油液流回油箱,系统压力不再升高,以保障系统安全。

(3) 作卸荷阀用

如图 5-12(c)所示,将先导式溢流阀远程控制口 K 通过二位二通电磁阀与油箱连接。当电磁铁断电时,远程控制口 K 被堵塞,溢流阀起溢流稳压作用。当电磁铁通电时,远程控制口 K 通油箱,溢流阀的主阀芯上端压力接近于零,此时溢流阀口全开,回油阻力很小,泵输出的油液便在低压下经溢流阀口流回油箱,使液压泵卸荷,从而减小系统功率损失,故溢流阀起卸荷作用。

(4) 作背压阀用

如图 5-12(a)所示,溢流阀 2 接在回油路上,可对回油产生阻力,即形成背压,利用背压可提高执行元件的运动平稳性。

## 二、顺序阀

顺序阀利用系统压力变化来控制油路的通断,以实现某些液压元件的顺序动作。顺序阀也有直动式和先导式两种结构。

### 1. 顺序阀的工作原理与结构

顺序阀的工作原理和溢流阀相似,其主要区别在于:溢流阀的出口接油箱,而顺序阀的出口接执行元件。顺序阀的内泄漏油不能用通道与出油口相连,而必须用专门的泄油口接通油箱。

图 5-13(a)所示为直动式顺序阀的外形。其结构原理如图 5-13(b)所示,常态下,进油口 $P_1$ 与出油口 $P_2$ 不通。进油口油液经阀体 3 和下盖 1 上的油道流到活塞 2 的底部,当进油口油液压力低于弹簧 5 的调定压力时,阀口关闭。当进油口油液压力高于弹簧的调定压力时,控制活塞在油液压力作用下克服弹簧力将阀芯 4 顶起,使 $P_1$ 与 $P_2$ 相通,压力油便可经阀口流出。弹簧腔的泄漏油从泄油口 L 流回油箱。因顺序阀的控制油液直接从进油口引入,故称为内控外泄式顺序阀,其图形符号如图 5-13(c)所示。

将图 5-13(b)中的下盖 1 旋转 90°或 180°安装,切断原控油路,将外控口 K 的螺塞取下,接通控制油路,则阀的开启由外部压力油控制,便构成外控外泄式顺序阀,其图形符号如图 5-13(d)所示。若再将上盖 6 旋转 180°安装,并将外泄口 L 堵塞,则弹簧腔与出油口相通,构成外控内泄式顺序阀,其图形符号如图 5-13(e)所示。

# 第5章 液压控制元件

(c) 图形符号(内控外泄式)

(d) 图形符号(外控外泄式)

(e) 图形符号(外控内泄式)

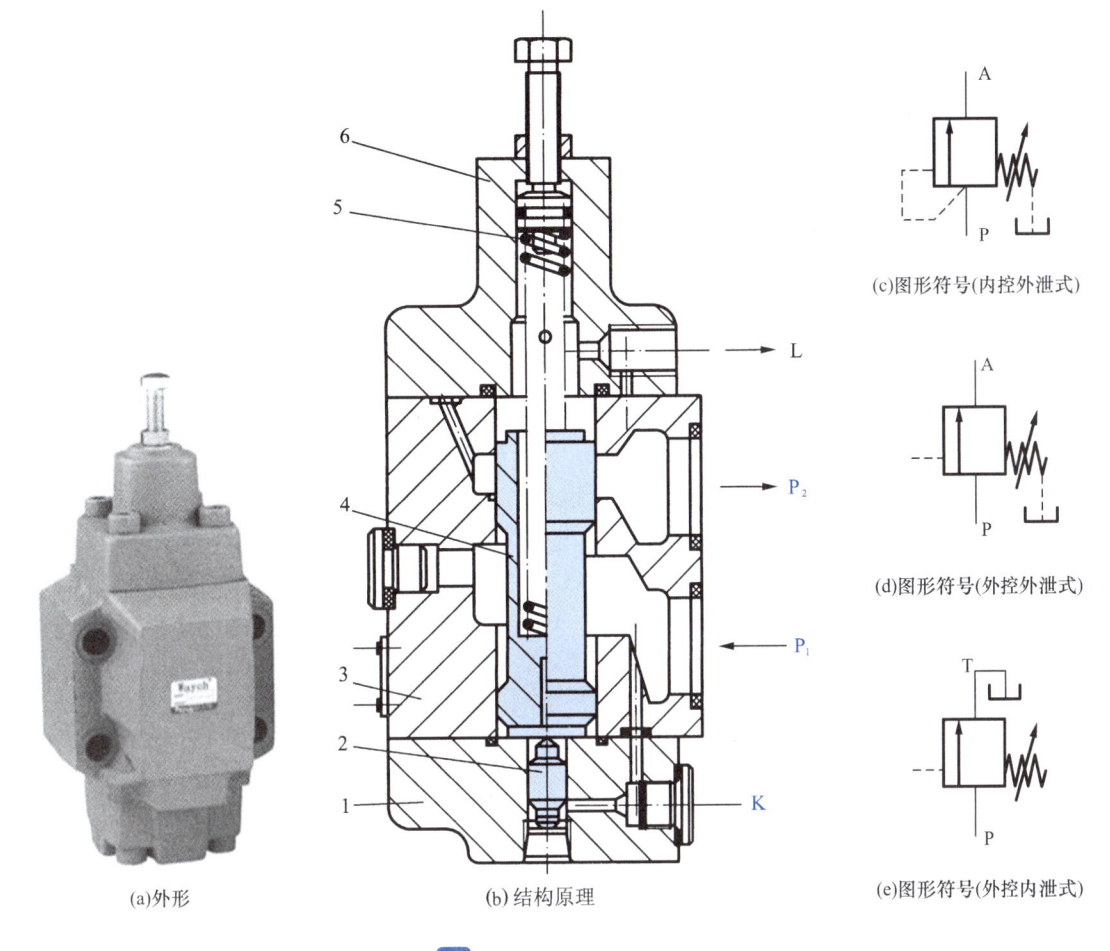

(a) 外形　　(b) 结构原理

图 5-13　直动式顺序阀

1—下盖；2—活塞；3—阀体；4—阀芯；5—弹簧；6—上盖

## 2. 顺序阀的应用

图 5-14 所示为机床夹具上用顺序阀实现工件先定位后夹紧的顺序动作回路。当换向阀右位工作时，压力油首先进入定位缸下腔，完成定位动作以后，系统压力升高。当达到顺序阀调定压力（为保证工作可靠，顺序阀的调定压力应比定位缸最高工作压力高 0.5～0.8 MPa）时，顺序阀打开，压力油经顺序阀进入夹紧缸下腔，实现液压夹紧。当换向阀左位工作时，压力油同时进入定位缸和夹紧缸上腔，拔出定位销，松开工件，夹紧缸通过单向阀回油。此外，顺序阀还可用作卸荷阀、平衡阀和背压阀。

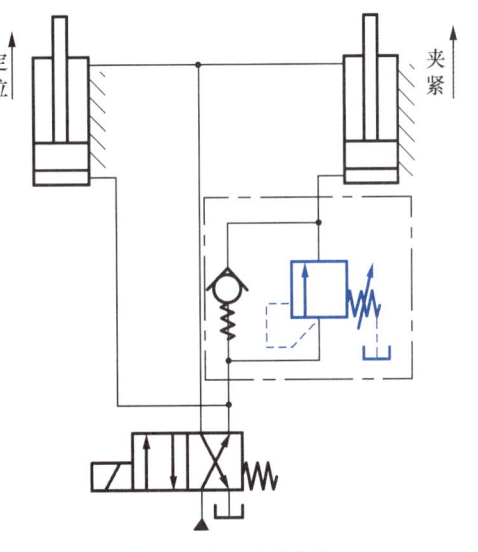

图 5-14　顺序阀的应用

## 三、减压阀

减压阀主要用来使液压系统的某一支路获得比液压泵供油压力低的稳定压力。减压阀也有直动式和先导式之分,先导式减压阀应用较多。

**1. 减压阀的工作原理与结构**

图 5-15(a)所示为先导式减压阀的外形。其结构原理如图 5-15(b)所示,它在结构上和先导式溢流阀类似,也由先导阀和主阀两部分组成。压力油从阀的进油口(图中未示出)进入进油腔 $P_1$,经开口为 $x$ 的减压减压后,再从出油腔 $P_2$ 和出油口流出。出油腔压力油经小孔 f 进入主阀芯 5 的下端,同时经阻尼小孔 e 流入主阀芯上端,再经孔 c 和 b 作用于锥阀芯 3 上。当出油口压力较低时,先导阀关闭,主阀芯两端压力相等,主阀芯被平衡弹簧 4 压在最下端(图示位置),减压阀口开度为最大,压降为最小,减压阀不起减压作用。当出油口压力达到先导阀的调定压力时,先导阀开启,此时 $P_2$ 腔的部分压力油经孔 e、c、b、先导阀口、孔 a 和泄漏口 L 流回油箱。由于阻尼小孔 e 的作用,主阀芯两端产生压力差,主阀芯便在此压力差作用下克服平衡弹簧的弹力上移,减压阀口减小,使出油口压力降低至调定压力。若外界干扰(如负载变化)使出油口压力变化,则减压阀会自动调整减压阀口的开度以保持出油压力稳定。调节螺母 1 即可调节调压弹簧 2 的预压缩量,从而调定减压阀出油口压力。中压先导式减压阀的调压范围为 2.5~8.0 MPa,适用于中、低压系统。图 5-15(c)所示为直动式减压阀的图形符号,也是减压阀的一般符号;图 5-15(d)所示为先导式减压阀的图形符号。

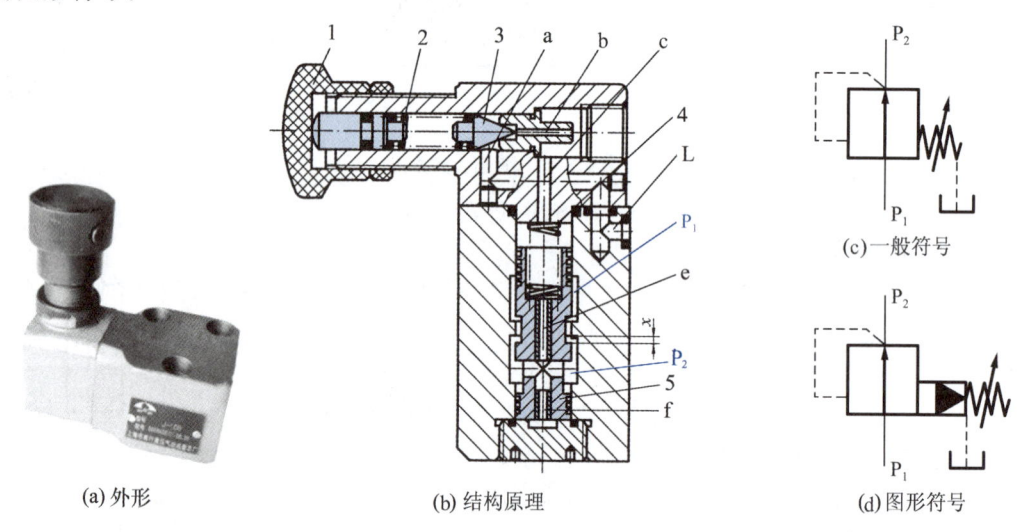

(a) 外形     (b) 结构原理     (c) 一般符号     (d) 图形符号

图 5-15 先导式减压阀
1—调节螺母;2—调压弹簧;3—锥阀芯;4—平衡弹簧;5—主阀芯

**2. 减压阀的应用**

减压阀在夹紧油路、控制油路和润滑油路中应用较多。图 5-16 为减压阀用于夹紧油路的原理图,液压泵除供给主油路压力油外,还经分支油路上的减压阀为夹紧缸提供比液压泵供油压力低的稳定压力油,其夹紧力大小由减压阀来调节控制。

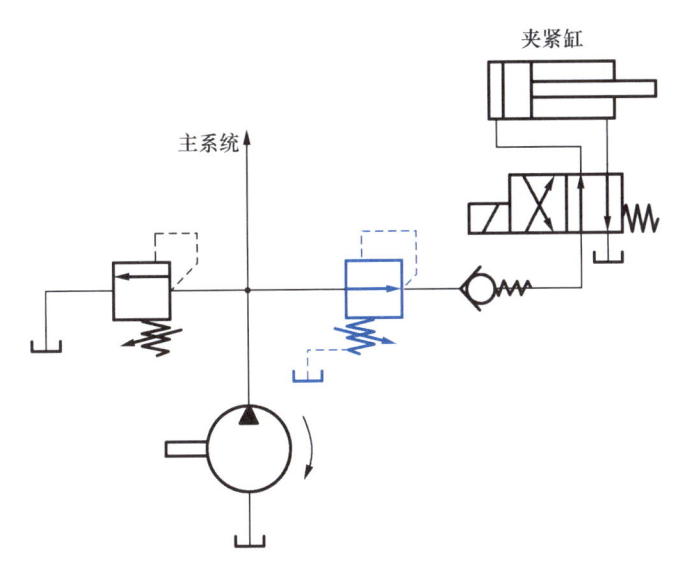

图 5-16 减压阀的应用

## 四、压力继电器

压力继电器是将油液的压力信号转变为电信号的转换元件。它利用液压系统压力的变化来控制电路的接通或断开,以实现自动控制或安全保护。

压力继电器种类很多,图 5-17(a)所示为单柱塞式压力继电器的外形。其结构原理如图 5-17(b)所示,压力油从油口P进入压力继电器,作用在柱塞1底部,当系统压力达到调

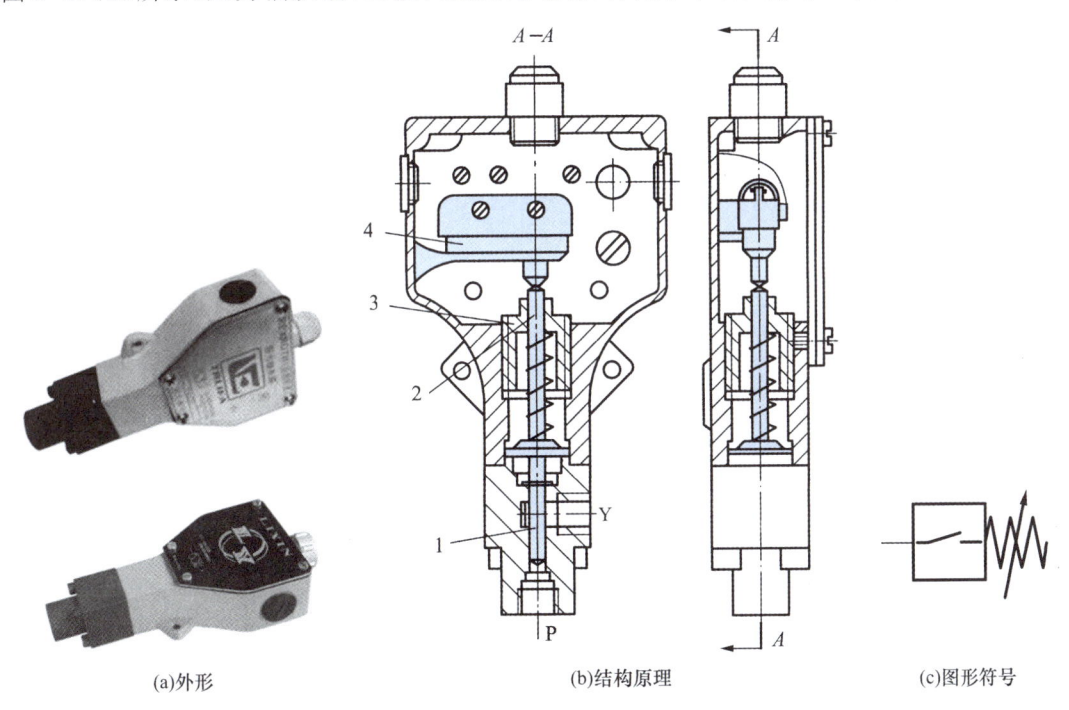

(a)外形　　(b)结构原理　　(c)图形符号

图 5-17 单柱塞式压力继电器
1—柱塞;2—顶杆;3—调节螺钉;4—微动开关

定压力时,作用在柱塞上的液压力克服弹簧力,推动顶杆 2 上移,使微动开关 4 的触点闭合而发出电信号。调节螺钉 3 可改变弹簧的压缩量,相应就调节了发出电信号时的控制油压力。当系统压力降低时,在弹簧力作用下柱塞下移,压力继电器复位而切断电信号。压力继电器发出电信号时的压力称为开启压力,切断电信号时的压力称为闭合压力。由于摩擦力的作用,开启压力高于闭合压力,其差值称为压力继电器的灵敏度,差值小则灵敏度高。图 5-17(c)所示为单柱塞式压力继电器的图形符号。

### 五、压力控制阀的性能比较及常见故障排除方法

各种压力控制阀的结构和原理十分相似,在结构上仅有局部不同,有的是进出油口连接差异,有的是阀芯结构形状有局部改变。熟悉各类压力控制阀的结构性能特点,会对分析与排除其故障大有帮助。表 5-5 列出了溢流阀、减压阀和顺序阀的性能比较,表 5-6 列出了先导式溢流阀的常见故障及其排除方法。

表 5-5　　　　　　　　　　　溢流阀、减压阀和顺序阀的性能比较

| 名称 | 溢流阀 | 减压阀 | 顺序阀 |
| --- | --- | --- | --- |
| 职能符号 | | | |
| 控制油路特点 | 把进油口油液引到阀芯底部,与弹簧力平衡,所以是控制进油路压力,常态下阀口关闭 | 把出油口油液引到阀芯底部,与弹簧力平衡,所以是控制出口油路压力,常态下阀口全开 | 同溢流阀,把进油口油液引到阀芯底部,所以是控制进油路压力,常态下阀口关闭 |
| 回油特点 | 阀的出油口油液直接流回油箱,故泄漏油可在阀体内与回油口连通,属于内泄式 | 阀的出油口油液是低于进油压力的二次压力油,供给辅助油路,所以要单独设置泄油口 L,属于外泄式 | 同减压阀,即出油口油液接另一个缸中,所以要单独设置泄油口 L,也属于外泄式 |
| 基本用法 | 用作溢流阀、安全阀、卸荷阀,一般接在泵的出口,与主油路并联。若作背压阀用,则串联在回油路上,调定压力较低 | 串联在系统内,接在液压泵与分支油路之间 | 串联在系统中,控制执行机构的顺序动作。多数与单向阀并联,作为单向顺序阀用 |
| 举例及说明 | 用作溢流阀时,油路常开,泵的压力取决于溢流阀的调整压力,多用于节流调速的定量泵系统<br>用作安全阀时,油路常闭,系统压力超过安全阀的调整值时,安全阀打开,多用于变量泵系统 | 作减压用,使辅助油路获得比主油路低且较稳定的压力油,阀口是常开的 | 用作顺序阀、平衡阀。顺序阀结构与溢流阀相似,经过适当改装,两阀可以互相代替。但顺序阀要求密封性较高,否则会产生误动作 |

表 5-6　　　　　　　　　　先导式溢流阀的常见故障及其排除方法

| 故障现象 | 原因分析 | 排除方法 |
| --- | --- | --- |
| 无压力 | (1) 主阀芯阻尼孔堵塞<br>(2) 主阀芯在开启位置卡死<br>(3) 主阀平衡弹簧折断或弯曲而使主阀芯不能复位<br>(4) 调压弹簧弯曲或漏装<br>(5) 锥阀（或钢球）漏装或破碎<br>(6) 先导阀座破碎<br>(7) 远程控制口通油箱 | (1) 清洗阻尼孔，过滤或换油<br>(2) 检修，重新装配（阀盖螺钉紧固力要均匀），过滤或换油<br>(3) 换弹簧<br>(4) 更换或补装弹簧<br>(5) 补装或更换<br>(6) 更换阀座<br>(7) 检查电磁换向阀的工作状态或远程控制口的通断状态 |
| 压力波动大 | (1) 主阀芯动作不灵活，时有卡住现象<br>(2) 主阀芯和先导阀座阻尼孔时堵时通<br>(3) 弹簧弯曲或弹簧刚度太小<br>(4) 阻尼孔太大，消振效果差<br>(5) 调压螺母未锁紧 | (1) 修换阀芯，重新装配（阀盖螺钉紧固力应均匀），过滤或换油<br>(2) 清洗缩小的阻尼孔，过滤或换油<br>(3) 更换弹簧<br>(4) 适当缩小阻尼孔（更换阀芯）<br>(5) 调压后锁紧调压螺母 |
| 振动和噪声大 | (1) 主阀芯在工作时径向力不平衡，导致溢流阀性能不稳定<br>(2) 锥阀和阀座接触不好（圆度误差太大），导致锥阀受力不平衡，引起锥阀振动<br>(3) 调压弹簧弯曲（或其轴线与端面不垂直），导致锥阀受力不平衡，引起锥阀振动<br>(4) 通过流量超过公称流量，在溢流阀口处产生空穴现象<br>(5) 通过溢流阀的溢流量太小，使溢流阀处于启闭临界状态而引起液压冲击 | (1) 检查阀体孔和主阀芯的精度，修换零件，过滤或换油<br>(2) 封油面圆度误差控制在 0.005～0.01 mm 以内<br>(3) 更换弹簧或修磨弹簧端面<br>(4) 限在公称流量范围内使用<br>(5) 控制正常工作的最小溢流量 |

## 5.4　流量控制阀

流量控制阀通过改变阀口通流面积来调节输出流量，从而控制执行元件的运动速度。常用的流量控制阀有节流阀和调速阀两种。

### 一、流量控制阀的特性

#### 1. 节流口的流量特性公式

通过节流口的流量与其结构有关，实际应用的节流口都介于理想薄壁孔和细长孔之间，故其流量特性可用式(2-28)，即小孔流量通用公式 $q = CA_T \Delta p^{\varphi}$ 来描述。当 $C$、$\Delta p$ 和 $\varphi$ 一定时，只要改变节流口的通流面积 $A_T$，就可调节通过节流口的流量 $q$。

#### 2. 影响节流小孔流量稳定性的因素

在液压系统中，当节流口的通流面积 $A_T$ 调定后，要求通过节流口的流量 $q$ 稳定不变，以使执行元件速度稳定，但实际上有很多因素影响着节流口的流量稳定性。

(1) 负载变化的影响

节流口前、后的压力差 $\Delta p$ 随执行元件所受负载的变化而变化，$\Delta p$ 的变化会引起通过节流口的流量变化，且 $\varphi$ 越大，$\Delta p$ 的变化对流量的影响越大。薄壁孔 $\varphi$ 值最小，因此节流口常采用薄壁孔。

(2) 温度变化的影响

油温变化引起油的黏度变化，小孔流量通用公式中的系数 $C$ 值就发生变化，从而使流量发生变化。显然，节流小孔越长，影响越大；薄壁孔长度短，对温度变化最不敏感。

(3) 节流口的阻塞

油液中的杂质及因氧化而生成的胶质和沥青等胶状物质会堵塞节流口或聚积在节流口上，聚积物有时又会被高速液流冲掉，使节流口面积时常变化而影响流量稳定性。通流面积越大，节流通道越短，节流口就越不容易堵塞，流量稳定性也就越好。流量控制阀有一个保证正常工作的最小流量限制值，称为最小稳定流量。

### 3. 节流口的形式

图 5-18 所示为常用的三种节流口形式。图 5-18(a) 所示为针阀式节流口，针阀做轴向移动，改变通流面积以调节流量，其结构简单，但流量稳定性差，一般用于要求不高的场合。图 5-18(b) 所示为偏心式节流口，阀芯上开有截面为三角形或矩形的偏心槽，转动阀芯就可改变通流面积以调节流量，其阀芯受径向不平衡力，适用于压力较低的场合。图 5-18(c) 所示为轴向三角槽式节流口，阀芯端部开有一个或两个斜三角槽，在轴向移动时，阀芯就可改变通流面积的大小，其结构简单，可获得较小的稳定流量，故应用广泛。

(a) 针阀式    (b) 偏心式    (c) 轴向三角槽式

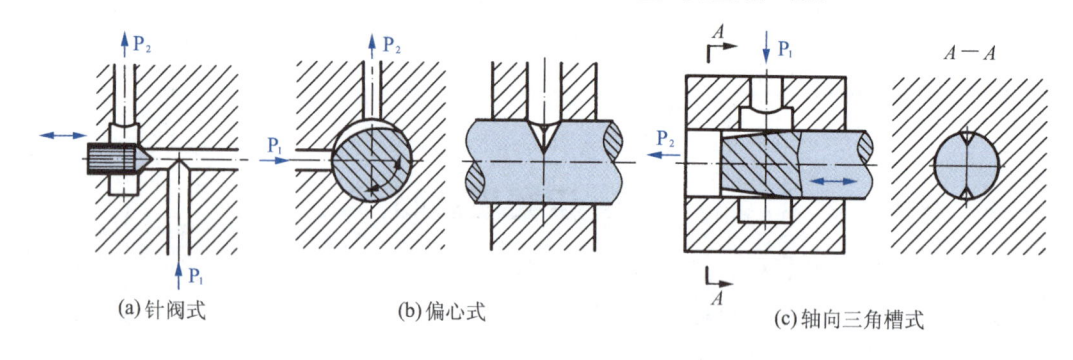

图 5-18 常用的节流口形式

## 二、节流阀的结构及特点

图 5-19(a)～图 5-19(c) 分别所示为普通节流阀的外形、轴测剖视图和分解图。其结构原理如图 5-19(d) 所示，它的节流口是轴向三角槽式。打开节流阀时，压力油从进油口 $P_1$ 进入，经孔 a、阀芯 2 左端的轴向三角槽以及孔 b 和出油口 $P_2$ 流出。阀芯在弹簧力的作用下始终紧贴在推杆 3 的端部。旋转手轮 4，可使推杆沿轴向移动，以改变节流口的通流面积，从而调节通过阀的流量。图 5-19(e) 所示为普通节流阀的图形符号。

节流阀结构简单、体积小、使用方便、成本低，但负载和温度的变化对其流量稳定性的影响较大，因此只适用于负载和温度变化不大或速度稳定性要求不高的液压系统。

微课
节流阀的工作原理与结构

(a)外形

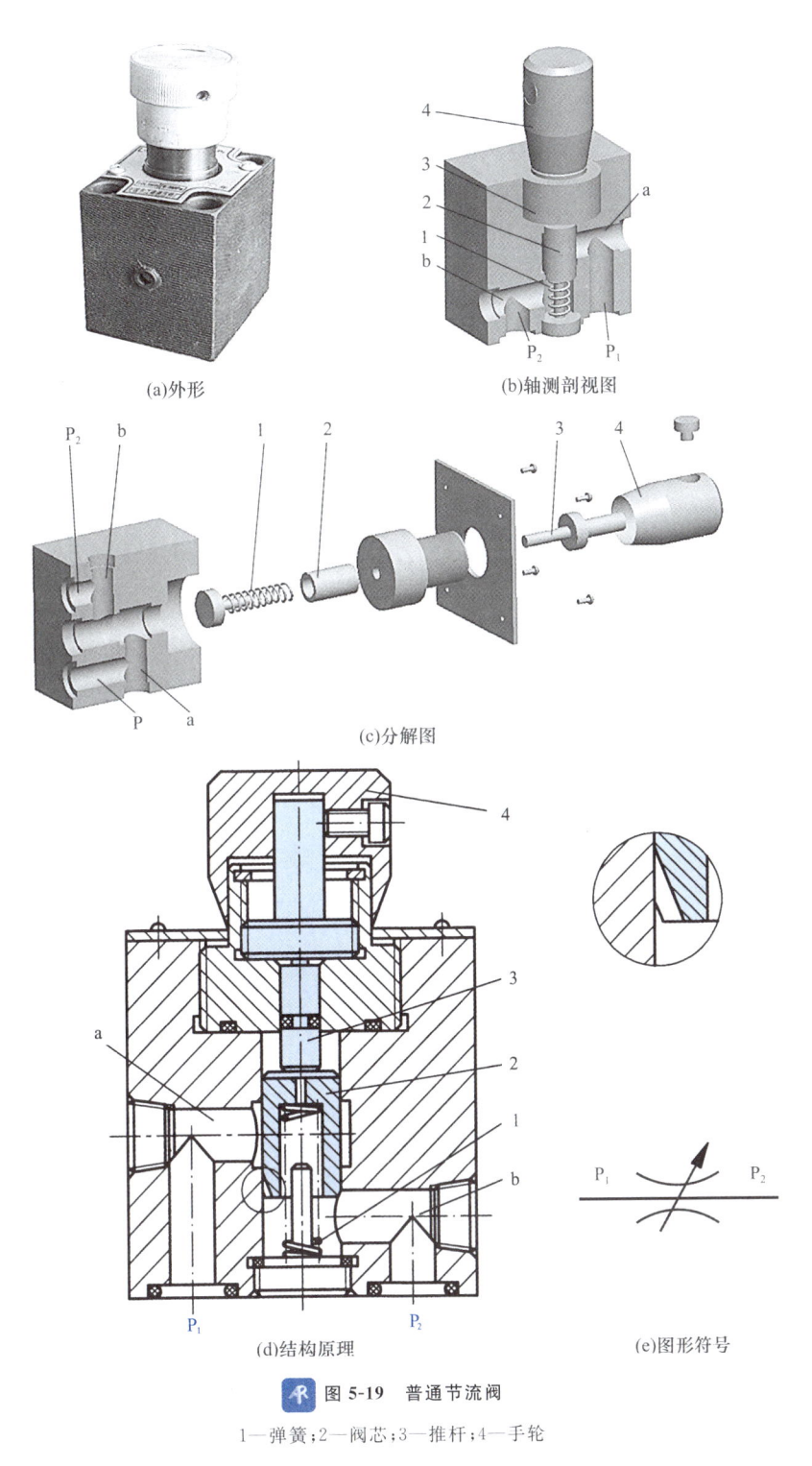

(b)轴测剖视图

(c)分解图

(d)结构原理

(e)图形符号

图 5-19 普通节流阀

1—弹簧；2—阀芯；3—推杆；4—手轮

## 三、调速阀的工作原理及特点

调速阀是由定差减压阀与节流阀串联而成的组合阀。节流阀用来调节通过的流量，定差减压阀则自动调节，使节流阀前、后的压差为定值，消除了负载变化对流量的影响。图 5-20(a)、图 5-20(b)分别所示为调速阀的外形和剖视图。其工作原理如图 5-20(c)所示，定差减压阀 1 与节流阀 2 串联，定差减压阀左、右两腔也分别与节流阀前、后端连通。设定差减压阀的进口压力为 $p_1$，油液经减压后的出口压力为 $p_2$，通过节流阀又降至 $p_3$ 而进入液压缸。$p_3$ 的大小由液压缸负载 $F$ 决定。若负载 $F$ 变化，则 $p_3$ 和调速阀两端压差 $p_1-p_3$ 随之变化，但节流阀两端压差 $p_2-p_3$ 却不变。例如 $F$ 增大使 $p_3$ 增大，定差减压阀阀芯弹簧腔的液压作用力也增大，阀芯右移，减压口开度 $x$ 加大，减压作用减小，使 $p_2$ 有所增加，结果压差 $p_2-p_3$ 保持不变。反之亦然，调速阀通过的流量因此就保持恒定了。图 5-20(d)和图 5-20(e)分别表示调速阀的详细符号和简化符号。

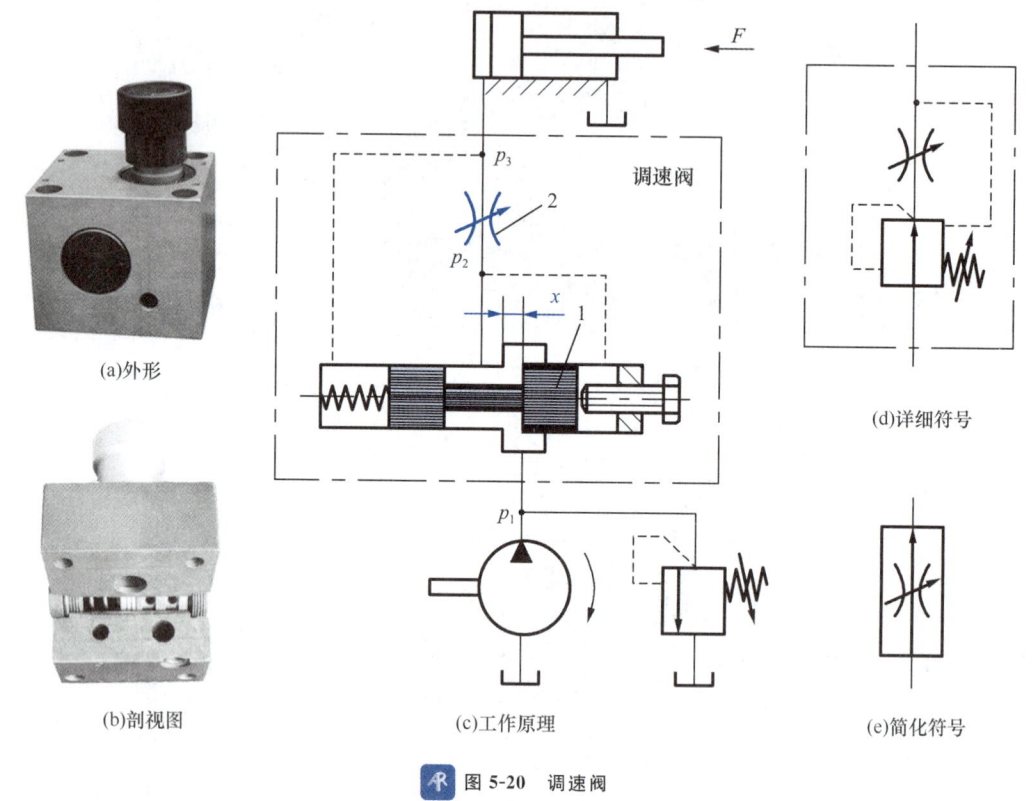

图 5-20 调速阀
1—定差减压阀；2—节流阀

图 5-21 所示为节流阀和调速阀的流量特性曲线。图中曲线 1 表示的是节流阀的流量与进、出油口压差 $\Delta p$ 的变化规律，根据小孔流量通用公式 $q_V=CA_T\Delta p^\varphi$ 可知，节流阀的流量随压差变化而变化；图中曲线 2 表示的是调速阀的流量与进、出油口压差 $\Delta p$ 的变化规律。调速阀在压差大于一定值后流量基本稳定。调速阀在压差很小时，定差减压阀阀口全开，不起作用，这时调速阀的特性和节流阀相同。可见要使调速阀正常工作，应保证其最小压差（一般为 0.5 MPa 左右）。

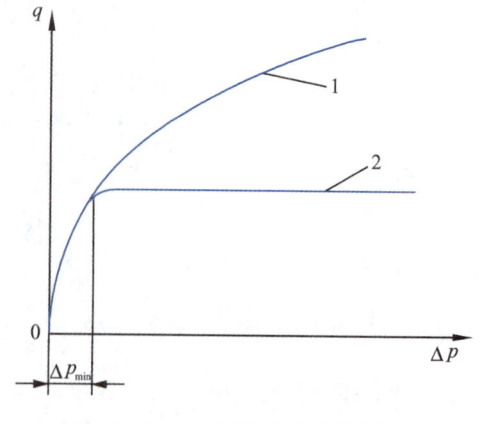

图 5-21 流量控制阀的流量特性曲线
1—节流阀；2—调速阀

## 四、流量控制阀的常见故障及其排除方法

表 5-7 列出了流量控制阀的常见故障及其排除方法。

表 5-7　　　　　　　　　流量控制阀的常见故障及其排除方法

| 故障现象 | 原因分析 | 排除方法 |
| --- | --- | --- |
| 无流量通过或流量极少 | (1)节流口堵塞,阀芯卡住<br>(2)阀芯与阀孔配合间隙过大,泄漏大 | (1)检查清洗,更换油液,提高油液清洁度,修复阀芯<br>(2)检查磨损、密封情况,修换阀芯 |
| 流量不稳定 | (1)油中杂质黏附在节流口边缘上,通流截面减小,速度减慢<br>(2)节流阀内、外泄漏大,流量损失大,不能保证运行速度所需要的流量 | (1)拆洗节流阀,清除污物,更换滤油器或油液<br>(2)检查阀芯与阀体之间的间隙及加工精度,修复或更换超差零件;检查有关连接部位的密封情况或更换密封件 |

## 5.5　比例阀、插装阀和叠加阀

比例阀、插装阀和叠加阀都是近年获得迅速发展的液压控制阀,与普通液压阀相比,它们具有许多显著的优点。下面对这三种阀作简要介绍。

### 一、比例阀

电液比例阀简称比例阀,它是一种把输入的电信号按比例转换成力或位移,从而对压力、流量等参数进行连续控制的一种液压阀。

比例阀由直流比例电磁铁与液压阀两部分组成。其液压阀部分与一般液压阀差别不大,所不同的是直流比例电磁铁和一般电磁阀所用的电磁铁不同,采用直流比例电磁铁可得到与给定电流成比例的位移输出和吸力输出。

比例阀按其控制的参量可分为比例压力阀、比例流量阀、比例方向阀三大类。

#### 1. 比例阀的结构及工作原理

图 5-22(a)所示为先导式比例溢流阀的结构原理。当输入电信号(通过线圈2)时,直流比例电磁铁1便产生一个相应的电磁力,它通过推杆3和弹簧作用于先导阀阀芯4,从而使先导阀的控制压力与电磁力成比例,即与输入信号电流成比例。由溢流阀主阀芯6上的受力分析可知,进油口压力和控制压力、弹簧力等相平衡(其受力情况与普通溢流阀相似),因此该阀进油口压力的升降与输入信号电流的大小成比例。若输入信号电流是连续地按比例或按一定程序进行变化,则该阀所调节的系统压力也连续地按比例或按一定程序进行变化。图 5-22(b)所示为先导式比例溢流阀的图形符号。

#### 2. 比例阀的应用

图 5-23(a)所示为利用比例溢流阀调压的多级调压回路,改变输入电流即可控制系统获得多级工作压力。它比普通溢流阀多级调压回路所用的液压元件数量少,回路简单,且能对系统压力进行连续控制。

图 5-23(b)所示为采用比例调速阀的调速回路,改变比例调速阀的输入电流即可使液

(a)结构原理　　　　　　　　(b)图形符号

**图 5-22　先导式比例溢流阀**

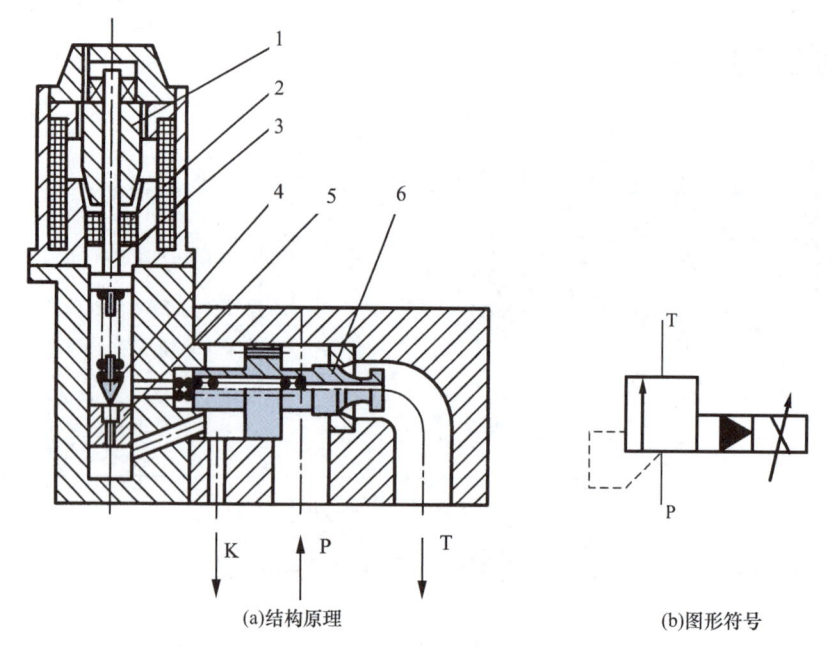

1—直流比例电磁铁；2—线圈；3—推杆；4—先导阀阀芯；5—先导阀阀座；6—主阀芯

压缸获得所需要的运动速度。比例调速阀可在多级调速回路中代替多个调速阀，也可用于远距离速度控制。

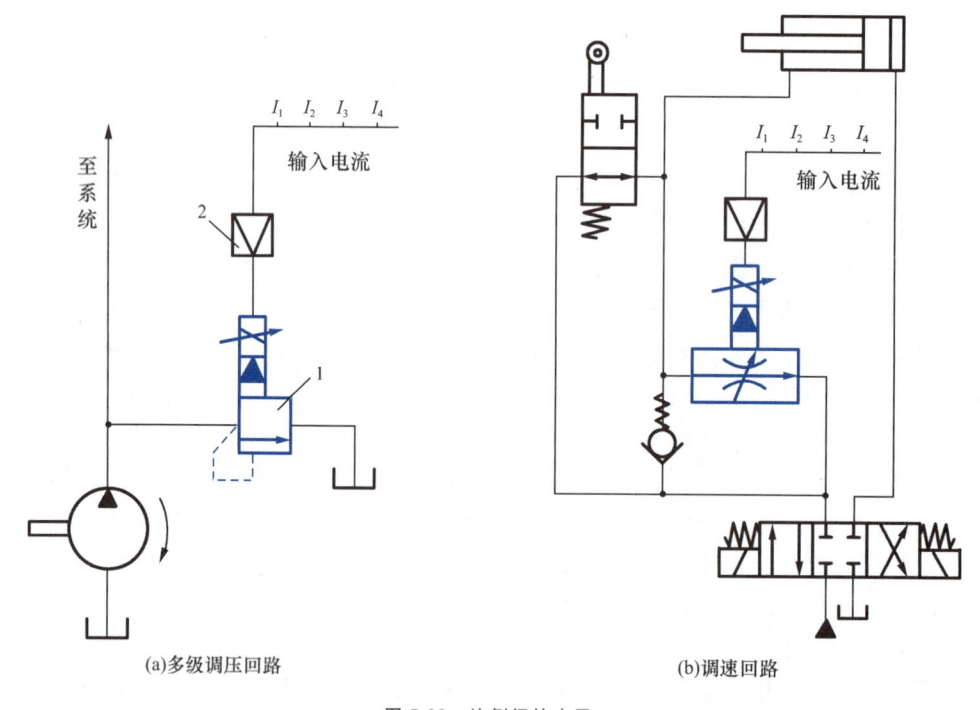

(a)多级调压回路　　　　　　　　(b)调速回路

**图 5-23　比例阀的应用**

1—比例溢流阀；2—电子放大器

## 二、二通插装阀(又称插装式锥阀或逻辑阀)

### 1. 二通插装阀的结构和工作原理

图 5-24(a)所示为二通插装阀的外形。其结构原理如图 5-24(b)所示,它由控制盖板 1、插装主阀(由阀套 2、弹簧 3、阀芯 4 及密封件组成)、插装块体 5 和先导元件(置于控制盖板上,图中未画出)组成。插装主阀采用插装式连接,阀芯为锥形。根据不同的需要,阀芯的锥端可开阻尼孔或节流三角槽,也可以是圆柱形阀芯。图 5-24(c)所示为其图形符号。

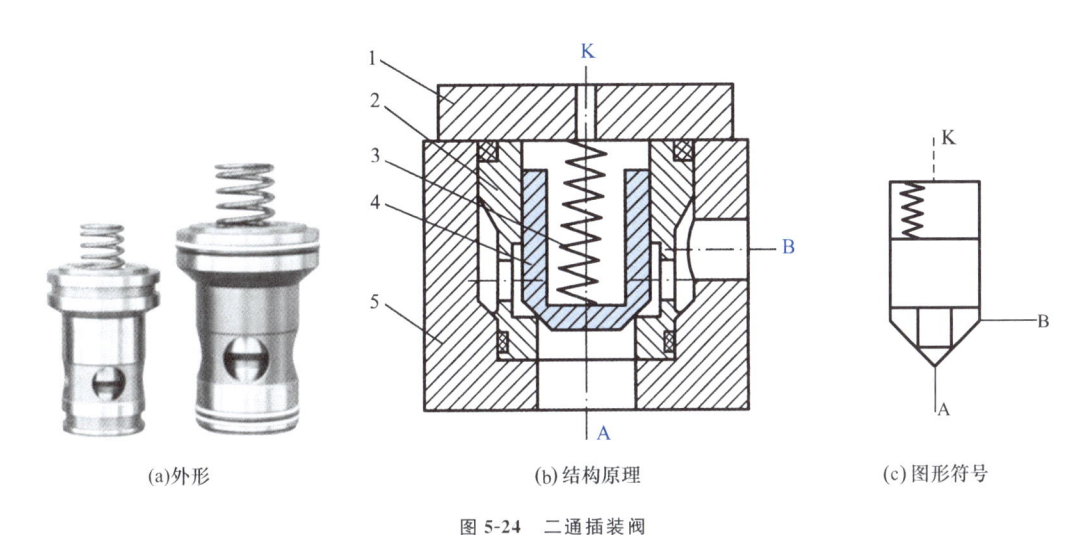

(a)外形　　　(b)结构原理　　　(c)图形符号

图 5-24　二通插装阀

1—控制盖板;2—阀套;3—弹簧;4—阀芯;5—插装块体

控制盖板将插装主阀封装在插装块体内,并与先导阀和主阀连通。通过主阀芯的启闭,可对主油路的通断起控制作用。使用不同的先导阀可构成压力控制、方向控制或流量控制,并可组成复合控制。若干个具有不同控制功能的二通插装阀组装在一个或多个插装块体内,便组成液压回路。

就工作原理而言,二通插装阀相当于一个液控单向阀。图 5-24(b)中的 A 和 B 为主油路的两个仅有的工作油口(所以称为二通阀),K 为控制油口。通过控制油口的启闭和对压力大小的控制,即可控制主阀芯的启闭和油口 A、B 的流向与压力。

### 2. 二通插装阀的应用

(1)二通插装方向控制

图 5-25 所示为几个二通插装方向控制阀的实例。图 5-25(a)用作单向阀,设 A、B 两腔的压力分别为 $p_A$ 和 $p_B$,当 $p_A > p_B$ 时,锥阀关闭,A 和 B 不通;当 $p_A < p_B$ 且 $p_B$ 达到一定数值(开启压力)时,便打开锥阀使油液从 B 流向 A。图 5-25(b)用作二位二通换向阀,在图示状态下,锥阀开启,A 和 B 腔相通;当二位三通电磁阀通电且 $p_A > p_B$ 时,锥阀关闭,A、B 油路切断。图 5-25(c)用作二位三通换向阀,在图示状态下,A 和 T 连通,A 和 P 断开;当二位四通电磁阀通电时,A 和 P 连通,A 和 T 断开。图 5-25(d)用作二位四通换向阀,在图示状态下,A 和 T、P 和 B 连通;当二位四通电磁阀通电时,A 和 P、B 和 T 连通。用多个先导阀(如上述各电磁阀)和多个主阀相配,可构成复杂位通组合的二通插装换向阀,这是普通换向阀做不到的。

(a) 用作单向阀　　(b) 用作二位二通换向阀

(c) 用作二位三通换向阀　　(d) 用作二位四通换向阀

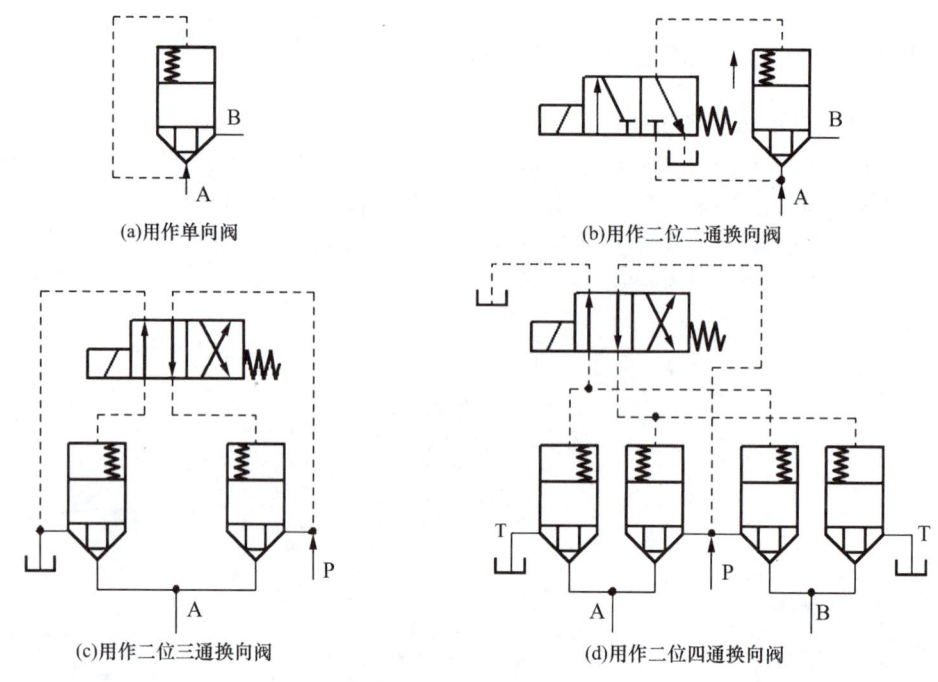

图 5-25　二通插装方向控制阀

(2) 二通插装压力控制阀

对 K 腔采用压力控制可构成各种压力控制阀，其结构原理如图 5-26(a) 所示。用直动式溢流阀 1 作为先导阀来控制插装主阀 2，在不同的油路连接下便构成不同的压力阀。例如，图 5-26(b) 表示 B 腔通油箱，可用作溢流阀。当 A 腔油压升高到先导阀调定的压力时，先导阀打开，油液流过主阀芯阻尼孔 R 时造成两端压差，使主阀芯克服弹簧阻力开启，A 腔压力油便通过打开的阀口经 B 腔流回油箱，实现溢流稳压。当二位二通阀通电时便可作为卸荷阀使用。图 5-26(c) 表示 B 腔接一有载油路，则构成顺序阀。此外，若主阀采用油口常开的圆锥阀芯，则可构成二通插装减压阀；若以比例溢流阀作先导阀，代替图中的直动式溢流阀，则可构成二通插装电液比例溢流阀。

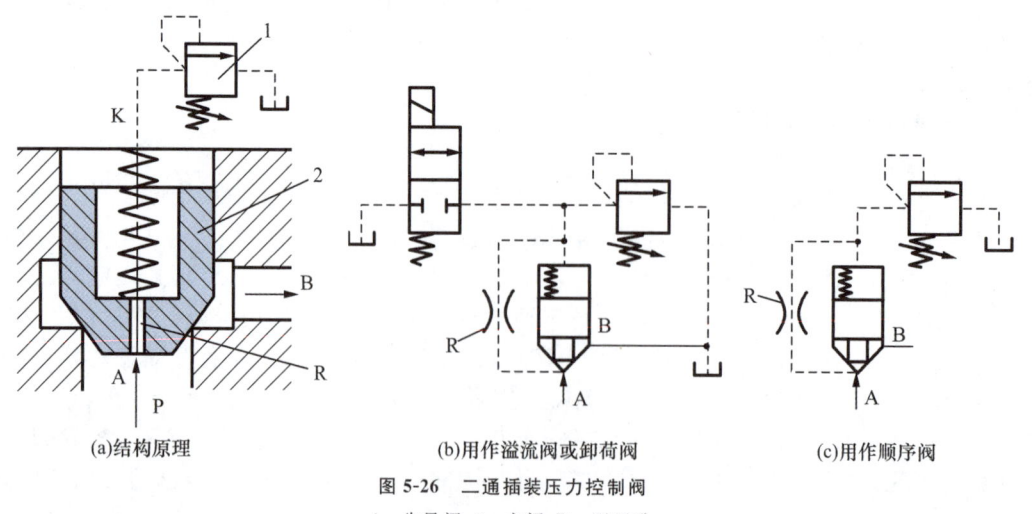

(a) 结构原理　　(b) 用作溢流阀或卸荷阀　　(c) 用作顺序阀

图 5-26　二通插装压力控制阀

1—先导阀；2—主阀；R—阻尼孔

(3)二通插装节流阀

在二通插装方向控制阀的盖板上增加阀芯行程调节器以调节阀芯的开度,这个方向阀就兼具了可调节流阀的功能,即构成二通插装节流阀,其图形符号如图5-27所示。若用直流比例电磁铁取代节流阀的手调装置,则可组成二通插装电液比例节流阀。若在二通插装节流阀前串联一个定差减压阀,就可组成二通插装调速阀。

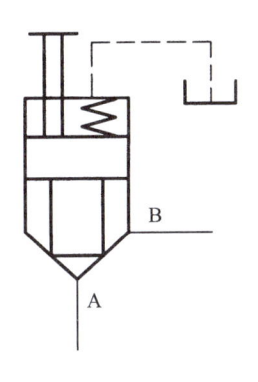

## 三、叠加阀

图 5-27 二通插装节流阀的图形符号

叠加式液压阀简称叠加阀,其阀体本身既是元件,又是具有油路通道的连接体,阀体的上、下两面做成连接面。选择同一通径系列的叠加阀叠合在一起用螺栓紧固,即可组成所需的液压传动系统。叠加阀按功用的不同分为压力控制阀、流量控制阀和方向控制阀三类,其中方向控制阀仅有单向阀类,主换向阀不属于叠加阀。

### 1. 叠加阀的结构和工作原理

叠加阀的工作原理与一般液压阀相同,只是具体结构有所不同。现以溢流阀为例,说明其结构和工作原理。

图5-28(a)所示为 Y1-F10D-P/T 先导型叠加式溢流阀的外形。其结构原理如图5-28(b)所示,它由先导阀和主阀两部分组成,先导阀为锥阀,主阀相当于锥阀式的单向阀。其工作原理是:压力油由 P 口进入主阀芯6右端的e腔,并经阀芯上阻尼孔d流至主阀芯左端b腔,再经小孔a作用于锥阀芯3上。当系统压力低于溢流阀调定压力时,锥阀关闭,主阀也关闭,阀不溢流;当系统压力达到溢流阀的调定压力时,锥阀芯3打开,b腔的油液经锥阀口及孔c由油口T流回油箱,主阀芯右腔的油经阻尼孔d向左流动,于是使主阀芯的两端油液产生压力差。此压力差使主阀芯克服弹簧5的压力而左移,主阀口打开,实现了自油口P向油口T的溢流。调节弹簧2的预压缩量便可调节溢流阀的调整压力,即溢流压力。图5-28(c)所示为其图形符号。

### 2. 叠加式液压系统的组装

叠加阀自成体系,每一种通径系列的叠加阀,其主油路通道以及螺钉孔的大小、位置、数量都与相应通径的板式换向阀相同。因此,将同一通径系列的叠加阀互相叠加,可直接连接而组成集成化液压系统。

图5-29(a)所示为叠加式液压装置的外形。其结构如图5-29(b)所示,最下面的是底板,底板上有进油孔、回油孔和通向液压执行元件的油孔,底板上面第一个元件一般是压力表开关,然后依次向上叠加各压力控制阀和流量控制阀,最上层为换向阀,用螺栓将它们紧固成一个叠加阀组。一般一个叠加阀组控制一个执行元件。如果液压系统有几个需要集中控制的液压元件,则用多联底板,并排在上面组成相应的几个叠加阀组。

108 液压与气动技术

(a)外形

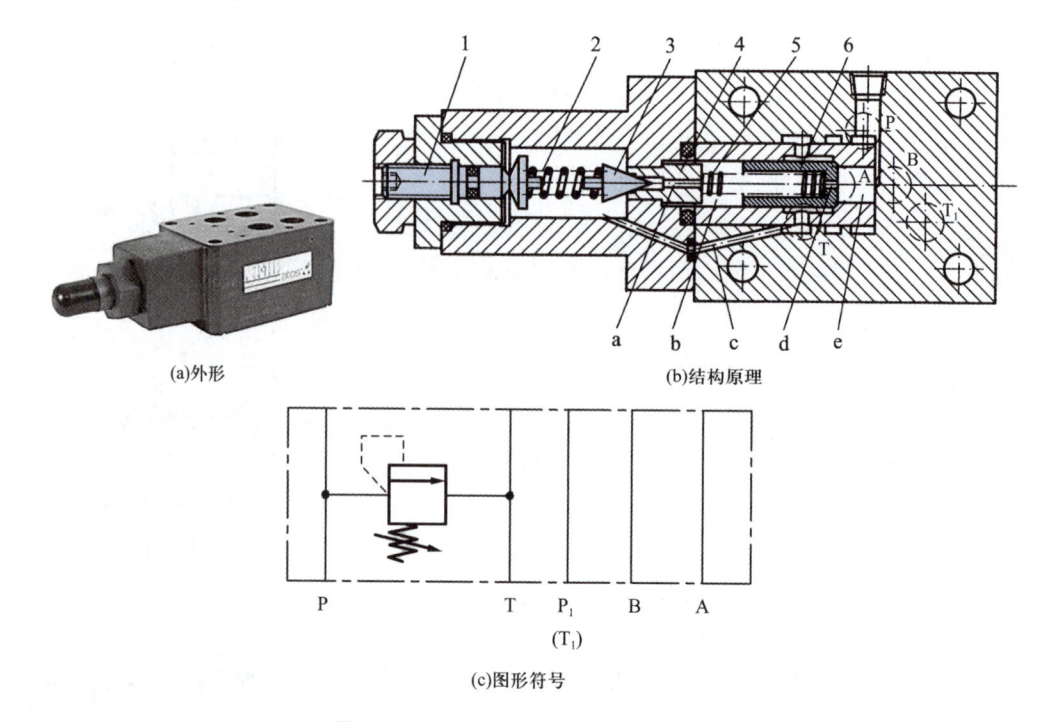

(b)结构原理

(c)图形符号

图 5-28 Y1-F10D-P/T 先导型叠加式溢流阀
1—推杆;2、5—弹簧;3—锥阀芯;4—阀座;6—主阀芯

(a)外形

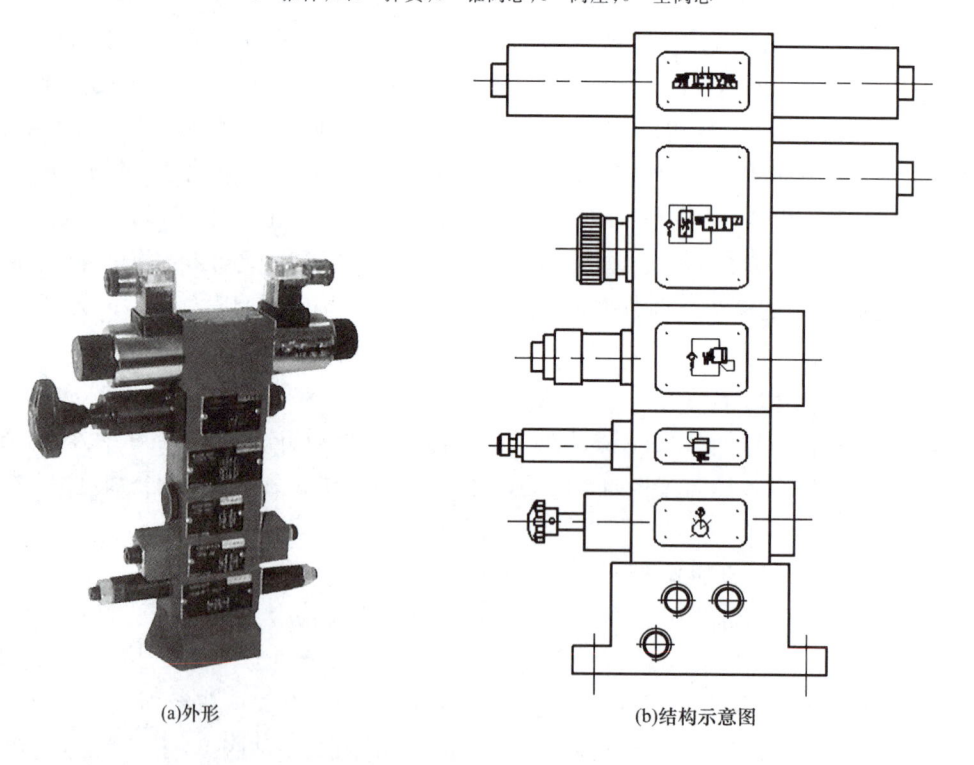

(b)结构示意图

图 5-29 叠加式液压装置

## 实 训

### 液压控制阀的拆装

**1. 实训目的**

在液压系统中,液压控制阀是用来控制系统中液流的压力、流量和方向的元件。通过对常用方向控制阀、压力控制阀和流量控制阀的拆装,应达到以下目的:

(1)了解各类阀的不同用途、控制方式、结构形式、连接方式及性能特点。

(2)掌握各类阀的工作原理(弄懂为使液压控制元件正常工作,其主要零件所起的作用)及调节方法。

(3)初步掌握常用液压控制元件的常见故障及其排除方法,培养学生的实际动手能力和分析问题、解决问题的能力。

**2. 实训器材**

(1)实物:常用液压控制阀(液压控制阀的种类、型号甚多,建议结合本章内容,选择典型的方向控制阀、压力控制阀和流量控制阀各 2~3 套)。

(2)工具:内六角扳手 1 套、耐油橡胶板 1 块、油盆 1 个及钳工常用工具 1 套。

**3. 实训内容与注意事项**

(1)方向控制阀的拆装

以手动换向阀(其结构见图 5-8)的拆装为例。

①拆卸顺序
- 拆卸前转动手柄,体会左右换向手感,并用记号笔在阀体左、右端做上标记。
- 抽掉手柄连接板上的开口销,取下手柄。
- 拧下右端盖上的螺钉,卸下右端盖,取出弹簧、套筒和钢球。
- 松脱左端盖与阀体的连接,然后从阀体内取出阀芯。

在拆卸过程中注意观察主要零件结构和相互配合关系,并结合结构图和阀表面铭牌上的职能符号分析换向原理。

②主要零件的结构及作用
- 阀体:其内孔有四个环形沟槽,分别对应于 P、T、A、B 四个通油口,纵向小孔的作用是将内部泄漏的油液导至泄油口,使其流回油箱。
- 手柄:操纵手柄,阀芯将移动,故称其为手动换向阀。
- 钢球:它落在阀芯右端的沟槽中,就能保证阀芯的确定位置,这种定位方式称为钢球定位。
- 弹簧:它的作用是防止钢球跳出定位沟槽。

③装配要领

装配前清洗各零件,在阀芯、定位件等零件的配合面上涂润滑液,然后按拆卸时的反向顺序装配。拧紧左、右端盖的螺钉时,应分两次并按对角线顺序进行。

④思考题
- 该阀是几位几通换向阀?具有何种滑阀机能?画出它的职能符号。
- 分析手柄在左位时,阀芯的动作过程及油路连通情况。

- 了解该阀的常见故障及其排除方法。

(2) 压力控制阀的拆装

以先导式溢流阀(其结构见图5-11)的拆装为例。

① 拆卸顺序
- 拆卸前清洗阀的外表面,观察阀的外形,转动调节手柄,体会手感。
- 拧下螺钉,拆开主阀和先导阀的连接,取出主阀弹簧和主阀芯。
- 拧下先导阀上的手柄和远控口螺塞。
- 旋下阀盖,从先导阀体内取出弹簧座、调压弹簧和先导阀芯。

> **注意**
> 主阀座和导阀座是压入阀体的,不拆。

- 用光滑的挑针把密封圈撬出,并检查其弹性和尺寸精度,如有磨损和老化应及时更换。

在拆卸过程中详细观察先导阀芯和主阀芯的结构以及主阀芯阻尼孔的大小,加深理解先导式溢流阀的工作原理。

② 主要零件的结构及作用
- 主阀体:其上开有进油口P、出油口T和安装主阀芯用的中心圆孔。
- 先导阀体:其上开有远控口和安装先导阀芯用的中心圆孔(远控口是否接油路要根据需要确定)。
- 主阀芯:为阶梯轴,其中三个圆柱面与阀体有配合要求,并开有阻尼孔和泄油孔。

> **注意**
> - 阻尼孔的作用:当先导阀打开,有油流过阻尼孔时,使B腔的压力 $p_B$ 小于A腔的压力 $p_A$。
> - 泄油孔的作用:将先导阀左腔和主阀弹簧腔的油引至阀体的出油口(此种泄油方式称为内泄)。

- 调压弹簧:它主要起调压作用,它的弹簧刚度比主阀弹簧刚度大。
- 主阀弹簧:它的作用是克服主阀芯的摩擦力,所以刚度很小。

③ 装配要领

装配前清洗各零件,在配合零件表面上涂润滑油,然后按拆卸时的反向顺序装配。应注意:
- 检查各零件的油孔、油路是否畅通、无尘屑。
- 将调压弹簧安放在先导阀芯的圆柱面上,然后一起推入先导阀体。
- 主阀芯装入主阀体后,应运动自如。
- 先导阀体与主阀体的止口、平面应完全贴合后,才能用螺钉连接。螺钉要分两次拧紧,并按对角线顺序进行。

> **注意**
> 由于主阀芯的三个圆柱面与先导阀体、主阀体和主阀座孔相配合,因此同心度要求高。装配时要保证装配精度。

④思考题
- 主阀芯的阻尼孔有何作用?可否加大或堵塞?有何后果?
- 主阀芯的泄油孔如果被堵塞,有何后果?
- 比较调压弹簧与主阀弹簧的刚度,并分析如此设计的原因。
- 分析先导式溢流阀调整无效(压力调不高或调不低)的原因,初步掌握先导式溢流阀常见故障产生的原因及排除方法。

(3)流量控制阀的拆装

以普通节流阀(其结构见图 5-19)的拆装为例。

①拆卸顺序
- 旋下手柄上的止动螺钉,取下手柄,用孔用卡簧钳卸下卡簧。
- 取下面板,旋出推杆和推杆座。
- 旋下弹簧座,取出弹簧和节流阀芯(将阀芯放在清洁的软布上)。
- 用光滑的挑针把密封圈从槽内撬出,并检查其弹性和尺寸精度。

②主要零件的结构及作用

节流阀芯:为圆柱形,其上开有三角沟槽节流口和中心小孔,转动手柄,节流阀便做轴向运动,即可调节通过调速阀的流量。

在拆卸过程中注意观察主要零件的结构以及各油孔、油道的作用,并结合节流阀的结构图分析其工作原理。

③装配要领

装配前清洗各零件,在节流阀芯、推杆及配合零件的表面上涂润滑液,然后按拆卸的反向顺序装配。装配节流阀芯要注意它在阀体内的方向,切记不可装反。

④思考题
- 根据阀的结构简述液流从进油到出油的全过程。
- 分析节流阀芯上中心小孔的作用。
- 分析调速阀失灵的原因及故障排除方法。

**素养提升**

高端液压阀是众多工程机械和重大装备的核心部件,作为工程机械的"控制中枢",其加工、装配精度决定了主机控制的精确度和可靠性。由于我国液压技术起步较晚,技术积累相对薄弱,因此客观上造成了国内高端液压元件长期以来依赖进口的局面,这严重制约了我国工程机械产业的发展。尽管如此,国内液压件生产企业仍然不畏困难,坚持创新,近年来通过不断自主技术研发以及引进、消化国外先进液压设计与制造工艺,实现了高端液压件的量产,逐步实现了部分进口产品的国产化替代,打破了国外企业在国内市场上的垄断格局。如徐工集团工程机械有限公司将其液压阀成熟技术与自有技术相结合,攻克多项制约我国液压阀产业化发展的关键技术;常德中联重科液压有限公司不仅致力于持续创新,还通过数字化、智能化转型升级,打造国内领先、国际一流的液压阀智能制造工厂。这些装备制造业的领军企业勇于承担责任和履行使命的时代精神,必将带来中国液压元件技术的快速发展。

## 思考题与习题

1. 选择液压控制元件时应注意哪些问题?
2. 何谓换向阀的滑阀机能?说明三位换向阀中位机能的特点及适用场合。
3. 先导式溢流阀的阻尼小孔起什么作用?若将其堵塞或加大会产生什么情况?
4. 溢流阀、顺序阀和减压阀各起什么作用?它们在原理、结构和图形符号上有何异同?
5. 在系统中有足够负载的情况下,先导式溢流阀、减压阀及调速阀的进、出油口反接会出现什么现象?
6. 如图 5-30 所示,油路中各溢流阀的调定压力分别为 $p_A = 5$ MPa,$p_B = 4$ MPa,$p_C = 2$ MPa。在外负载趋于无限大时,图 5-30(a)和图 5-30(b)所示油路的供油压力各为多少?

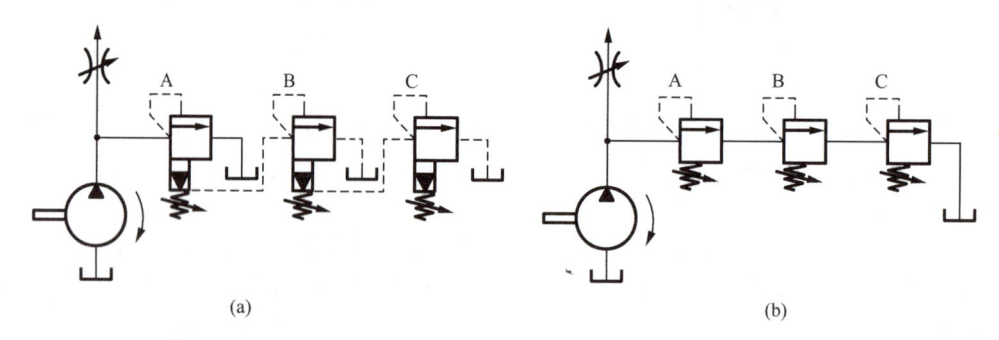

图 5-30 题 6 图

7. 如图 5-31 所示,两个减压阀的调定压力不同。当两阀串联时(图 5-31(a)),出油口压力取决于哪个减压阀?当两阀并联时(图 5-31(b)),出油口压力取决于哪个减压阀?为什么?

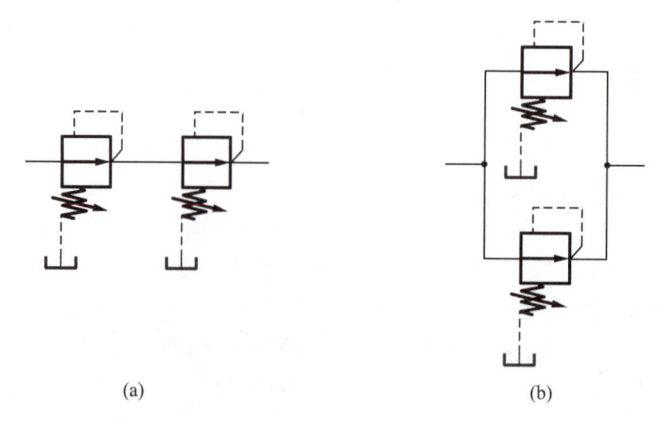

图 5-31 题 7 图

8. 三个溢流阀的调整压力如图 5-32 所示。试问泵的供油压力有几级？数值各为多少？

9. 如图 5-33 所示的液压回路，溢流阀的调整压力为 5 MPa，减压阀的调整压力为 2.5 MPa。试分析活塞运动时和碰到死挡铁后 A、B 处的压力值（主油路截止，运动时液压缸的负载为零）。

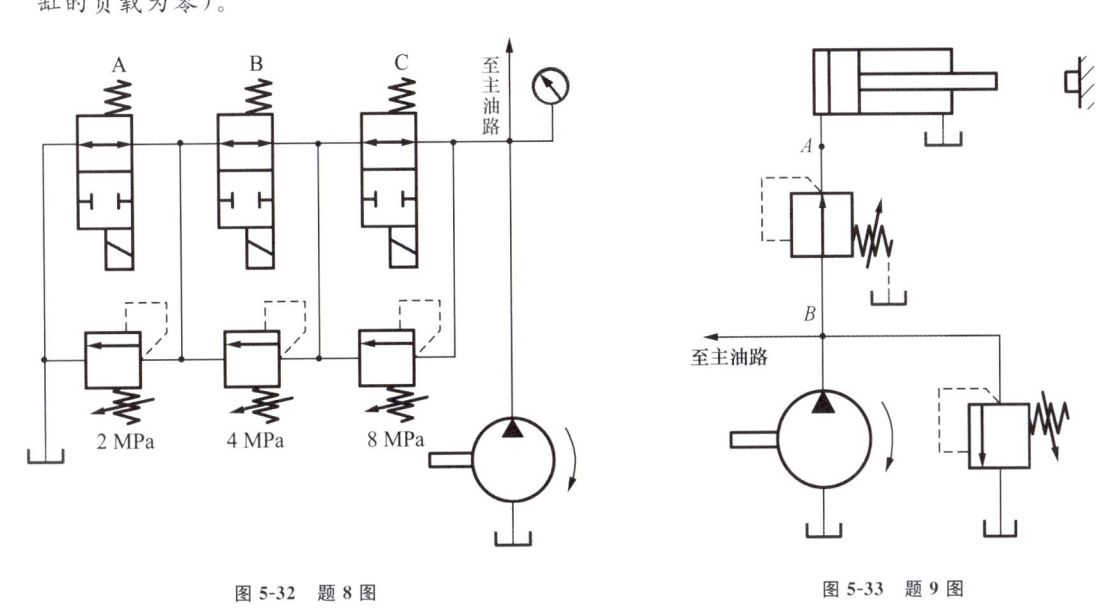

图 5-32　题 8 图

图 5-33　题 9 图

10. 如图 5-34 所示的液压回路，顺序阀的调整压力 $p_X=3$ MPa，溢流阀的调整压力 $p_Y=5$ MPa，问在下列情况下，A、B 点的压力各为多少？

(1) 液压缸运动时，负载压力 $p_L=4$ MPa。

(2) 负载压力 $p_L$ 变为 1 MPa。

(3) 活塞运动到右端。

11. 如图 5-35 所示的液压回路，顺序阀和溢流阀串联，它们的调整压力分别为 $p_X$ 和 $p_Y$，当系统的外负载趋于无限大时，泵出口处的压力是多少？若把两阀的位置互换一下，泵出口处的压力是多少？

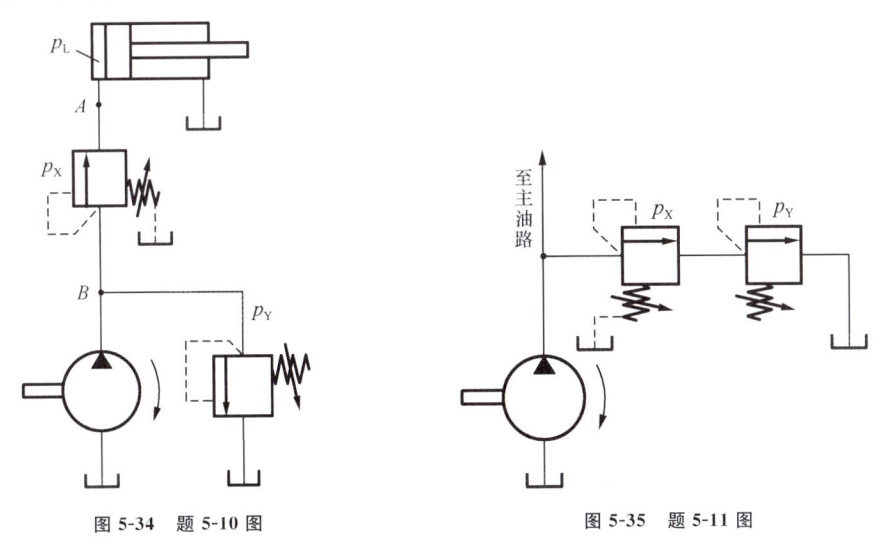

图 5-34　题 5-10 图

图 5-35　题 5-11 图

12. 如图 5-36 所示的液压系统,两液压缸有效面积为 $A_1=A_2=100\times 10^{-6}$ m²,缸 1 的负载 $F=3.5\times 10^4$ N,缸 2 运动时负载为零,不计摩擦阻力、惯性力和管路损失。溢流阀、顺序阀和减压阀的调整压力分别为 4.0 MPa、3.0 MPa 和 2.0 MPa。求下列三种情况下 $A$、$B$ 和 $C$ 各点的压力:

(1) 液压泵启动后,两换向阀处于中位。

(2) 1YA 通电,3YA 断电,液压缸 1 的活塞移动时及活塞运动到终点时。

(3) 1YA 断电,3YA 通电,液压缸 2 的活塞运动时及活塞杆碰到固定挡铁时。

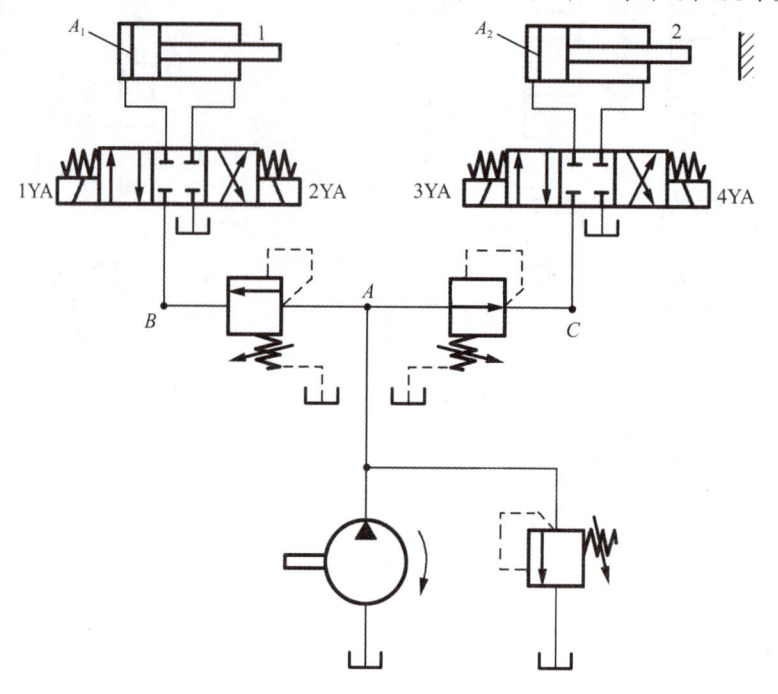

**图 5-36 题 12 图**

13. 如图 5-37 所示的液压回路,已知液压缸有效工作面积 $A_1=A_3=100$ cm²,$A_2=A_4=50$ cm²,当最大负载 $F_1=14$ kN,$F_2=4.25$ kN,背压力 $p_b=0.15$ MPa,节流阀 2 的压差 $\Delta p=0.2$ MPa 时,问:

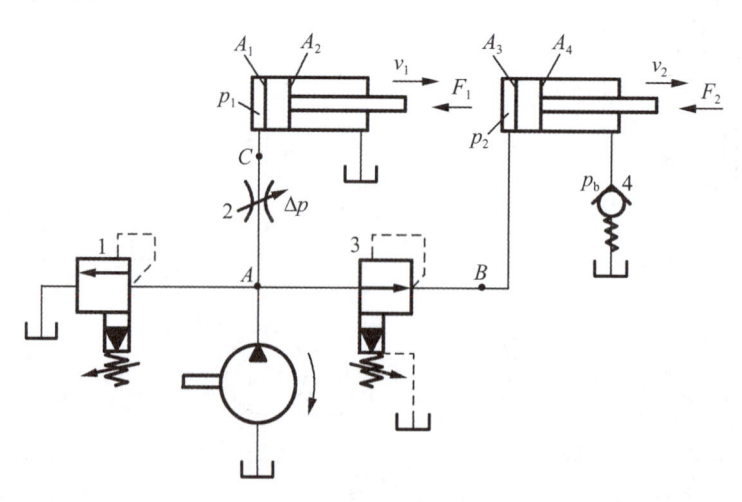

**图 5-37 题 13 图**

(1)不计管路损失,$A$、$B$、$C$各点的压力是多少?
(2)阀1、2、3至少应选用多大的额定压力?
(3)设快速进给运动速度$v_1=200$ cm/min,$v_2=240$ cm/min,则各阀应选用多大的流量?

14.如图5-38所示的阀组,各阀的调定压力标在职能符号的上方,若系统负载为无穷大,试按电磁铁不同的通断情况将压力表读数填在表5-8中。

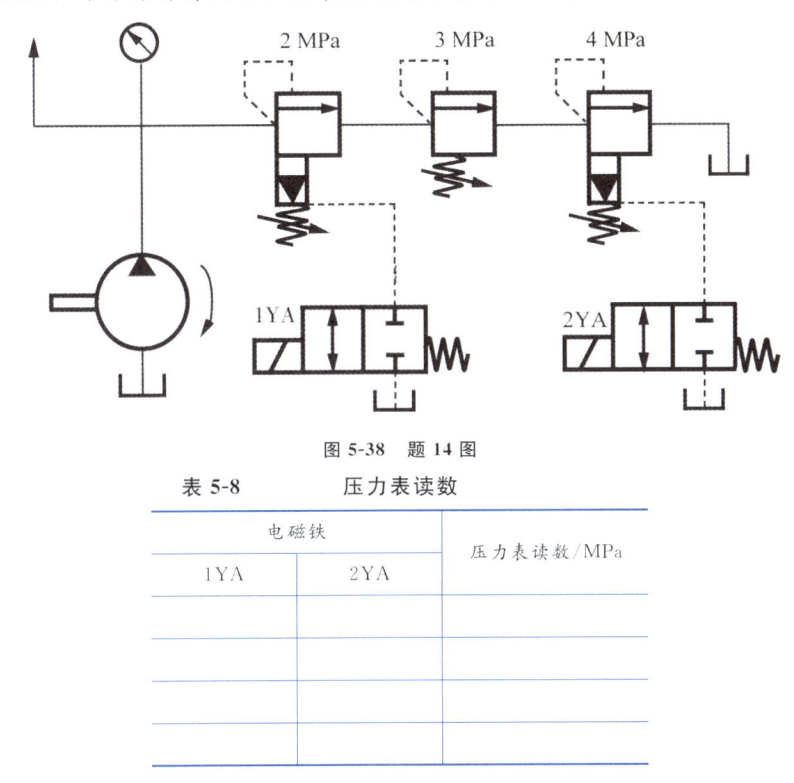

图5-38 题14图

表5-8 压力表读数

| 电磁铁 | | 压力表读数/MPa |
|---|---|---|
| 1YA | 2YA | |
| | | |
| | | |
| | | |

15.节流阀的最小稳定流量有什么意义?影响最小稳定流量的因素主要有哪些?

# 第6章

# 液压辅助元件

液压辅助元件是液压系统的组成部分之一,主要包括管件、过滤器、蓄能器、密封元件、油箱等,这些元件对液压系统的工作性能及其他元件的正常工作有直接的影响。本章介绍一些常用的液压辅助元件。通过学习,掌握其结构组成、工作原理、特点及应用。

◉ **本章重点**

1. 蓄能器的工作原理及应用。
2. 过滤器的工作原理及应用。
3. 油箱的功用及油箱的设计。
4. 密封元件的工作机理及应用。

◉ **本章难点**

1. 各辅助元件的结构原理。
2. 密封元件的工作机理。

## 6.1 蓄能器

### 一、蓄能器的功用和分类

蓄能器是一种能将具有液压能的压力油储存起来,并在系统需要时再将其释放出来的储能装置。

**1. 蓄能器的功用**

(1)用作辅助动力源

若液压系统的执行元件是间歇性工作且工作时间较停顿时间短,或液压系统的执行元件在一个工作循环内运动速度相差较大,则为节省液压系统的动力消耗,可在液压系统中设置蓄能器作为辅助动力源。这样,液压系统可采用一个功率较小的液压泵。当执行元件不工作或运动速度很低时，蓄能器储存液压泵的全部或部分能量；当执行元件工作或运动速度较高时，蓄能器释放能量独立工作或与液压泵一起同时向执行元件供油。

(2) 用作应急动力源

某些液压系统要求在液压泵发生故障或失去动力时，执行元件能继续完成必要的动作以紧急避险，保证安全。为此，可在液压系统中设置适当容量的蓄能器作为应急动力源，避免事故发生。

(3) 补偿泄漏和保持恒压

若液压系统的执行元件需长时间保持某一工作状态，如夹紧工件或举顶重物，则为节省动力消耗，要求液压泵停机或卸载。此时可在执行元件的进口处并联蓄能器，由蓄能器补偿泄漏，保持恒压，以保证执行元件工作的可靠性。

(4) 吸收脉动，降低噪声

当液压系统中液压泵输出的流量脉动或其他原因引起压力脉动时，会引起振动和噪声。此时可在液压泵的出口安装蓄能器吸收脉动，降低噪声，减少因振动而引起的仪表和管接头等元件的损坏。

(5) 吸收液压冲击

由于换向阀的突然换向、液压泵的突然停车、执行元件的突然停止运动等，液压系统管路内的液体压力会发生急剧变化，产生液压冲击。因这类液压冲击大多发生于瞬间，液压系统中的安全阀来不及开启，故常造成液压系统中的仪表、密封装置损坏或管道破裂。若在冲击源的前端管路安装蓄能器，则可以吸收或缓和这种液压冲击。

**2. 蓄能器的类型**

(1) 活塞式蓄能器

图 6-1(a) 所示为一种典型的活塞式蓄能器的外形。其结构原理如图 6-1(b) 所示，它由活塞将油液和气体分开，气体从阀门 3 充入，油液经油孔 a 和系统连通。其优点是气体不易混入油液中，所以油不易氧化，系统工作较平稳，结构简单，工作可靠，安装容易，维护方便，寿命长；其缺点是因活塞惯性大，有摩擦阻力，故反应不够灵敏。活塞式蓄能器主要用于储能，不适于吸收压力脉动和压力冲击。图 6-1(c) 所示为其图形符号。

(2) 气囊式蓄能器

图 6-2(a) 所示为一种气囊式蓄能器的外形。其结构原理如图 6-2(b) 所示，它是在高压容器内装入一个耐油橡胶制成的气囊，气囊内充气（一般为氮气），气囊外储油，由气囊 3 与充气阀 1 一起压制而成。壳体 2 下端有提升阀 4，它能使油液通过阀口进入蓄能器，又能防止当油液全部排出时气囊膨胀出容器之外。气囊式蓄能器的优点是气囊惯性小，反应灵敏，容易维护；其缺点是气囊及壳体制造困难。图 6-2(c) 所示为其图形符号。

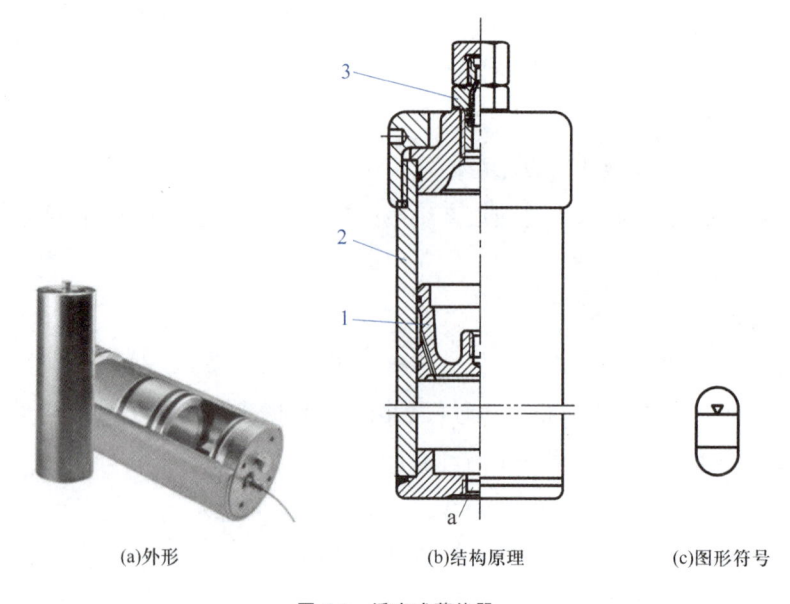

图 6-1 活塞式蓄能器
1—活塞；2—缸体；3—阀门

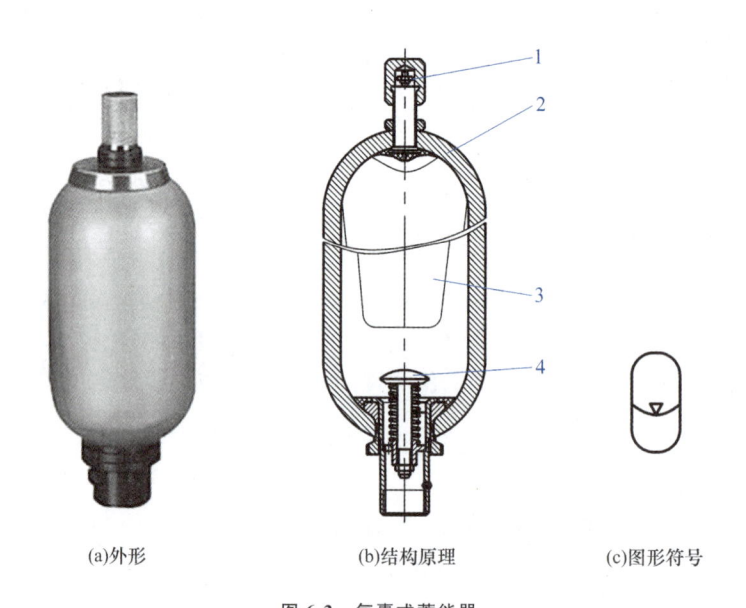

(a)外形　(b)结构原理　(c)图形符号

图 6-2 气囊式蓄能器
1—充气阀；2—壳体；3—气囊；4—提升阀

此外还有重力式、弹簧式、气瓶式、隔膜式蓄能器等。

## 二、蓄能器的选择、使用和安装

### 1. 蓄能器的选择

选择蓄能器应考虑如下因素：工作压力及耐压；公称容积及允许的吸（排）流量或气体容积；允许使用的工作介质及介质温度等。其次，还应考虑蓄能器的质量及占用空间、价格、品质及使用寿命、安装维修的方便性及生产厂家的货源情况等。

蓄能器属压力容器,必须有生产许可证才能生产,所以一般不要自行设计、制造蓄能器,而应选择专业生产厂家的定型产品。

#### 2. 蓄能器的使用

不能在蓄能器上进行焊接、铆焊及机械加工;蓄能器绝对禁止充氧气,以免引起爆炸;不能在充油状态下拆卸蓄能器。

检查气囊式蓄能器充气压力的方法:将压力表装在蓄能器的油口附近,用泵向蓄能器注满油液,然后使泵停止,让压力油通过与蓄能器相接的阀慢慢地从蓄能器流出。在排油过程中观察压力表,压力表指针会慢慢下降。当达到充气压力时,蓄能器的提升阀关闭,压力表指针迅速下降到零,压力迅速下降前的压力即充气压力。也可利用充气工具直接检查充气压力,但由于每次检查都要放掉一点气体,因此不适用于容量很小的蓄能器。

#### 3. 蓄能器的安装

蓄能器应安装在便于检查、维修的位置,并远离热源。用于降低噪声、吸收压力脉动和压力冲击的蓄能器,应尽可能靠近振动源。蓄能器的铭牌应置于醒目的位置。必须将蓄能器牢固地固定在托架或地基上,以防止蓄能器从固定部位脱开而发生飞起伤人事故。非隔离式蓄能器及气囊式蓄能器应油口向下、充气阀向上竖直放置。蓄能器与液压泵之间应装设单向阀,防止液压泵卸荷或停止工作时蓄能器中的压力油倒灌。蓄能器与系统之间应装设截止阀,供充气、检查、维修蓄能器时或长时间停机时使用。

## 6.2 过滤器

液压系统工作过程中,由于外界灰尘、杂质等的侵入以及液压元件的磨损、油液和管件等的氧化变质,油液中会混入各种杂质。为了除去油液中的颗粒杂质,以免其损坏液压元件以致影响液压系统的正常工作,经常在液压系统中使用过滤器对油液进行过滤。当油液经过过滤器的滤芯上无数微小间隙或孔时,杂质被阻隔而分离出来。若采用磁性材料的滤芯,则可吸附液压介质中能被磁化的铁粉杂质。

### 一、过滤器的主要性能指标

过滤器的主要性能指标有过滤精度、压降特性、通流能力、纳垢容量、工作压力和温度等。

#### 1. 过滤精度

过滤精度是指过滤器滤除直径为 $d$ 的杂质颗粒的公称尺寸(单位:$\mu m$)。过滤器按过滤精度不同可分为四个等级:粗过滤器($d \geqslant 100\ \mu m$);普通过滤器($d \geqslant 10 \sim 100\ \mu m$);精密过滤器($d \geqslant 5 \sim 10\ \mu m$);特精过滤器($d \geqslant 1 \sim 5\ \mu m$)。

不同的液压系统有不同的过滤精度要求,可参照表 6-1 选择。

表 6-1　　　　　　　　各种液压系统的过滤精度

| 系统类别 | 润滑系统 | 传动系统 | | | 伺服系统 |
| --- | --- | --- | --- | --- | --- |
| 工作压力 $p$/MPa | 0～2.5 | <14 | 14～32 | >32 | ≤21 |
| 过滤精度 $d/\mu m$ | ≤100 | 25～30 | ≤25 | ≤10 | ≤5 |

研究表明,由于液压元件相对运动表面间的间隙较小,因此若采用高精度过滤器可有效地控制 1～5 μm 的污染颗粒,则液压泵、液压马达、各种液压阀及液压油的使用寿命均可大大延长,液压故障也会明显减少。

**2. 压降特性**

压降特性主要是指油液通过过滤器滤芯时所产生的压力损失。滤芯的精度越高,所产生的压降越大。滤芯的有效过滤面积越大,其压降就越小。

**3. 纳垢容量**

纳垢容量是指过滤器在压力下降达到规定值以前,可以滤除并容纳的污垢数量。纳垢容量越大,过滤器的使用寿命越长。

**4. 工作压力和温度**

过滤器在工作时,要保证在油液压力的作用下滤芯不被破坏。在系统的工作温度下,过滤器要有较好的抗腐蚀性,工作性能要稳定。

## 二、过滤器的类型和结构特点

按滤芯材料和结构的不同,过滤器可分为网式、线隙式、纸芯式、烧结式和磁性式等多种。

**1. 网式过滤器**

图 6-3(a)所示为网式过滤器的外形。其结构原理如图 6-3(b)所示,铜丝网 3 包在四周开了很多窗口的金属或塑料圆筒 2 上。过滤精度由网孔大小和层数决定。网式过滤器的特点是结构简单,通流能力大,清洗方便,压降小,但过滤精度较低。网式过滤器常用于泵的吸油管路对油液的粗过滤。

微课
过滤器的工作原理与结构

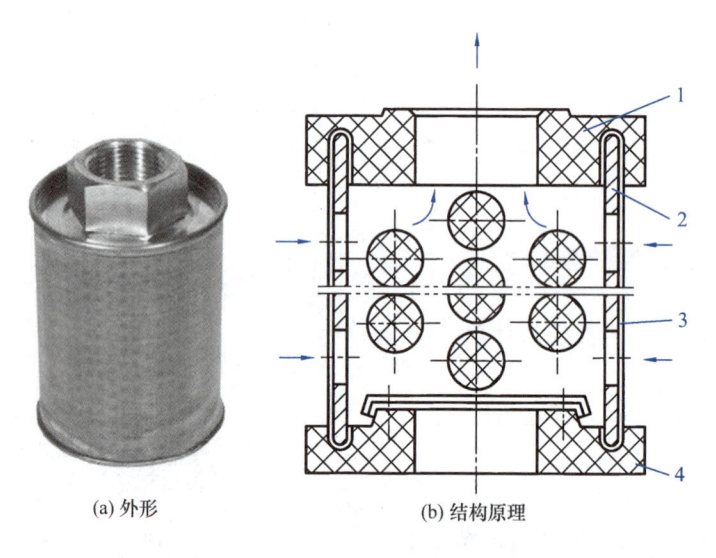

图 6-3 网式过滤器
1—上盖;2—圆筒;3—铜丝网;4—下盖

(a) 外形　(b) 结构原理

**2. 线隙式过滤器**

图 6-4(a)、图 6-4(b)分别所示为线隙式过滤器及其滤芯的外形。其结构原理如图 6-4(c)所示,它用金属线(常用铜线或铝线)绕在筒形芯架 1 上组成滤芯 2,靠金属线间的

微小间隙来阻挡油液中的杂质。这种过滤器的特点是结构简单,通流能力大,过滤精度比网式过滤器高,但不易清洗。线隙式过滤器常用于低压系统的吸油管路。

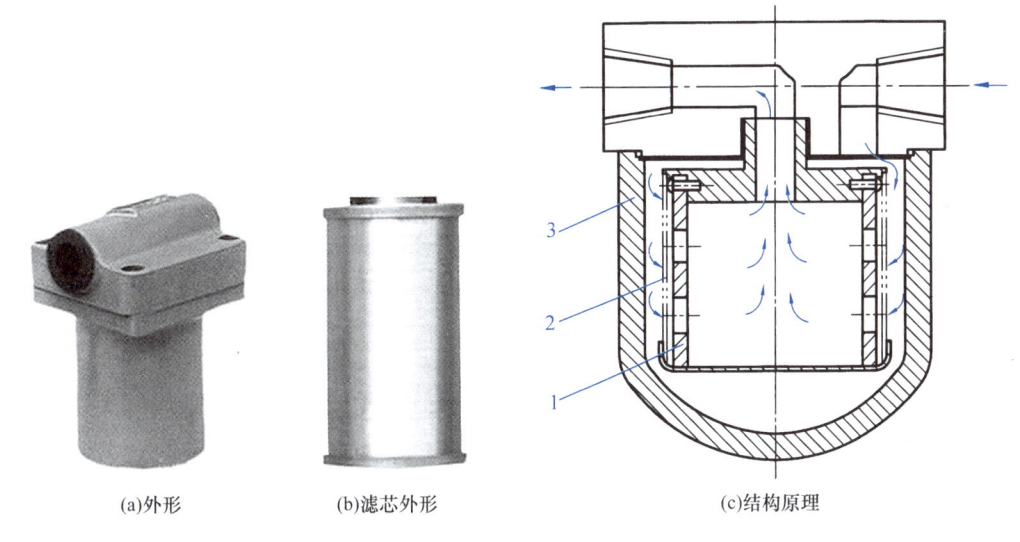

(a)外形　　(b)滤芯外形　　(c)结构原理

图 6-4　线隙式过滤器
1—芯架;2—滤芯;3—壳体

### 3. 纸芯式过滤器

图 6-5(a)所示为纸芯式过滤器的结构原理,它与线隙式过滤器的结构基本相同,只是滤芯的材质和结构不同。其滤芯的外形和结构分别如图 6-5(b)、图 6-5(c)所示,分三层:外层为粗眼钢板网,中层为折叠成 W 形的滤纸,内层为金属丝网(与滤纸一并折叠在一起制成)。外层和内层起增大滤纸的强度和均匀折叠空间的作用。它的过滤精度较高,通流能力大,滤芯价格低,但不能清洗,需经常更换纸芯。纸芯式过滤器常用于过滤精度要求较高的精密机床、数控机床、伺服机构、静压支承等系统中。

多数纸芯式过滤器上设置了污染指示器,其结构原理如图 6-6 所示。当滤芯堵塞严重,油液流经过滤器时产生的压力差达到规定值时,活塞和永久磁铁即向右移动,使感簧管的触点吸合,于是电路接通,发出信号,提醒操作人员更换滤芯,或实现自动停机保护。

### 4. 烧结式过滤器

图 6-7(a)所示为烧结式过滤器的滤芯外形。其结构原理如图 6-7(b)所示,它的滤芯由颗粒状的青铜粉末压制后烧结而成,利用颗粒间的微孔滤除油液中的杂质。其过滤精度较高、耐压、耐腐蚀、性能稳定、制造简单。其缺点是清洗困难,若有颗粒脱落,会造成系统损坏。

### 5. 磁性式过滤器

磁性式过滤器是利用磁性来吸附油液中的铁末等可磁化的杂质的。由于这种过滤器对其他杂质不起作用,因此常和其他滤芯组成组合滤芯,制成具有复合式滤芯的过滤器。

# 液压与气动技术

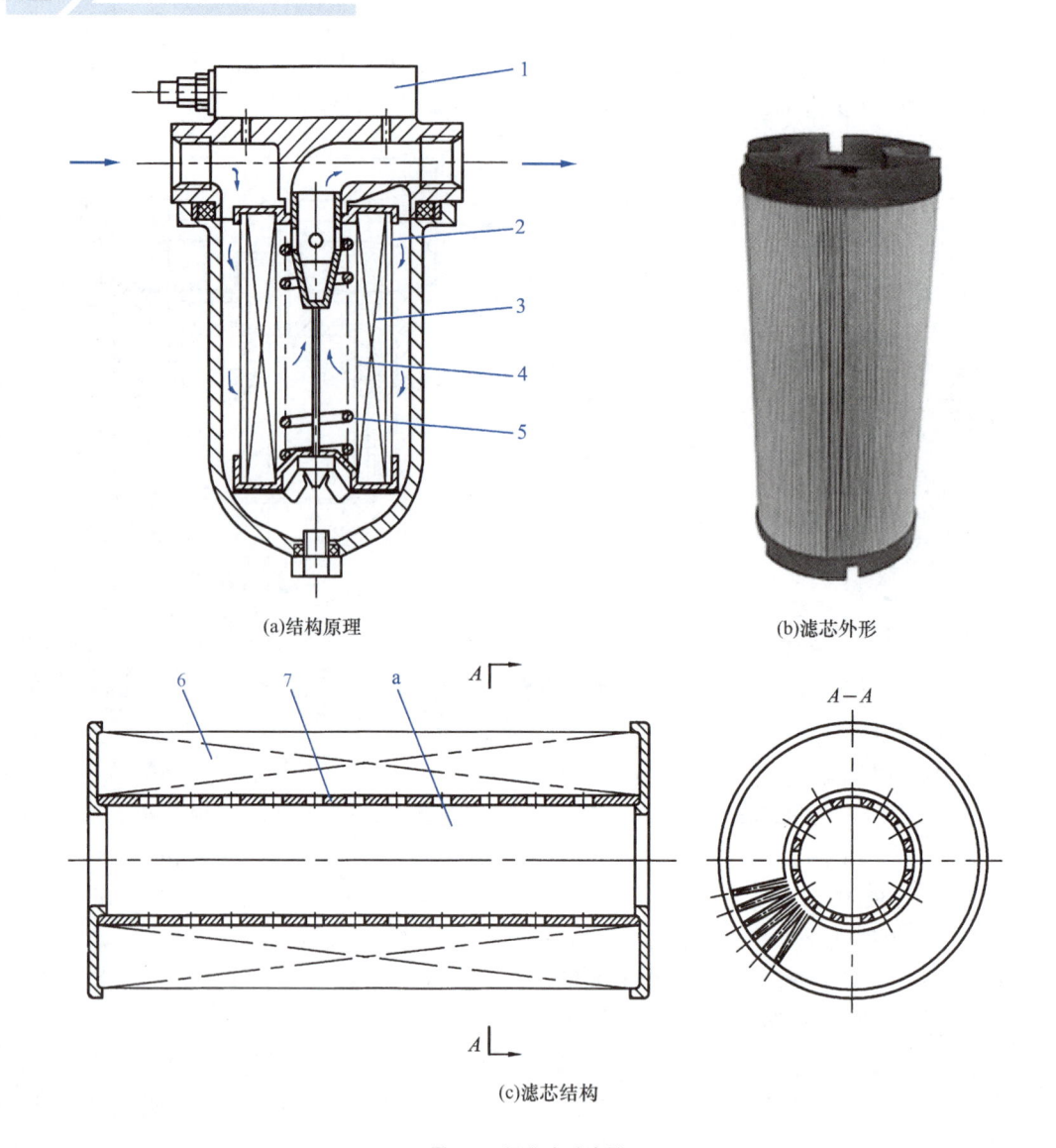

(a)结构原理　　　　　　　　　　(b)滤芯外形

(c)滤芯结构

图 6-5　纸芯式过滤器

1—堵塞状态发讯装置；2—滤芯外层；3—滤芯中层；4—滤芯内层；5—支承弹簧；6—纸芯；7—芯架

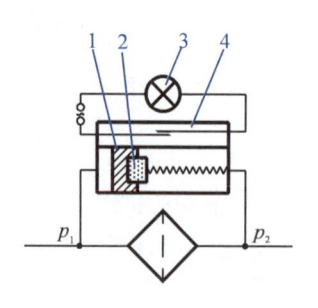

图 6-6　污染指示器的结构原理

1—活塞；2—永久磁铁；3—指示灯；4—感簧管

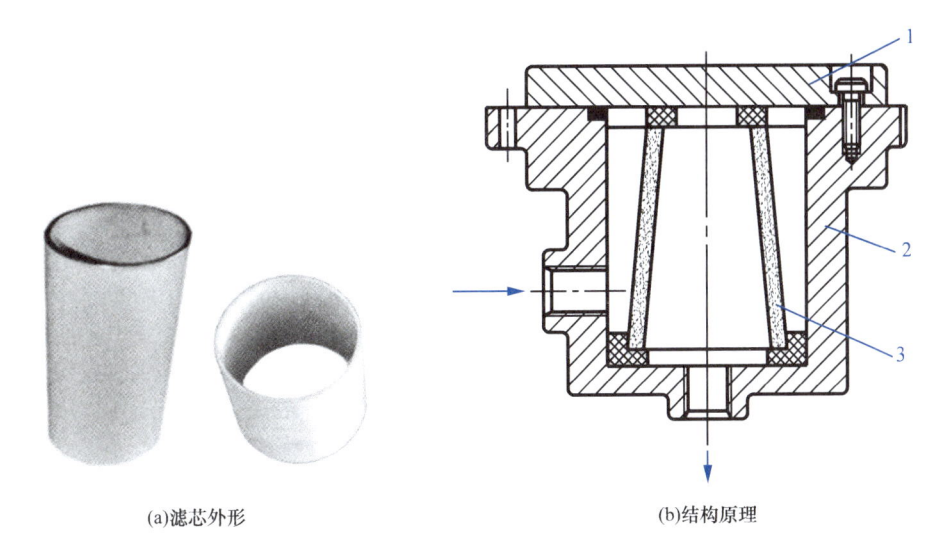

图 6-7 烧结式过滤器

(a)滤芯外形　(b)结构原理

1—端盖；2—壳体；3—滤芯

## 三、过滤器的选用和安装

### 1. 过滤器的选用

选用过滤器时,要根据液压系统对过滤器的要求和工作条件,确定过滤器的类型、过滤精度、尺寸大小以及其他工作参数。选择过滤器的一般原则如下:

(1)过滤精度满足设计要求。确定过滤精度时,应根据系统中关键元件对过滤精度的要求以及液压设备停机检修而可能造成的损失综合考虑。

(2)具有足够大的通流能力,压力损失小。一般过滤器的通流能力应大于实际流量的 2 倍,或大于管路的最大流量,具体视过滤器的安装位置及对压力损失的要求而定。

(3)滤芯应有足够的强度,过滤器的工作压力应小于许用工作压力。

(4)滤芯抗腐蚀性好,能在规定的温度下长时间工作。

(5)滤芯的更换、清洗及维护方便。

### 2. 过滤器的安装

在液压系统中,过滤器可以根据具体工作条件和过滤器的类型安装在不同的部位,通常有下列几种情况:

(1)安装在液压泵的吸油管路上

粗过滤器通常安装在液压泵的吸油管路上,并需要浸没在油箱液面以下,目的是滤去较大的杂质微粒以保护液压泵。为了不影响泵的吸油性能,避免气穴现象的产生,过滤器的过滤能力应为液压泵额定流量的两倍以上,压力损失不得超过 0.02 MPa。必要时,泵的吸入口应置于油箱液面以下,如图 6-8 中的过滤器 1 所示。

(2)安装在液压泵的压油管路上

过滤器安装在液压泵的压油管路上,其目的是滤除可能侵入阀类等元件的污染物。它应能承受油路上的工作压力和冲击压力,其压力降应小于 0.035 MPa,并应有安全阀和堵塞状态发讯装置,以防液压泵过载和滤芯损坏,如图6-8中的过滤器2所示。

(3) 安装在系统的回油管路上

这种安装方式只能间接地过滤。由于回油路压力低,因此可采用强度低的过滤器,其压力降对系统影响不大。一般都与过滤器并联一个单向阀,起旁通作用,当过滤器堵塞达到一定压力损失时,单向阀打开,如图6-8中的过滤器3所示。

(4) 安装在系统的分支油路上

当液压泵的流量较大时,若采用上述几种方式过滤,则过滤器结构可能会很大。为此,可在只有液压泵额定流量20%～30%的支路上安装一个小规格过滤器,它对油液起滤清作用,如图6-8中的过滤器4所示。

(5) 单独过滤系统

大型液压系统可专设一个液压泵和过滤器组成独立的过滤回路,专门用来清除系统中的杂质,还可与加热器、冷却器、排气器等配合使用。滤油车即单独过滤系统,如图6-8中的过滤器5所示。

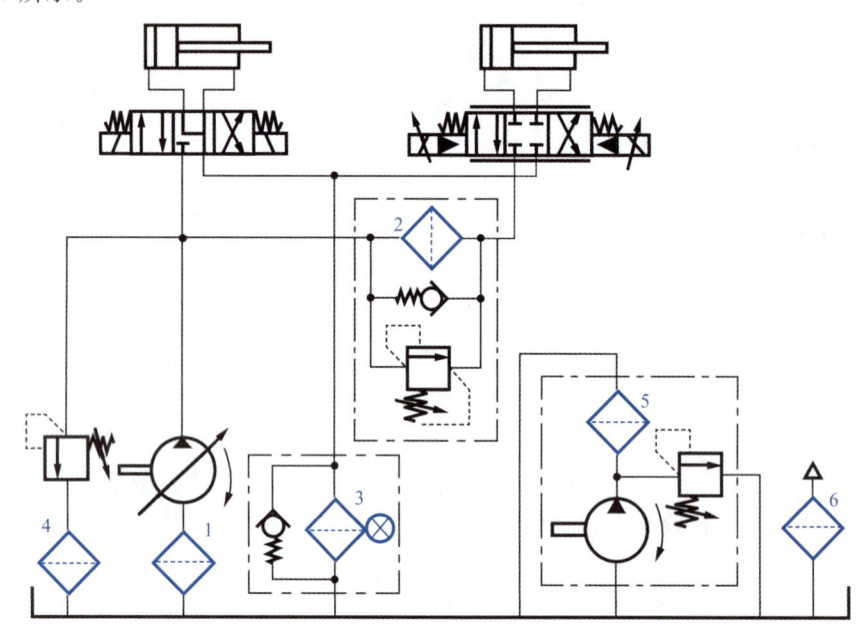

图 6-8 过滤器的常见安装方式

## 6.3 油 箱

### 一、油箱的功用和种类

油箱在液压系统中的功能:储存液压系统所需的工作介质;散发液压系统工作中产生的一部分热量;沉淀混入工作介质中的杂质;分离混入工作介质中的空气或水分。

为了节省占地面积,有些小型液压设备常将泵-电动机装置及液压控制阀安装在油箱的顶部组成一体,称为液压站。大中型液压设备一般采用独立油箱,即油箱与泵-电动机装置、液压控制阀分开设置。当泵-电动机装置安置在油箱侧面时,称为旁置式油箱;当泵-电动机装置安置在油箱下方时,称为下置式油箱(高架油箱)。

油箱除可按其与泵-电动机装置的安装位置分类外,还可按油箱的形状分为矩形油箱、圆形油箱及异形油箱。一般按其液面是否与大气相通分为开式油箱和压力式油箱,其中开式油箱应用最广。

### 1. 开式油箱

油箱液面直接或通过空气过滤器间接与大气相通,油箱液面压力为大气压。

### 2. 压力式油箱

油箱完全封闭,由空压机向充气罐充气,再由充气罐经滤清、干燥、减压(表压力 0.05~0.15 MPa)后通往油箱液面之上,使液面压力大于大气压力,从而改善液压泵的吸油性能,减少气蚀和噪声。

## 二、油箱的结构

油箱一般由钢板焊接而成,为了在相同的容量下得到最大的散热面积,油箱宜设计为立方体或宽:高:长为1:2:3的长方体。图6-9所示为开式油箱的外形和结构示意图。

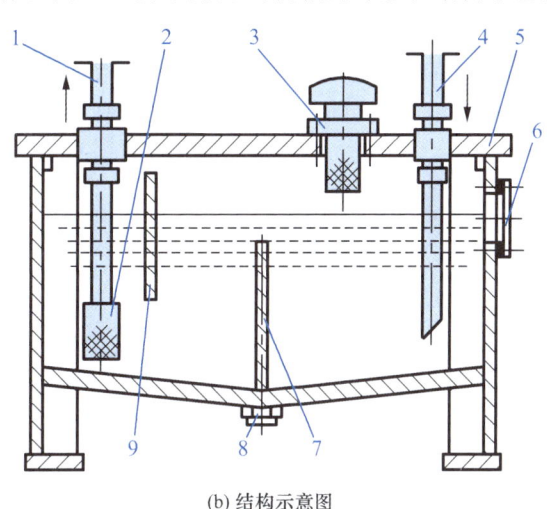

(a) 外形　　　　　(b) 结构示意图

**图6-9　开式油箱**

1—吸油管;2—过滤器;3—空气过滤器;4—回油管;5—上盖;6—油面指示器;7、9—隔板;8—放油阀

油箱的有效容积(油面高度为油箱高度80%时的容积)一般按液压泵的额定流量估算,在低压系统中取液压泵每分钟排油量的2~4倍,中压系统为5~7倍,高压系统为10~12倍。

油箱正常工作的温度应在15~65 ℃范围内,在环境温度变化较大的场合要安装热交换器,但必须考虑它的安放位置以及测温、控制等措施。

## 6.4 压力表及压力表开关

液压系统必须设置必要的压力检测和显示装置。在对液压系统调试时,用来调定各有关部位的压力;在液压系统工作时,检查各有关部位的压力是否正常。通常在液压泵的出口、主要执行元件的进油口、安装压力继电器的地方、液压系统中与主油路压力不同的支路及控制油路、蓄能器的进油口等处,均应安装压力检测装置。

压力检测装置通常采用压力表及压力传感器。压力表一般通过压力表开关与油路连接。为减少压力表的数量,一些压力表开关上有多个测压点,可与液压系统的不同部位相连。

### 一、压力表

#### 1. 常见压力表的结构原理

压力表的种类很多,最常用的是弹簧管式压力表,其外形如图 6-10(a)所示。图 6-10(b)所示为其结构原理,当油压力传入扁截面金属弹簧管 1 时,弹簧管变形使其曲率半径加大,端部的位移通过拉杆 4 使扇形齿轮 5 摆动,于是与扇形齿轮啮合的中心齿轮 6 带动指针 2 转动,这时即可由表盘 3 读出压力值。

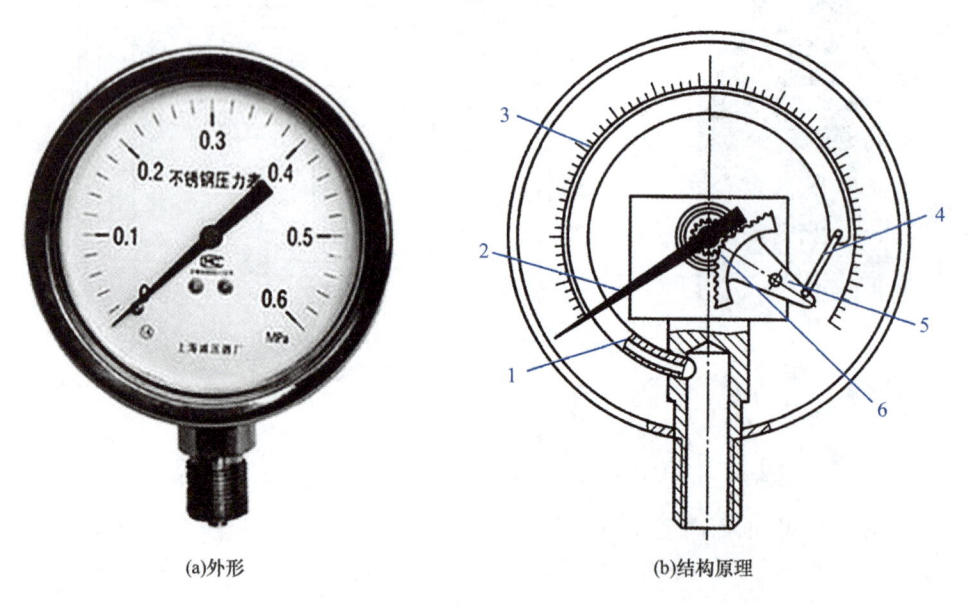

(a)外形　　　　　　　　　　(b)结构原理

图 6-10　弹簧管式压力表

1—弹簧管;2—指针;3—表盘;4—拉杆;5—扇形齿轮;6—中心齿轮

#### 2. 压力表的选用

选用压力表时应注意的问题主要包括压力测量范围(量程范围)、测量精确度、压力变化情况(静态、慢变、速变和冲击等)、使用场合(有无振动、湿度和温度的高低、周围气体有无爆炸性和可燃性等)、工作介质(有无腐蚀性、易燃性等)、是否有远传功能(指示、记录、调节和报警等)以及对附加装置的要求等。

(1) 量程

在被测压力较稳定的情况下,最大压力值不超过压力表满量程的 3/4;在被测压力波动较大的情况下,最大压力值不超过压力表满量程的 2/3。为提高示值精度,被测压力最小值应不低于全量程的 1/3。

(2) 测量压力的类型

要按被测压力是绝对压力、表压及差压这三种类型选择相应的测量仪表。

(3) 压力的变化情况

要根据被测压力是静压力、缓变压力及动态压力来选择仪表。测量动态压力时,要考虑其频宽的要求。

(4) 测量精度

应保证测量最小压力值时,所选压力表的精度等级能达到系统所要求的测量精度。

压力表有多种精度等级,普通精度的有 1、1.5、2.5 等,精密型的有 0.1、0.16、0.25 等。一般机床上的压力表用 2.5~4 级精度即可。

## 二、压力表开关

压力表开关用于接通或断开压力表与测量点油路的通道。压力表开关有一点式、三点式、六点式等。多点压力表开关可按需要分别测量系统中多点处的压力。图 6-11(a) 所示为六点式压力表开关的外形。其结构原理如图 6-11(b) 所示,图示位置为非测量位置,此时压力表油路经沟槽 a、小孔 b 与油箱连通。若将手柄向右推进去,沟槽 a 将使压力表与测量点连通,并将压力表通往油箱的油路切断,这时便可测出该点的压力。如将手柄转到另一个测量点位置,便可测出另一点的压力。

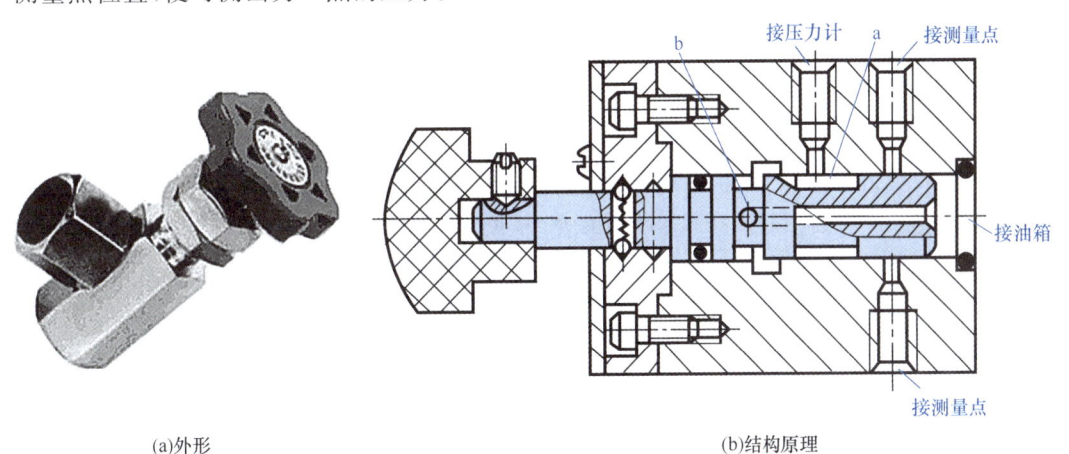

(a) 外形　　　　　　　　(b) 结构原理

图 6-11　六点式压力表开关

## 6.5 管件

管件包括油管(输送工作介质)和管接头(连接管道与管道或液压元件)。液压系统对管件的要求如下：

(1)要有足够的强度，一般限制所承受的最大静压和动态冲击压力。
(2)液流的压力损失要小，一般通过限制流量或流速予以保证。
(3)密封性要好，绝对不允许有外泄漏存在。
(4)与工作介质之间有良好的相容性，耐油、抗腐蚀性要好。
(5)装拆、布管方便。

### 一、油管

**1. 硬管**

(1)硬管的种类

①冷拔无缝钢管：耐高压、变形小、耐油、抗腐蚀。虽装配时不易弯曲，但装配后能长久保持原形。当选用 10 号和 15 号冷拔无缝钢管时，不但其外径尺寸准确，而且可焊性较好。

②有缝钢管：其最高工作压力不大于 1 MPa，但因价格低，故有时用于液压系统的吸油管路或低压回油管路。

③紫铜管：易弯曲、安装方便、管壁光滑、摩擦阻力小。由于其耐压低、抗振能力差，因此仅用于压力低于 5 MPa 的管路。另外，由于铜与液压油接触易加速油液氧化，而且铜材价格较贵，因此应尽量不用或少用，现仅用于仪表和控制装置的小直径管路。

(2)安装硬管的技术要求

①硬管安装时，对于平行或交叉管道，相互之间要有 10 mm 以上的空隙，以防止干扰和振动。在高压大流量场合，为防止管道振动，需每隔 1 m 左右用管夹将管道固定在支架上。

②管道安装时，路线应尽可能短，布管要整齐，直角转弯要少。其弯曲半径应大于管道外径的 3 倍，弯曲后管道的椭圆度小于 10%，不得有波浪变形、凹凸不平及压裂与扭转等现象。

③对安装前的钢管应检查其内壁是否有锈蚀现象。一般应用 20% 的硫酸或盐酸进行酸洗，酸洗后用 10% 的苏打水中和，再用温水洗净、干燥、涂油，进行静压试验，确认合格后再安装。

**2. 软管**

(1)软管的种类

由于硬管只适用于固定部件之间的管道连接，因此在部件之间存在相对运动时，要采用柔软性好的软管连接。软管按其材料不同分为以下几种：

①耐油橡胶软管：由夹有钢丝编织层的耐油橡胶制成。钢丝层数一般为 2~3 层。钢丝层数越多，管内径越小，耐压力越高。最高使用压力可达 40 MPa。

②金属波纹软管：由极薄不锈钢无缝管作管坯，外套网状钢丝组合而成。管坯为环状或螺旋状波纹管。与耐油橡胶相比，金属波纹软管价格较贵，但其质量轻、体积小、耐高温、清洁度好。金属波纹软管的最高工作压力可达 40 MPa，目前仅用于小通径管道。

③耐油塑料管:因其使用压力不超过0.5 MPa,故仅适用于某些回油管路和泄油管路。

④尼龙管:作为一种新型管材,将在液压行业得到日益广泛的应用,目前主要用于压力低于8 MPa的管路。

(2)安装软管的技术要求

①软管的弯曲半径不应小于软管外径的10倍。对于金属波纹软管,若用于运动连接,则其最小弯曲半径不应小于内径的20倍。

②耐油橡胶软管和金属波纹软管与管接头成套供货。弯曲时耐油橡胶软管的弯曲处距管接头的距离至少是外径的6倍;金属波纹软管的弯曲处距管接头的距离应大于管内径的2～3倍。

③软管在安装和工作中不允许有拧、扭现象。

④耐油橡胶软管用于固定件的直线安装时要有一定的长度裕量,以适应胶管工作时$-2\%\sim+4\%$的长度变化(油温变化、受拉、振动等因素引起)的需要。

⑤耐油橡胶软管不能靠近热源,要避免与设备上的尖角部分相接触和摩擦,以免划伤管子。

## 二、管接头

管接头用于管道与管道或管道与液压元件之间的连接。对管接头的主要要求是安装、拆卸方便,抗振动,密封性能好。

### 1. 焊接式管接头

焊接式管接头主要由接头体、螺母和接管等组成,如图6-12所示。接头体的拧入端为细牙螺纹时,其接合面应加组合密封垫。若拧入端为圆锥螺纹,则不必装组合密封垫。接头体与接管之间用O形密封圈密封,接管被螺母紧压在接头体端面,其外端与钢管焊接相连。

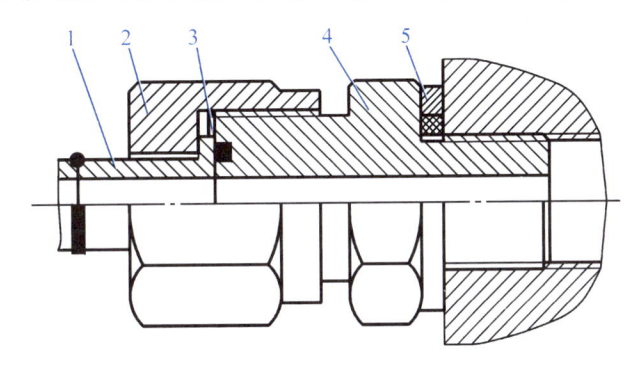

图 6-12　焊接式管接头

1—接管;2—螺母;3—O形密封圈;4—接头体;5—组合密封垫

焊接式管接头结构简单,制造方便,耐高压(32 MPa),密封性能好。其缺点是对钢管与接管的焊接质量要求高。

### 2. 卡套式管接头

图6-13所示为卡套式管接头的一种基本形式,它由接头体、卡套和螺母等零件组成。拧紧螺母时,依靠卡套楔入接头体与接管之间的缝隙而实现连接。接头体的拧入端与焊接式管接头一样,可以是圆柱细牙螺纹,也可以是圆锥螺纹。这种管接头的最高工作压力可达40 MPa。

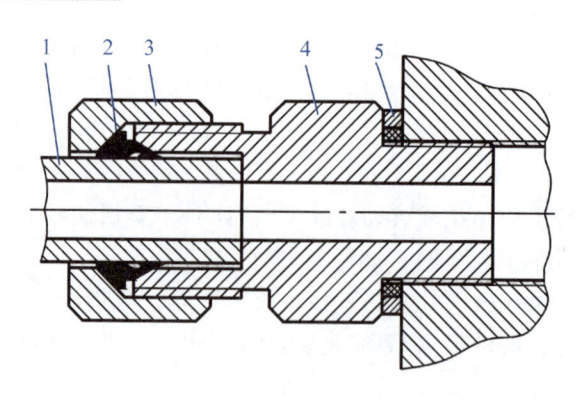

图 6-13　卡套式管接头
1—接管；2—卡套；3—螺母；4—接头体；5—组合密封垫

### 3. 扩口式管接头

扩口式管接头如图 6-14 所示。接管(一般为铜管或薄壁钢管)端部的扩口角度为 74°，导套的内锥孔为 66°。装配时的拧紧力通过接头螺母转换成轴向压紧力，由导套传递给接管的管口部分，使扩口锥面与接头体的密封锥面之间获得接触比压，在起刚性密封作用的同时，也起到连接作用并承受由管内流体压力所产生的接头体与接管之间的轴向分力。这种管接头的最高工作压力一般小于 16 MPa。

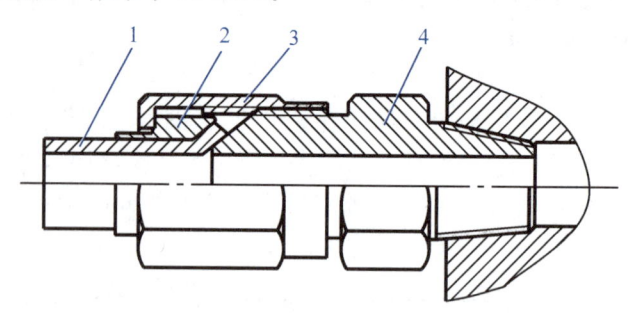

图 6-14　扩口式管接头
1—接管；2—导套；3—接头螺母；4—接头体

### 4. 扣压式胶管接头

如图 6-15 所示，扣压式胶管接头主要由接头外套和接头芯组成。接头外套的内壁开有环形切槽，接头芯的外壁呈圆柱形，上有周向切槽。当剥去胶管的外胶层，将其套入接头芯时，拧紧接头外套并在专用设备上扣压，以达到紧密连接的目的。这种管接头的最高工作压力可达 40 MPa。

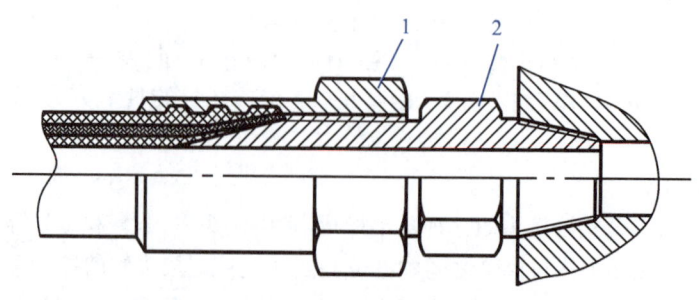

图 6-15　扣压式胶管接头
1—接头外套；2—接头芯

### 5. 活动铰接式管接头

铰接式管接头用于液流方向成直角的连接。与普通直角管接头相比，其优点是可以随意调整布管方向，安装方便，占用空间小。

铰接式管接头按安装之后成直角的两油管是否可以相对摆动，可分为固定式和活动式。图 6-16 所示为活动铰接式管接头。活动铰接式管接头的接头芯靠台肩和弹簧卡圈保持其与接头体的相对位置，两者之间有间隙可以转动，其密封由套在芯子外圆的 O 形密封圈予以保证。铰接式管接头与管道的连接可以是卡套式或焊接式，使用压力可达 32 MPa。

### 6. 快换接头

快换接头是一种不需要使用任何工具就能实现迅速连接或断开的管接头。它适用于需经常装拆的液压管路。

图 6-16 活动铰接式管接头
1—接头芯；2—密封件；3—接头体；4—弹簧卡圈；
5—挡圈；6—O 形密封圈

图 6-17(a) 所示为快换接头的外形。图 6-17(b) 所示为两个接头体连接时的工作位置，两个单向阀芯 2、6 的前端顶杆互相挤顶，迫使阀芯后退并压缩弹簧，使油路接通。当需要断开油路时，只需将外套 4 向左推，同时拉出内接头体 5，于是钢球 3 (有 6~12 颗) 即从接头体 5 的 V 形槽中退出，两个单向阀芯分别在弹簧 1 和 7 的作用下将两个阀口关闭，油路即断开。同时外套 4 在外圈弹簧的作用下复位。这种快换接头的最高工作压力可达 32 MPa。

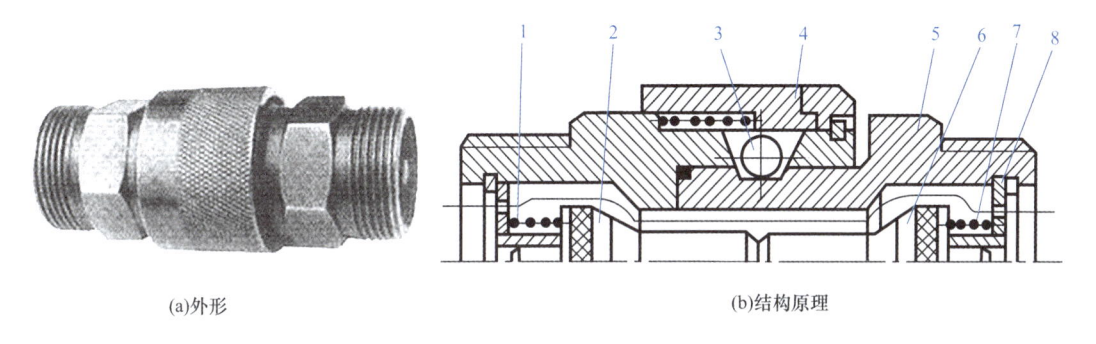

(a) 外形  (b) 结构原理

图 6-17 快换接头
1、7—弹簧；2、6—单向阀芯；3—钢球；4—外套；5—接头体；8—弹簧座

## 6.6 密封元件

在液压系统中，某些零件之间存在耦合关系。其耦合间隙可能是平面间隙，也可能是环形间隙。构成耦合关系的零件有的相对固定，有的相对运动。由于耦合零件之间存在间隙，不但高压区的油液会经此间隙向低压区转移形成外漏和内漏，而且空气中的尘埃或异物会

乘隙而入,这将导致液压系统的容积损失、油温升高、污染工作介质及环境等,因此必须采取有效的密封措施。按构成耦合面的两个零件之间是否有相对运动,可将密封元件分为动密封和静密封;按工作原理,可将密封元件分为间隙密封和接触密封。

## 一、间隙密封

间隙密封是通过对相对运动零件的精密加工,使其配合间隙非常微小(0.01~0.05 mm)而实现密封,如图 6-18 所示。在圆柱配合面的间隙密封中,常在配合表面上开几条环形的小槽(宽度为 0.3~0.5 mm,深度为 0.5~1 mm,间距为 2~5 mm)。油在这些小槽中形成涡流,能减缓漏油速度,还能在油压作用下使两配合件同轴,起到降低摩擦阻力和避免因偏心而增加漏油量等作用。这些小槽叫压力平衡槽。

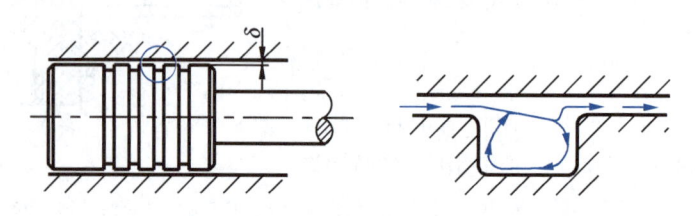

图 6-18 间隙密封

间隙密封结构简单,摩擦阻力小,磨损小,润滑性能好,是一种结构简单紧凑的密封方式,在液压泵、液压马达、各种液压阀中得到广泛的应用。其缺点是密封效果差,密封性能随工作压力的升高而变差。尺寸较大的液压缸,要达到间隙密封所需要的加工精度比较困难,也不够经济。因此间隙密封在液压缸中仅用于尺寸较小、压力较低、运动速度较高的活塞与缸体内孔间的密封。

## 二、接触密封

接触密封常用的密封件是密封圈。它既可以用于静密封,也可以用于动密封。密封件常以其截面形状命名,有 O 形、Y 形、V 形等。此外,还有防尘圈、油封、组合密封垫圈等密封装置。

### 1. O 形密封圈

O 形密封圈的主要材料为合成橡胶。图 6-19(a)所示为其安装前的常态形状,图 6-19(b)为其安装后的截面示意图。它属于应用最广泛的密封件之一。其密封性好、结构简单、动摩擦阻力小、成本低、使用方便。O 形密封圈可用于静密封,也可用于动密封,且可同时对两个方向起密封作用。其缺点是用作动密封时,启动摩擦阻力较大,寿命相应缩短。

### 2. Y 形密封圈

Y 形密封圈一般用于圆柱环形间隙的密封,既可安装在轴上,又可安装在孔槽内。如图 6-20 所示为几类 Y 形密封圈的示意图。Y 形密封圈不但密封性好,而且摩擦阻力小,启动摩擦阻力与停车时间的长短和工作压力的高低关系不大,工作时运行平稳。Y 形密封圈适合在工作压力不大于 20 MPa、工作温度为 −30~100 ℃、运动速度不大于 0.5 m/s 的矿物油中工作。

(a) 常态形状　　　　　　(b) 截面示意图

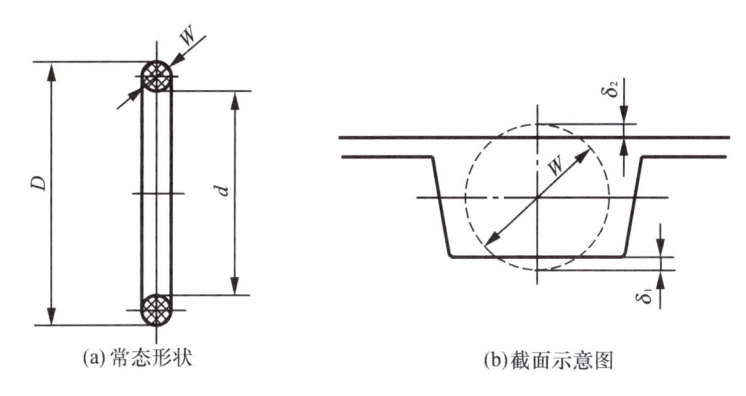

图 6-19　O 形密封圈

### 3. V 形密封圈

V 形密封圈的材料可以是橡胶或夹织物橡胶。V 形密封圈需与压环和支承环一起使用，图 6-21 为这三部分的示意图。其中压环和支承环的材料可以是金属、夹布橡胶或合成树脂。V 形密封圈的个数视工作压力的大小选取，并通过调整压紧力达到最佳密封效果。夹织物橡胶 V 形密封圈的最高工作压力可达 50 MPa。

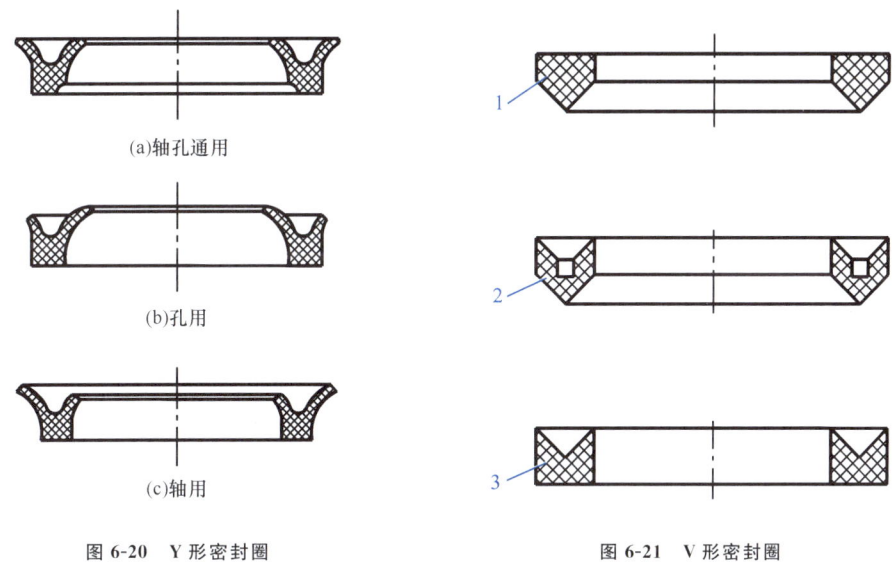

(a) 轴孔通用

(b) 孔用

(c) 轴用

图 6-20　Y 形密封圈

图 6-21　V 形密封圈
1—压环；2—V 形密封圈；3—支承环

V 形密封圈可以在活塞承受偏心载荷或在偏心状态下运动时很好地密封，但运动摩擦阻力及结构尺寸较大，不宜用于耦合件相对运动速度较大的场合。此外，为保证良好的密封性能，对压环和支承环的制造精度和强度要求较高，对支承环与缸体孔之间的间隙及缸体孔的表面粗糙度要求较高。

## 三、密封圈使用注意事项

（1）当密封圈用于圆柱环形间隙的密封时，若密封圈的安装沟槽开在轴上，则取密封圈的公称外径与轴的外径相等；若密封圈的安装沟槽开在轴的耦合件上，则取密封圈的公称内径与轴的外径相等。

(2) 当 O 形密封圈用于平面密封时,如图 6-22 所示,O 形密封圈的外径 $D_1 \geqslant (d_1+2B)$。其中 $d_1$ 为密封孔的孔径,$B$ 为固定沟槽的最小宽度,$B$ 的大小与 O 形密封圈的截面直径有关。图 6-22(a)所示的结构加工简单,但仅用于单向密封。若用于自吸式液压泵的进口或瞬时流速大于 10 m/s 的管路,则因管路可能为负压,O 形密封圈可能被吸入,而空气在大气压作用下将侵入管路,故会影响液压系统的正常工作。另外,此时密封圈直接承受管内液体的压力冲击,因而会降低其使用寿命。为避免出现以上问题,设计时可选用图 6-22(b)所示的沟槽内侧半封闭结构。

(a) 简单结构　　　　(b) 沟槽内侧半封闭结构

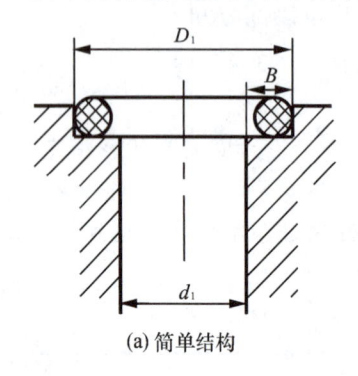

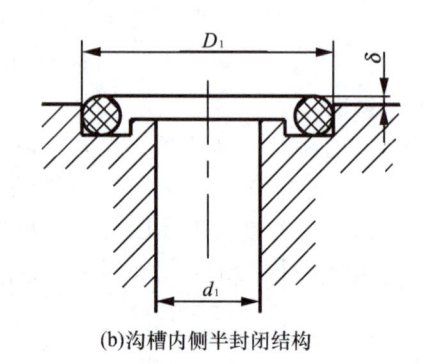

图 6-22　静密封 O 形密封圈的安装

(3) 当工作压力大于 10 MPa 时,为防止 O 形密封圈被挤入间隙,可在 O 形密封圈的承压面上设置挡圈,如图 6-23 所示。挡圈的材料为聚四氟乙烯、尼龙等,其硬度高于 O 形密封圈。

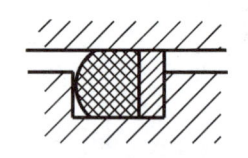

(a) 无挡圈　　(b) 单承压面上设置挡圈　　(c) 双承压面上设置挡圈

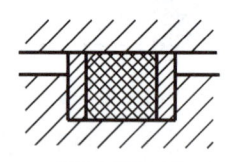

图 6-23　动密封 O 形密封圈的安装

(4) 因 Y 形密封圈和 V 形密封圈仅单方向起密封作用,若需要双向密封,则需要设置两个密封圈,两密封圈背向安装,开口一侧面向高压区。

(5) 一般情况下,Y 形密封圈可不用支承环,但在介质工作压力变化较大时,在相对滑动速度较高的场合下需要使用支承环以固定密封圈。

(6) 当 V 形密封圈不能从轴向装入时,可以切口(45°)安装,但多个 V 形密封圈的切口应相互错开,以免影响密封效果。

(7) 安装密封圈时,为安装方便且不致切坏密封圈,应在密封圈所通过的各部位(如缸筒和活塞杆的端部)加工 15°～30°的倒角,倒角应有足够的长度。

(8) 注意密封圈的清洁,防止安装时带入铁屑、尘土、棉纱等杂物。

## 素养提升

中国有句谚语"千里之堤,溃于蚁穴",体现了小事不慎将酿成大祸的哲学道理。"挑战者号"航天飞机是美国正式使用的第二架航天飞机。1986年1月28日,"挑战者号"在执行太空任务时,因其右侧固态火箭推进器上的一个O形密封圈失效,毗邻的外部燃料舱在泄漏出的火焰的高温烧灼下结构失效,导致升空后73 s时爆炸解体并坠毁。通过这个事件,我们更深刻地认识到"细节决定成败",无论做人、做事都要注重细节,树立严谨细致、求真务实的科学精神和精益求精、追求卓越的工匠精神,从小事做起,创新突破,让中国制造成为亮丽的世界"名片"。

## 思考题与习题

1. 蓄能器有什么功用?
2. 常用过滤器有哪几种?各有何特点?适用于什么场合?
3. 过滤器的选用和安装有什么要求?
4. 设计油箱时要注意哪些问题?
5. 选用和安装压力表有何要求?
6. 常用油管有哪些?各适用于什么场合?
7. 常用管接头有哪些?各适用于什么场合?
8. 常用密封装置有哪些?各有何特点?

# 第7章 基本液压回路

液压传动系统无论如何复杂，都是由一些能够完成某种特定控制功能的基本液压回路组成。掌握典型基本液压回路的组成、工作原理和性能，是设计和分析液压系统的基础。

基本液压回路按功用可以分为方向控制、压力控制、速度控制和多缸工作控制等四类。

▶ **本章重点**
1. 压力控制回路的工作原理及应用。
2. 节流阀节流调速回路的速度负载特性。
3. 快速运动回路和速度换接回路的工作原理及应用。
4. 多缸动作回路的实现方式。

▶ **本章难点**
1. 平衡回路的工作原理及应用。
2. 容积调速回路的调节方法及应用。
3. 多缸快慢互不干扰回路的工作原理。

## 7.1 方向控制回路

在液压系统中，工作机构的启动、停止或变换运动方向等都是利用控制进入执行元件液流的通、断及改变流动方向来实现的。实现这些功能的回路称为方向控制回路。常见的方向控制回路有换向回路和锁紧回路。

### 一、换向回路

换向回路的功用是控制液压系统中的液流方向，从而改变执行元件的运动方向。

**1. 由换向阀组成的换向回路**

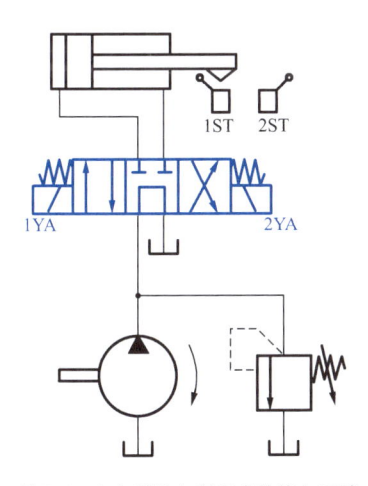

(1) 由电磁换向阀组成的换向回路

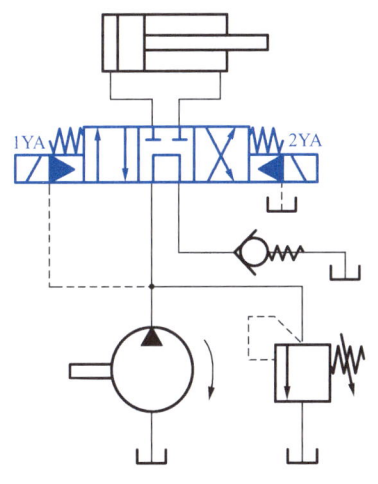

图 7-1 所示为利用行程开关控制三位四通电磁换向阀动作的换向回路。按下启动按钮，1YA 通电，阀左位工作，液压缸左腔进油，活塞右移；当触动行程开关 2ST 时，1YA 断电、2YA 通电，阀右位工作，液压缸右腔进油，活塞左移；当触动行程开关 1ST 时，1YA 通电、2YA 断电，阀又左位工作，液压缸又左腔进油，活塞又向右移。这样往复变换换向阀的工作位置，就可自动改变活塞的移动方向。1YA 和 2YA 都断电，活塞停止运动。

由二位四通、三位四通、三位五通电磁换向阀组成的换向回路是较常用的。由电磁换向阀组成的换向回路操作方便，易于实现自动化，但换向时间短，故换向冲击大（尤以交流电磁阀更甚），适用于小流量、平稳性要求不高的场合。

(2) 由液动换向阀组成的换向回路

由液动换向阀组成的换向回路适用于流量超过 63 L/min、对换向精度与平稳性有一定要求的液压系统。为提高机械自动化程度，液动换向阀常和电磁换向阀、机动换向阀组成电液换向阀和机液换向阀来使用。此外，液动换向阀也可以手动换向阀为先导，组成换向回路。

图 7-2 所示为由电液换向阀组成的换向回路。当 1YA 通电、2YA 断电时，三位四通电磁换向阀左位工作，控制油路的压力油推动液动换向阀的阀芯右移，液动换向阀处于左位工作状态，泵输出的液压油经液动换向阀的左位进入缸左腔，推动活塞右移；当 1YA 断电、2YA 通电时，三位四通电磁换向阀换向（右位工作），使液动换向阀也换向，主油路的液压油经液动换向阀的右位进入缸右腔，推动活塞左移。

图 7-1 由电磁换向阀组成的换向回路　　图 7-2 由电液换向阀组成的换向回路

**2. 双向变量泵换向回路**

双向变量泵换向回路是利用双向变量泵直接改变输油方向，以实现液压缸和液压马达的换向，如图 7-3 所示。这种换向回路比普通换向阀换向平稳，多用于大功率的液压系统中，如龙门刨床、拉床等液压系统。

## 二、锁紧回路

锁紧回路的功用是使液压缸能在任意位置上停留，且停留后不会在外力作用下产生位移。凡采用 M 型或 O 型滑阀机能换向阀的回路,都能使执行元件锁紧。由于普通换向阀的密封性较差,泄漏较大,当执行元件长时间停止时,就会出现松动,从而影响锁紧精度。

图 7-4 所示为采用液压锁(由两个液控单向阀组成)的锁紧回路。在液压缸两个油口处各装一个液控单向阀,当换向阀处于左位或右位工作时,液控单向阀控制口 $K_2$ 或 $K_1$ 通入压力油,缸的回油便可反向通过单向阀口,此时活塞可向右或向左移动;当换向阀处于中位时,因阀的中位机能为 H 型,两个液控单向阀的控制油直接通油箱,故控制压力立即消失(Y 型中位机能也可),液控单向阀不再反向导通,液压缸因两腔油液封闭便被锁紧。由于液控单向阀的反向密封性很好,因此锁紧可靠。

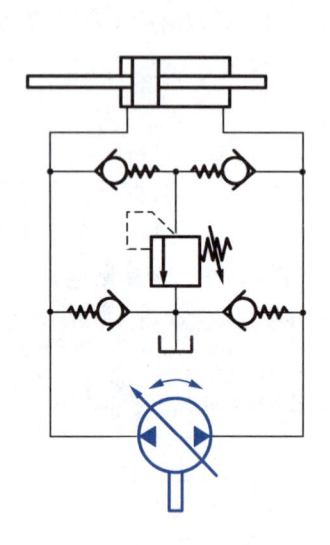

图 7-3　双向变量泵换向回路　　　　图 7-4　液压锁锁紧回路

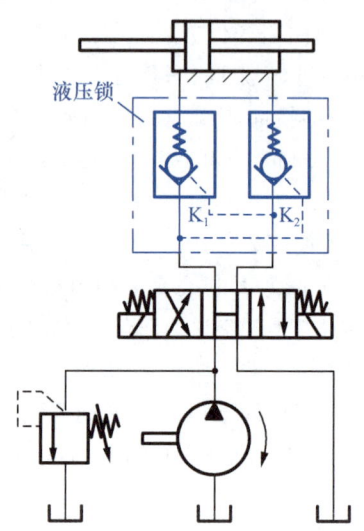

## 7.2　压力控制回路

压力控制回路是对系统整体或某一部分的压力进行控制的回路。这类回路包括调压、卸荷、减压、增压、保压、平衡、背压等多种回路。

### 一、调压回路

调压回路的功用是使系统的压力与负载相适应并保持稳定,或为了安全而限定系统的最高压力。下面介绍三种调压回路。

**1. 单级调压回路**

如图 7-5 所示,在液压泵的出口处设置并联的溢流阀来控制回路的最高压力为恒定值。在工作过程中溢流阀是常开的,液压泵的工作压力取决于溢流阀的调整压力,溢流阀的调整压力必须大于液压缸最大工作压力和油路中各种压力损失的总和,一般为系统工作压力的 1.1 倍。

**2. 双向调压回路**

执行元件正反行程需不同的供油压力时,可采用双向调压回路,如图 7-6 所示。当换向阀在左位工作时，活塞为工作行程，泵出口压力由溢流阀1调定为较高压力，缸右腔油液通过换向阀回油箱，溢流阀2此时不起作用。当换向阀如图示在右位工作时，缸做空行程返回，泵出口压力由溢流阀2调定为较低压力，溢流阀1不起作用。缸退抵终点后，泵在低压下回油，功率损耗小。

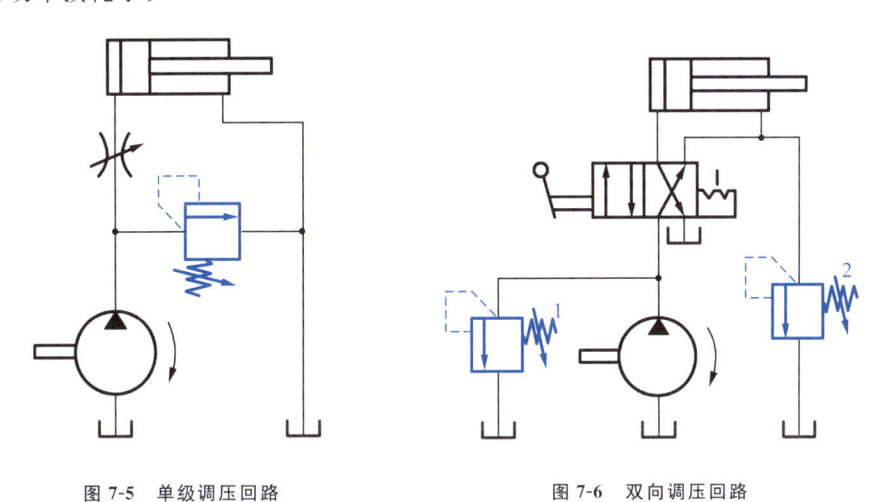

图 7-5　单级调压回路　　　　图 7-6　双向调压回路

### 3. 多级调压回路

有些液压设备的液压系统需要在不同的工作阶段获得不同的压力。

图7-7(a)所示为二级调压回路。在图示状态下，泵出口压力由溢流阀1调定为较高压力；二位二通换向阀通电后，则由远程调压阀2调定为较低压力。阀2的调定压力必须小于阀1的调定压力。

图7-7(b)所示为三级调压回路。在图示状态下，泵出口压力由阀1调定为最高压力（若阀4采用H型中位机能的电磁阀，则此时泵卸荷，即最低压力）；当换向阀4的左、右电磁铁分别通电时，泵压由远程调压阀2和3调定。阀2和阀3的调定压力必须小于阀1的调定压力。

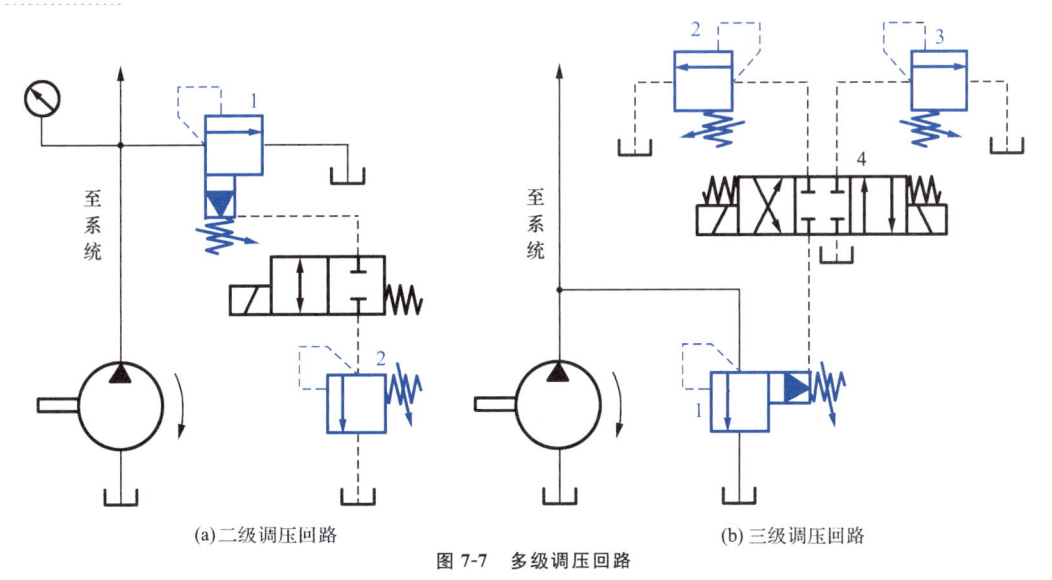

(a) 二级调压回路　　　(b) 三级调压回路

图 7-7　多级调压回路

## 二、卸荷回路

卸荷回路的功用是在驱动液压泵的电动机不频繁启闭的情况下,使液压泵在功率损耗接近于零的状态下运转,以减少功率损耗,降低系统发热,延长液压泵和电动机的使用寿命。功率为流量与压力之积,两者任一近似为零,功率损耗即近似为零,故卸荷有流量卸荷和压力卸荷两种方法。流量卸荷法用于变量泵,此法简单,但泵处于高压状态,磨损比较严重;压力卸荷法是使泵在接近零压下工作。常见的压力卸荷回路有下述几种:

### 1. 换向阀卸荷回路

(1) 采用三位阀中位机能的卸荷回路

采用 M、H 和 K 型中位机能的三位换向阀处于中位时,泵与油箱连通,实现卸荷,如图 7-8 所示。

采用换向阀中位机能的卸荷回路,卸荷方法比较简单。但压力较高,流量较大时,容易产生冲击,故适用于低压、小流量液压系统,不适用于一个液压泵驱动两个或两个以上执行元件的液压系统。

(2) 采用二位二通换向阀的卸荷回路

图 7-9 所示为采用二位二通换向阀的卸荷回路,该回路必须使二位二通换向阀的流量与泵的额定输出流量相匹配。这种卸荷方法的卸荷效果较好,易于实现自动控制,一般适用于液压泵的流量小于 63 L/min 的场合。

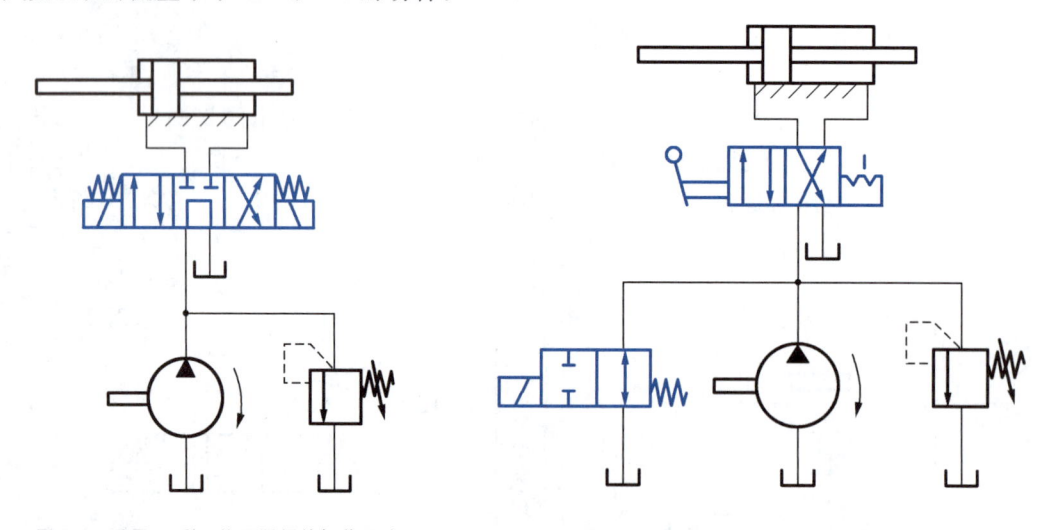

图 7-8 采用 M 型三位四通阀的卸荷回路　　图 7-9 采用二位二通换向阀的卸荷回路

### 2. 二通插装阀卸荷回路

二通插装阀通流能力大,由它组成的卸荷回路适用于大流量系统。如图 7-10 所示的回路,正常工作时,泵压由先导阀 2 调定。当先导阀 3 通电后,主阀 1 上腔接通油箱,主阀口完全打开,泵即卸荷。

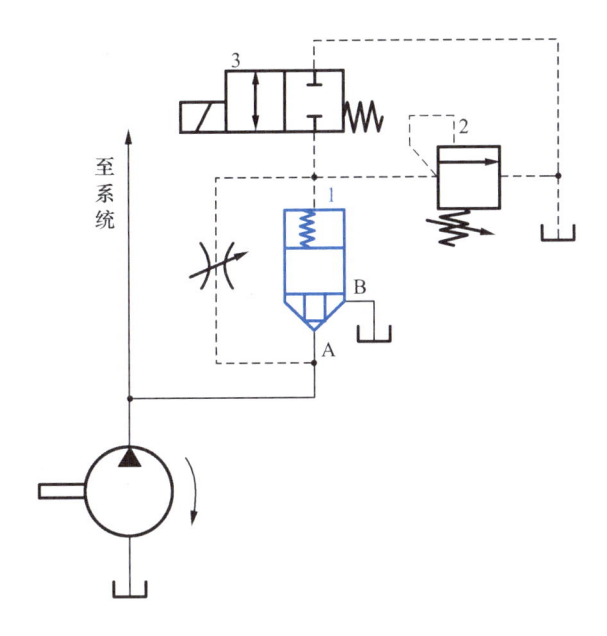

图 7-10 采用二通插装阀的卸荷回路

### 三、减压回路

减压回路的功用是使系统中的某一部分油路具有较低的稳定压力。它在夹紧系统、控制系统及润滑系统中应用较多。

#### 1. 单向减压回路

图 7-11 所示为用于夹紧系统的单向减压回路。单向减压阀 5 安装在液压缸 6 与换向阀 4 之间,当 1YA 通电时,三位四通电磁换向阀左位工作,液压泵输出压力油通过单向阀 3、换向阀 4,经单向减压阀 5 减压后输入液压缸左腔,推动活塞向右运动,夹紧工件,右腔的油液经换向阀 4 流回油箱;当工件加工完后,2YA 通电时,换向阀 4 右位工作,液压缸 6 左腔的油液经单向减压阀 5 的单向阀及换向阀 4 流回油箱,回程时减压阀不起作用。单向阀 3 在回路中的作用是,当主油路压力低于减压油路的压力时,利用锥阀关闭的严密性,保证减压油路的压力不变,使夹紧缸保持夹紧力不变。还应指出,单向减压阀 5 的调整压力应低于溢流阀 2 的调整压力,才能保证单向减压阀正常工作(起减压作用)。

#### 2. 二级减压回路

图 7-12 所示为由减压阀和远程调压阀组成的二级减压回路。在图示状态下,夹紧压力由减压阀 1 调定;当二通阀通电后,夹紧压力则由远程调压阀 2 调定,故此回路为二级减压回路。若系统只需一级减压,则可取消二通阀与远程调压阀 2,堵塞减压阀 1 的外控口。若取消二通阀,则远程调压阀 2 用直动式比例溢流阀取代,根据输入信号的变化,便可获得无级或多级的稳定低压。为使减压回路可靠地工作,其最高调整压力应比系统压力低一定的数值,例如中高压系统的减压阀约低 1 MPa(中低压系统约低 0.5 MPa),否则减压阀不能正常工作。当减压支路的执行元件速度需要调节时,节流元件应装在减压阀的出口,因为减压阀起作用时,有少量泄油从先导阀流回油箱,节流元件装在出口,可避免泄油对节流元件调定的流量产生影响。减压阀的出口压力若比系统压力低得多,则会增加功率损失和系统温升,必要时可用高、低压双泵分别供油。

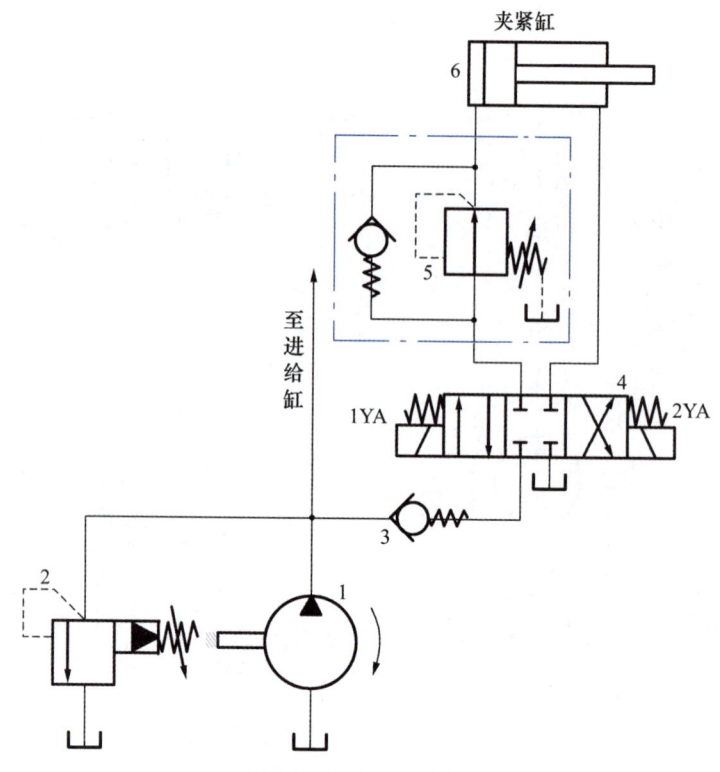

图 7-11　单向减压回路

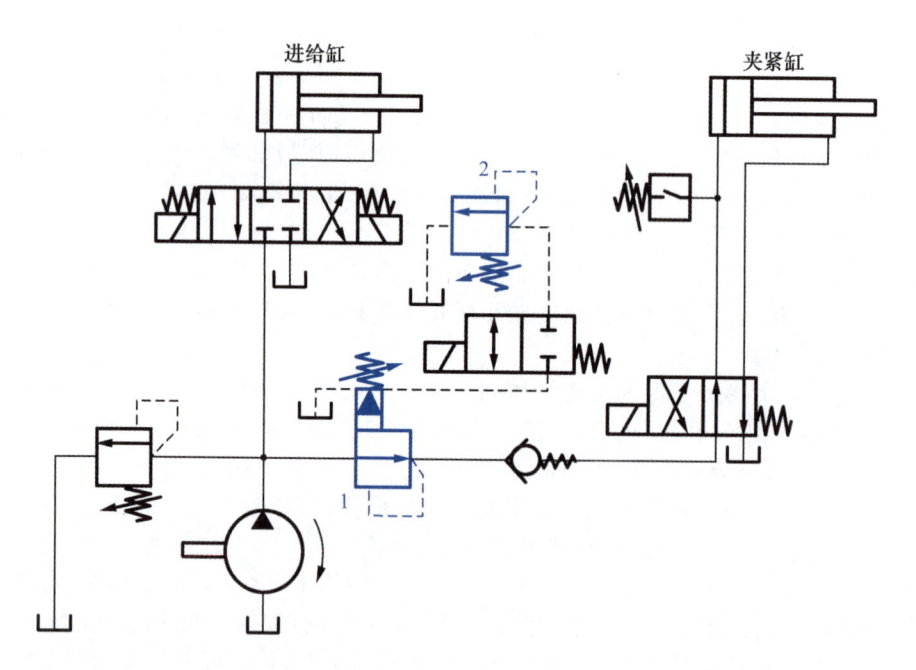

图 7-12　二级减压回路

### 四、增压回路

增压回路的功用是提高系统中某一支路的工作压力,以满足局部工作机构的需要。采用增压回路,系统的整体工作压力仍然较低,这样可以降低能源消耗。

#### 1. 单作用增压器的增压回路

图 7-13 所示为由单作用增压器组成的单向增压回路。增压缸中有大、小两个活塞,并由一根活塞杆连接在一起。当手动换向阀 3 右位工作时,输出压力油进入增压缸 A 腔,推动活塞向右运动,右腔油液经手动换向阀 3 流回油箱,而 B 腔输出高压油,高压油液进入工作缸 6,推动单作用式液压缸活塞下移。在不考虑摩擦损失与泄漏的情况下,单作用增压器的增压倍数(增压比)等于增压器大小腔有效面积之比。当手动换向阀 3 左位工作时,增压缸活塞向左退回,工作缸 6 靠弹簧复位。为补偿增压缸 B 腔和工作缸 6 的泄漏,可通过单向阀 5 由辅助油箱补油。

用增压缸的单向增压回路只能供给断续的高压油,因此它适用于行程较短、单向作用力很大的液压缸中。

#### 2. 双作用增压器的增压回路

单作用增压器只能断续供油,若需获得连续输出的高压油,可采用图 7-14 所示的双作用增压器连续供油的增压回路。当活塞处在图示位置时,液压泵压力油进入增压器左端大、小油腔,右端大油腔的回油通油箱,右端小油腔的增压油经单向阀 4 输出,此时单向阀 1、3 被封闭。当活塞移到右端时,二位四通换向阀的电磁铁通电,油路换向后,活塞反向左移。同理,左端小油腔输出的高压油通过单向阀 3 输出。这样,增压器的活塞不断往复运动,两端便交替输出高压油,从而实现了连续增压。

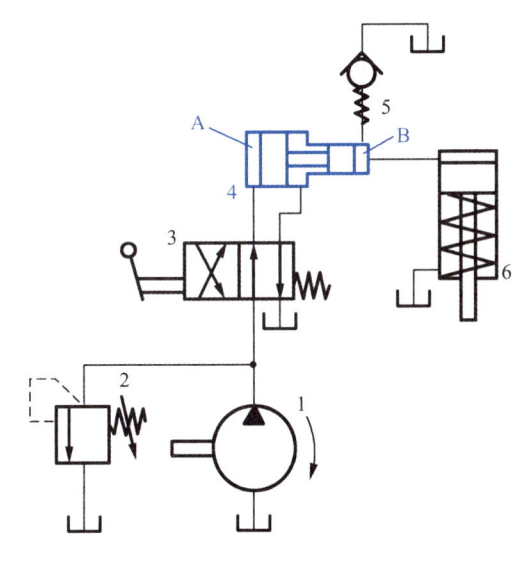

图 7-13 单向增压回路

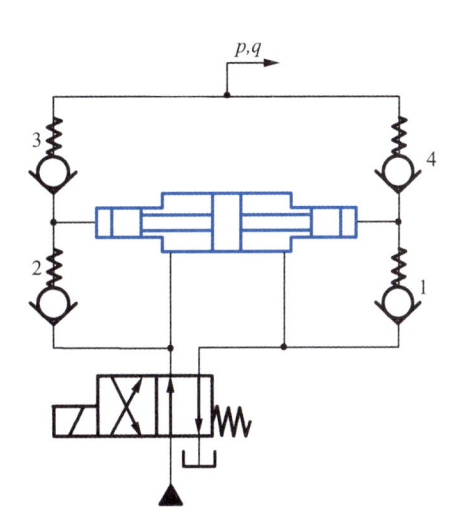

图 7-14 双作用增压器的增压回路

### 五、保压回路

保压回路的功用是在液压缸不动或仅有工件变形所产生的微小位移的情况下,能稳定地维持住系统的工作压力。在保压阶段,液压缸没有运动,最简单的办法是用一个密封性能好的单向阀来保压。但是这种办法保压时间短,压力稳定性不高。由于此时液压泵常处于卸荷状态(为了节能)或给其他液压缸供应一定压力的工作油液,为补偿保压缸的泄漏并保持其工作压力,可在回路中设置蓄能器。下面列举几个典型的蓄能器保压回路。

**1. 泵卸荷的保压回路**

如图 7-15 所示的回路,当换向阀在左位工作时,液压缸前进压紧工件,进油路压力升高,当油压达到压力继电器调整值时,压力继电器发讯号使二通阀通电,泵即卸荷,单向阀自动关闭,液压缸则由蓄能器保压。液压缸压力不足时,压力继电器复位使泵重新工作。保压时间取决于蓄能器的容量,调节压力继电器的通断调节区间即可调节液压缸压力的最大值和最小值。

**2. 多缸系统一缸保压的回路**

多缸系统中负载的变化不应影响保压缸内压力的稳定。如图 7-16 所示的回路,进给缸快进时,泵压下降,但单向阀 3 关闭,把夹紧油路和进给油路隔开。蓄能器 4 用来为夹紧缸保压并补偿泄漏。压力继电器 5 的作用是当夹紧缸压力达到预定值时发出讯号,使进给缸动作。

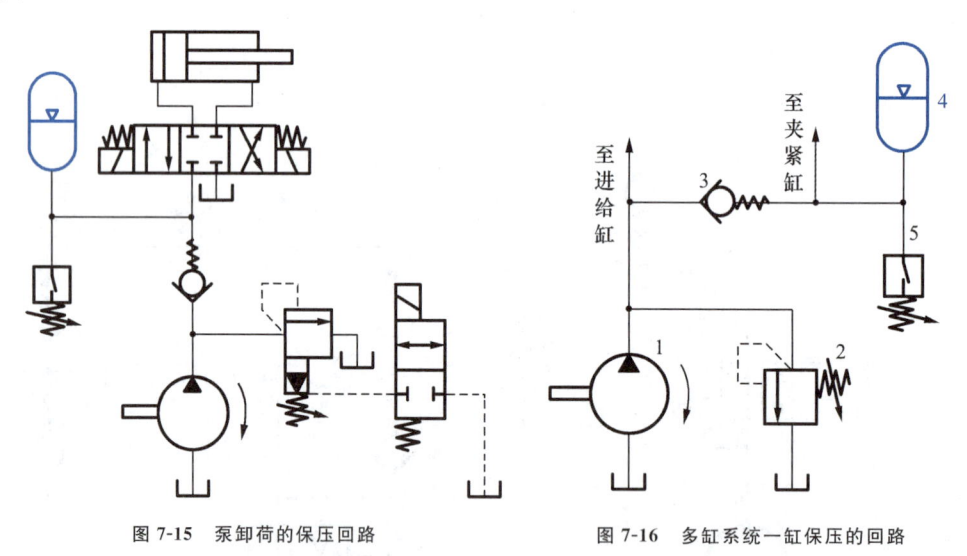

图 7-15  泵卸荷的保压回路    图 7-16  多缸系统一缸保压的回路

### 六、平衡回路

平衡回路的功用是防止垂直或倾斜放置的液压缸及其工作部件因自重而自行下落,或在下行运动中由于自重而造成失控超速的不稳定运动。

图 7-17(a)所示为采用单向顺序阀的平衡回路,当 1YA 得电后活塞下行时,回油路上就存在着一定的背压,只要将这个背压调得能支承住活塞及其工作部件的自重,活塞就可以

平稳地下落。当换向阀处于中位时,活塞停止运动,不再继续下移。这种回路当活塞向下快速运动时功率损失大,锁住时活塞及其工作部件会因单向顺序阀和换向阀的泄漏而缓慢下落,因此它只适用于工作部件质量不大、活塞锁住时定位要求不高的场合。图7-17(b)所示为采用液控顺序阀的平衡回路。当活塞下行时,控制压力油打开液控顺序阀,背压消失,因而回路效率较高;当停止工作时,液控顺序阀关闭,防止活塞和工作部件因自重而下降。这种平衡回路的优点是只有上腔进油时活塞才下行,比较安全可靠;其缺点是活塞下行时平稳性较差。这种回路适用于运动部件质量不是很大、停留时间较短的液压系统中。

(a) 采用单向顺序阀　　　　　　　　(b) 采用液控顺序阀

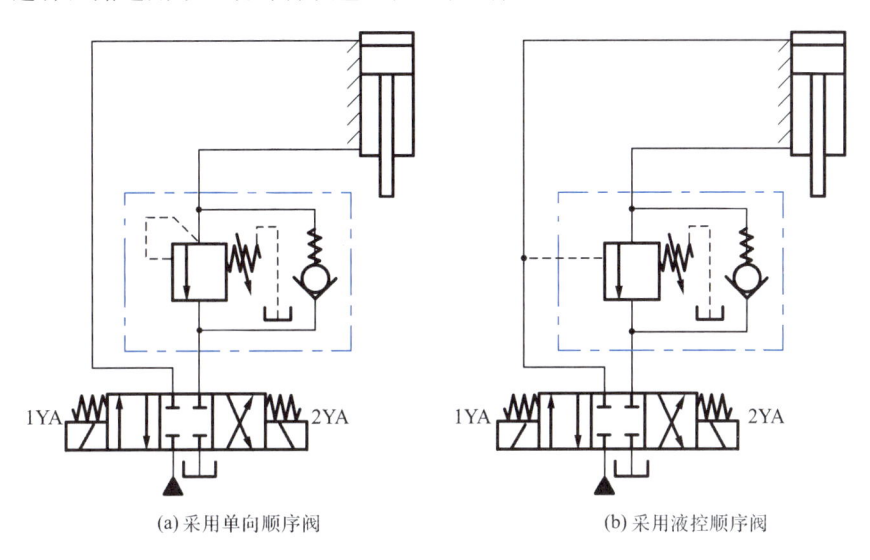

图 7-17　平衡回路

## 七、背压回路

背压回路的功用是能提高执行元件的运动平稳性或减少工作部件运动时的爬行现象。在泵卸荷时,为保证控制油路具有一定的压力,常在回油路上设置背压阀,如由溢流阀、单向阀、顺序阀、节流阀组成背压回路,以形成一定的回路阻力,用以产生背压。一般背压为 0.3~0.8 MPa。

如图 7-18 所示为采用溢流阀的背压回路。将溢流阀装在回油路上,回油时油液经溢流阀流回油箱,油液通过溢流阀要克服一定的阻力,这就使运动部件及负载的惯性力被消耗掉,提高了运动部件的速度稳定性,且能够承受负值负载。根据需要,可通过调节溢流阀的调压弹簧来调节回油阻力的大小,即调节背压的大小。图 7-18(a)所示为双向背压回路,液压缸往复运动的回油都要经过背压阀(溢流阀)流回油箱,因此在两个运动方向上都能获得背压。图 7-18(b)所示为单向背压回路,当三位四通换向阀左位工作时,回油经溢流阀、换向阀溢流回油箱,在回油路上获得背压。当三位四通换向阀右位工作时,回油经换向阀流回油箱,不经溢流阀,因而没有背压。

(a) 双向背压回路　　　　　(b) 单向背压回路

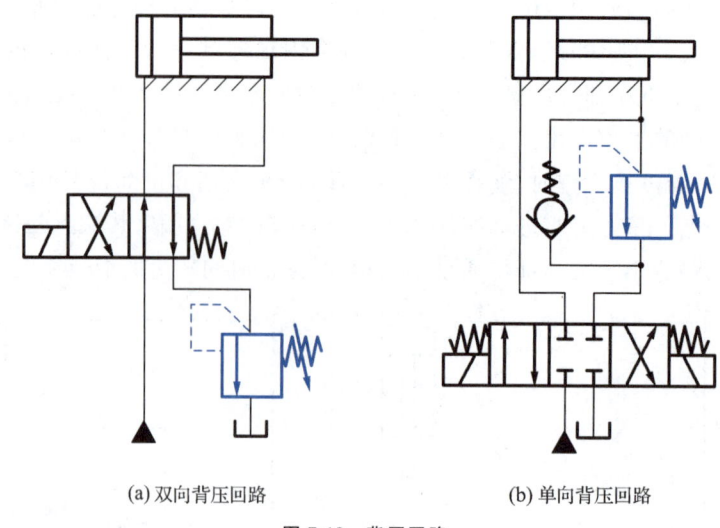

图 7-18　背压回路

## 7.3　速度控制回路

速度控制回路的功用是使执行元件获得能满足工作需要的运动速度。它包括调速回路、增速回路和速度换接回路等。

### 一、调速回路

调速回路的功用是调节执行元件的运动速度。根据执行元件运动速度表达式可知：液压缸 $v=q/A$，液压马达 $n=q/V$。对于液压缸（$A$ 一定）和定量马达（$V$ 一定），改变速度的方法只有改变输入或输出流量。对于变量马达，既可通过改变流量又可通过改变自身排量来调节速度。因此，液压系统的调速方法可分为节流调速、容积调速和容积节流调速三种形式。

**1. 节流调速回路**

节流调速回路是通过改变回路中流量控制元件（节流阀和调速阀）通流截面积的大小来控制流入执行元件或自执行元件流出的流量，以调节其运动速度。

节流调速回路用定量泵供油，用节流阀或调速阀改变进入执行元件的流量使之变速。根据流量阀在回路中的位置不同，节流调速回路分为进油路节流调速、回油路节流调速和旁油路节流调速三种回路。

（1）进油路节流调速回路

在执行元件的进油路上串接一个流量阀即构成进油路节流调速回路。如图 7-19(a)所示为采用节流阀的进油路节流调速回路。泵的供油压力由溢流阀调定，调节节流阀的开口，改变进入液压缸的流量，即可调节缸的速度。泵多余的流量经溢流阀流回油箱，故无溢流阀则不能调速。

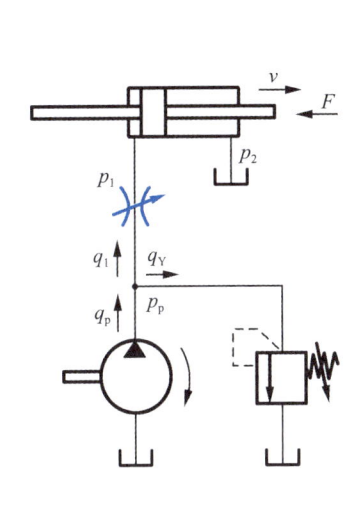

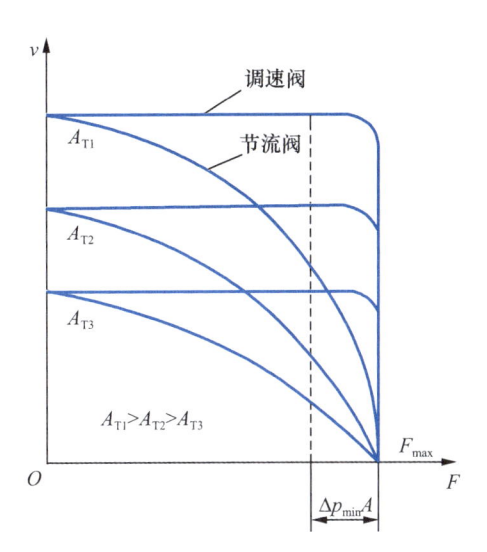

(a) 进油路节流调速回路  (b) 速度负载特性曲线

图 7-19　进油路节流调速回路及其速度负载特性曲线

① 速度负载特性

缸在稳定工作时,其受力平衡方程式为

$$p_1 A = F + p_2 A$$

式中　$p_1$、$p_2$——缸的进油腔压力和回油腔压力,因回油腔通油箱,故 $p_2$ 可视为零;
　　　$F$、$A$——缸的负载和有效工作面积。

所以

$$p_1 = \frac{F}{A}$$

泵的供油压力 $p_p$ 由溢流阀调定为恒值,故节流阀两端的压力差为

$$\Delta p = p_p - p_1 = p_p - \frac{F}{A}$$

经节流阀进入液压缸的流量为

$$q_1 = C A_T \Delta p^\varphi = C A_T \left( p_p - \frac{F}{A} \right)^\varphi$$

故液压缸的速度为

$$v = \frac{q_1}{A} = \frac{C A_T}{A} \left( p_p - \frac{F}{A} \right)^\varphi \tag{7-1}$$

式(7-1)即本回路的速度负载特性方程。由该式可见,液压缸的速度 $v$ 与节流阀通流面积 $A_T$ 成正比,调节 $A_T$ 可实现无级调速,这种回路的调速范围较大。当 $A_T$ 调定后,速度随负载的增大而减小,故这种调速回路的速度负载特性较软。

若按式(7-1)选用不同的 $A_T$ 值作 $v$-$F$ 坐标曲线图,可得一组曲线,即本回路的速度负载特性曲线,如图 7-19(b)所示。速度负载特性曲线表明速度随负载变化的规律,曲线越陡,说明负载变化对速度的影响越大,即速度刚度越低。由速度负载特性曲线可知,当节流阀通流面积 $A_T$ 不变时,轻载区域比重载区域的速度刚度高;在相同负载下工作时,节流阀通流面积小的比大的速度刚度高,即速度低时速度刚度高。

② 最大承载能力

由图 7-19(b)还可看出，三条特性曲线汇交于横坐标轴上的一点，该点对应的 $F$ 值即最大负载。这说明最大承载能力 $F_{max}$ 与速度调节无关。因最大负载时缸停止运动，令式(7-1)为零，故得 $F_{max}$ 值为

$$F_{max} = p_p A \tag{7-2}$$

③ 功率和效率

液压泵的输出功率为

$$P_p = p_p q_p = 常量$$

液压缸的输出功率为

$$P_1 = Fv = F\frac{q_1}{A} = p_1 q_1$$

回路的功率损失为

$$\Delta P = P_p - P_1 = p_p q_p - p_1 q_1 = p_p(q_1 + q_Y) - (p_p - \Delta p)q_1 = p_p q_Y + \Delta p q_1$$

式中 $q_Y$——通过溢流阀的溢流量，$q_Y = q_p - q_1$；

$\Delta p$——节流阀两端的压力差。

由上式可知，这种调速回路的功率损失由两部分组成，即溢流损失 $\Delta P_Y = p_p q_Y$ 和节流损失 $\Delta P_J = \Delta p q_1$。

回路的效率为

$$\eta = \frac{P_1}{P_p} = \frac{Fv}{p_p q_p} = \frac{p_1 q_1}{p_p q_p} \tag{7-3}$$

由于存在两部分功率损失，因此这种调速回路的效率较低。有资料表明，当负载恒定或变化很小时，$\eta = 0.2 \sim 0.6$；当负载变化较大时，回路的最高效率 $\eta_{max} = 0.385$。机械加工设备常有"快进—工进—快退"的工作循环，工进时泵的大部分流量溢流，回路效率极低，而低效率会导致温升和泄漏增加，进一步影响了速度稳定性和效率。回路功率越大，问题越严重。

④ 特点

在工作中液压泵输出流量和供油压力不变。而选择液压泵的流量必须按执行元件的最高速度和负载情况下所需压力来考虑，因此泵输出功率较大。但液压缸的速度和负载却常常是变化的，当系统以低速轻载工作时，有效功率却很小，相当大的功率损失消耗在节流损失和溢流损失上，功率损失转换为热能，使油温升高。特别是节流后的油液直接进入液压缸，由于管路泄漏，会影响液压缸的运动速度。

由于节流阀安装在执行元件的进油路上，因此回油路无背压。当负载消失时，工作部件会产生前冲现象，不能承受负值负载。为提高运动部件的平稳性，常在回油路上增设一个 0.2～0.3 MPa 的背压阀。由于节流阀安装在进油路上，启动时冲击较小，节流阀节流口的通流面积可由最小调至最大，因此调速范围大。

⑤ 应用

进油路节流调速回路适用于轻载、低速、负载变化不大和对速度稳定性要求不高的小功率液压系统，如车床、镗床、钻床、组合机床等机床的进给运动和一些辅助运动中。

(2) 回油路节流调速回路

在执行元件的回油路上串接一个流量阀，即构成回油路节流调速回路。图 7-20 所示为

采用节流阀的回油路节流调速回路。用节流阀调节缸的回油流量,也就控制了进入液压缸的流量,实现了调速。

重复式(7-1)的推导步骤,可以得出本回路的速度负载特性方程。只是此时背压 $p_2 \neq 0$,且节流阀两端压差 $\Delta p = p_2$,而缸的工作压力 $p_1$ 等于泵压 $p_p$,所得结果与式(7-1)相同。可见,对双出杆液压缸而言,进、回油路节流调速回路有相同的速度负载特性,进油路节流调速回路的前述一切结论均适用于回油路节流调速回路。

回油路节流调速回路与进油路节流调速回路的不同点:

①回油路节流调速回路的节流阀使液压缸回油腔形成一定的背压,因而能承受一定的负值负载,并可提高缸的速度平稳性。

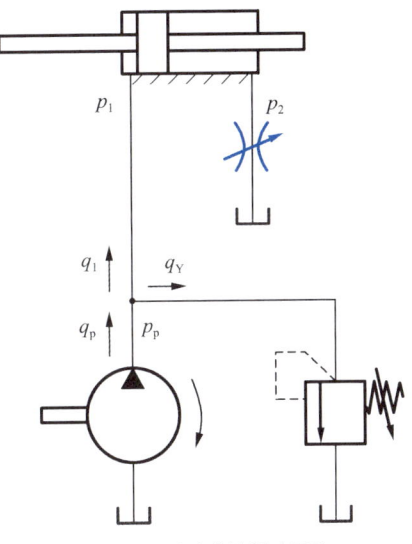

图 7-20 回油路节流调速回路

②进油路节流调速回路较易实现压力控制。因为当工作部件在行程终点碰到止挡块(或压紧工件)后,液压缸的进油腔油压会立即上升到某一数值,利用这个压力变化,可使接于此处的压力继电器发出电气信号,对系统的下一步动作(例如另一液压缸的运动)实现控制。而在回油路节流调速时,进油腔压力没有变化,不易实现压力控制。虽然在工作部件碰到止挡块后,缸的回油腔压力下降为零,可以利用这个变化值使压力继电器实现降压时发出信号,但电气控制线路比较复杂,且可靠性也不高。

③若回路使用单杆缸,无杆腔进油量大于有杆腔回油量,则在缸径、缸速相同的情况下,进油路节流调速回路的流量阀开口较大,低速时不易阻塞。因此,进油路节流调速回路能获得更低的稳定速度。

④回油路节流调速广泛用于功率不大、有负值负载和负载变化较大的情况下,或者要求运动平稳性较高的液压系统中,如铣床、钻床、平面磨床、轴承磨床和进行精密镗削的组合机床。从停车后启动冲击小和便于实现压力控制的方便性而言,进油路节流调速比回油路节流调速更方便。又由于回油路节流调速以轻载工作时背压力很大,影响密封,泄漏会加大,因此实际应用中普遍采用进油路节流调速,并在回油路上加一背压阀以提高运动的平稳性。

(3)旁油路节流调速回路

将流量阀安放在和执行元件并联的旁油路上,即构成旁油路节流调速回路。如图7-21(a)所示为采用节流阀的旁油路节流调速回路。节流阀调节了泵溢回油箱的流量,从而控制了进入液压缸的流量。调节节流阀开口,即实现了调速。由于溢流工作已由节流阀承担,溢流阀用作安全阀,常态时关闭,过载时打开,其调定压力为回路最大工作压力的 1.1~1.2 倍,因此泵压 $p_p$ 不再恒定,它与液压缸的工作压力相等,直接随负载变化,且等于节流阀两端的压力差,即

$$p_p = p_1 = \Delta p = \frac{F}{A}$$

(a)旁油路节流调速回路　　(b)速度负载特性曲线

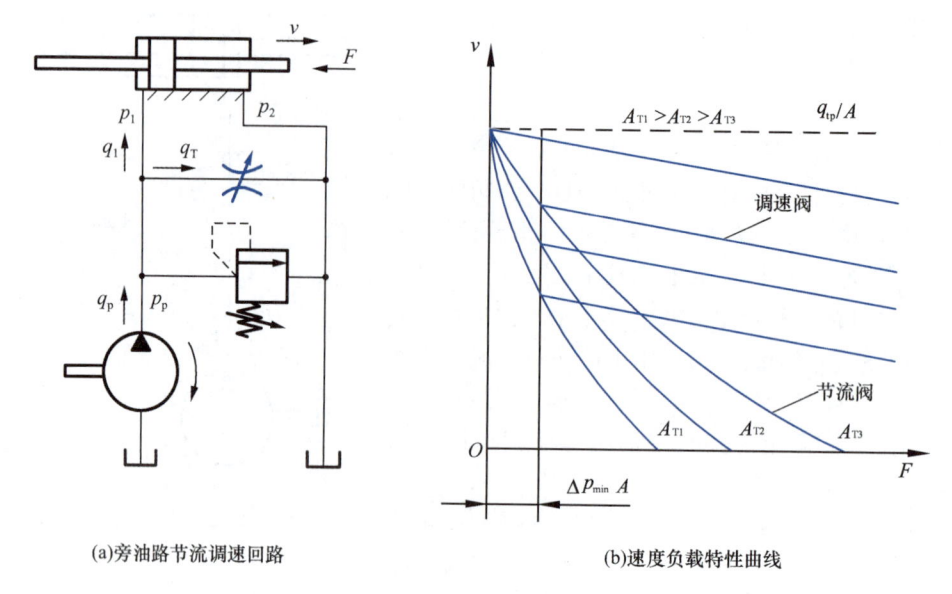

图 7-21　旁油路节流调速回路及其速度负载特性曲线

① 速度负载特性

重复式(7-1)的推导步骤,可得本回路的速度负载特性方程。特殊点主要是进入缸的流量 $q_1$ 为泵的流量 $q_p$ 与节流阀溢走的流量 $q_T$ 之差,而且泵的流量中应计入泵的泄漏流量 $\Delta q_p$(缸、阀的泄漏相对于泵可以忽略)。这是因为本回路中泵压随负载变化,泄漏正比于压力也是变量(前两回路皆为常量),对速度产生了附加影响,故

$$q_1 = q_p - q_T = (q_{tp} - \Delta q_p) - q_T = (q_{tp} - k_l p_p) - CA_T \Delta p^\varphi = q_{tp} - k_l \frac{F}{A} - CA_T \left(\frac{F}{A}\right)^\varphi$$

式中,$q_{tp}$ 为泵的理论流量,$k_l$ 为泵的泄漏系数。故液压缸的工作速度为

$$v = \frac{q_1}{A} = \frac{q_{tp} - k_l \dfrac{F}{A} - CA_T \left(\dfrac{F}{A}\right)^\varphi}{A} \tag{7-4}$$

根据上式选取不同的 $A_T$ 值作图,可得一组速度负载特性曲线,如图 7-21(b)所示。由该曲线可见,负载变化时速度的变化较上两回路更为严重,即特性很软,速度稳定性很差。同时,由曲线还可看出,本回路在重载高速时速度刚度较高,这与上两回路恰好相反。

② 最大承载能力

图 7-21(b)中的三条曲线在横坐标轴上并不汇交,最大承载能力随节流口 $A_T$ 的增加而减小,即旁油路节流调速回路的低速承载能力很差,调速范围也小。

③ 功率与效率

旁油路节流调速回路只有节流损失而无溢流损失;泵压直接随负载变化,即节流损失和输入功率随负载而增减,因此本回路的效率较高。

④ 应用

本回路的速度负载特性很软,低速承载能力又差,故其应用比前两种回路少。由于旁油路节流调速回路在高速、重负载下工作时功率大、效率高,因此适用于动力较大、速度较高,而速度稳定性要求不高且调速范围小的液压系统中,如牛头刨床的主运动传动系统、锯床进给系统等。

### (4) 采用调速阀的节流调速回路

采用节流阀的节流调速回路在负载变化时,缸速随节流阀两端压差变化。如用调速阀代替节流阀,速度平稳性便大为改善,因为只要调速阀两端的压差超过它的最小压差值 $\Delta p_{\min}$,通过调速阀的流量便不随压差而变化。资料表明,进、回油路节流调速回路采用调速阀后,速度波动量不超过 $\pm 4\%$。旁油路节流调速回路则因泵的泄漏,性能虽差一些,但速度随负载增加而下降的现象已大为减少,承载能力低和调速范围小的问题也随之得到解决。采用调速阀和节流阀的速度负载特性对比如图 7-19(b) 和图 7-21(b) 所示。

在采用调速阀的节流调速回路中,虽然解决了速度稳定性问题,但由于调速阀中包含了减压阀和节流阀的损失,并且同样存在着溢流损失,因此该回路的功率损失比节流阀调速回路要大一些。

### (5) 三种节流调速回路的比较

以上三种节流调速回路的比较见表 7-1。

表 7-1 三种节流调速回路的比较

| 项目 | | 节流形式 | | |
|---|---|---|---|---|
| | | 进油路节流调速回路 | 回油路节流调速回路 | 旁油路节流调速回路 |
| 基本形式 | | 见图 7-19(a) | 见图 7-20 | 见图 7-21(a) |
| 主要参数 | 液压缸进油压力 $p_1$ | $p_1 = \dfrac{F}{A_1}$(随负载变化) | $p_1$ = 常数 | $p_1 = \dfrac{F}{A_1}$(随负载变化) |
| | 泵的工作压力 $p_p$ | $p_p$ = 常数 | $p_p$ = 常数 | $p_p = p_1$(变量) |
| | 节流阀两端压差 $\Delta p$ | $\Delta p = p_p - p_1$ | $\Delta p = p_2 = \dfrac{p_p A_1 - F}{A_2}$ | $\Delta p = p_1$ |
| | 活塞运动速度 $v$ | $v = \dfrac{q_1}{A_1}$ | $v = \dfrac{q_2}{A_2} = \dfrac{q_1}{A_1}$ | $v = \dfrac{q_1}{A_1} = \dfrac{q_p - q_T}{A_1}$ |
| | 液压泵输出功率 $P$ | $P = p_p q_p$ = 常数 | $P = p_p q_p$ = 常数 | $P = p_1 q_p$(变量) |
| | 溢流阀工作状态 | $\Delta q_Y = q_p - q_1 = q_p - v A_1$(溢流) | $\Delta q_Y = q_p - q_1 = q_p - v A_1$(溢流) | 作安全阀用(不溢流) |
| | 调速范围 | 较大 | 比进油路稍大些 | 较小 |
| | 速度负载特性 | 速度随负载而变化,速度稳定性差 | 同左 | 速度随负载而变化,速度稳定性很差 |
| | 运动平稳性 | 运动平稳性较差 | 运动平稳性好 | 运动平稳性很差 |
| | 承受负值负载的能力 | 不能 | 能 | 不能 |
| | 承载能力 | 最大负载由溢流阀调整压力决定,能够克服的最大负载为常数,不随节流阀通流面积的改变而改变 | 同左 | 最大承载能力随节流阀通流面积的增大而减小,低速时承载能力差 |
| | 功率及效率 | 功率消耗与负载、速度无关,低速轻载时效率低,发热量大 | 同左 | 功率消耗随负载增大而增大,效率较高,发热量小 |

### 2. 容积调速回路

容积调速回路是通过改变液压泵或液压马达的排量来实现调速的。

节流调速回路效率低,发热量大,只适用于小功率系统。而采用变量泵或变量马达的容积调速回路,因无节流损失或溢流损失,故效率高,发热量小。根据液压泵和液压马达(或液

压缸)的组合不同,容积调速回路也分为三种形式:

(1) 由变量泵和液压缸(或定量马达)组成的容积调速回路,如图 7-22(a)、图 7-22(b) 所示。

(2) 由定量泵和变量马达组成的容积调速回路,如图 7-22(c) 所示。

(3) 由变量泵和变量马达组成的容积调速回路,如图 7-22(d) 所示。

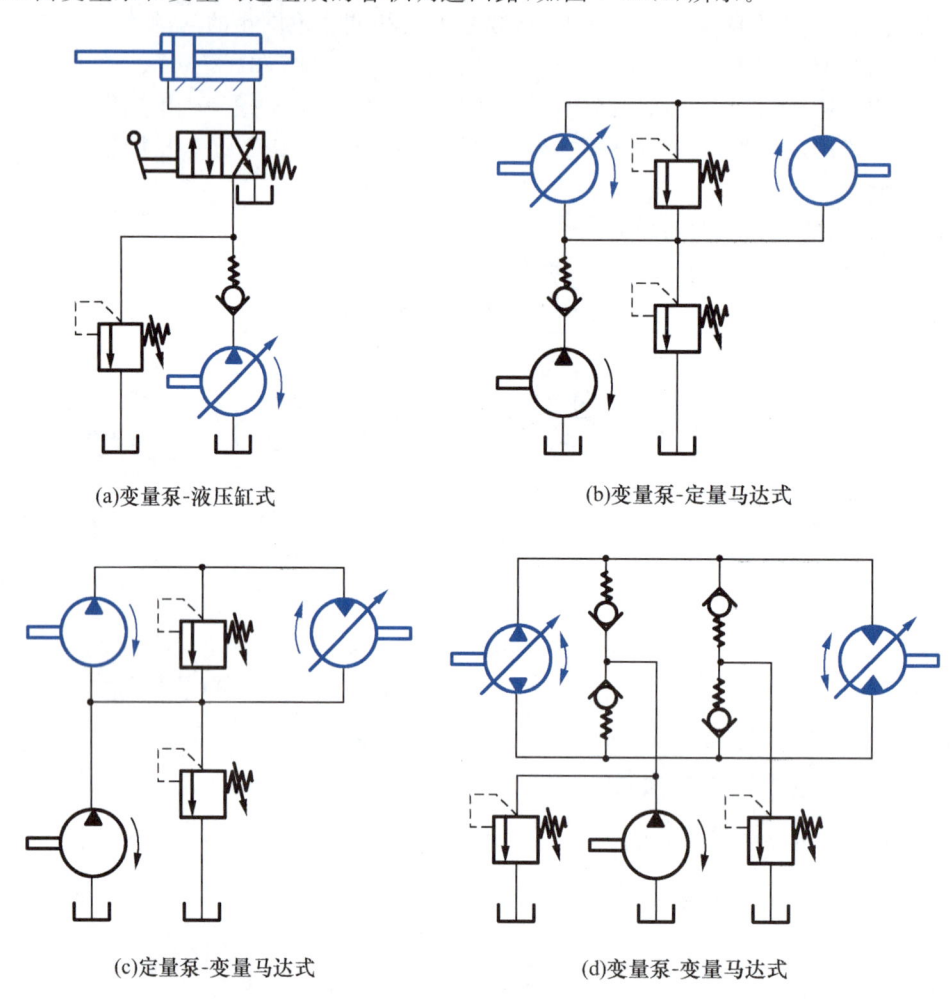

(a) 变量泵-液压缸式

(b) 变量泵-定量马达式

(c) 定量泵-变量马达式

(d) 变量泵-变量马达式

图 7-22 容积调速回路

按油路循环方式不同,容积调速回路可分为开式和闭式两种。在开式回路中,液压泵从油箱吸油,将压力油输给执行元件,执行元件的回油再进油箱。液压油经油箱循环,油液易得到充分的冷却和过滤,但空气和杂质也容易侵入回路,如图 7-22(a) 所示。在闭式回路中,液压泵出口与执行元件进口相连,执行元件出口接液压泵进口,油液在液压泵和执行元件之间循环,不经过油箱,如图 7-22(b) 所示。这种回路结构紧凑,空气和杂质不易进入回路,但散热效果差,且需补油装置。

表 7-2 列出了容积调速回路的主要特点。

表 7-2　　容积调速回路的主要特点

| 种类 | 变量泵-液压缸(或定量马达)式 | 定量泵-变量马达式 | 变量泵-变量马达式 |
| --- | --- | --- | --- |
| 特点 | (1)马达转速 $n_M$(或液压缸速度 $v$)随变量泵排量 $V_p$ 的增大而加快,且调速范围较大<br>(2)液压马达(液压缸)输出的转矩(推力)一定,属恒转矩(推力)调速<br>(3)马达的输出功率 $P_M$ 随马达转速 $n_M$ 的改变呈线性变化<br>(4)功率损失小,系统效率高<br>(5)元件泄漏对速度刚度影响大<br>(6)价格较贵,适用于功率大的场合 | (1)马达转速 $n_M$ 随排量 $V_M$ 的增大而减小,且调速范围较小<br>(2)马达的转矩 $T_M$ 随转速 $n_M$ 的增大而减小<br>(3)马达的输出最大功率不变,属恒功率调速<br>(4)功率损失小,系统效率高<br>(5)元件泄漏对速度刚度影响大<br>(6)价格较贵,适用于大功率场合 | (1)第一阶段保持马达排量 $V_M$ 为最大不变,由泵的排量 $V_p$ 调节 $n_M$,采用恒转矩调速;第二阶段保持 $V_p$ 为最大不变,由 $V_M$ 调节 $n_M$,采用恒功率调速<br>(2)调速范围大<br>(3)扩大了 $T_M$ 和 $P_M$ 特性的可选择性,适用于大功率且调速范围大的场合 |

在容积调速回路中,泵的全部流量进入执行元件,且泵口压力随负载变化,没有溢流损失和节流损失,功率损失较小,系统效率较高。但随着负载的增加,回路泄漏量增大而使速度降低,尤其是低速时速度稳定性更差。这种回路一般用于功率较大而对低速稳定性要求不高的场合。

**3. 容积节流调速回路**

通过改变变量泵排量和调节调速阀流量配合工作来调节速度的回路,称为容积节流调速回路。图 7-23 所示为由限压式变量泵与调速阀组成的容积节流调速回路。变量泵输出的油液经调速阀进入液压缸,调节调速阀即可改变进入液压缸的流量而实现调速,此时变量泵的供油量会自动地与之相适应。

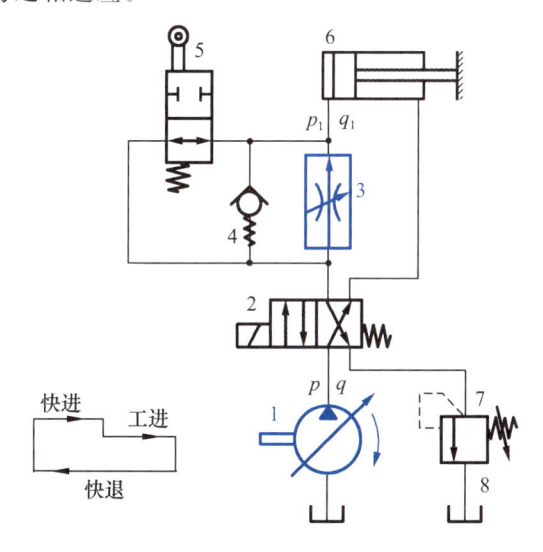

图 7-23　容积节流调速回路

1—变量泵;2—换向阀;3—调速阀;4—单向阀;5—行程阀;6—液压缸;7—背压阀;8—油箱

从以上分析可知,容积节流调速回路无溢流损失,效率较高,调速范围大,速度刚性好,一般用于空载时需快速、承载时要稳定的中、小功率液压系统。

#### 4. 三种调速方法的比较和选择

在节流调速、容积调速和容积节流调速三种方法中,节流调速回路都存在负载变化,会导致速度变化。若采用节流阀调速,不但油温变化会影响流量变化,而且节流口较小时还容易堵塞,影响低速稳定性。节流调速回路的共同缺点是功率损失大,效率低,只适用于功率小的液压系统中。

容积调速回路的共同特点:既没有节流损失,又没有溢流损失,回路效率较高;泵与马达的容积效率随负载压力的增大而下降;速度也随负载变化,但与节流调速的速度随负载变化的意义不同,容积调速比节流调速的速度刚度要高得多,而且调速范围很大。但是,通过改变变量马达的排量来调速的范围小。容积调速回路的共同缺点是低速稳定性较差。

容积节流调速回路由于存在节流损失,因此效率比容积调速回路低,比节流调速回路高;低速稳定性比容积调速回路好。

## 二、快速运动回路

快速运动回路又称增速回路,其功用在于使执行元件获得必要的高速,以提高系统的工作效率或充分利用功率。增速回路因实现增速方法的不同而有多种结构方案,常用的增速回路有液压缸差动连接增速回路、双泵供油增速回路和利用蓄能器增速回路等。

图 7-24 所示为液压缸差动连接增速回路。当阀 3 在左位和阀 6 在右位工作(电磁铁 1YA 通电、3YA 断电)时,液压缸形成差动连接,实现快速运动。当阀 6 左位工作(电磁铁 3YA 通电)时,差动连接即被切断,液压缸回油经过调速阀,实现工进。当阀 3 被切换至右位工作(电磁铁 2YA 通电)时,液压缸快退。这种回路结构简单,价格低廉,常用于机械加工过程中"快进—工进—快退"的工作循环。但要注意此回路的阀和管道应按差动时的较大流量选用,否则压力损失过大,会使溢流阀在快进时也开启,无法实现差动。

## 三、速度换接回路

速度换接回路的功用是使液压执行机构在一个工作循环中,从一种运动速度变换到另一种运动速度。例如机床的二次进给工作循环为"快进—第一次工进—第二次工进—快退",就存在着由快速转换为慢速、由第一种慢速转换为第二种慢速的速度换接等要求。实现这些功能的回路应该具有较高的速度换接平稳性。

#### 1. 快速与慢速的换接回路

能够实现快速与慢速换接的方法很多,前面提到的各种增速回路都可以使液压缸的运动由快速换接为慢速。下面再介绍一种采用行程阀的快慢速换接回路。

如图 7-25 所示的回路，在图示状态下，液压缸快进，当活塞所连接的挡块压下行程阀 4 时，行程阀关闭，液压缸右腔的油液必须通过节流阀 6 才能流回油箱，液压缸就由快进转换为慢速工进。当换向阀 2 的左位接入回路时，压力油经单向阀 5 进入液压缸右腔，活塞快速向左返回。这种回路的快慢速换接比较平稳，换接点的位置比较准确，缺点是行程阀的安装位置不能任意布置，管路连接较为复杂。若将行程阀改为电磁阀，如图 7-24 所示，安装连接就比较方便了，但速度换接的平稳性和可靠性以及换接精度都不如前者。

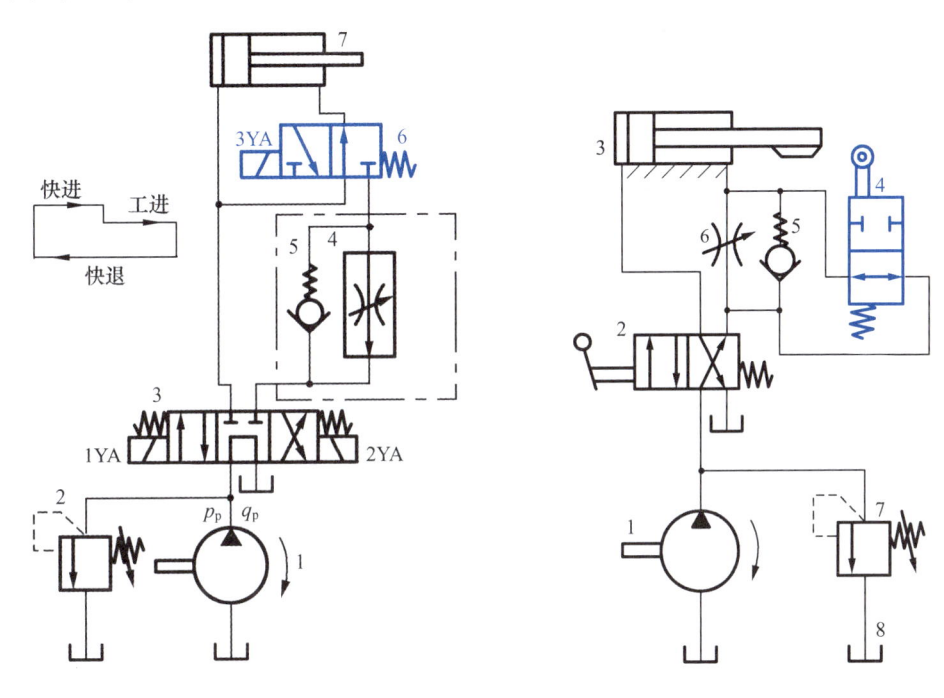

图 7-24　液压缸差动连接的快速运动回路　　图 7-25　采用行程阀的快慢速换接回路

### 2. 两种慢速的换接回路

图 7-26 所示为两调速阀串联的二工进速度换接回路。当阀 1 左位工作且阀 3 断开时，控制阀 2 的通或断使油液经调速阀 A 或既经 A 又经 B 才能进入液压缸左腔，从而实现第一次工进或第二次工进。阀 B 的开口需调得比 A 小，即二工进速度必须比一工进速度低。此外，二工进时油液经过两个调速阀，能量损失较大。

图 7-27 所示为两调速阀并联的二工进速度换接回路，主换向阀 1 在左位或右位工作时，缸做快进或快退运动。当主换向阀 1 在左位工作并使阀 2 通电时，根据阀 3 不同的工作位置，油液需经调速阀 A 或 B 才能进入液压缸内，于是可实现第一次和第二次工进速度的换接。两个调速阀可单独调节，两速度互无限制。但一阀工作而另一阀无油液通过，后者的减压阀部分处于非工作状态，若该阀内无行程限位装置，则此时减压阀口将完全打开，一旦换接，油液大量流过此阀，液压缸会出现前冲现象。因此它不宜用于在工作过程中的速度换接，只可用在速度预选的场合。

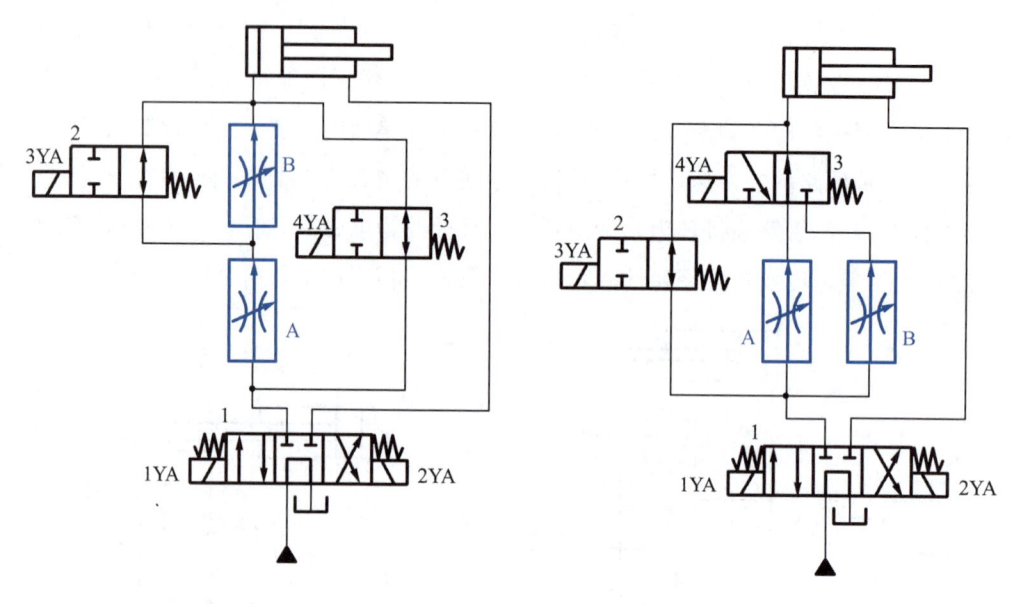

图 7-26　两调速阀串联的二工进速度换接回路　　　图 7-27　两调速阀并联的二工进速度换接回路

## 7.4　多缸工作控制回路

液压系统中,一个油源往往可驱动多个液压缸。按照系统的要求,这些液压缸或顺序动作,或同步动作,多缸之间要求能避免在压力和流量上的相互干扰。

### 一、顺序动作回路

顺序动作回路的功用是使多缸液压系统中的各个液压缸严格按照预定的顺序动作,如工件应先定位、后夹紧、再加工等。按照控制方式的不同,有行程控制和压力控制两大类。

**1. 行程控制的顺序动作回路**

(1) 用行程阀控制的顺序动作回路

在图 7-28 所示的状态下,A、B 两缸的活塞皆在左端位置。当手动换向阀 C 左位工作时,缸 A 右行,实现动作①。在挡块压下行程阀 D 后,缸 B 右行,实现动作②。手动换向阀复位后,缸 A 先复位,实现动作③。随着挡块后移,阀 D 复位,缸 B 退回,实现动作④。至此,顺序动作全部完成。

(2) 用行程开关控制的顺序动作回路

如图 7-29 所示的回路中,1YA 通电,缸 A 右行完成动作①后,又触动行程开关 1ST 使 2YA 通电,缸 B 右行,在实现动作②后,又触动 2ST 使 1YA 断电,缸 A 返回,在实现动作③后,又触动 3ST 使 2YA 断电,缸 B 返回,实现动作④,最后触动 4ST 使泵卸荷或引起其他动作,完成一个工作循环。

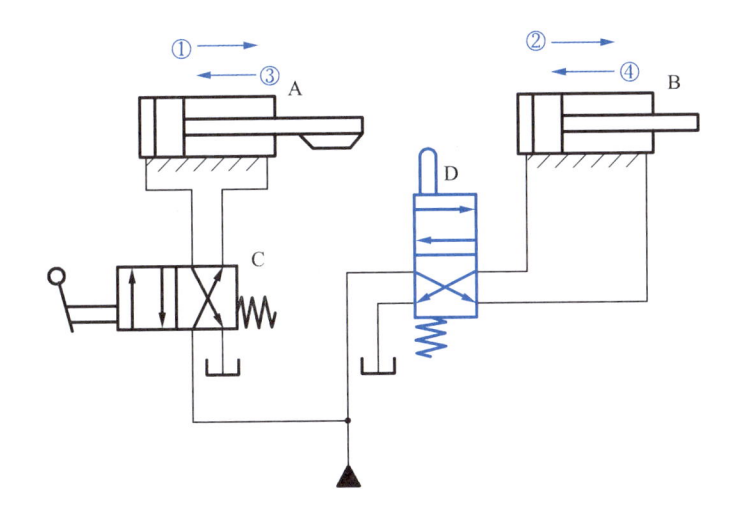

图 7-28 用行程阀控制的顺序动作回路

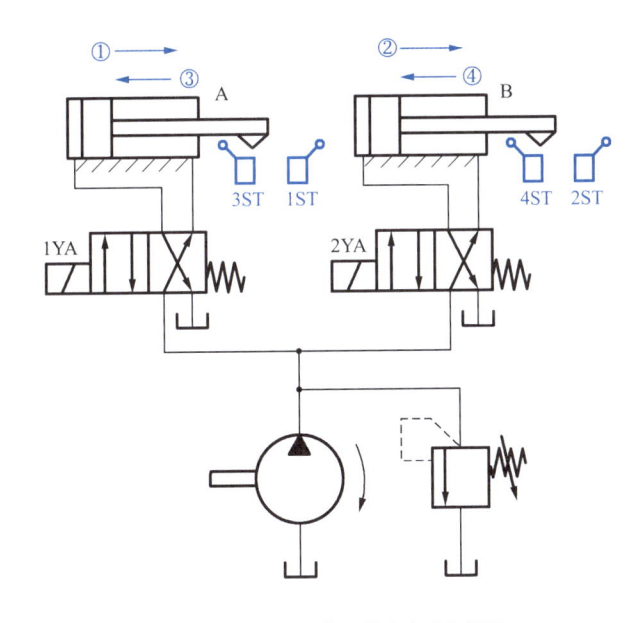

图 7-29 用行程开关控制的顺序动作回路

行程控制的顺序动作回路的换接位置准确,动作可靠,特别是用行程阀控制的回路换接平稳,常用于对位置精度要求较高的场合。但行程阀需布置在液压缸附近,改变动作顺序较困难。而用行程开关控制的回路只需改变电气线路即可改变顺序,故应用较广泛。

**2. 压力控制的顺序动作回路**

压力控制的顺序动作回路常采用顺序阀或压力继电器进行控制。

图 7-30 所示为用压力继电器控制的顺序动作回路。当电磁铁 1YA 通电后,压力油进入 A 缸的左腔,推动活塞按①方向右移而碰上止挡块后,系统压力升高,安装在 A 缸进油腔附近的压力继电器发出信号,使电磁铁 2YA 通电,于是压力油又进入 B 缸的左腔,推动活塞按②方向右移。回路中的节流阀以及和它并联的二通电磁阀是用来改变 B 缸运动速度

的。为了防止压力继电器乱发信号,其压力调整值一方面应比 A 缸动作时的最大压力高 0.3~0.5 MPa,另一方面又要比溢流阀的调整压力低 0.3~0.5 MPa。

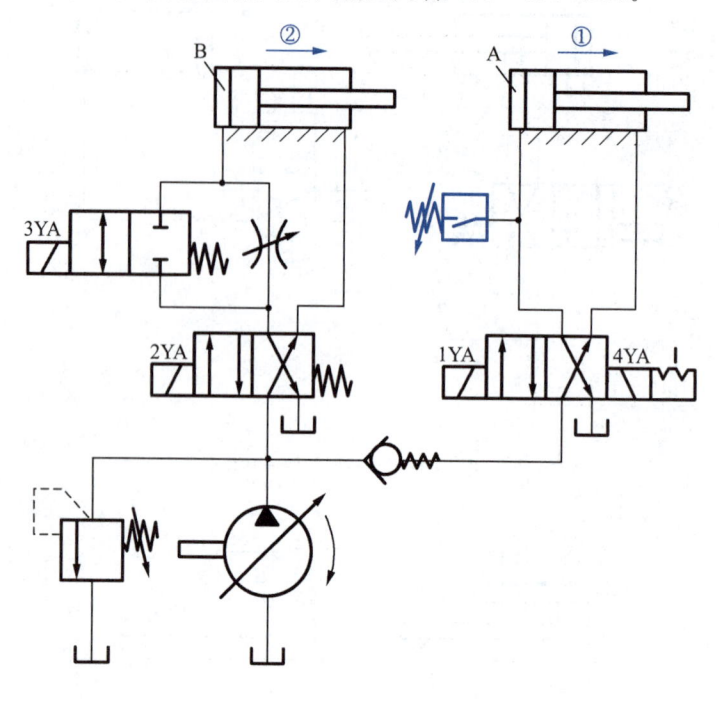

图 7-30 用压力继电器控制的顺序动作回路

## 二、同步回路

使两个或多个液压缸在运动中保持相对位置不变且速度相同的回路称为同步回路。在多缸液压系统中,影响同步精度的因素很多,例如液压缸外负载、泄漏、摩擦阻力、制造精度、结构弹性变形以及油液中含气量等都会使运动不同步,同步回路要尽量克服或减少这些因素的影响。

**1. 并联液压缸的同步回路**

(1) 用并联调速阀的同步回路

如图 7-31 所示,用两个调速阀分别串接在两个液压缸的回油路(或进油路)上,再并联起来,用以调节两缸运动速度,即可实现同步。这是一种常用的比较简单的同步方法,但因为两个调速阀的性能不可能完全一致,同时还受到载荷变化和泄漏的影响,故同步精度较低。

(2) 用比例调速阀的同步回路

该回路如图 7-32 所示,其同步精度较高,绝对精度达 0.5 mm,足以满足一般设备的要求。该回路使用一个普通调速阀 C 和一个比例调速阀 D,各装在由单向阀组成的桥式整流油路中,分别控制缸 A 和缸 B 的正反向运动。当两缸出现位置误差时,检测装置发出信号,调整比例调速阀的开口,修正误差,即可保证同步。

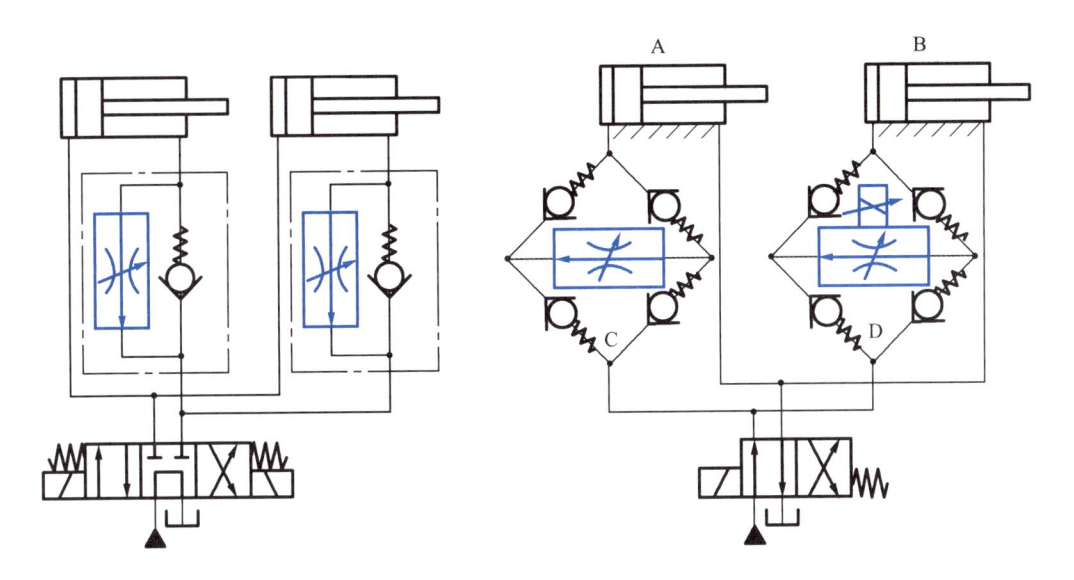

图 7-31 用并联调速阀的同步回路　　　　图 7-32 用比例调速阀的同步回路

### 2. 串联液压缸的同步回路

(1) 普通串联液压缸的同步回路

图 7-33 所示为两个液压缸串联的同步回路。以第一个液压缸的回油腔排出的油液被送入第二个液压缸的进油腔,若两缸的有效工作面积相等,两活塞必然有相同的位移,从而实现同步运动。由于制造误差和泄漏等因素的影响,该回路同步精度较低。

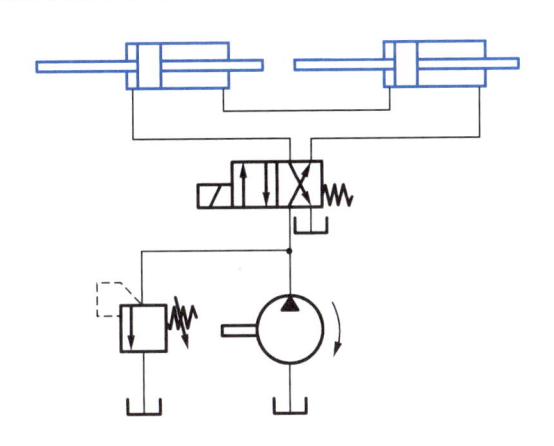

图 7-33 普通串联液压缸的同步回路

(2) 带补偿措施的串联液压缸同步回路

如图 7-34 所示两缸串联,A 腔和 B 腔面积相等,使进、出流量相等,两缸的升降便得到同步。而补偿措施使同步误差在每一次下行运动中都可消除。例如阀 5 在右位工作时,液压缸下降,若缸 1 的活塞先运动到底,它就触动电气行程开关 1ST,使阀 4 通电,压力油便通过该阀和单向阀向缸 2 的 B 腔补入,推动活塞继续运动到底,误差即被消除。若缸 2 先到底,触动行程开关 2ST,阀 3 通电,控制压力油使液控单向阀反向通道打开,缸 1 的 A 腔通过液控单向阀回油,其活塞即可继续运动到底。这种串联液压缸的同步回路只适用于负载较小的液压系统中。

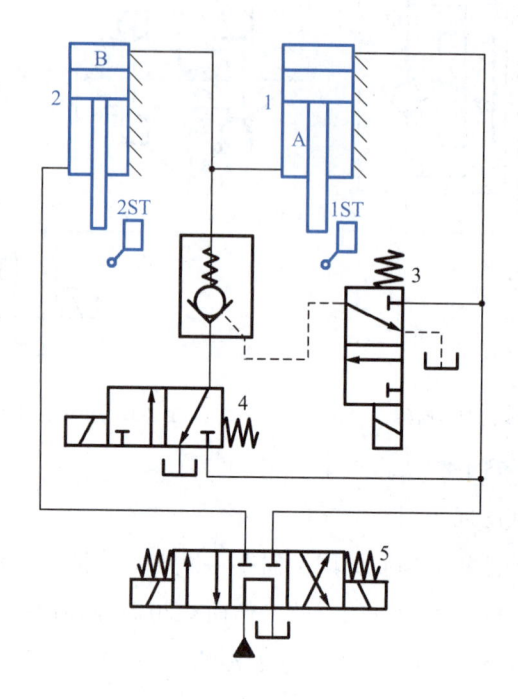

图 7-34　带补偿措施的串联液压缸同步回路

### 三、互不干扰回路

多缸快慢速互不干扰回路的功用是防止液压系统中的几个液压缸因速度的不同而产生动作上的互相干扰。因此,对于工作进给稳定性要求较高的多缸液压系统,必须采用互不干扰回路。

图 7-35 所示为双泵供油多缸互不干扰回路,各缸快速进退皆由大泵 2 供油,当任一缸进入工进时,则改由小泵 1 供油,彼此无牵连,也就无干扰。图示状态各缸原位停止。当电磁铁 3YA、4YA 通电时,阀 7、阀 8 左位工作,两缸都由大泵 2 供油做差动快进,小泵 1 供油在阀 5、阀 6 处被堵截。设缸 A 先完成快进,由行程开关使电磁铁 1YA 通电、3YA 断电,此时大泵 2 对缸 A 的进油路被切断,而小泵 1 的进油路打开,缸 A 由调速阀 3 调速做工进,缸 B 仍做快进,互不影响。当各缸都转为工进后,它们全由小泵 1 供油。此后,若缸 A 又率先完成工进,则行程开关应使阀 5 和阀 7 的电磁铁都通电,缸 A 即由大泵 2 供油快退。当各电磁铁皆断电时,各缸皆停止运动,并被锁于所在位置上。

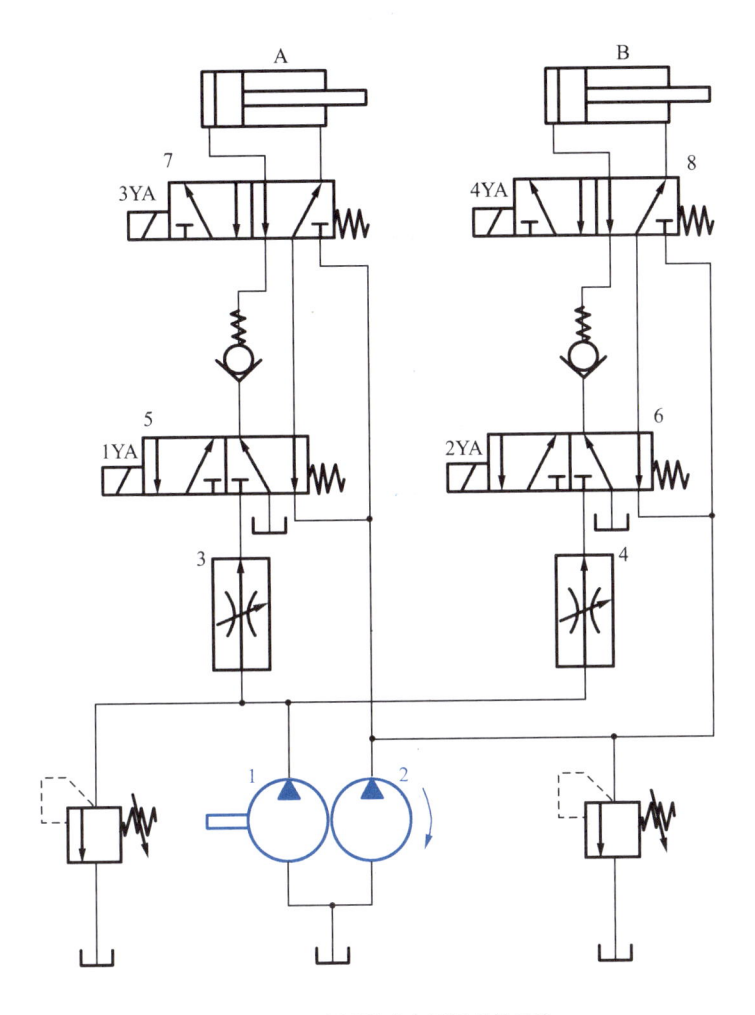

图 7-35 双泵供油多缸互不干扰回路

### 素养提升

中国兵器工业集团有限公司倾注近 20 年心血打造的 99A 型主战坦克,被称为"陆战之王"。它采用液压回路驱动转向,拥有强大的火力、先进的爆炸反应装甲、强劲的 1 500 马力发动机、灵活的机动性以及现代战争越来越看重的信息化功能。99A 配备的 125 mm 主炮不但威力强大、精度高,而且兼容多个弹种,可毁伤具有不同特性的目标。该坦克无论在被动防护方面还是主动进攻方面,都已达到世界领先水平。

## 思考题与习题

1. 由不同操纵方式的换向阀组成的换向回路各有什么特点？
2. 锁紧回路中三位换向阀的中位机能是否可任意选择？为什么？
3. 在液压系统中，当工作部件停止运动后，使泵卸荷有什么好处？举例说明几种常用的卸荷方法。
4. 在液压系统中为什么要设置背压回路？背压回路与平衡回路有何区别？
5. 如何调节执行元件的运动速度？常用的调速方法有哪些？
6. 在液压系统中为什么要设置快速运动回路？执行元件实现快速运动的方法有哪些？
7. 如图 7-12 所示的二级减压回路，试说明：
(1) 所接压力继电器起什么作用？
(2) 夹紧油路中的二位四通电磁换向阀若由失电夹紧改接为带电夹紧是否可以？
8. 图 7-17(a)、图 7-17(b) 所示的回路均为采用单向顺序阀的平衡回路，试比较两回路的特点及适用场合。
9. 能否用定值式减压阀后面串联节流阀来代替调速阀，用于三种节流调速回路中？使用的效果如何？
10. 容积节流调速回路的流量阀和变量泵之间是如何实现流量匹配的？
11. 图 7-36 中各缸完全相同，负载 $F_A > F_B$。已知节流阀能调节缸速并不计压力损失，试判断图 7-36(a) 和图 7-36(b) 中哪一个缸先动？哪一个缸速度快？说明原因。

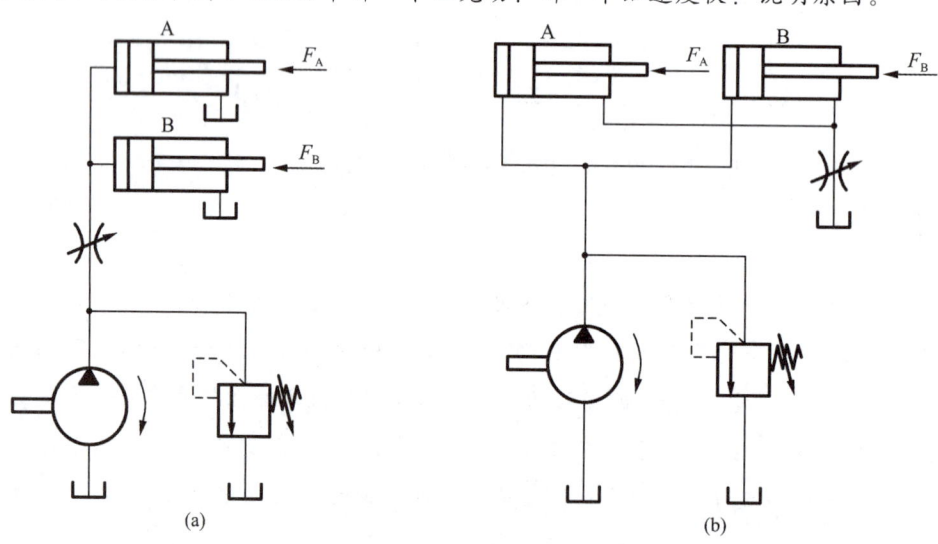

图 7-36 题 11 图

12. 如图 7-37 所示的进油路节流调速回路，已知液压泵的供油流量 $q_p = 6$ L/min，溢流阀调定压力 $p_p = 3$ MPa，液压缸无杆腔面积 $A_1 = 20$ cm², 负载 $F = 4\ 000$ N，节流阀为薄壁孔口，开口面积为 $A_T = 0.01$ cm²，$C_q = 0.62$，$\rho = 900$ kg/m³，试计算：
(1) 活塞杆的运动速度 $v$。

(2)溢流阀的溢流量和回路的效率。

13. 如图 7-38 所示的回油路节流调速回路,已知液压泵的供油流量 $q_p=25$ L/min,负载 $F=40\,000$ N,溢流阀调定压力 $p_p=5.4$ MPa,液压缸无杆腔面积 $A_1=80$ cm²,有杆腔面积 $A_2=40$ cm²,液压缸工进速度 $v=0.18$ m/min。不考虑管路损失和液压缸的摩擦损失,试计算:

(1)液压缸工进时液压系统的效率。

(2)当负载 $F=0$ 时,活塞的运动速度和回油腔的压力。

14. 图 7-39 所示为用调速阀的进油节流加背压阀的调速回路。负载 $F=9\,000$ N,液压缸的两腔面积 $A_1=50$ cm²,$A_2=20$ cm²,背压阀调定压力 $p_b=0.5$ MPa,液压泵的供油流量 $q=30$ L/min。不计管路损失和换向阀压力损失,试计算:

(1)欲使缸速恒定,不计调压偏差,溢流阀最小调定压力多大?

(2)卸荷时能量损失多大?

(3)背压若增加了 $\Delta p_b$,则溢流阀调定压力的增量 $\Delta p_Y$ 应有多大?

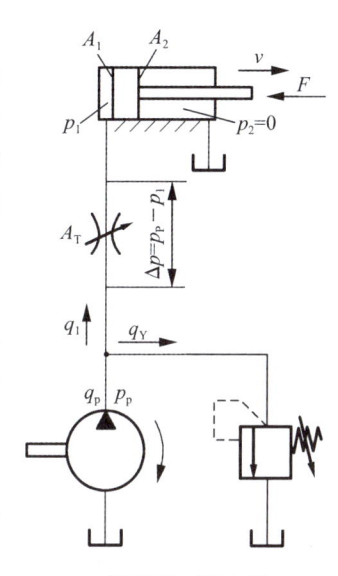

图 7-37 题 12 图

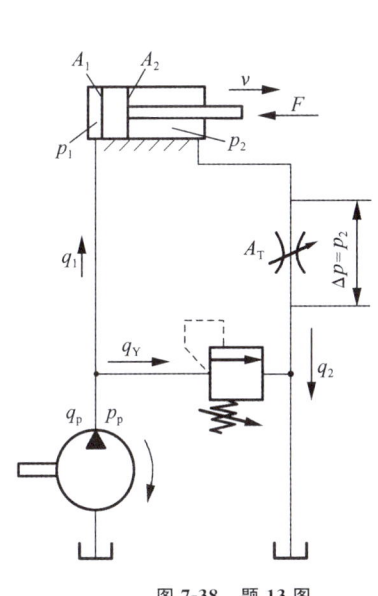

图 7-38 题 13 图

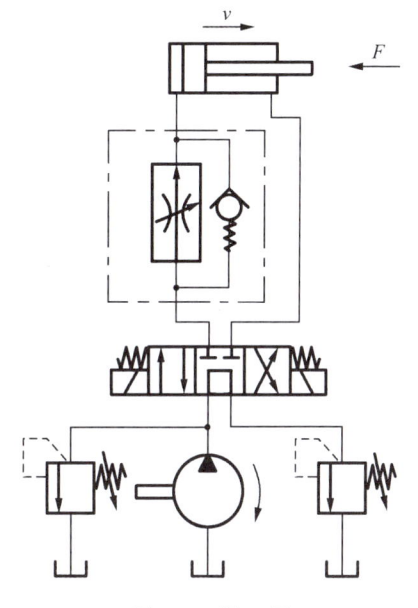

图 7-39 题 14 图

15. 如图 7-40(a)所示的液压回路,限压式变量泵调定后的流量压力特性曲线如图 7-40(b)所示,调速阀调定后的流量为 2.5 L/min,液压缸两腔的有效面积 $A_1=2A_2=50$ cm²。不计管路损失,试计算:

(1)液压缸的无杆腔压力 $p_1$。

(2)当负载 $F=0$ 和 $F=9\,000$ N 时的有杆腔压力 $p_2$。

(3)设泵的总效率为 0.75,求系统在前述两种负载下的总效率。

(a)

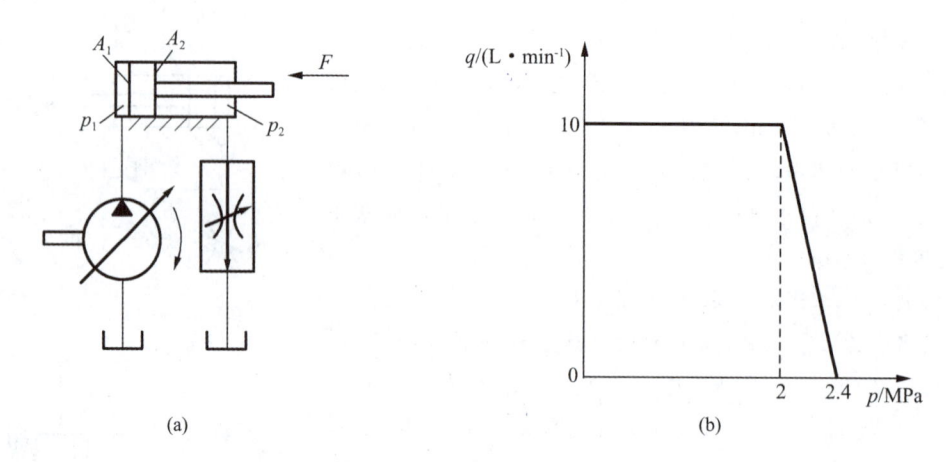

(b)

图 7-40　题 15 图

16. 如图 7-41 所示的液压系统,可完成的工作循环为"快进—工进—快退—原位停止泵卸荷",要求填写电磁铁动作顺序表。若工进速度 $v=5.6$ cm/min,液压缸内径 $D=40$ mm,活塞杆直径 $d=25$ mm,节流阀的最小流量为 50 mL/min,问系统是否可以满足要求?

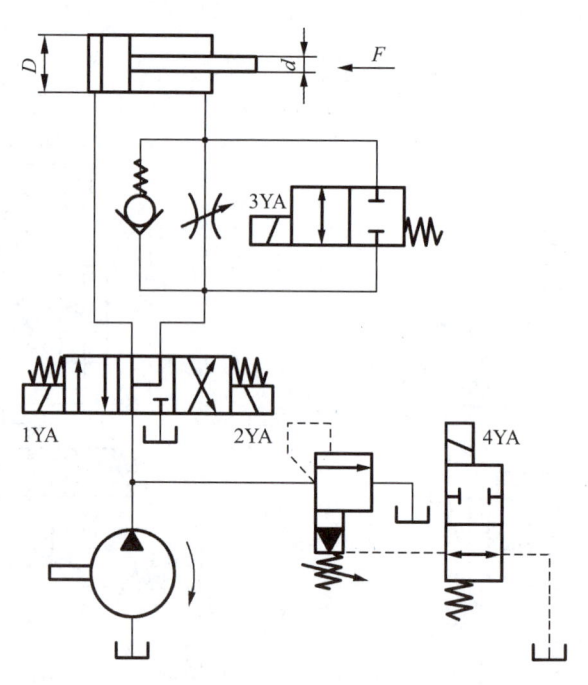

图 7-41　题 16 图

17. 阅读分析图 7-24 所示的液压系统,并回答下列问题:

(1) 液压元件 1～7 的名称是什么?

(2) 液压元件 2、3、5、7 在此回路中的作用是什么?

(3) 此回路的工进采用了何种调速回路?

(4) 说明工进时的进、回油路线。

# 第8章

# 典型液压传动系统的原理及故障分析

　　液压传动系统由各种不同功能的基本回路组成,以实现设备执行机构的动作要求。其原理一般用液压传动系统图来表示。在液压传动系统图中,各个液压元件及它们之间的连接与控制方式均按标准图形符号(或半结构式符号)画出。

　　读液压传动系统图可按以下方法和步骤进行:

　　(1)了解液压传动系统的任务、工作循环、应具备的性能和需要满足的要求。

　　(2)查阅系统图中所有的液压元件及其连接关系,分析它们的作用。

　　(3)分析油路,了解系统的工作原理。

　　(4)根据系统所使用的基本回路的性能,对系统进行综合分析,归纳总结出整个系统的特点。

　　本章选取了五个典型液压传动系统实例,通过学习和分析,加深理解液压元件的功用和基本回路的合理组合,熟悉读液压传动系统图的基本方法,为分析和设计液压传动系统奠定必要的基础,对调整和维护液压传动系统也是非常必要的。

◯ **本章重点**

1. 组合机床动力滑台液压传动系统的工作原理。
2. 数控车床液压传动系统的工作原理。
3. 外圆磨床液压传动系统的工作原理。
4. 塑料注射成型机液压传动系统的工作原理。
5. 汽车起重机液压传动系统的工作原理。
6. 液压传动系统的故障诊断与分析方法。

◯ **本章难点**

1. 行程控制换向回路的工作原理。
2. 液压传动系统的故障诊断。

## 8.1　组合机床动力滑台液压传动系统

### 一、概述

　　组合机床是一种高效率的专用机床,在机械制造业的成批和大量生产中得到了广泛应用。动力滑台是组合机床实现直线进给运动的动力部件,图 8-1(a)、图 8-1(b)分别所示为组合机床和动力滑台的外形。根据加工工艺的需要,可在滑台台面上安装动力箱、多轴箱或各种专用的切削头等工作部件,以完成钻、扩、铰、镗、攻螺纹、倒角等加工工序,并可实现多种工作循环。对动力滑台液压传动系统性能的主要要求是速度换接平稳,进给速度稳定,功率利用合理,系统效率高,发热量小。

(a)组合机床

(b)动力滑台

(c)YT4543型动力滑台液压传动系统

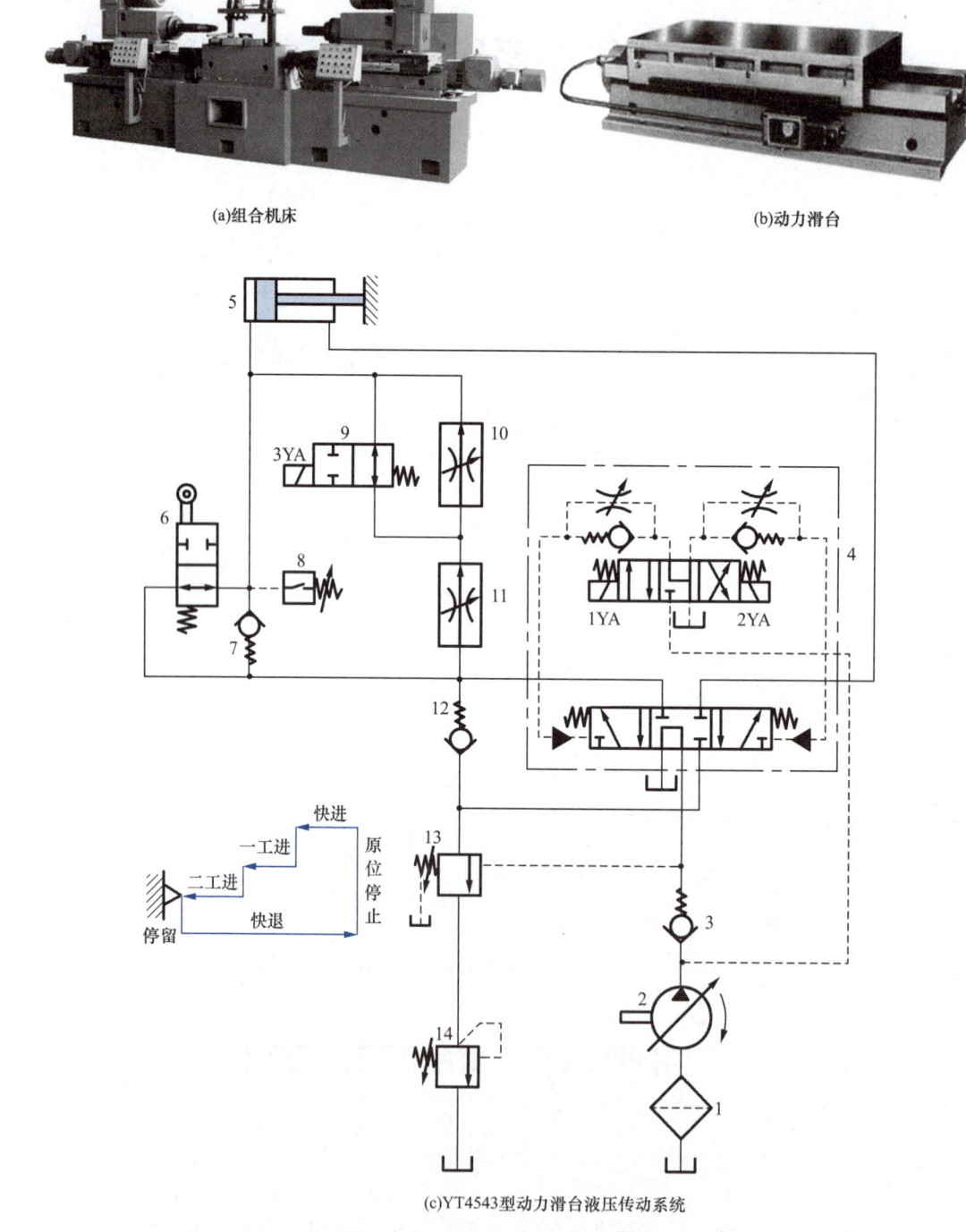

图 8-1 组合机床动力滑台液压传动系统

图 8-1(c)所示为 YT4543 型动力滑台液压传动系统,该系统采用限压式变量泵及单杆活塞液压缸。通常实现的工作循环:快进—第一次工作进给—第二次工作进给—止挡块停留—快退—原位停止。

## 二、液压传动系统的工作原理

### 1. 快进

按下启动按钮,电磁铁 1YA 通电,电液换向阀 4 左位接入系统,顺序阀 13 因系统压力较低而处于关闭状态,变量泵 2 则输出较大流量,这时液压缸 5 两腔连通,实现差动快进,其油路为:

**进油路**:过滤器 1—变量泵 2—单向阀 3—换向阀 4—行程阀 6—液压缸 5 左腔。

**回油路**:液压缸 5 右腔—换向阀 4—单向阀 12—行程阀 6—液压缸 5 左腔。

### 2. 第一次工作进给

当滑台快进终了时,挡块压下行程阀 6,切断快速运动进油路,电磁铁 1YA 继续通电,换向阀 4 仍以左位接入系统。这时液压油只能经调速阀 11 和二位二通换向阀 9 进入液压缸 5 左腔。由于工进时系统压力升高,变量泵 2 便自动减小其输出流量,顺序阀 13 此时打开,单向阀 12 关闭,液压缸 5 右腔的回油最终经背压阀 14 流回油箱,这样就使滑台转为第一次工作进给运动。进给量的大小由调速阀 11 调节,其油路是:

**进油路**:过滤器 1—变量泵 2—单向阀 3—换向阀 4—调速阀 11—换向阀 9—液压缸 5 左腔。

**回油路**:液压缸 5 右腔—换向阀 4—顺序阀 13—背压阀 14—油箱。

### 3. 第二次工作进给

第二次工作进给油路和第一次工作进给油路基本相同,不同之处是当第一次工进终了时,滑台上的挡块压下行程开关,发出电信号使换向阀 9 的电磁铁 3YA 通电,使其油路关闭,这时液压油需通过调速阀 11 和 10 进入液压缸左腔。回油路和第一次工作进给完全相同。因调速阀 10 的通流面积比调速阀 11 的通流面积小,故第二次工作进给的进给量由调速阀 10 来决定。

### 4. 止挡块停留

滑台完成第二次工作进给后,碰上止挡块即停留下来。这时液压缸 5 左腔的压力升高,使压力继电器 8 动作,发出电信号给时间继电器,停留时间由时间继电器调定。设置止挡块可以提高滑台加工进给的位置精度。

### 5. 快退

滑台停留时间到了之后,时间继电器发出信号,使电磁铁 1YA、3YA 断电,2YA 通电,这时换向阀 4 右位接入系统。因滑台返回时负载小,系统压力低,变量泵 2 输出的流量又自动恢复到最大,滑台快速退回,其油路是:

**进油路**:过滤器 1—变量泵 2—单向阀 3—换向阀 4—液压缸 5 右腔。

**回油路**:液压缸 5 左腔—单向阀 7—换向阀 4—油箱。

### 6. 原位停止

滑台快速退回到原位,挡块压下原位行程开关,发出信号,使电磁铁 2YA 断电,至此全部电磁铁皆断电,换向阀 4 处于中位,液压缸两腔油路均被切断,滑台原位停止。这时变量泵 2 输出的油液经单向阀 3 和换向阀 4 的液动阀中位流向油箱,泵实现低压卸荷。系统图中各电磁铁和行程阀的动作顺序见表 8-1(电磁铁通电、行程阀压下时,表中记"＋"号,反之记"－"号)。

表 8-1　　　　　　　　　　　电磁铁和行程阀的动作顺序

| 动作 | 电磁铁 |  |  | 行程阀 |
| --- | --- | --- | --- | --- |
|  | 1YA | 2YA | 3YA |  |
| 快进 | ＋ | － | － | － |
| 第一次工作进给 | ＋ | － | － | ＋ |
| 第二次工作进给 | ＋ | － | ＋ | ＋ |
| 止挡块停留 | ＋ | － | ＋ | ＋ |
| 快退 | － | ＋ | － | ± |
| 原位停止 | － | － | － | － |

### 三、液压传动系统的特点

由上述可知,该系统主要由下列基本回路组合而成:限压式变量泵和调速阀的联合调速回路,差动连接增速回路,采用电液换向阀的换向回路,采用行程阀和电磁阀的速度换接回路,串联调速阀的二次进给调速回路。这些回路的应用决定了系统的主要性能,其特点如下:

(1)由于采用限压式变量泵,因此当快进转换为工作进给后,无溢流功率损失,系统效率较高。又因采用差动连接增速回路,故在泵的选择和能量利用方面更为经济合理。

(2)采用限压式变量泵、调速阀和行程阀进行速度换接,使速度换接平稳;采用机械控制的行程阀,位置控制准确可靠。

(3)采用限压式变量泵和调速阀联合调速回路,且在回油路上设置背压阀,提高了滑台运动的平稳性,并能获得较好的速度负载特性。

(4)采用进油路串联调速阀的二次进给调速回路,可使启动冲击和速度转换冲击较小,并便于利用压力继电器发出电信号,进行自动控制。

(5)在滑台的工作循环中采用止挡块停留,不仅提高了进给位置精度,还扩大了滑台工艺使用范围,更适用于镗阶梯孔、锪孔和锪端面等工序。

## 8.2　数控车床液压传动系统

### 一、概述

装有程序控制系统的车床简称为数控车床。图 8-2(a)所示为数控车床的外形。图 8-2(b)所示为液压卡盘,它是一种卡爪的移动由液压力驱动的动力卡盘。在数控车床上进行车削加工时,其自动化程度高,能获得较高的加工质量。目前,在数控车床上大多应用了液压传动技术。下面介绍图 8-2(c)所示的 MJ-50 型数控车床液压传动系统。

## 第8章 典型液压传动系统的原理及故障分析

(a) 数控车床

(b) 液压卡盘

(c) MJ-50型数控车床液压传动系统

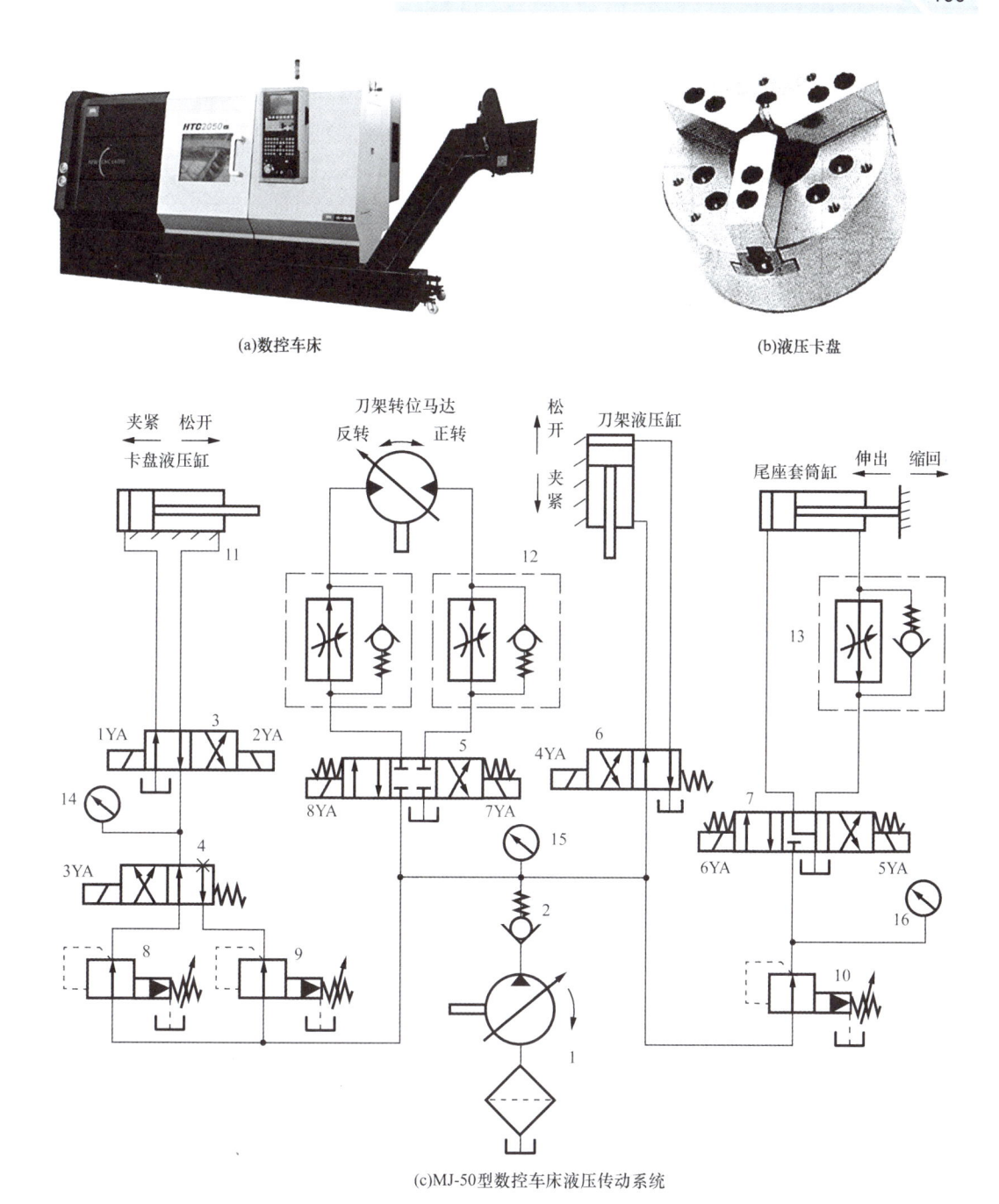

图 8-2 数控车床液压传动系统

MJ-50型数控车床中,由液压传动系统实现的动作有卡盘的夹紧与松开、刀架的夹紧与松开、刀架的正转与反转、尾座套筒的伸出与缩回。液压传动系统中各电磁阀的电磁铁动作由数控系统的PC控制实现,各电磁铁的动作顺序见表8-2。

表 8-2　　　　　　　　　　各电磁铁的动作顺序

| 动作 | | | 电磁铁 | | | | | | | |
|---|---|---|---|---|---|---|---|---|---|---|
| | | | 1YA | 2YA | 3YA | 4YA | 5YA | 6YA | 7YA | 8YA |
| 卡盘正卡 | 高压 | 夹紧 | + | − | − | − | − | − | − | − |
| | | 松开 | − | + | − | − | − | − | − | − |
| | 低压 | 夹紧 | + | − | + | − | − | − | − | − |
| | | 松开 | − | + | + | − | − | − | − | − |
| 卡盘反卡 | 高压 | 夹紧 | − | + | − | − | − | − | − | − |
| | | 松开 | + | − | − | − | − | − | − | − |
| | 低压 | 夹紧 | − | + | + | − | − | − | − | − |
| | | 松开 | + | − | + | − | − | − | − | − |
| 刀架 | | 正转 | − | − | − | − | − | − | − | + |
| | | 反转 | − | − | − | − | − | − | + | − |
| | | 松开 | − | − | − | + | − | − | − | − |
| | | 夹紧 | − | − | − | − | − | − | − | − |
| 尾座 | | 套筒伸出 | − | − | − | − | − | + | − | − |
| | | 套筒缩回 | − | − | − | − | + | − | − | − |

## 二、液压传动系统的工作原理

机床的液压系统采用单向变量泵供油,系统压力调至 4 MPa,压力由压力计 15 显示。泵输出的压力油经过单向阀进入系统,其工作原理如下:

### 1. 卡盘的夹紧与松开

如图 8-2 所示,当卡盘处于正卡(或称外卡)且在高压夹紧状态下时,夹紧力的大小由减压阀 8 来调整,夹紧压力由压力计 14 来显示。当 1YA 通电时,阀 3 左位工作,系统压力油经阀 8、阀 4、阀 3 到液压缸右腔,液压缸左腔的油液经阀 3 直接回油箱。这时活塞杆左移,卡盘夹紧。反之,当 2YA 通电时,阀 3 右位工作,系统压力油经阀 8、阀 4、阀 3 到液压缸左腔,液压缸右腔的油液经阀 3 直接回油箱,活塞杆右移,卡盘松开。

当卡盘处于正卡且在低压夹紧状态下时,夹紧力的大小由减压阀 9 来调整。这时,3YA 通电,阀 4 左位工作。阀 3 的工作情况与高压夹紧时相同。卡盘反卡(或称内卡)时的工作情况与正卡相似,不再赘述。

### 2. 回转刀架的回转

回转刀架换刀时,首先是刀架松开,然后刀架转位到指定的位置,最后刀架复位夹紧。如图 8-2 所示,当 4YA 通电时,阀 6 左位工作,刀架松开。当 8YA 通电时,液压马达带动刀架正转,转速由单向调速阀 11 控制。若 7YA 通电,则液压马达带动刀架反转,转速由单向调速阀 12 控制。当 4YA 断电时,阀 6 右位工作,液压缸使刀架夹紧。

### 3. 尾座套筒的伸缩运动

如图 8-2 所示,当 6YA 通电时,阀 7 左位工作,系统压力油经减压阀 10、换向阀 7 到尾座套筒液压缸的左腔,液压缸右腔油液经单向调速阀 13、阀 7 回油箱,缸筒带动尾座套筒伸出,伸出时的预紧力大小通过压力计 16 显示。反之,当 5YA 通电时,阀 7 右位工作,系统压力油经减压阀 10、换向阀 7、单向调速阀 13 到液压缸右腔,液压缸左腔的油液经阀 7 流回油箱,套筒缩回。

### 三、液压传动系统的特点

(1) 采用单向变量液压泵向系统供油,能量损失小。

(2) 用换向阀控制卡盘,实现高压和低压夹紧的转换,并且分别调节高压或低压夹紧压力的大小。这样可根据工件情况调节夹紧压力,操作方便简单。

(3) 用液压马达实现刀架的转位,可实现无级调速,并能控制刀架正、反转。

(4) 用换向阀控制尾座套筒液压缸的换向,以实现套筒的伸出或缩回,并能调节尾座套筒伸出工作时的预紧力大小,以适应不同工件的需要。

(5) 如图 8-2 中的压力计 14、15、16 可分别显示系统相应处的压力,以便于故障诊断和调试。

## 8.3 外圆磨床液压传动系统

### 一、概述

外圆磨床是工业生产中应用极为广泛的一种精加工机床。主要用途是磨削各种圆柱面、圆锥面及阶梯轴等零件,采用内圆磨头附件还可以磨削内圆及内锥孔等。为了完成上述零件的加工,磨床必须具有砂轮旋转、工件旋转、工作台带动工件的往复直线运动和砂轮架的周期切入运动等。此外,还要求有砂轮架快速进退和尾架顶尖的伸缩等辅助运动。在这些运动中,除砂轮旋转、工件旋转运动由电动机驱动外,其余均采用液压传动方式。根据磨削工艺的特点,机床对工作台的往复运动性能要求最高。

对外圆磨床工作台往复运动的要求如下:

(1) 工作台运动速度能在 0.05~4 m/min 范围内实现无级调速,若在高精度磨床上进行镜面磨削,其修整砂轮的速度最低为 10~30 mm/min,并要求运动平稳、无爬行现象。

(2) 在上述速度变化范围内能够自动换向,换向过程要平稳,冲击要小,启动、停止要迅速。

(3) 换向精度要高。同一速度下,换向点变动量(同速换向精度)应小于 0.02 mm;不同速度下,换向点变动量(异速换向精度)应小于 0.2 mm。

(4) 换向前工作台在两端能够停留。磨削时砂轮在工件两端一般不越出工件,为了避免工件两端因磨削时间短而引起尺寸偏大,在换向时要求两端有停留,停留时间能在 0~5 s 内调节。

(5) 工作台可做微量抖动。切入磨削或磨削工件长度略大于砂轮宽度时,为了提高生产率和改善表面粗糙度,工作台需做短距离(1~3 mm)频繁往复运动,其往复频率为 1~3 次/s。

### 二、外圆磨床工作台换向回路

为了使外圆磨床工作台的运动获得良好的换向性能,提高换向精度,其液压系统需选用合适的换向回路。

外圆磨床工作台换向回路一般分为两类：一类是时间控制制动式换向回路；另一类是行程控制制动式换向回路。在时间控制制动式换向回路中，主换向阀切换油口使工作台制动的时间为一调定数值，因此工作台速度大时，其制动行程的冲出量就大，换向点的位置精度较低。时间控制制动式换向回路一般只适用于对换向精度要求不高的机床，如平面磨床等。对于外圆磨床和内圆磨床，为了使工作台运动获得较高的换向精度，通常采用行程控制制动式换向回路，如图8-3所示。

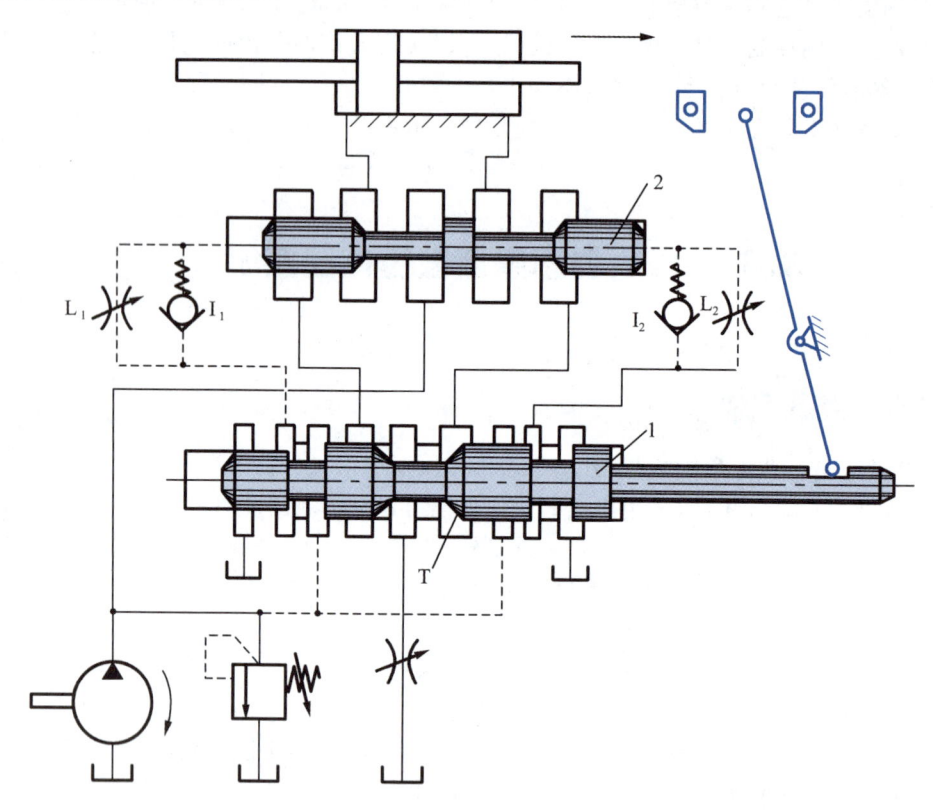

**图8-3　行程控制制动式换向回路**

在图8-3中，换向回路主要由起先导作用的机动先导阀1和液动主换向阀2组成(二阀组合成机液动阀)，其特点是先导阀不仅对操纵主阀的控制压力油起控制作用，还直接参与工作台换向制动过程的控制。当图示工作台向右移动的行程即将结束时，挡块拨动先导阀拨杆，使先导阀芯左移，其右边的制动锥T便将液压缸右腔回油路的通流面积逐渐关小，对工作台起制动作用，使其速度逐渐减小。当液压缸回油通路接近于封闭(只留下很小一点开口量)，工作台速度已变得很小时，主阀的控制油路开始切换，使主阀芯左移，导致工作台停止运动并换向。在此情况下，不论工作台原来的速度快慢如何，总是在先导阀芯移动一定距离，即工作台移动某一确定行程之后，主阀才开始换向，所以称这种换向回路为行程控制制动式换向回路。

行程控制制动式换向的整个过程可分为制动、端点停留和反向启动三个阶段。工作台制动过程又分为预制动和终制动两步：第一步是先导阀1用制动锥关小液压缸回油通路，使工作台急剧减速，实现预制动；第二步是主换向阀2在控制压力油作用下移到中间位置，这时液压缸两腔同时通压力油，工作台停止运动，实现终制动。工作台的制动分两步进行，可避免发生大的换向冲击,实现平稳换向。工作台制动完成之后,在一段时间内,主换向阀使液压缸两腔互通压力油,工作台处于停止不动的状态,直至主阀芯移动到使液压缸两腔油路隔开,工作台开始反向启动为止,这一阶段称为工作台端点停留阶段。停留时间可以用主换向阀 2 两端的节流阀 $L_1$ 或 $L_2$ 调节。

由上述可知,行程控制制动式换向回路能使液压缸获得很高的换向精度,适于外圆磨床加工阶梯轴的需要。

### 三、M1432A 型万能外圆磨床液压传动系统的工作原理

M1432A 型万能外圆磨床主要用来磨削圆柱形(包括阶梯形)或圆锥形外圆面,在使用附加内圆磨具时还可磨削圆柱孔和圆锥孔。该机床的液压系统能够完成的主要任务有工作台的往复运动,砂轮架的快速进退运动和周期进给运动,尾座顶尖的退回运动,工作台手动与液动的互锁,砂轮架丝杠螺母间隙的消除及机床的润滑等。

#### 1. 工作台的往复运动

M1432A 型万能外圆磨床工作台的往复运动用 HYY21/3P-25T 型专用液压操纵箱进行控制,该操纵箱主要由开停阀 A、节流阀 B、先导阀 C、换向阀 D 和抖动缸等元件组成,如图 8-4 所示。在此操纵箱中,机动先导阀和液动主换向阀构成行程控制制动式换向回路,它可以提高工作台的换向精度;开停阀的作用是操纵工作台的运动或停止;抖动缸的主要作用是使先导阀快跳,从而消除工作台慢速时的换向迟缓现象,提高换向精度,并使机床具备短距离频繁往复运动(抖动)的性能,以提高切入式磨削的表面加工质量和生产率。

工作台往复运动的油路工作原理如下:

(1)往复运动时的油流路线

本机床的工作液压缸为活塞杆固定、缸体移动的双杆活塞式液压缸。在图 8-4 所示状态下,开停阀 A 处于右位,先导阀 C 和换向阀 D 都处于右端位置,工作台向右运动,主油路的油流路线为:

**进油路**:液压泵—换向阀 D—工作台液压缸右腔。

**回油路**:工作台液压缸左腔—换向阀 D—先导阀 C—开停阀 A—节流阀 B—油箱。

当工作台右移到预定位置时,工作台上的左挡块拨动先导阀芯,并使它最终处于左端位置。这时控制油路 $a_2$ 点接通压力油,$a_1$ 点接通油箱,使换向阀 D 也处于左端位置,于是主油路的油流路线变为:

**进油路**:液压泵—换向阀 D—工作台液压缸左腔。

**回油路**:工作台液压缸右腔—换向阀 D—先导阀 C—开停阀 A—节流阀 B—油箱。

这时,工作台向左运动,并在其右挡块碰上拨杆后发生与上述情况相反的变换,使工作台又改变方向向右运动。如此不停地反复进行下去,直到开停阀 A 拨到左位时才使运动停止下来。

(2)工作台换向过程

工作台换向时,先导阀 C 先受到挡块的操纵而移动,接着又受到抖动缸的操纵而产生快跳;换向阀 D 的控制油路则先后三次变换通流情况,使其阀芯产生第一次快跳、慢速移动和第二次快跳。这样就使工作台的换向经历了迅速制动、停留和迅速反向启动的三个阶段。具体情况如下:

# 174 液压与气动技术

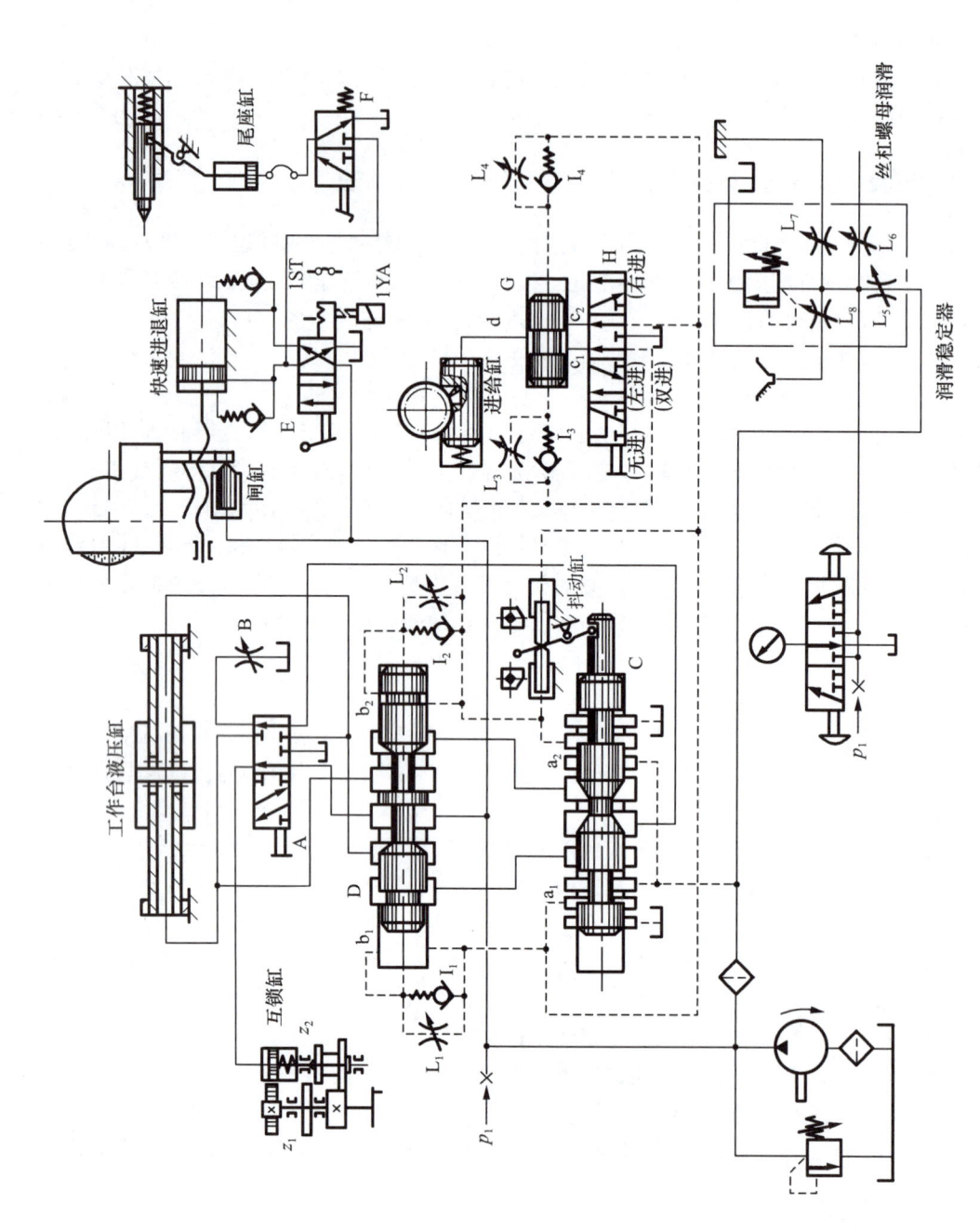

图8-4 M1432A型万能外圆磨床液压传动系统原理图

当图8-4中的先导阀C的阀芯被拨杆推着向左移动时,它的右制动锥逐渐将通向节流阀B的通道关小,使工作台逐渐减速,实现预制动。当工作台挡块推动先导阀芯直到其右部环形槽使 $a_2$ 点接通压力油、左部环形槽使 $a_1$ 点接通油箱时,控制油路被切换。这时,左、右抖动缸便推动先导阀芯向左快跳,因此这时抖动缸的进、回油路变换为:

**进油路**:液压泵—过滤器—先导阀C—左抖动缸。

**回油路**:右抖动缸—先导阀C—油箱。

可以看出,抖动缸的作用引起先导阀快跳,使换向阀两端的控制油路一旦切换就迅速打开,为换向阀阀芯快速移动创造了条件。

换向阀阀芯向左移动,其进油路为:液压泵—过滤器—先导阀C—单向阀 $I_2$—换向阀D右端。

换向阀左端通向油箱的回油路则先后出现三种连通情况。开始阶段的情况如图8-4所示,回油的流动路线为:换向阀D左端—先导阀C—油箱。

因换向阀的回油路通畅无阻,其阀芯移动速度很大,出现第一次快跳。第一次快跳使换向阀阀芯中部的台肩移到阀体中间沉割槽处,导致液压缸两腔油路相通,工作台停止运动。此后,由于换向阀阀芯自身切断了左端直通油箱的通道,因此回油流动路线改为:换向阀D左端—节流阀 $L_1$—先导阀C—油箱。

这时,换向阀阀芯按节流阀(也称停留阀) $L_1$ 调定的速度慢速移动。由于阀体沉割槽宽度大于阀芯中部台肩的宽度,液压缸两腔油路在阀芯慢速移动期间继续保持相通,因此工作台的停止状态会持续一段时间(可在0~5 s内调整),这就是工作台反向前的端点停留。最后,当阀芯慢速移动到其左部环形槽而将通道 $b_1$ 和直通油箱的通道连通时,回油流动路线又改变为:换向阀D左端—通道 $b_1$—阀芯左部环形槽—先导阀C—油箱。

这时,回油路又通畅无阻,换向阀阀芯便第二次快跳到底,主油路迅速切换,工作台迅速反向启动,最终完成全部换向过程。

在反向时,先导阀C和换向阀D自左向右移动的换向过程与上述相同,但这时 $a_2$ 点接通油箱,而 $a_1$ 点接通压力油。

(3)工作台液动与手动的互锁

此动作是由互锁缸来实现的。当开停阀A处于图8-4所示的位置时,互锁缸通入压力油,推动活塞使齿轮 $z_1$ 和 $z_2$ 脱开,工作台运动就不会带动手轮转动。当开停阀A的左位接入系统时,互锁缸接通油箱,活塞在弹簧作用下移动,使 $z_1$ 和 $z_2$ 啮合,工作台就可以通过摇动手轮来移动,以调整工件的加工位置。

**2. 砂轮架的快速进退运动**

这个运动由砂轮架快动阀E操纵,由快速进退缸来实现。在图8-4所示状态下,快动阀E右位接入系统,砂轮架快速前进到最前端位置,此位置是靠活塞与缸盖的接触来保证的。为防止砂轮架在快速运动终点处引起冲击和提高快进终点的重复位置精度,快速进退缸的两端设有缓冲装置(图中未画出),并设有抵住砂轮架的闸缸,用以消除丝杠、螺母间的间隙。快动阀E的左位接入系统时,砂轮架后退到最后端位置。

砂轮架的进退与头架、冷却泵电动机之间可以联动。当将快动阀E的手柄扳至图示位置,使砂轮架快进至加工位置时,行程开关1ST触头闭合,主轴电动机和冷却泵电动机随即同时启动,使工件旋转,并送出冷却液。

为了确保机床的使用安全,砂轮架快速进退与内圆磨头使用位置之间实现了互锁。当磨削内圆时,将内圆磨头翻下,压住微动开关,使电磁铁 1YA 通电吸合,快动阀 E 的手柄即被锁在快进后的位置上,不允许在磨削内圆时,砂轮架有快退动作而引起事故。

为了确保操作安全,砂轮架快速进退与尾座顶尖的动作之间也实现了互锁。当砂轮架处于快进后的位置时,如果操作者误踏尾座阀 F,则因尾座液压缸无压力油通入,故尾座顶尖不会退回。

### 3. 砂轮架的周期进给运动

此运动由进给阀 G 操纵,由砂轮架进给缸通过其活塞上的拨爪、棘轮、齿轮、丝杠螺母等传动副来实现。砂轮架的周期进给运动可以在工件左端停留或右端停留时进行,也可以在工件两端停留时进行,还可以无进给运动,这些都由选择阀 H 所在的位置决定。进给阀 G 和选择阀 H 组合成周期进给操纵箱,如图 8-4 所示。在图示状态下,选择阀选定的是双向进给,进给阀在控制油路的 $a_1$ 和 $a_2$ 点每次相互变换压力时,向左或向右移动一次(因为通道 d 与通道 $c_1$ 和 $c_2$ 各接通一次),于是砂轮架便做一次间歇进给。进给量大小由拨爪棘轮机构调整,进给快慢及平稳性则通过调整节流阀 $L_3$、$L_4$ 来保证。

### 4. 液压传动系统的主要特点

(1)采用了活塞杆固定的双杆液压缸,可减小机床占地面积,同时也能保证左、右两个方向运动速度一致。

(2)系统采用了简单节流阀式调速回路,功率损失小,这对调速范围不需很大、负载较小且基本恒定的磨床来说是很适合的。此外,回油节流的形式在液压缸回油腔中造成的背压力有助于工作稳定和工作台的制动,也有助于防止空气渗入系统。

(3)系统采用 HYY21/3P-25T 型快跳式操纵箱,其结构紧凑,操纵方便,换向精度和换向平稳性都较高。此外,此操纵箱还能使工作台高频抖动,有利于提高切入磨削时的加工质量。

## 8.4 塑料注射成型机液压传动系统

### 一、概述

塑料注射成型机简称注塑机,其外形如图 8-5(a)所示。它将颗粒状塑料加热熔化到流动状态,以高压快速注入模腔,处于熔融状态的塑料在模腔内保压一定时间后,冷却成型为塑料制品。注塑机液压传动系统的执行元件有合模缸、注射座移动缸、注射缸、预塑液压马达和顶出缸。这些执行元件推动注塑机各工作部件完成图 8-5(b)所示的工作循环。

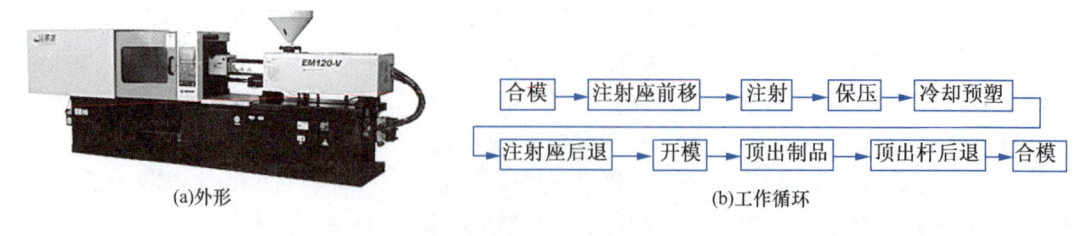

(a)外形　　(b)工作循环

合模 → 注射座前移 → 注射 → 保压 → 冷却预塑
注射座后退 → 开模 → 顶出制品 → 顶出杆后退 → 合模

图 8-5　塑料注射成型机

## 第8章 典型液压传动系统的原理及故障分析

对注塑机液压传动系统的要求是：

(1) 模具必须具有足够的合模力，以防止高压注射时模具胀开，塑料制品产生溢边现象。

(2) 在合模、开模过程中，为了既提高工作效率，又防止因速度太快而损坏模具和制品，其过程需要有多种速度。

(3) 注射座要能整体前移和后退，并保持足够的向前推动力，以使注射时喷嘴与模具浇口紧密接触。

(4) 由于原料的品种、制品的几何形状及模具系统不同，为保证制品质量，注射成型过程中要求注射压力和注射速度可调节。

(5) 注射动作完成后需要保压。保压的目的是使塑料紧贴模腔而获得精确的形状。在制品冷却凝固收缩过程中，使熔化塑料不断补充进入模腔，防止充料不足而出现残次品，因此保压压力要求可调。

(6) 顶出制品速度要平稳。

## 二、SZ-250A 型注塑机液压传动系统的工作原理

SZ-250A 型注塑机属于中小型注塑机，每次最大注射容量为 250 cm$^3$。图 8-6 为该注塑机的液压传动系统原理图。该液压传动系统用双联泵供油，用节流阀控制有关流量，用多级调压回路控制有关压力，以满足工作过程中各动作对速度和压力的不同要求。各执行元件的动作循环主要依靠行程开关切换电磁换向阀来实现，电磁铁的动作顺序见表 8-3。

表 8-3　　　　　　　　　　　　电磁铁的动作顺序

| 动作 | | 电磁铁 | | | | | | | | | | | | |
|---|---|---|---|---|---|---|---|---|---|---|---|---|---|---|
| | | 1YA | 2YA | 3YA | 4YA | 5YA | 6YA | 7YA | 8YA | 9YA | 10YA | 11YA | 12YA | 13YA | 14YA |
| 合模 | 慢速 | − | + | + | − | − | − | − | − | − | − | − | − | − | − |
| | 快速 | + | + | + | − | − | − | − | − | − | − | − | − | − | − |
| | 低压慢速 | − | + | + | − | − | − | − | − | − | − | − | − | + | − |
| | 高压慢速 | − | + | + | − | − | − | − | − | − | − | − | − | − | − |
| 注射座前移 | | − | + | − | − | − | − | − | − | − | − | − | − | − | − |
| 注射 | 慢速 | − | + | − | − | − | − | − | + | − | + | − | + | − | − |
| | 快速 | + | + | − | − | − | − | − | + | − | + | − | + | − | − |
| 保压 | | − | + | − | − | − | − | − | − | − | + | − | − | − | + |
| 预塑 | | + | + | − | − | − | − | − | − | − | − | − | + | − | − |
| 防流涎 | | − | + | − | − | − | − | − | + | − | − | − | − | − | − |
| 注射座后退 | | − | + | − | − | − | − | − | − | − | − | − | − | − | − |
| 开模 | 慢速Ⅰ | − | + | − | + | − | − | − | − | − | − | − | − | − | − |
| | 快速 | + | + | − | + | − | − | − | − | − | − | − | − | − | − |
| | 慢速Ⅱ | − | + | − | + | − | − | − | − | − | − | − | − | − | − |
| 顶出 | 前进 | − | + | − | − | − | + | − | − | − | − | − | − | − | − |
| | 后退 | − | + | − | − | + | − | − | − | − | − | − | − | − | − |

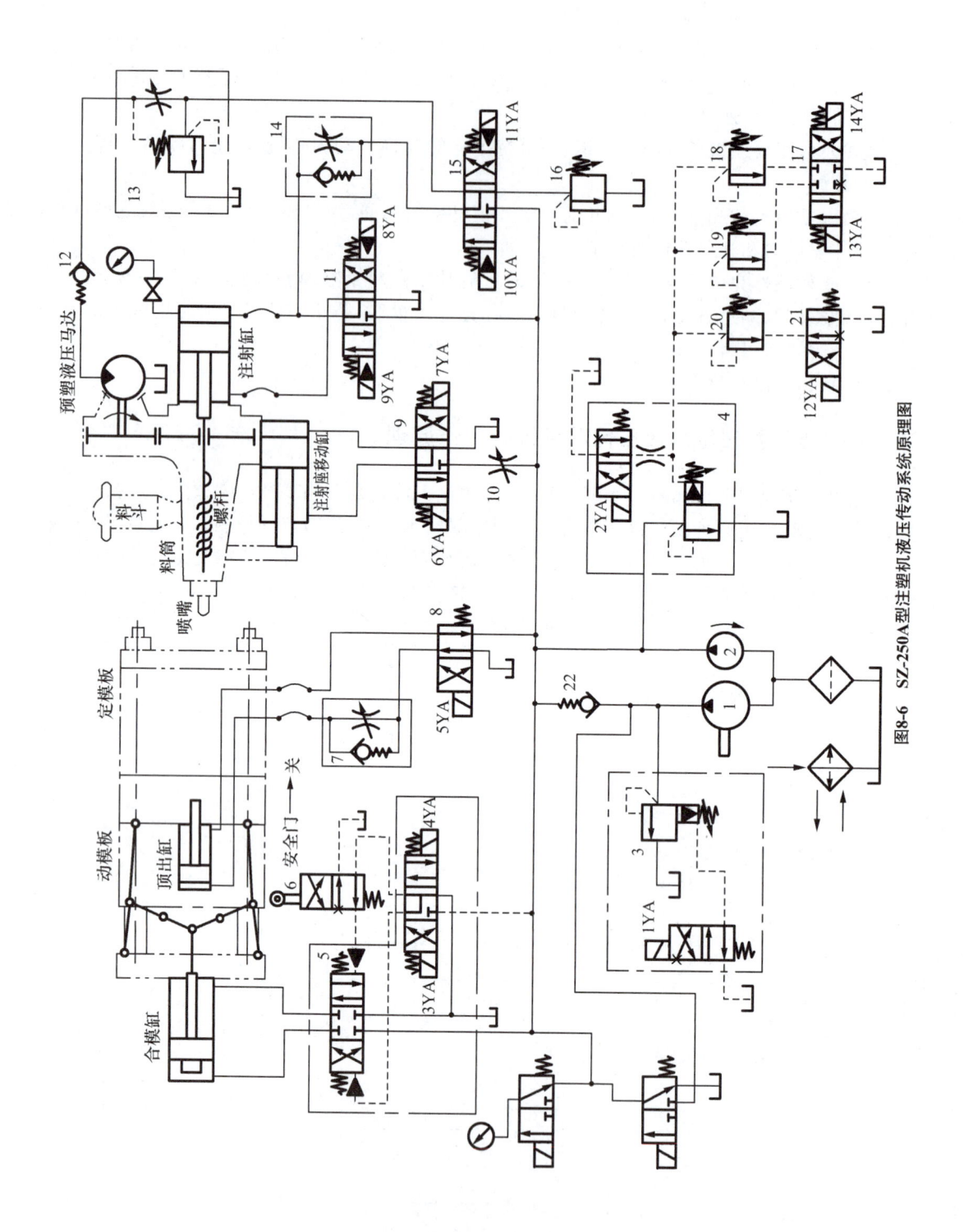

图8-6 SZ-250A型注塑机液压传动系统原理图

## 1. 合模

首先关闭注塑机安全门,行程阀6才能恢复常态位,合模动作才可进行。然后慢速启动合模缸,再快速前进。当动模板接近定模板时,合模缸以低压、慢速前移,即使两模板间有硬质异物,也不致损坏模具表面。在确认模具内无异物存在时,合模缸转为高压,并通过对称五连杆机构增力,使模具闭合并锁住。

(1)慢速合模

电磁铁2YA、3YA通电,大流量泵1通过溢流阀3卸载,小流量泵2的压力由溢流阀4调定。泵2的压力油经电液换向阀5右位进入合模缸左腔,推动合模缸慢速前移,其右腔油液经5和冷却器回油箱。

(2)快速合模

电磁铁1YA、2YA和3YA通电,泵1的压力油经单向阀22与泵2的压力油合流后进入合模缸左腔,推动合模缸快速前进。最高压力由溢流阀3限定。

(3)低压慢速合模

电磁铁2YA、3YA和13YA通电,泵1卸载,泵2的压力由远程调压阀18控制。由于该阀的调定压力低,因此泵2以低压推动合模缸缓慢、安全地合模。

(4)高压慢速合模

电磁铁2YA、3YA通电,泵1卸载,泵2的压力由溢流阀4调为高压。泵2的压力油驱动合模缸高压合模,通过五连杆机构增力,且锁紧模具。

## 2. 注射座前移

电磁铁2YA、7YA通电,泵1卸载,泵2的压力仍由溢流阀4控制。泵2的压力油经节流阀10和电磁换向阀9右位进入注射座移动缸右腔,注射座慢速前移,使喷嘴与模具浇口紧密接触,注射座移动缸左腔油液经阀9回油箱。

## 3. 注射

(1)慢速注射

电磁铁2YA、7YA、10YA和12YA通电,泵2的压力由远程调压阀20调节并保持稳定值。泵2的压力油经电液换向阀15左位和单向节流阀14进入注射缸右腔,推动注射缸活塞慢速前进,注射螺杆将料筒前端的熔料经喷嘴压入模腔,注射缸左腔油液经电液换向阀11中位回油箱。注射速度由阀14调节。

(2)快速注射

电磁铁1YA、2YA、7YA、8YA、10YA和12YA通电,泵1和泵2的压力油经阀11右位进入注射缸右腔,实现快速注射,左腔油液经阀11右位回油箱。此时,阀20起安全作用。

## 4. 保压

电磁铁2YA、7YA、10YA和14YA通电,泵2的压力(即保压压力)由远程调压阀19调节,泵2仅对注射缸右腔补充少量油液,以维持保压压力。多余油液经阀4溢回油箱。

## 5. 预塑

保压完毕,电磁铁1YA、2YA、7YA和11YA通电,泵1和泵2的压力油经阀15右位、旁通型调速阀 13 和单向阀 12 进入液压马达。液压马达通过减速机构带动螺杆旋转,从料斗加入的塑料颗粒随着螺杆的转动被带至料筒前端,加热熔化,并建立起一定压力。马达转速由旁通型调速阀 13 控制,溢流阀 3 为安全阀。螺杆头部的熔料压力上升到能克服注射缸活塞退回的阻力时,螺杆开始后退。这时,注射缸右腔油液经阀 14、阀 15 右位和背压阀 16 回油箱,其背压力由阀 16 控制。同时,油箱中的油在大气压作用下,经阀 11 中位向注射缸左腔补充。当螺杆后退至一定位置,即螺杆头部的熔料达到所需注射量时,螺杆停止转动和后退,等待下次注射,与此同时,模腔内的制品冷却成型。

### 6. 防流涎

如果喷嘴为直通敞开式,为防止注射座退回时喷嘴端部物料流出,应先使螺杆后退一小段距离,以减小料筒前端压力。为达到此目的,在预塑结束后,电磁铁 2YA、7YA 和 9YA 通电,泵 2 的压力油一路经阀 9 右位进入注射座移动缸右腔,使喷嘴与模具浇口接触,一路经阀 11 左位进入注射缸左腔,使螺杆强制后退。注射缸右腔和注射座移动缸左腔的油分别经阀 11 和阀 9 回油箱。

### 7. 注射座后退

在保压、冷却和预塑结束后,电磁铁 2YA、6YA 通电,泵 2 的压力油经阀 9 左位使注射座退回。

### 8. 开模

开模速度一般为慢—快—慢。

(1) 慢速Ⅰ开模

当电磁铁 2YA、4YA 通电时,泵 1 卸载,泵 2 的压力油经阀 5 左位进入合模缸右腔,合模缸慢速后退,左腔油液经阀 5 回油箱。

(2) 快速开模

当电磁铁 1YA、2YA 和 4YA 通电时,泵 1 和泵 2 的供油合流后推动合模缸快速后退。

(3) 慢速Ⅱ开模

当电磁铁 1YA 断电、电磁铁 2YA、4YA 通电时,泵 1 卸载,泵 2 的压力油经阀 5 左位进入合模缸右腔,合模缸又以慢速后退,左腔油液经阀 5 回油箱。

### 9. 顶出

(1) 顶出杆前进

电磁铁 2YA、5YA 通电,泵 1 卸载,泵 2 的压力油经换向阀 8 左位和单向节流阀 7 进入顶出缸左腔,推动顶出杆稳速前进,顶出制品。顶出速度由阀 7 调节,阀 4 为定压阀。

(2) 顶出杆后退

电磁铁 2YA 通电,泵 2 的压力油经阀 8 常态位使顶出杆退回。

## 三、SZ-250A 型注塑机液压传动系统的特点

(1) 采用了液压-机械增力合模机构,保证了足够的锁模力。除此之外,还可采用增压缸合模装置。

(2) 注塑机液压系统动作多,各动作之间有严格顺序。本系统采用电气行程开关切换电磁换向阀,保证动作顺序。

(3)采用双泵供油,由流量阀控制流量来满足各动作对流量的不同要求,功率利用比较合理。

(4)采用多个远程调压阀调压,满足了系统多级压力要求。

## 8.5 汽车起重机液压传动系统

### 一、概述

汽车起重机是应用较广的一类起重运输机械。它机动性好,承载能力大,适应性强,能在温度变化大、环境条件较差的场合工作。

图 8-7(a)所示为 Q2-8 型汽车起重机的外形。其结构如图 8-7(b)所示,它由汽车 1、转台 2、支腿 3、吊臂变幅液压缸 4、基本臂 5、吊臂伸缩液压缸 6 和起升机构 7 等组成。它的最大起重量为 80 kN,最大起重高度为 11.5 m。

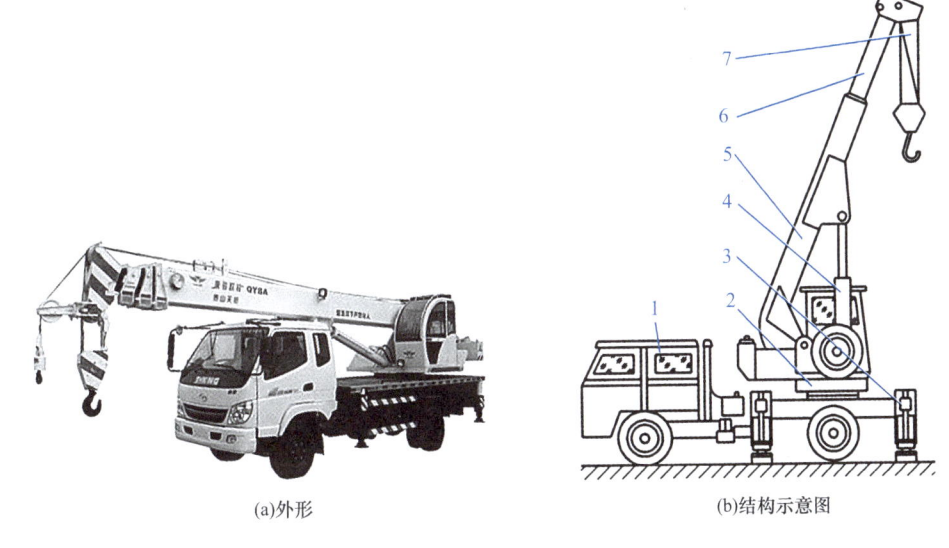

(a)外形     (b)结构示意图

图 8-7 Q2-8 型汽车起重机

1—汽车;2—转台;3—支腿;4—吊臂变幅液压缸;5—基本臂;6—吊臂伸缩液压缸;7—起升机构

### 二、液压传动系统的工作原理

Q2-8 型汽车起重机液压传动系统原理图如图 8-8 所示。该系统的动力装置采用轴向柱塞泵,由汽车发动机通过传动装置(取力箱)驱动工作。整个系统由支腿收放、转台回转、吊臂伸缩、吊臂变幅和吊重起升五个工作支路组成。其中,前、后支腿收放支路的换向阀 A、B 组成一个阀组(双联多路阀,如图 8-8 中的阀 1)。其余四个支路的换向阀 C、D、E、F 组成另一阀组(四联多路阀,如图 8-8 中的阀 2)。各换向阀均为 M 型中位机能三位四通手动阀,相互串联组合,可实现多缸卸荷。根据起重工作的具体要求,操纵各阀不仅可以分别控制各执行元件的运动方向,还可以通过控制阀芯的位移量来实现节流调速。

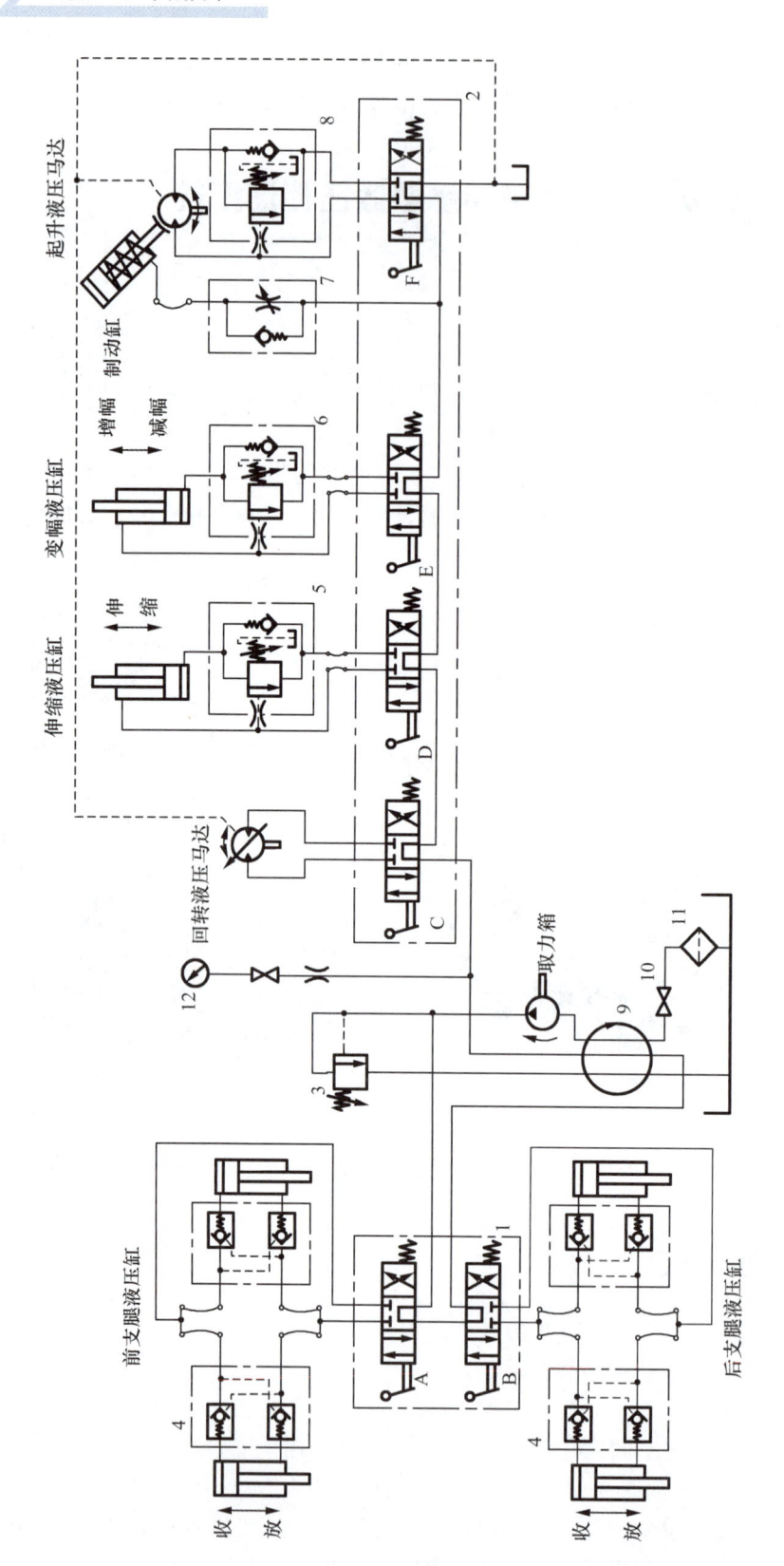

图8-8 Q2-8型汽车起重机液压传动系统原理图

系统中除液压泵、安全阀、阀1及支腿液压缸外，其他液压元件都装在可回转的上车部分。油箱也装在上车部分，兼作配重。上车和下车部分的油路通过中心旋转接头9连通。

**1. 支腿收放支路**

由于汽车轮胎的支承能力有限，且为弹性变形体，作业时很不安全，因此在起重作业前必须放下前、后支腿，使汽车轮胎架空，用支腿承重。在行驶时又必须将支腿收起，轮胎着地。为此，在汽车的前、后端各设置两条支腿，每条支腿均配置有液压缸。前支腿的两个液压缸同时用一个手动换向阀A控制其收、放动作，后支腿的两个液压缸用阀B来控制其收、放动作。为确保支腿停放在任意位置并能可靠地锁住，在每个支腿液压缸的油路中设置一个由两个液控单向阀组成的双向液压锁。

当阀A在左位工作时，前支腿放下，其进、回油路线为：

**进油路**：液压泵—阀A—液控单向阀—前支腿液压缸无杆腔。

**回油路**：前支腿液压缸有杆腔—液控单向阀—阀A—阀B—阀C—阀D—阀E—阀F—油箱。

后支腿液压缸用阀B控制，其油流路线与前支腿支路相同。

**2. 转台回转支路**

回转支路的执行元件是一个大转矩液压马达，它能双向驱动转台回转。通过齿轮、蜗杆机构减速，转台可获得1~3 r/min的低速。马达由手动换向阀C控制正、反转，其油路为：

**进油路**：液压泵—阀A—阀B—阀C—回转液压马达。

**回油路**：回转液压马达—阀C—阀D—阀E—阀F—油箱。

**3. 吊臂伸缩支路**

吊臂由基本臂和伸缩臂组成，伸缩臂套装在基本臂内，由吊臂伸缩液压缸带动做伸缩运动。为防止吊臂在停止阶段因自重作用而向下滑移，油路中设置了平衡阀5（外控式单向顺序阀）。吊臂的伸缩由换向阀D控制，使伸缩臂具有伸出、缩回和停止三种工况。例如，当阀D在右位工作时，吊臂伸出，其油流路线为：

**进油路**：液压泵—阀A—阀B—阀C—阀D—阀5中的单向阀—伸缩液压缸无杆腔。

**回油路**：伸缩液压缸有杆腔—阀D—阀E—阀F—油箱。

**4. 吊臂变幅支路**

吊臂变幅是用液压缸来改变吊臂的起落角度。变幅要求工作平稳可靠，故在油路中也设置了平衡阀6。增幅或减幅运动由换向阀E控制，其油流路线类似于吊臂伸缩支路。

**5. 吊重起升支路**

吊重起升支路是本系统的主要工作油路。吊重的提升和落下作业由一个大转矩液压马达带动绞车来完成。液压马达的正、反转由换向阀F控制，马达转速（即起吊速度）可通过改变发动机油门（转速）及控制换向阀F来调节。油路设有平衡阀8，用以防止重物因自重而下落。由于液压马达的内泄漏比较大，因此当重物吊在空中时，尽管油路中设有平衡阀，重物仍会向下缓慢滑移，为此，在液压马达驱动的轴上设有制动器。当起升机构工作时，在系统油压作用下，制动器液压缸使闸块松开；当液压马达停止转动时，在制动器弹簧作用下，闸块将轴抱紧。当重物悬空停止后再次起升时，若制动器立即松闸，而马达的进油路可能未来得及建立足够的油压，就会造成重物短时间失控下滑。为避免这种现象产生，在制动器油路中设置单向节流阀7，使制动器抱闸迅速，松闸却能缓慢进行（松闸时间由节流阀调节）。

该液压传动系统的动作原理见表8-4。

表 8-4　　　　Q2-8 型汽车起重机液压传动系统的动作原理

| 手动阀位置 |||||| 系统工作情况 ||||||
|---|---|---|---|---|---|---|---|---|---|---|---|
| A | B | C | D | E | F | 前支腿液压缸 | 后支腿液压缸 | 回转液压马达 | 伸缩液压缸 | 变幅液压缸 | 起升液压马达 | 制动液压缸 |
| 中 | 中 | 中 | 中 | 中 | 中 | 放下 | 不动 | 不动 | 不动 | 不动 | 不动 | 制动 |
|   |   |   |   |   |   | 收起 |   |   |   |   |   |   |
|   | 左 |   |   |   |   |   | 放下 |   |   |   |   |   |
|   | 右 |   |   |   |   |   | 收起 |   |   |   |   |   |
|   |   | 左 |   |   |   |   |   | 正转 |   |   |   |   |
|   |   | 右 |   |   |   |   |   | 反转 |   |   |   |   |
|   |   |   | 左 |   |   |   |   |   | 缩回 |   |   |   |
|   |   |   | 右 |   |   |   |   |   | 伸出 |   |   |   |
|   |   |   |   | 左 |   |   |   |   |   | 减幅 |   |   |
|   |   |   |   | 右 |   |   |   |   |   | 增幅 |   |   |
|   |   |   |   |   | 左 |   |   |   |   |   | 正转 | 松开 |
|   |   |   |   |   | 右 |   |   |   |   |   | 反转 |   |

该液压传动系统的主要特点如下：

(1) 系统中采用了平衡回路、锁紧回路和制动回路，能保证起重机工作可靠、操作安全。

(2) 采用三位四通手动换向阀，不仅可以灵活方便地控制换向动作，还可通过手柄操纵来控制流量，以实现节流调速。在起升工作中，将此节流调速方法与控制发动机转速的方法结合使用，可以实现各工作部件的微速动作。

(3) 换向阀串联组合，不仅各机构的动作可以独立进行，在轻载作业时还可实现起升和回转复合动作，以提高工作效率。

(4) 各换向阀处于中位时系统即卸荷，能减少功率损耗，适合起重机间歇性工作。

## 8.6　液压传动系统故障诊断与分析

### 一、液压传动系统故障诊断方法

**1. 感观诊断法**

(1) 观察液压传动系统的工作状态一般有六看：一看速度，即看执行机构运动速度有无变化；二看压力，即看液压传动系统各测压点的压力有无波动现象；三看油液，即观察油液是否清洁、变质，油量是否满足要求，油的黏度是否合乎要求及表面有无泡沫等；四看泄漏，即看液压传动系统各接头处是否渗漏、滴漏和出现油垢现象；五看振动，即看活塞杆或工作台等运动部件运行时有无跳动、冲击等异常现象；六看产品，即从加工出来的产品判断运动机构的工作状态，观察系统压力和流量的稳定性。

(2) 用听觉来判断液压传动系统的工作是否正常,一般有四听:一听噪声,即听液压泵和系统噪声是否过大,液压阀等元件是否有尖叫声;二听冲击声,即听执行部件换向时冲击声是否过大;三听泄漏声,即听油路板内部有无细微而连续不断的声音;四听敲打声,即听液压泵和管路中是否有敲打撞击声。

(3) 用手摸运动部件的温升和工作状况,一般有四摸:一摸温升,即用手摸泵、油箱和阀体等温度是否过高;二摸振动,即用手摸运动部件和管子有无振动;三摸爬行,即当工作台慢速运行时,用手摸其有无爬行现象;四摸松紧度,即用手拧一拧挡铁、微动开关等的松紧程度。

(4) 闻一闻油液是否有变质异味。

(5) 查阅技术资料及有关故障分析与修理记录和维护保养记录等。

(6) 询问设备操作者,了解设备的平时工作状况。一般有六问:一问液压传动系统工作是否正常;二问液压油最近的更换日期,滤网的清洗或更换情况等;三问事故出现前调压阀或调速阀是否调节过,有无不正常现象;四问事故出现之前液压件或密封件是否更换过;五问事故前后液压传动系统的工作差别;六问过去常出现哪类事故及排除经过。

感观检测只是一个定性分析,必要时应对有关元件在实验台上做定量分析测试。

**2. 逻辑分析法**

对于复杂的液压传动系统故障,常采用逻辑分析法,即根据故障产生的现象采取逻辑分析与推理的方法。

采用逻辑分析法诊断液压传动系统故障通常有两个出发点:一是从主机出发,主机故障也就是指液压传动系统的执行机构工作不正常;二是从系统本身故障出发,有时系统故障在短时间内并不影响主机,如油温变化、噪声增大等。

逻辑分析法只是定性分析,若将逻辑分析法与专用检测仪器的测试相结合,就可显著提高故障诊断的效率及准确性。

**3. 专用仪器检测法**

专用仪器检测法即采用专门的液压传动系统故障检测仪器来诊断系统故障,该仪器能够对液压故障做定量的检测。国内外有许多专用的便携式液压传动系统故障检测仪,测量流量、压力和温度,并能测量泵和马达的转速等。

**4. 状态监测法**

状态监测用的仪器种类很多,通常有压力传感器、流量传感器、速度传感器、位移传感器和油温监测仪等。把测试到的数据输入计算机系统,计算机根据输入的数据提供各种信息及技术参数,由此判别出某个液压元件和液压传动系统某个部位的工作状况,并可发出报警或自动停机等信号。所以状态监测技术可解决仅靠人的感觉器官无法解决的疑难故障的诊断,并为预知维修提供信息。

状态监测法一般适用于下列几种液压设备:

(1) 发生故障后对整个生产影响较大的液压设备和自动线。

(2) 必须确保其安全性能的液压设备和控制系统。

(3) 价格昂贵的精密、大型、稀有、关键的液压传动系统。

(4) 故障停机修理费用过高或修理时间过长、损失过大的液压设备和液压控制系统。

## 二、液压传动系统故障分析

液压传动系统由于设计与调整不当,在运行中会产生各种故障。以下是一些典型故障的分析。

**1. 产生液压冲击**

在图 8-9 所示的二级调压回路中,液压系统循环运行,当二位二通电磁换向阀 4 通电左位工作时,液压系统突然产生较大的液压冲击。该二级调压回路中,当阀 4 断电关闭后,系统压力取决于溢流阀 2 的调整压力 $p_1$;阀 4 通电切换后,系统压力则由调压阀 3 的调整压力 $p_2$ 决定。由于阀 4 与阀 3 之间的油路内压力为零,阀 4 左位工作时,溢流阀 2 的远程控制口处的压力由 $p_1$ 几乎下降到零才又回升到 $p_2$,因此系统必然产生较大的压力冲击。

不难看出,产生上述故障的原因是系统中二级调压回路设计不当。若将其改成图 8-10 所示的组合形式,即把阀 4 接到远程调压阀 3 的出油口,并与油箱接通,则从阀 2 的远程控制口到阀 4 的油路中充满接近 $p_1$ 压力的油液,阀 4 通电切换后,系统压力从 $p_1$ 直接降到 $p_2$,不会产生较大的压力冲击。

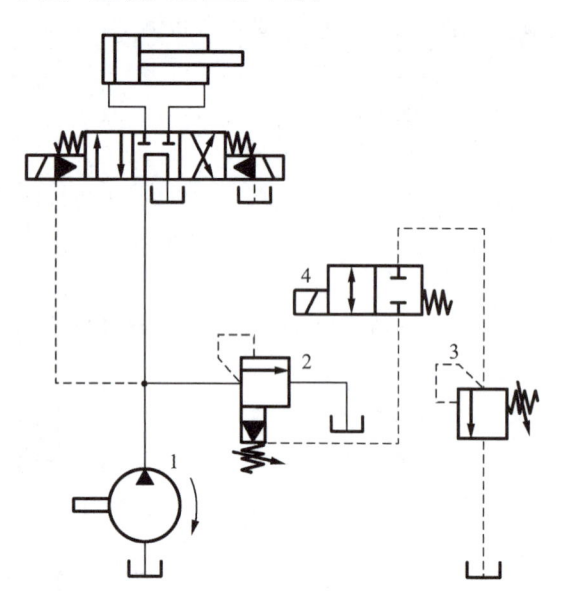

图 8-9 易产生冲击的二级调压回路

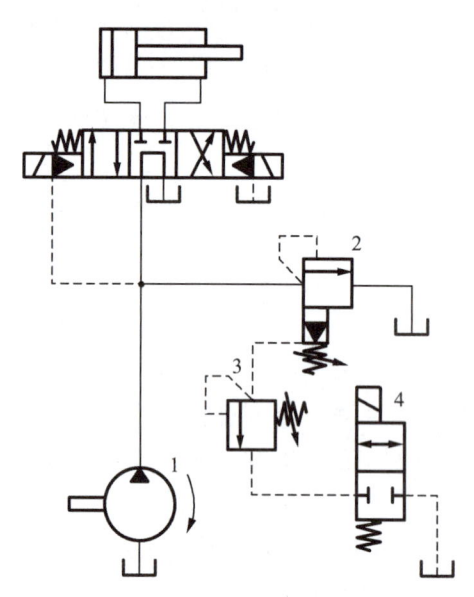

图 8-10 改进后的二级调压回路

**2. 压力上不去**

在图 8-11 所示的回路中,因液压设备要求连续运转,不允许停机修理,所以有两套供油系统。当其中一套供油系统出现故障时,可立即启动另一套供油系统,使液压设备正常运行,再修复故障供油系统。

图中两套供油系统的元件性能、规格完全相同,由溢流阀 3 或 4 调定第一级压力,远程调压阀 9 调定第二级压力。但当泵 2 所属供油系统停止供油,只有泵 1 所属系统供油时,系统压力上不去。

经调试发现,泵 1 的压力最高只能达到 12 MPa,设计要求应能调到 14 MPa 甚至更高。将阀 3 和阀 9 的调压旋钮全部拧紧,但压力仍然上不去,当油温为 40 ℃时,压力值可达 12 MPa;

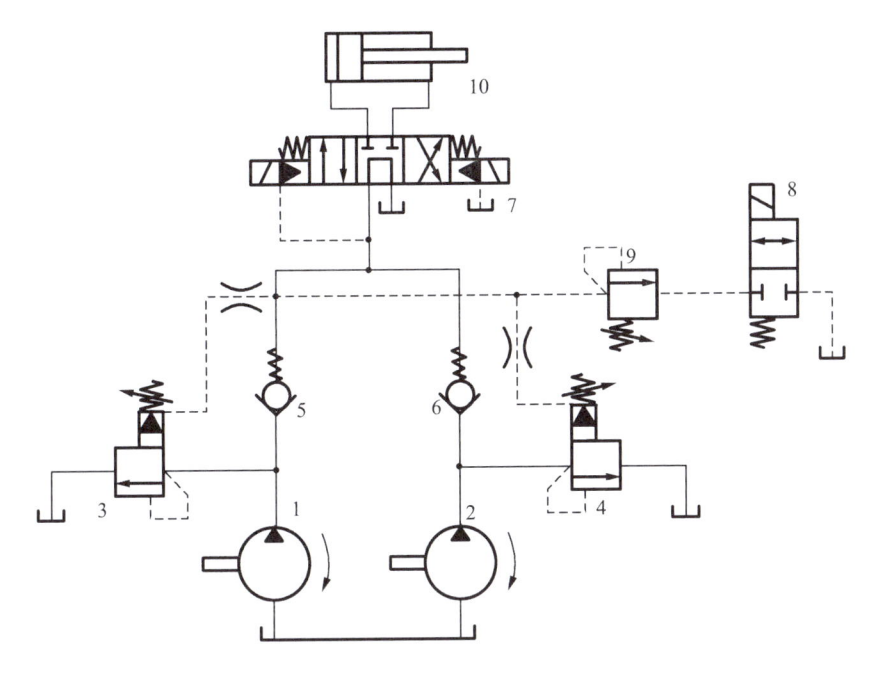

图 8-11 两套供油系统原理图

当油温升到 55 ℃时,压力只能达到 10 MPa。检测液压泵及其他元件,均未发现质量和调整上的问题,各项指标均符合性能要求。

液压元件没有质量问题,组合系统压力却上不去,应分析系统中元件组合的相互影响。

泵 1 工作时,压力油从阀 3 的进油口进入主阀芯下端,同时经过阻尼孔流入主阀芯上端的弹簧腔,再经过阀 3 的远程控制口及外接油管进入阀 4 主阀芯上端的弹簧腔,接着经阻尼孔向下流动,进入主阀芯的下腔,再由阀 4 的进油口反向流入停止运转的泵 2 的排油管中,这时油液推开单向阀 6 的可能性不大。当压力油从泵 2 的出口进入泵 2 中时,将会使泵 2 像液压马达一样反向微微转动,或经泵 2 的缝隙流入油箱中。

就是说,阀 3 的远程控制口向油箱中泄漏液压油,导致了压力上不去。由于控制油路上设置有节流装置,阀 3 远程控制油路上的油液是在有阻尼状况下流回油箱内的,因此压力不是完全没有,只是低于调定压力。

图 8-12 为改进后的两套供油系统原理图,系统中设置有单向阀 11 和 12,用于切断进入泵 2 的油路,上述故障就不会发生了。

**3. M1432A 型万能外圆磨床液压传动系统**

M1432A 型万能外圆磨床液压传动系统的常见故障产生原因及排除方法如下:

(1) 工作台换向时,砂轮架有微量抖动

① 系统压力波动大,特别是在换向时,使砂轮架向前微动,在磨削换向时,磨削火花突然增多。在这种情况下,应立即停机进行清洗和调整溢流阀,同时在闸缸和快进、快退液压缸的回油路上增设背压阀。

② 系统压力调得过高。系统的工作压力应调整在 0.9~1.1 MPa 之间。

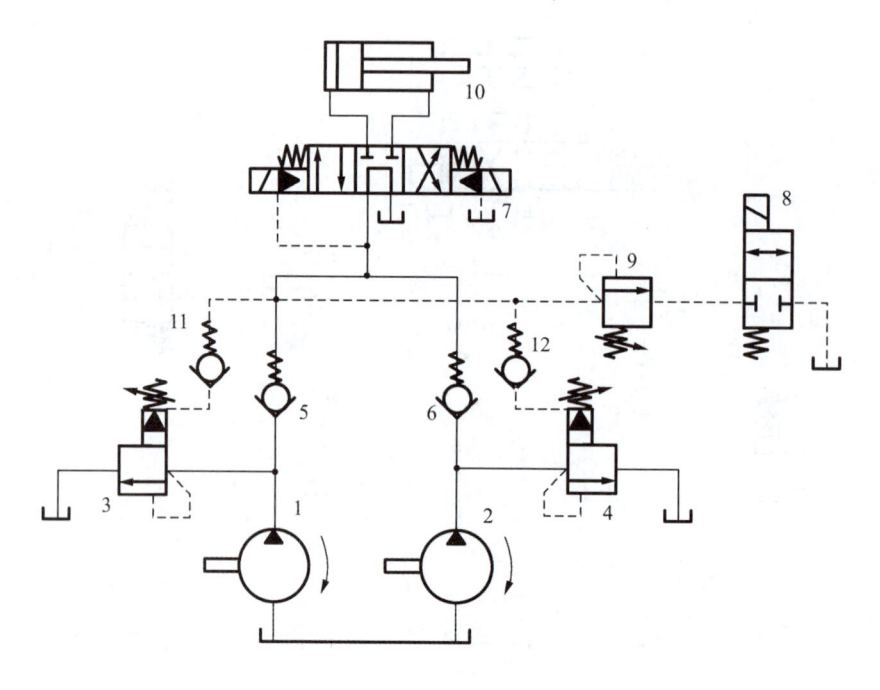

图 8-12　改进后的两套供油系统原理图

③系统中存有大量空气。应打开排气阀,排除系统中的全部空气。

(2) 工作台快跳不稳定

①换向阀两端的节流阀调整不当,节流口开得太小,导致换向阀移动速度减慢。应适当开大节流口,加快换向阀移动速度。

②当先导阀的换向杠杆被工作台左、右行程挡块撞在中间位置时,回油开口量太小,影响工作台换向后的起步速度,致使工作台抖动频率太低,甚至不抖动。可修磨先导阀制动锥,适当加长制动锥长度(锥角不变)。在修磨时要注意修磨不宜太多,否则会影响工作台的换向精度。

(3) 节流阀关闭后,工作台仍有微动

①操纵箱的节流阀芯与阀体孔的圆度超差。应研磨阀体孔,重新配作节流阀芯,使圆度误差保持在 0.002~0.004 mm 范围内。

②节流阀芯与阀体孔配合间隙太大而引起泄漏。配合间隙应在 0.008~0.012 mm 以内。

③油液不清洁,杂质污染物阻塞节流阀口,致使阀口关闭不严。应对液压油进行精细过滤或更换新油。

### 三、液压传动系统常见故障的产生原因及排除方法

液压传动系统常见故障的产生原因及排除方法见表 8-5~表 8-10。

## 第8章　典型液压传动系统的原理及故障分析

表 8-5　　　　　液压传动系统无压力或压力低的原因及排除方法

| | 产生原因 | 排除方法 |
|---|---|---|
| 液压泵 | 电动机转向错误 | 改变转向 |
| | 零件磨损,间隙过大,泄漏严重 | 修复或更换零件 |
| | 油箱液面太低,液压泵吸空 | 补加油液 |
| | 吸油管路密封不严,造成吸空 | 检查管路,拧紧接头,加强密封 |
| | 压油管路密封不严,造成泄漏 | 检查管路,拧紧接头,加强密封 |
| 溢流阀 | 弹簧变形或折断 | 更换弹簧 |
| | 滑阀在开口位置卡住 | 修研滑阀使其移动灵活 |
| | 锥阀或钢球与阀座密封不严 | 更换锥阀或钢球,配研阀座 |
| | 阻尼孔堵塞 | 清洗阻尼孔 |
| | 远程控制口接回油箱 | 切断通油箱的油路 |
| | 压力表损坏或失灵而产生无压现象 | 更换压力表 |
| | 液压阀卸荷 | 查明卸荷原因,采取相应措施 |
| | 液压缸高、低压腔相通 | 修配活塞,更换密封件 |
| | 系统泄漏 | 加强密封,防止泄漏 |
| | 油液黏度太低 | 提高油液黏度 |
| | 温升过高,降低了油液黏度 | 查明发热原因,采取相应措施 |

表 8-6　　　　　运动部件换向有冲击或冲击大的原因及排除方法

| | 产生原因 | 排除方法 |
|---|---|---|
| 液压缸 | 运动速度过快,没有设置缓冲装置 | 设置缓冲装置 |
| | 缓冲装置中的单向阀失灵 | 修理缓冲装置中的单向阀 |
| | 缓冲柱塞的间隙太小或过大 | 按要求修理,配置缓冲柱塞 |
| 换向阀 | 节流阀开口过大 | 调整节流阀开口 |
| | 换向阀的换向动作过快 | 控制换向速度 |
| | 液动阀的阻尼器调整不当 | 调整阻尼器的节流口 |
| | 液动阀的控制流量过大 | 减小控制油的流量 |
| 压力阀 | 工作压力调整太高 | 调整压力阀,适当降低工作压力 |
| | 溢流阀发生故障,压力突然升高 | 排除溢流阀故障 |
| | 背压过低或没有设置背压阀 | 设置背压阀,适当提高背压 |
| | 垂直运动的液压缸没采取平衡措施 | 设置平衡阀 |
| 混入空气 | 系统密封不严,吸入空气 | 加强吸油管路密封 |
| | 停机时油液流空 | 防止元件油液流空 |
| | 液压泵吸空 | 补足油液,减小吸油阻力 |

表 8-7　　　　　　　　　　　　　　运动部件爬行的原因及排除方法

| 产生原因 | | 排除方法 |
|---|---|---|
| 系统负载刚度太低 | | 改进回路设计 |
| 节流阀或调速阀流量不稳 | | 选用流量稳定性好的流量阀 |
| 液压缸产生爬行 | 混入空气 | 排除空气 |
| | 运动密封件装配过紧 | 调整密封圈,使之松紧适当 |
| | 活塞杆与活塞不同轴 | 校正、修整或更换 |
| | 导向套与缸筒不同轴 | 修正调整 |
| | 活塞杆弯曲 | 校直活塞杆 |
| | 液压缸安装不良,中心线与导轨不平行 | 重新安装 |
| | 缸筒内径圆柱度超差 | 镗磨修复,重配活塞或增加密封件 |
| | 缸筒内孔锈蚀、毛刺 | 除去锈蚀、毛刺或重新镗磨 |
| | 活塞杆两端螺母拧得过紧,使其同轴度降低 | 略松螺母,使活塞杆处于自然状态 |
| | 活塞杆刚性差 | 加大活塞杆直径 |
| | 液压缸运动件之间间隙过大 | 减小配合间隙 |
| | 导轨润滑不良 | 保持良好润滑 |
| 混入空气 | 油箱液面过低,吸油不畅 | 补加液压油 |
| | 过滤器堵塞 | 清洗过滤器 |
| | 吸、回油管相距太近 | 将吸、回油管远离 |
| | 回油管未插入油面下 | 将回油管插入油面下 |
| | 吸油管路密封不严,造成吸空 | 加强密封 |
| | 机械停止运动时,系统油液流空 | 设背压阀或单向阀,防止油液流空 |
| 油液污染 | 油污卡住液动机,增加摩擦阻力 | 清洗液动机,更换油液,加强过滤 |
| | 油污堵塞节流孔,引起流量变化 | 清洗液压阀,更换油液,加强过滤 |
| | 油液黏度不适当 | 用指定黏度的液压油 |
| 导轨 | 托板楔铁或压板调整过紧 | 重新调整 |
| | 导轨精度不高,接触不良 | 按规定刮研导轨,保持良好接触 |
| | 润滑油不足或选用不当 | 改善润滑条件 |

表 8-8　　　　　　　　　液压传动系统发热、油温升高的原因及排除方法

| 产生原因 | 排除方法 |
|---|---|
| 液压系统设计不合理,压力损失过大,效率低 | 改进回路设计,采用变量泵或卸荷措施 |
| 工作压力过大 | 降低工作压力 |
| 泄漏严重,容积效率低 | 加强密封 |
| 管路太细而且弯曲,压力损失大 | 加大管径,缩短管路,使油流通畅 |
| 相对运动零件间的摩擦力过大 | 提高零件加工装配精度,减小运动摩擦力 |
| 油液黏度过大 | 选用黏度适当的液压油 |
| 油箱容积小,散热条件差 | 增大油箱容积,改善散热条件,设置冷却器 |
| 由外界热源引起升温 | 隔绝热源 |

## 表 8-9　液压传动系统产生泄漏的原因及排除方法

| 产生原因 | 排除方法 |
| --- | --- |
| 密封件损坏或装反 | 更换密封件,改正安装方向 |
| 管接头松动 | 拧紧管接头 |
| 单向阀阀芯磨损,阀座损坏 | 更换阀芯,配研阀座 |
| 相对运动零件磨损,间隙过大 | 更换磨损的零件,减小配合间隙 |
| 某些铸件有气孔、砂眼等缺陷 | 更换铸件或维修缺陷 |
| 工作压力调整过高 | 降低工作压力 |
| 油液黏度太低 | 选用适当黏度的液压油 |
| 工作温度太高 | 降低工作温度或采取冷却措施 |

## 表 8-10　液压传动系统产生振动和噪声的原因及排除方法

| 产生原因 | 排除方法 |
| --- | --- |
| 液压泵本身或其进油管路密封不良,或密封圈损坏、漏气 | 拧紧液压泵的连接螺栓及管路各个螺母或更换密封元件 |
| 泵内零件卡死或损坏 | 修复或更换 |
| 泵与电动机联轴器不同心或松动 | 重新安装紧固 |
| 电动机振动,轴承磨损严重 | 更换轴承 |
| 油箱油量不足或泵吸油管过滤器堵塞,使泵吸空而引起噪声 | 将油量加至油标处或清洗过滤器 |
| 溢流阀阻尼孔被堵塞,阀座损坏或调压弹簧永久变形、损坏 | 可清洗、疏通阻尼孔,修复阀座或更换弹簧 |
| 电液换向阀动作失灵 | 修复电液换向阀 |
| 液压缸缓冲装置失灵而造成液压冲击 | 进行检修和调整 |

### 素养提升

　　数控车床又称为 CNC 车床,即计算机数字控制车床,它是一种高精度、高效率的自动化机床,是目前国内使用量最大、覆盖面最广的数控机床。数控车床配备多工位刀塔或动力刀塔,具有广泛的加工工艺性能,可加工直线圆柱、斜线圆柱、圆弧和各种螺纹、槽、蜗杆等复杂工件。它同时具有直线插补、圆弧插补等各种补偿功能,在复杂零件的批量生产中取得了良好的经济效益。数控机床的技术水平及其在金属切削加工机床产量和总拥有量中所占的百分比是衡量一个国家国民经济发展和工业制造整体水平的重要标志之一。

## 思考题与习题

1. 图 8-1(c)所示的 YT4543 型动力滑台液压传动系统是由哪些基本液压回路组成的？如何实现差动连接？采用止挡块停留有何作用？

2. 外圆磨床液压传动系统为何要采用行程控制制动式换向回路？外圆磨床工作台换向过程分为哪几个阶段？试根据图 8-4 所示的 M1432A 型万能外圆磨床液压传动系统说明工作台的换向过程。

3. 指出图 8-6 所示 SZ-250A 型注塑机液压传动系统中，各压力阀分别用于哪些工作阶段？

4. 在图 8-8 所示的 Q2-8 型汽车起重机液压传动系统中，为什么采用弹簧复位式手动换向阀控制各执行元件的动作？

5. 用所学过的液压元件组成一个能完成"快进——工进—二工进—快退"动作循环的液压传动系统，并画出电磁铁的动作表，指出该系统的特点。

6. 图 8-13 所示的液压传动系统是怎样工作的？试按照表 8-11 中的提示进行阅读，并将该表填写完整。

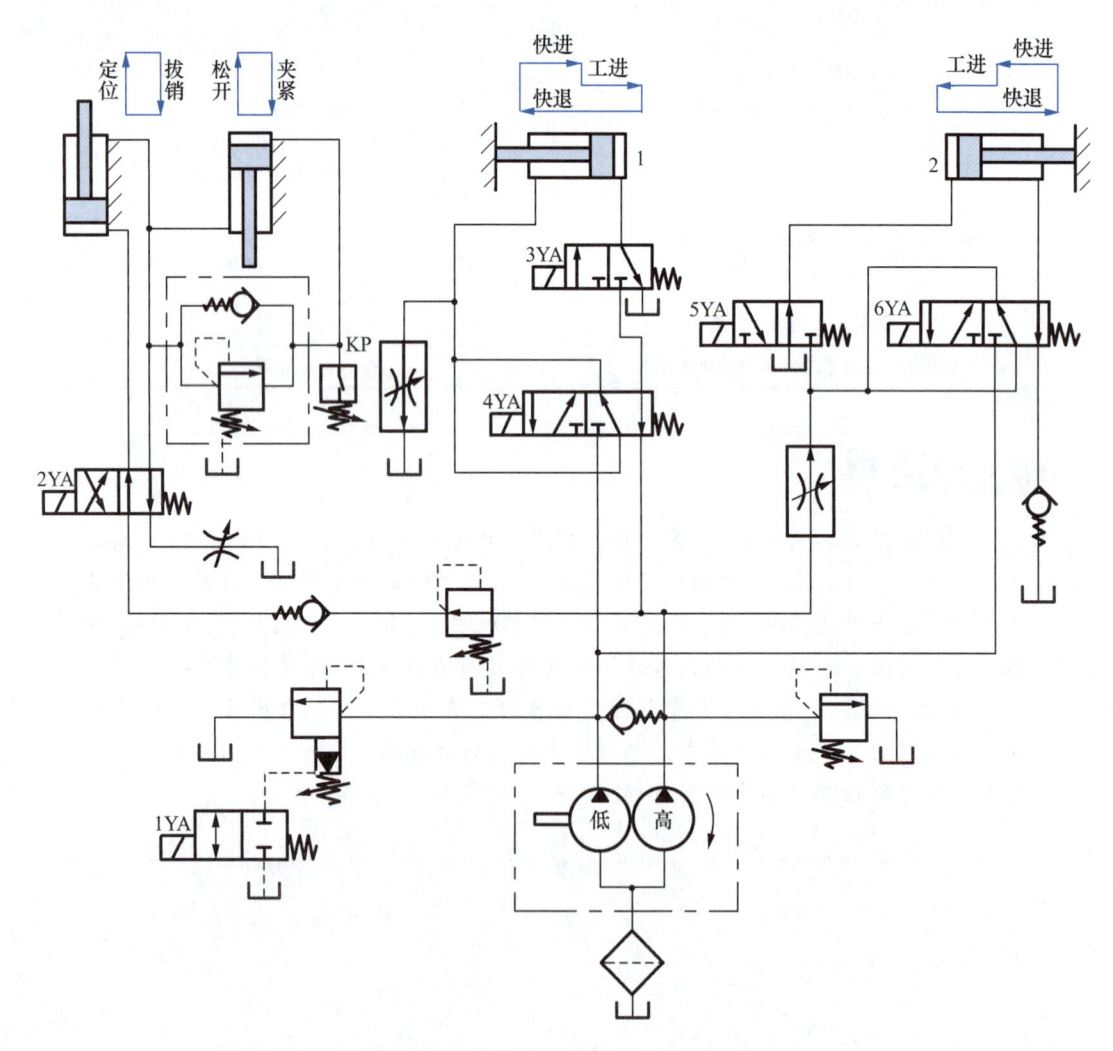

图 8-13　题 6 图

表 8-11　　　　　　　　　　　电气元件动作循环

| 动作名称 | 电气元件 ||||||| 附注 |
|---|---|---|---|---|---|---|---|---|
| | 1YA | 2YA | 3YA | 4YA | 5YA | 6YA | KP | |
| 定位夹紧 | | | | | | | | (1) Ⅰ、Ⅱ两回路各自进行独立循环动作，互不约束 |
| 快进 | | | | | | | | |
| 工进卸荷(低) | | | | | | | | (2) 4YA、6YA 中任何一个通电时，1YA 便通电；4YA、6YA 均断电时，1YA 才断电快进 |
| 快退 | | | | | | | | |
| 松开按钮 | | | | | | | | |
| 原位卸荷(低) | | | | | | | | |

# 第9章

# 液压传动系统的设计与计算

液压传动系统(以下简称液压系统)的设计是机器整体设计的一个组成部分。它的任务是根据整机的用途、特点和要求,明确整机对液压系统设计的要求;进行工况分析,确定液压系统的主要参数;拟定出合理的液压系统原理图;计算和选择液压元件的规格;验算液压系统的性能;绘制工作图,编制技术文件。本章通过一个典型液压系统的设计实例,说明液压系统设计的基本方法。

## 本章重点
1. 液压系统设计方案的确定和液压系统原理图的拟定。
2. 液压系统主要参数的计算和元件的选择。

## 本章难点
负载的工况分析和液压系统原理图的拟定。

## 9.1 液压传动系统的设计步骤和要求

液压系统的设计与主机的设计是紧密联系的,二者往往同时进行。所设计的液压系统首先应符合主机的拖动、循环要求,其次还应满足结构组成简单、工作安全可靠、操纵维护方便、经济性好等条件。

下面介绍液压系统的设计步骤。

### 一、确定对液压系统的工作要求,进行工况分析

开始设计液压系统时,首先必须明确设计任务的各项要求,主要有以下几个方面:

(1)液压系统的动作和性能要求,如运动方式、行程和速度范围、负载条件、运动平稳性和精度、工作循环和动作周期、同步或互锁要求以及工作可靠性等。

(2)液压系统的工作环境要求,如环境温度、湿度、外界情况以及安装空间等。

(3)其他方面的要求,如液压装置的质量、外观造型、外观尺寸及经济性等。

工况分析是指对液压执行元件的工作情况进行分析,即进行运动分析和动力分析。分析的目的是查明每个执行元件在各自工作过程中的流量、压力和功率的变化规律,并将此规律用图表、曲线等表示出来,作为拟定液压系统设计方案、确定系统主要参数(压力和流量)的依据。

## 二、拟定液压系统原理图

液压系统原理图按照所要求的运动特点来拟定。首先分别选择和拟定基本回路,在基本回路的基础上再增设其他辅助回路,从而组成完整的液压系统。在拟定液压系统原理图时,可参考现有的同类产品进行分析、比较,以求合理完善。

拟定液压系统原理图时,应注意以下几个问题:
(1)为保证实现工作循环,在进行基本回路的组合时,要防止相互干扰。
(2)在满足工作循环和生产率的条件下,液压回路应力求简单、可靠,避免存在多余的回路。
(3)注意提高系统的工作效率,采取措施防止液压冲击和系统发热。
(4)应尽量采用有互换性的标准件,以利于降低成本,缩短设计和制造周期。

## 三、计算和选择液压元件

液压元件的选择,主要是通过计算它们的主要参数(如压力和流量)来确定的。一般先计算工作负载,再根据工作负载和工作要求的速度来计算液压缸的主要尺寸、工作压力和流量或液压马达的排量,然后计算液压泵的压力、流量和所需功率,最后选择电动机、控制元件和辅助元件等。

## 四、对液压系统的性能进行验算

确定了各个液压元件之后,还要对液压系统的性能进行验算。验算内容一般包括系统的压力损失、发热温升、运动平稳性和泄漏量等。

## 五、液压装置的结构设计、绘制工作图及编制技术文件

液压装置的结构形式有集中式和分散式两种。

集中式结构是将液压系统的动力源、控制调节装置等独立于机器之外,单独设置一个液压泵站。这种结构形式的优点是安装维修方便,液压泵站的振动、发热都和机器本体隔开;缺点是液压泵站增加了占地面积。

分散式结构是将机床液压系统的动力源、控制调节装置分散在机器各处。这种结构形式的优点是结构紧凑,占地面积小,易于回收泄漏油;缺点是安装维修复杂,动力源的振动、发热都会对机器的工作产生不利影响。

根据拟定的液压系统原理图绘制正式工作图。正式工作图还应包括:
(1)液压泵的型号、压力、流量、转速以及变量泵的调节范围。
(2)执行元件的运转速度、输出的最大扭矩或推力、工作压力以及工作行程等。
(3)所有执行元件及辅助设备的型号及性能参数。
(4)管路元件的规格与型号。
(5)操作说明。

在绘图时,各元件的方向和位置尽量与实际装配时一致。

液压系统正式工作图绘制完后,还要绘制液压系统装配图,作为施工的依据。在装配图上应表示出各液压元件的位置和固定方式,油管的规格和分布位置,各种管接头的形式和规格等。设计时应考虑到安装、使用、调整和检修方便,并使管路阻力尽量小一些。

对于自行设计的非标准液压元件,必须绘出装配图和零件图。

编制技术文件包括零、部件目录表,标准件、通用件和外购件总表,试车要求,技术说明书等。

上述设计步骤只说明了一般的设计过程。实际工作中,这些步骤并不是固定不变的,有些步骤往往可以省略或合并,有时需要穿插进行。对于较复杂液压系统的设计,有时需经过多次反复比较,才能最后确定。

## 9.2 液压传动系统设计举例

【设计任务】 设计一台钻、镗两用组合机床的液压系统。

要求:液压系统完成"快进—工进—死挡铁停留—快退—原位停止"的工作循环,并完成工件的定位与夹紧。机床的快进速度为 5 m/min,快退速度与快进速度相等。工进要求能在 20~100 mm/min 范围内无级调速。最大行程为 500 mm,工进行程为 300 mm。最大切削力为 12 000 N,运动部件自重为 20 000 N。导轨水平放置。工件所需夹紧力不得超过 6 500 N,最小不低于 4 000 N。夹紧缸的行程为 50 mm,由松开到夹紧的时间 $\Delta t_1 = 1$ s,启动换向时间 $\Delta t_2 = 0.2$ s。

### 一、工况分析

#### 1. 运动参数分析

根据主机要求画出动作循环图,如图 9-1 所示;然后根据动作循环图和速度要求画出速度 $v$ 与行程 $s$ 的工况图,如图 9-2(a)所示。

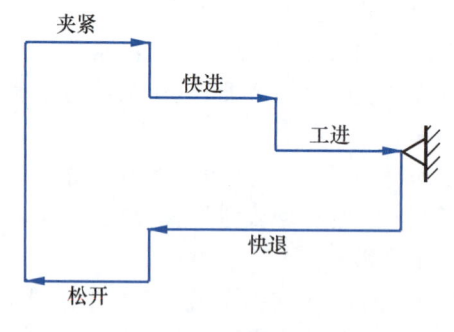

图 9-1 动作循环图

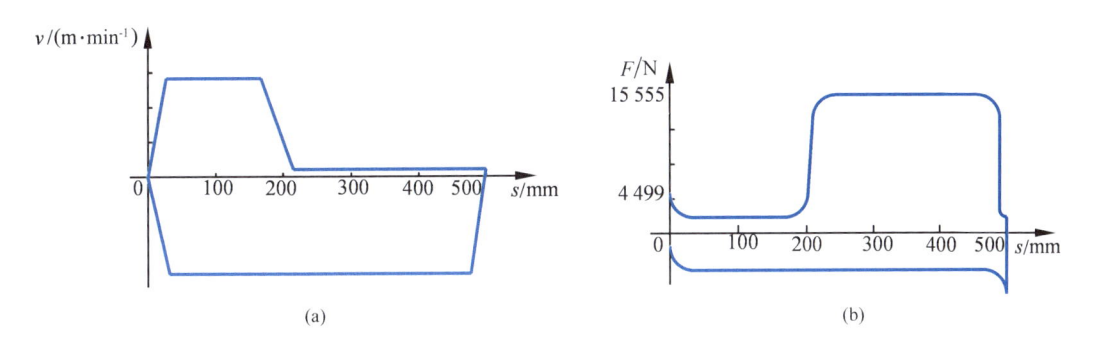

图 9-2　工况图

**2. 动力参数分析**

（1）计算各阶段的负载

①启动和加速阶段的负载 $F_q$

从静止到快进或快退的启动时间很短，故以加速过程进行计算，但摩擦阻力仍按静摩擦阻力考虑。

$$F_q = F_j + F_g + F_m$$

式中　$F_j$——静摩擦阻力，计算时，其摩擦系数可取 0.16~0.2；

$F_g$——惯性阻力，可按牛顿第二定律求出：

$$F_g = ma = \frac{G\Delta v}{g\Delta t_2} = \frac{20\,000 \times 5/60}{9.81 \times 0.2} \approx 849.47 \text{ N}$$

$F_m$——密封产生的阻力。按经验可取 $F_m = 0.1 F_q$。

所以

$$F_q = F_j + F_g + F_m = 0.16 \times 20\,000 + 849.47 + 0.1 F_q$$

故

$$F_q = \frac{3\,200 + 849.47}{0.9} \approx 4\,499.41 \text{ N}$$

②快进阶段的负载 $F_k$

$$F_k = F_{dm} + F_m$$

式中　$F_{dm}$——动摩擦阻力，取其摩擦系数为 0.1；

$F_m$——密封阻力，取 $F_m = 0.1 F_k$。

所以

$$F_k = F_{dm} + F_m = 0.1 \times 20\,000 + 0.1 F_k$$

故

$$F_k = \frac{2\,000}{0.9} \approx 2\,222.22 \text{ N}$$

③工进阶段的负载 $F_{gj}$

$$F_{gj} = F_{dm} + F_{qx} + F_m$$

式中　$F_{dm}$——动摩擦阻力，取其摩擦系数为 0.1；

$F_{qx}$——切削力；

$F_m$——密封阻力，取 $F_m = 0.1 F_{gj}$。

所以

$$F_{gj} = F_{dm} + F_{qx} + F_m = 0.1 \times 20\,000 + 12\,000 + 0.1 F_{gj}$$

故

$$F_{gj} = \frac{2\,000 + 12\,000}{0.9} \approx 15\,555.56 \text{ N}$$

其余制动负载及快退负载等也可按上面类似的方法计算,这里不再一一计算。

(2)绘制工况图

根据上述计算得出的负载,可初步绘制出负载 $F$ 与行程 $s$ 的工况图,如图 9-2(b)所示。

## 二、计算液压缸尺寸和所需流量

### 1. 确定工作压力

工作压力可根据负载来确定。现按第 4 章有关要求,取工作压力 $p=3$ MPa。

### 2. 计算液压缸尺寸

(1)液压缸的有效工作面积 $A_1$(图 9-3)

$$A_1 = \frac{F}{p} = \frac{15\,555.56}{3\times 10^6}$$
$$\approx 5\,185.19\times 10^{-6} \text{ m}^2 \approx 5\,185 \text{ mm}^2$$

(2)活塞杆直径

液压缸内径为

$$D=\sqrt{\frac{4A_1}{\pi}}=\sqrt{\frac{4\times 5\,185}{3.14}}\approx 81.27 \text{ mm}$$

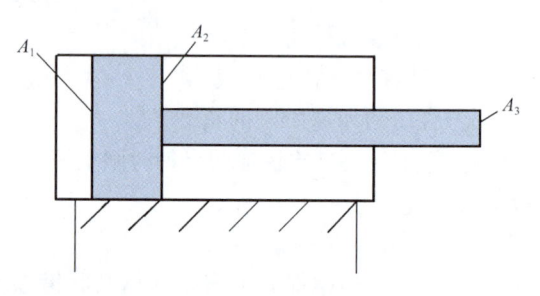

图 9-3 液压缸工作示意图

根据第 4 章有关要求,取标准值 $D=80$ mm。

要求快进与快退的速度相等,故采用差动连接方式。所以取 $d=0.7D=56$ mm,再取标准值 $d=55$ mm。

(3)缸径、杆径取标准值后的有效工作面积

无杆腔有效工作面积为

$$A_1=\frac{\pi}{4}D^2=\frac{3.14}{4}\times 80^2=5\,024 \text{ mm}^2$$

活塞杆面积为

$$A_3=\frac{\pi}{4}d^2=\frac{3.14}{4}\times 55^2\approx 2\,375 \text{ mm}^2$$

有杆腔有效工作面积为

$$A_2=A_1-A_3=5\,024-2\,375=2\,649 \text{ mm}^2$$

### 3. 确定液压缸所需的流量

快进流量 $q_{kj}$ 为

$$q_{kj}=A_3 v_k=2\,375\times 10^{-6}\times 5\approx 12\times 10^{-3} \text{ m}^3/\text{min}=12 \text{ L/min}$$

快退流量 $q_{kt}$ 为

$$q_{kt}=A_2 v_k=2\,649\times 10^{-6}\times 5\approx 13\times 10^{-3} \text{ m}^3/\text{min}=13 \text{ L/min}$$

工进流量 $q_{gj}$ 为

$$q_{gj}=A_1 v_g=5\,024\times 10^{-6}\times 0.1\approx 0.5\times 10^{-3} \text{ m}^3/\text{min}=0.5 \text{ L/min}$$

### 4. 确定夹紧缸的有效面积、工作压力和流量

(1)确定夹紧缸的工作压力

根据最大夹紧力,参考第 4 章内容,取工作压力 $p_j=1.8$ MPa。

(2) 计算夹紧缸有效面积、缸径、杆径

夹紧缸有效面积 $A_j$ 为

$$A_j = \frac{F_j}{p_j} = \frac{6\ 500}{1.8 \times 10^6} \approx 3\ 611.11 \times 10^{-6}\ \text{m}^2 \approx 3\ 611\ \text{mm}^2$$

夹紧缸直径 $D_j$ 为

$$D_j = \sqrt{\frac{4A_j}{\pi}} = \sqrt{\frac{4 \times 3\ 611}{3.14}} \approx 67.82\ \text{mm}$$

取标准值 $D_j = 70$ mm，则夹紧缸有效面积为

$$A_j = \frac{\pi}{4} D_j^2 = \frac{3.14}{4} \times 70^2 = 3\ 846.5\ \text{mm}^2$$

活塞杆直径 $d_j$ 为

$$d_j = 0.5 D_j = 35\ \text{mm}$$

夹紧缸在最小夹紧力时的工作压力为

$$p_{j\min} = \frac{F_j}{A_j} = \frac{4\ 000}{3\ 846.5 \times 10^{-6}} \approx 1.04 \times 10^6\ \text{Pa} \approx 1\ \text{MPa}$$

(3) 计算夹紧缸的流量 $q_j$

$$q_j = A_j v_j = A_j \times \frac{50 \times 10^{-3}}{\Delta t_j} = 3\ 846.5 \times 10^{-6} \times \frac{50 \times 10^{-3}}{1}$$
$$\approx 0.19 \times 10^{-3}\ \text{m}^3/\text{s} = 11.4\ \text{L/min}$$

## 三、确定液压系统设计方案，拟定液压系统原理图

**1. 确定执行元件的类型**

(1) 工作缸：根据本设计的特点要求，选用无杆腔面积等于有杆腔面积两倍的差动液压缸。

(2) 夹紧缸：考虑结构因素并为了有较大的有效工作面积，采用单杆液压缸。

**2. 确定换向方式**

为了便于工作台在任意位置停止，使调整方便，采用三位换向阀。为了便于组成差动连接，应采用三位五通换向阀。考虑本设计机器工作位置的调整方便性和采用液压夹紧的具体情况，采用 Y 型机能的三位五通换向阀。

**3. 选择调速方式**

在组合机床的液压系统中，进给速度的控制一般采用节流阀或调速阀。根据钻、镗类专用机床工作时对低速性能和速度负载都有一定要求的特点，采用调速阀进行调速。为了便于实现压力控制，采用进油节流调速。同时为了保证低速进给时的平稳性并避免钻通孔终了时产生前冲现象，在回油路上设有背压阀。

**4. 选择快进转工进的控制方式**

为了保证转换平稳、可靠、精度高，采用行程控制阀。

**5. 选择终点转换控制方式**

根据镗削时停留和控制轴向尺寸的工艺要求，本机采用行程开关和压力继电器加死挡铁控制。

**6. 设计实现快速运动的供油部分**

因为快进、快退和工进的速度相差很大，为了减少功率损耗，采用双联泵驱动（也可采用变量泵）。工进时中压小流量泵供油，并控制液控卸荷阀，使低压大流量泵卸荷；快进时两泵

同时供油。

### 7. 确定夹紧回路

由于夹紧回路所需压力低于进给系统压力,因此在供油路上串接一个减压阀。此外为了防止主系统压力下降时(如快进和快退)影响夹紧系统的压力,所以在减压阀后串接一个单向阀。

夹紧缸只有两种工作状态,故采用二位阀控制。这里采用二位五通带钢球定位的电磁换向阀。

为了实现夹紧后才能让滑台开始快进的顺序动作,并保证进给系统工作时夹紧系统的压力始终不低于所需的最小夹紧压力,故在夹紧回路上安装一个压力继电器。当压力继电器动作时,滑台进给;当夹紧压力降到压力继电器复位值时,换向阀回到中位,进给停止。

根据以上分析,绘出液压系统原理图如图 9-4 所示。

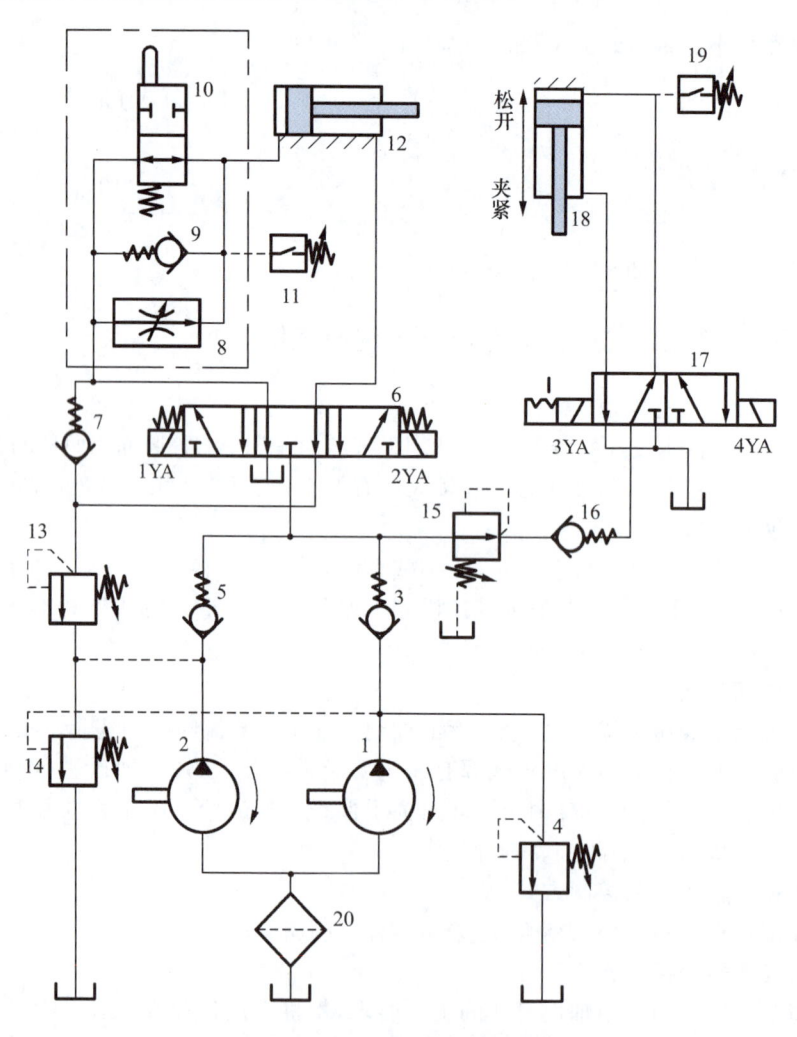

图 9-4 组合机床的液压系统原理图

## 四、选择液压元件和确定辅助装置

### 1. 选择液压泵

(1) 确定泵的工作压力

泵的工作压力可按缸的工作压力加上管路和元件的压力损失来确定，所以要等到求出系统压力损失后，才能最后确定。采用调速阀调速，初算时可取 $\sum \Delta p = 0.5 \sim 1.2$ MPa。考虑背压，现取 $\sum \Delta p = 1$ MPa。

泵的工作压力 $p_b$ 初定为

$$p_b = p + \sum \Delta p = 3 + 1 = 4 \text{ MPa}$$

式中　$p$——液压缸的工作压力；

　　　$\sum \Delta p$——系统的压力损失。

(2) 确定泵的流量

① 快速进退时泵的流量

由于液压缸采用差动连接方式，而有杆腔有效面积 $A_2$ 大于活塞杆面积 $A_3$，因此在速度相同的情况下，快退所需的流量大于快进的流量，故按快退考虑。

快退时液压缸所需的流量 $q_{kt} = 13$ L/min，故快退时泵应供油量为

$$q_{ktb} = K q_{kt} = 1.1 \times 13 = 14.3 \text{ L/min}$$

式中，$K$ 为系统的泄漏系数，一般取 $K = 1.1 \sim 1.3$，此处取 1.1。

② 工进时泵的流量

工进时液压缸所需的流量 $q_{gj} = 0.5$ L/min，故工进时泵应供流量为

$$q_{gjb} = K q_{gj} = 1.1 \times 0.5 = 0.55 \text{ L/min}$$

考虑到节流调速系统中溢流阀的性能特点，需加上溢流阀的最小溢流量（一般取 3 L/min），所以

$$q_{gjb} = 0.55 + 3 = 3.55 \text{ L/min}$$

根据组合机床的具体情况，从产品样本中选用 YB-4/10 型双联叶片泵。此泵在快速进退时（低压状态下双泵供油）提供的流量为

$$q_{max} = 4 + 10 = 14 \text{ L/min} \approx q_{ktb}$$

在工进时（高压状态下小流量的泵供油）提供的流量为

$$q_{min} = 4 \text{ L/min} > q_{gjb}$$

故所选泵符合系统要求。

(3) 验算快进、快退的实际速度

当泵的流量规格确定后，应验算快进、快退的实际速度，与设计要求相差太大则要重新计算。

$$v_{kj} = \frac{q_{max}}{A_3} = \frac{14 \times 10^{-3}}{2\,375 \times 10^{-6}} \approx 5.9 \text{ m/min}$$

$$v_{kt} = \frac{q_{max}}{A_2} = \frac{14 \times 10^{-3}}{2\,649 \times 10^{-6}} \approx 5.3 \text{ m/min}$$

### 2. 选择阀类元件

各类阀可按通过该阀的最大流量和实际工作压力选取。阀的调整压力值必须在确定了

管路的压力损失和阀的压力损失后才能确定,阀的具体选取可参考各种产品样本手册。限于篇幅,此处略。

### 3. 确定油管尺寸

(1)确定油管内径

可按下式计算:

$$d=\sqrt{\frac{4q}{\pi v}}$$

泵的最大流量为 14 L/min,但在系统快进时,部分油管的流量可达 28 L/min,故按 28 L/min 计算。取 $v$ 为 4 m/s,则

$$d=\sqrt{\frac{4\times 28\times 10^{-3}}{3.14\times 4\times 60}}\approx 1.2\times 10^{-2}\text{ m}=12\text{ mm}$$

(2)选取油管

可按标准选取内径 $d=12$ mm、壁厚为 1 mm 的紫铜管,安装方便处也可选用内径 $d=12$ mm、外径 $D=18$ mm 的无缝钢管。

### 4. 确定油箱容量

本设计的对象为中压系统,油箱有效容量可按泵每分钟内公称流量的 5~7 倍来确定。

油箱有效容量为

$$V=5\times q_b=5\times 14=70\text{ L}$$

## 五、计算压力损失和压力阀的调整值

按第 2 章中有关计算公式计算压力损失,此处略。

按压力损失和工作需要可确定各压力阀的调整值,此处略。

## 六、计算液压泵需要的电动机功率

### 1. 工进时所需的功率

工进时泵 1 的调整压力为 4.3 MPa,流量为 4 L/min,泵 2 卸荷时,其卸荷压力可视为零。对于叶片泵,取其效率 $\eta=0.75$,所以工进时所需电动机功率为

$$P=\frac{p_{b1}q_{b1}}{\eta}=\frac{4.3\times 10^6\times 4\times 10^{-3}}{0.75\times 60}\approx 0.38\times 10^3\text{ W}=0.38\text{ kW}$$

### 2. 快进、快退时所需的功率

由于快进、快退时流量相同,而快进时的工作压力大于快退时的工作压力,因此功率可按快进时计算。系统的压力为 3 MPa(液控顺序阀的调整压力),流量为 14 L/min,其功率为

$$P=\frac{p_b q_b}{\eta}=\frac{3\times 10^6\times 14\times 10^{-3}}{0.75\times 60}\approx 0.93\times 10^3\text{ W}=0.93\text{ kW}$$

### 3. 确定电动机功率

由于快速运动所需的电动机功率大于工作进给所需的电动机功率,因此可按快速运动所需的功率来选取电动机。现按标准选用电动机功率为 1.1 kW,具体型号可参考相关手册。

## 素养提升

港珠澳大桥是中国境内一座连接香港、珠海和澳门的桥隧工程,是粤港澳首次合作共建的超大型跨海交通工程。港珠澳大桥工程规模大、工期短、技术新、经验少、工序多、专业广、要求高、难点多,为全球已建的最长跨海大桥,在道路设计、使用年限以及防撞防震、抗洪抗风等方面均有超高标准,被誉为"超级工程"。港珠澳大桥人工岛的造价高达 131 亿元,为了保持稳固,工程采用了 120 个直径为 22 m 的钢圆筒围成人工岛的岛壁,单体重达 500 t,其施工方法和八锤联动液压振动锤为世界首创。港珠澳大桥是国家工程、国之重器,其建设创下多项世界之最,体现了一个国家逢山开路、遇水架桥的奋斗精神,更体现了我国的综合国力和自主创新能力,以及勇创世界一流的民族志气。

## 思考题与习题

试设计一台专用铣床的液压系统。已知最大切削阻力为 $9 \times 10^3$ N,切削过程要求实现"快进—工进—快退—原位停止"的自动循环。采用液压缸驱动,工作台的快进速度为 4.5 m/min,进给速度范围为 60~1 000 mm/min,要求无级调速,最大有效行程为 400 mm,工作台往复运动的加速、减速时间均为 0.05 s,工作台自重为 $3 \times 10^3$ N,工件及夹具最大重量为 $10^3$ N,采用平导轨,工作行程为 200 mm。

# 第10章

# 液压伺服系统

液压伺服系统是一种采用液压伺服机构,根据液压传动原理建立起来的自动控制系统。在这种系统中,执行元件的运动随着控制信号而改变,因而称为随动系统或跟踪系统。

本章主要讲述液压伺服阀、电液伺服阀的工作原理和液压伺服系统的组成,并列举了机液伺服系统和电液伺服系统的应用实例。

◎ **本章重点**

1. 液压伺服阀的工作原理。
2. 电液伺服阀的工作原理。

◎ **本章难点**

电液伺服阀的工作原理。

## 10.1 液压伺服系统概述

### 一、液压伺服系统的工作原理

图 10-1 为机液位置伺服系统原理图,它是一个具有机械反馈的节流型阀控缸伺服系统。它的输入量(输入位移)为伺服阀阀芯 3 的位移 $x_i$,输出量(输出位移)为液压缸的位移 $x_o$,阀口 a、b 的开口量为 $x_V$。滑阀的阀体 4 与液压缸连成一体,组成液压伺服拖动装置。当伺服阀阀芯处于中间位置($x_V=0$)时,各阀口均关闭,液压缸不动,系统处于静止状态。当给阀芯 3 一个输入位移 $x_i$ 后,阀口 a、b 便有一个相应的开口量 $x_V$,使压力油经阀口 b 进入液压缸右腔,左腔油液经阀口 a 流回油箱。液压缸在液压力作用下右移 $x_o$,阀体也就右移 $x_o$,使阀口 a、b 的开口量减小($x_V=x_i-x_o$),直到 $x_o=x_i$ 即 $x_V=0$ 时,阀口关闭,液压缸停止运动,从而完成液压缸输出位移对伺服阀输入位移的跟随运动。由此可见,只要给伺服阀一个有规律的输入信号,执行元件就会自动而准确地按这一规律跟随运动。

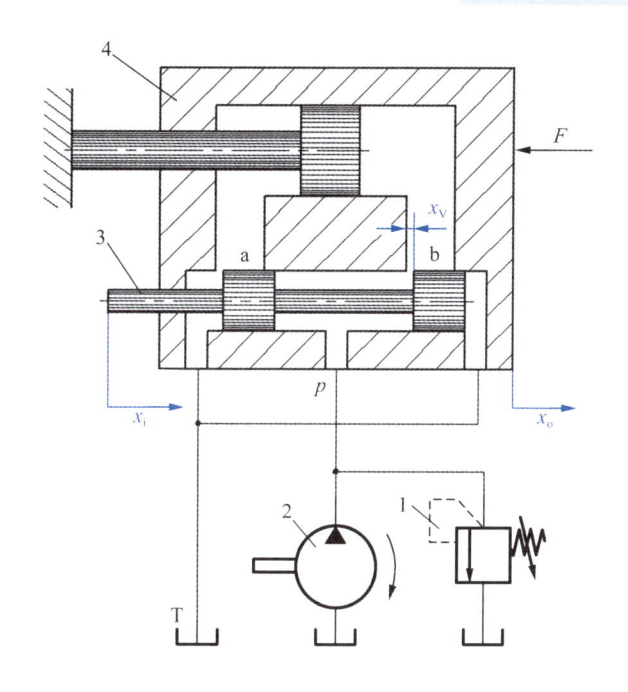

图 10-1 机液位置伺服系统原理图
1—溢流阀;2—泵;3—阀芯;4—阀体(缸体)

## 二、液压伺服系统的特点

(1)液压伺服系统是一个随动系统,即输出量能自动跟随输入量变化。

(2)液压伺服系统是一个负反馈系统。系统的输出量之所以能跟随输入量变化,是因为两者之间有反馈联系。而反馈的目的是减小和力图消除输出量与给定值之间的误差,这就是负反馈。液压伺服系统必须采用负反馈。

(3)液压伺服系统是一个有误差系统。系统工作时,总是在减小或力图消除误差,但在其工作的任何时刻都不能完全消除误差。没有误差,系统就无法工作。

(4)液压伺服系统是一个力或功率的放大系统,即执行装置输出的力和功率可以远远大于输入信号的力和功率。功率放大所需的能量是由液压能源供给的。

## 三、液压伺服回路的分类

液压伺服回路的类型很多,也有多种分类方法,见表 10-1。

表 10-1　　　　　　　　　　　液压伺服回路的分类

| 分类准则 | 类型 |
| --- | --- |
| 按控制信号分 | 机液伺服系统、电液伺服系统、气液伺服系统 |
| 按控制方式分 | 节流型(伺服阀控制)伺服系统、容积型(伺服变量泵或伺服变量马达控制)伺服系统 |
| 按执行元件分 | 直动式伺服系统、回转式伺服系统 |
| 按被控物理量分 | 位置伺服系统、速度伺服系统、加速度伺服系统、压力伺服系统、驱动力伺服系统、负载力伺服系统、转矩伺服系统 |
| 按控制规律分 | 定值伺服系统、顺序伺服系统、跟踪伺服系统 |

## 10.2 液压伺服阀

液压伺服阀是液压伺服系统中的主要控制元件,它的性能直接影响系统的工作性能。液压伺服阀能将小功率的位移信号转换为大功率的液压信号,所以也称为液压放大器。常用的液压伺服阀有滑阀、喷嘴挡板阀和射流管阀等。其中滑阀的结构形式多样,应用比较普遍。

### 一、滑阀

根据滑阀控制边(起节流作用的工作边)数目的不同,可将其分为单边滑阀、双边滑阀和四边滑阀。

如图 10-2(a)所示的单边滑阀,它只有一个控制边。压力油进入液压缸的有杆腔后,经过活塞上的固定节流孔 a 进入无杆腔,压力由 $p_s$ 降为 $p_1$,然后再经过滑阀唯一的控制边(可变节流口)流回油箱。若液压缸不受外载作用,则 $p_1 A_1 = p_s A_2$,液压缸不动。当阀芯左移时,开口量 $x_V$ 增大,无杆腔压力 $p_1$ 则减小,于是 $p_1 A_1 < p_s A_2$,缸体也向左移动。因为缸体和阀体固连成一个整体,故阀体也左移,又使 $x_V$ 减小,直至平衡。

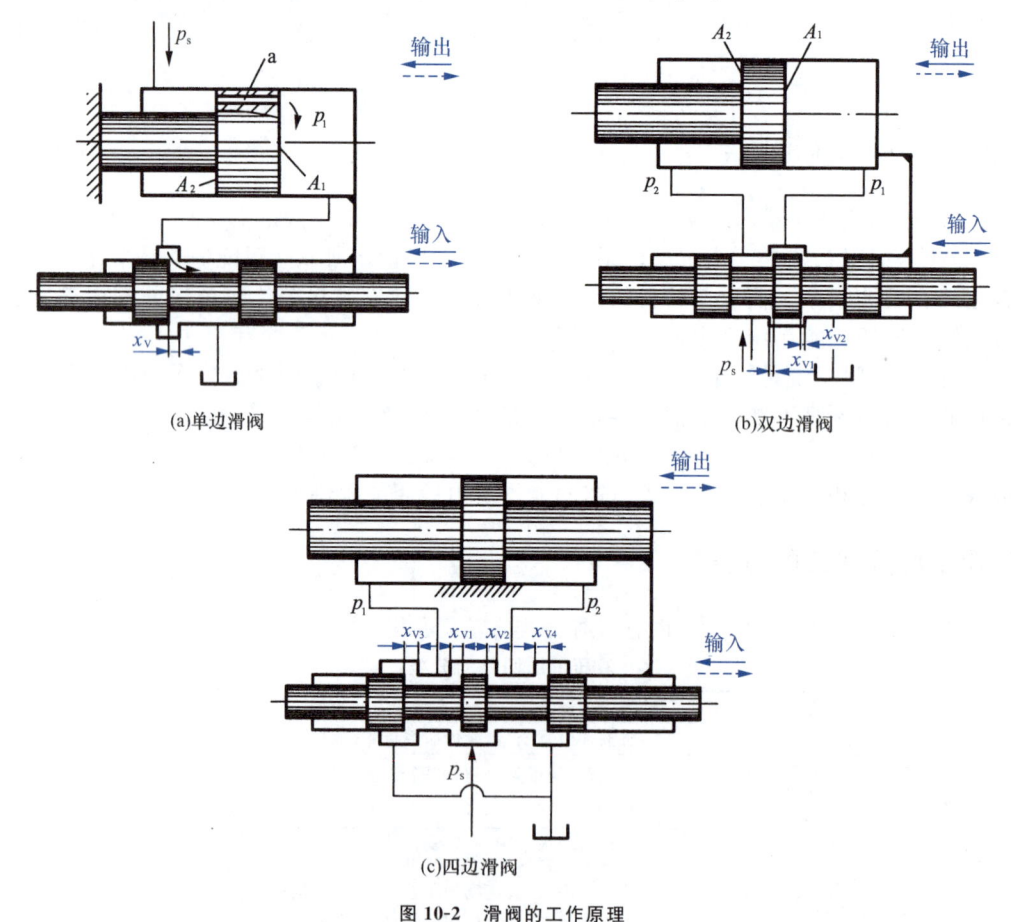

(a)单边滑阀

(b)双边滑阀

(c)四边滑阀

图 10-2　滑阀的工作原理

如图 10-2(b)所示的双边滑阀,它有两个控制边。压力为 $p_s$ 的工作油液一路直接进入液压缸有杆腔,腔内压力 $p_2=p_s$;另一路经滑阀左控制边的开口 $x_{V1}$ 和液压缸无杆腔相通,并经滑阀右控制边的开口 $x_{V2}$ 流回油箱,所以是两个可变节流口控制液压缸无杆腔的压力和流量。显然,液压缸无杆腔的压力 $p_1<p_s$。当 $p_1A_1=p_2A_2=p_sA_2$ 时,缸体受力平衡,静止不动。当滑阀阀芯左移时,$x_{V1}$ 减小,$x_{V2}$ 增大,液压缸无杆腔压力 $p_1$ 减小,$p_1A_1<p_2A_2$,缸体也往左移动;反之,当阀芯右移时,缸体也向右移动。双边滑阀比单边滑阀的灵敏度高,精度也高。

如图 10-2(c)所示的四边滑阀,它有四个控制边,开口 $x_{V1}$、$x_{V2}$ 分别控制进入液压缸两腔的压力油,开口 $x_{V3}$、$x_{V4}$ 分别控制液压缸两腔的回油。当滑阀左移时,液压缸左腔的进油口 $x_{V1}$ 减小,回油口 $x_{V3}$ 增大,$p_1$ 减小;与此同时,液压缸右腔的进油口 $x_{V2}$ 增大,回油口 $x_{V4}$ 减小,$p_2$ 增大,使活塞也向左移动。与双边滑阀相比,四边滑阀同时控制液压缸两腔的压力和流量,故调节灵敏度更高,工作精度也更高。

由上述可知,单边、双边和四边滑阀的控制原理是相同的。控制边数越多,控制性能越好,但其结构工艺也越复杂。通常单边、双边滑阀用于一般精度的系统,四边滑阀多用于精度要求高的系统。

根据滑阀在零位(中间位置)时其阀芯凸肩宽度 $L$ 与阀体内孔环槽宽度 $h$ 的不同,滑阀的开口形式有负开口($L>h$)、零开口($L=h$)和正开口($L<h$)三种,如图 10-3 所示。负开口阀有一定的不灵敏区,会影响精度,故较少采用;正开口阀工作精度较负开口阀高,但在中位时,正开口阀有无用的功率损耗;零开口阀的工作精度最高,控制性能最好,故在高精度伺服系统中经常采用。

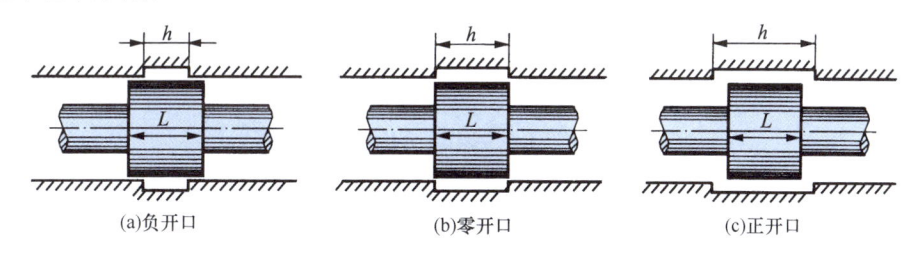

(a)负开口　　(b)零开口　　(c)正开口

图 10-3　滑阀的三种开口形式

## 二、喷嘴挡板阀

喷嘴挡板阀有单喷嘴式和双喷嘴式两种,两者的工作原理基本相同。图 10-4 所示为双喷嘴挡板阀的工作原理,它主要由挡板 1、喷嘴 2 和 3、固定节流孔 4 和 5 等元件组成。喷嘴与挡板的间隙 $\delta_1$ 和 $\delta_2$ 构成了两个可变节流口。当挡板处于中间位置时,两个喷嘴与挡板的间隙相等,即 $\delta_1=\delta_2$,液阻相等,因此 $p_1=p_2$,液压缸不动。压力油经固定节流孔 4 和 5、间隙 $\delta_1$ 和 $\delta_2$ 流回油箱。挡板向左偏摆,则 $\delta_1$ 减小,$\delta_2$ 增大,$p_1$ 上升,$p_2$ 下降,液压缸便左移。因喷嘴和缸体连接在一起,故喷嘴也向左移,形成负反馈。当喷嘴跟随缸体移动到挡板两边对称位置时,液压缸便停止运动。若挡板反向偏摆,则液压缸也反向运动。

与滑阀相比,喷嘴挡板阀的优点是结构简单,加工方便,挡板运动阻力和惯性小,反应快,灵敏度高,对油液污染不太敏感。其缺点是无用的功率损耗大,因而只能用在小功率系统中。多级放大液压控制阀中的第一级多采用喷嘴挡板阀。

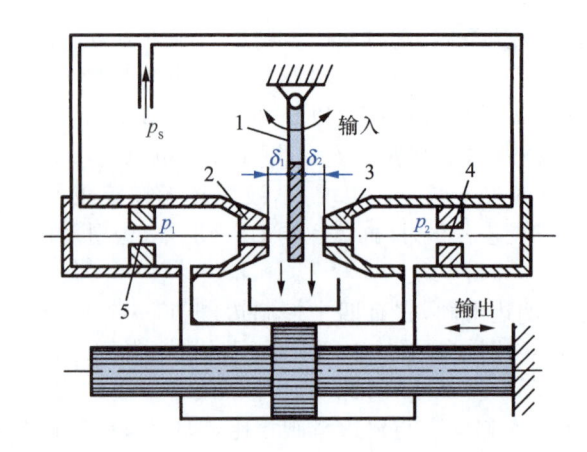

图 10-4 双喷嘴挡板阀的工作原理
1—挡板；2、3—喷嘴；4、5—固定节流孔

## 三、射流管阀

图 10-5 所示为射流管阀的工作原理。射流管阀主要由射流管 1 和接收板 2 组成。射流管可绕支承点 $O$ 摆动。压力油从管道进入射流管后经喷嘴射出，经接收孔 a、b 进入液压缸两腔。液体的压力能通过射流管的喷嘴转换为液体的动能。液流被接收后，又将其动能转变为压力能。当射流管在中位时，两接收孔内的压力相等，液压缸不动。当射流管向左偏摆时，进入孔 a 的油液压力大于进入孔 b 的油液压力，液压缸向左移动。由于接收板和缸体连接在一起，因此接收板也向左移动，形成负反馈。当喷嘴恢复到中间位置时，液压缸便停止运动。

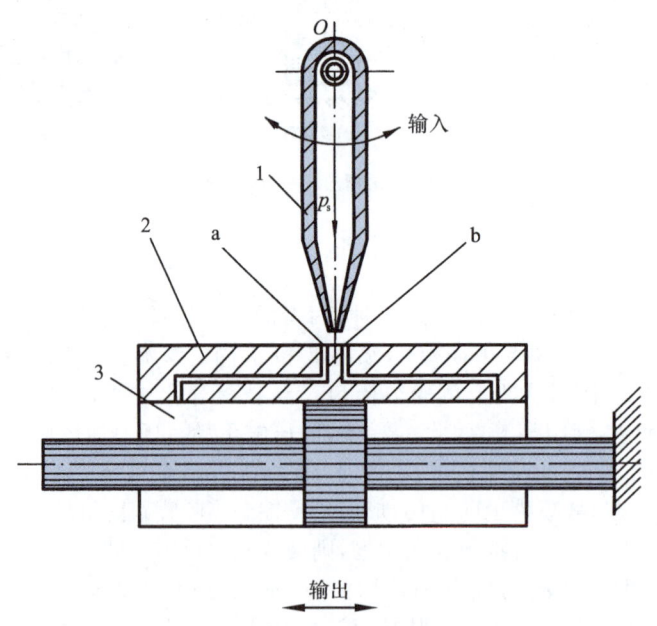

图 10-5 射流管阀的工作原理
1—射流管；2—接收板；3—液压缸

射流管阀的最大优点是抗污染能力强，工作可靠，寿命长，这是因为它的喷嘴孔直径较

大,不易堵塞。另外,它的输出功率比喷嘴挡板阀高。它的缺点是射流管运动部件惯性大,能量损耗大,特性不易预测。射流管阀常用于对抗污染能力有特殊要求的场合。

需要说明的是,以上介绍滑阀、喷嘴挡板阀和射流管阀的工作原理时,其反馈都为直接位置反馈,即阀和缸体(或活塞)固连形成负反馈,阀移动多少,缸体(或活塞)便移动多少。实际应用中,反馈可以有多种形式,输入与输出的关系也可以成一定的比例。

## 10.3 电液伺服阀

电液伺服阀既是电液转换元件,又是功率放大元件,它能将小功率的电信号转换为大功率的液压信号。电液伺服阀具有体积小、结构紧凑、放大系数高、控制性能好等优点,在电液伺服系统中得到广泛应用。

图 10-6(a)所示为一种典型的电液伺服阀的结构原理,它由电磁和液压两部分组成,其图形符号如图 10-6(b)所示。电磁部分是一个力矩马达,液压部分是一个两级液压放大器。第一级是双喷嘴挡板阀,称前置放大级;第二级是零开口四边滑阀,称功率放大级。

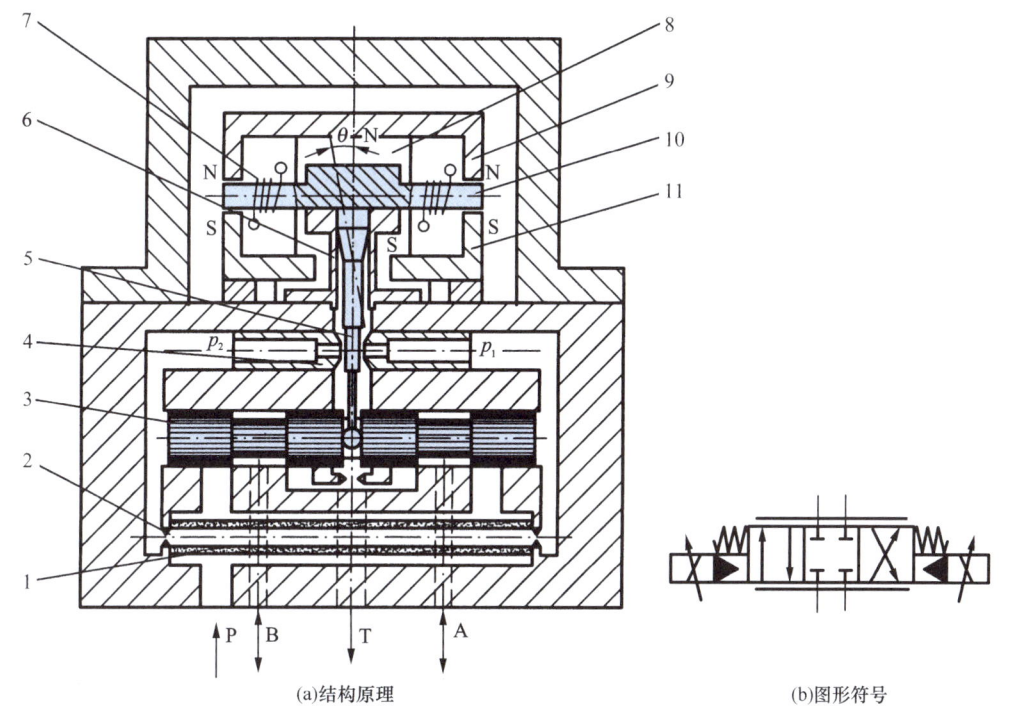

(a)结构原理　　(b)图形符号

**图 10-6　电液伺服阀**
1—过滤器;2—固定节流孔;3—滑阀;4—喷嘴;5—挡板;
6—弹簧管;7—线圈;8—永久磁铁;9、11—导磁体;10—衔铁

力矩马达把输入的电信号转换为力矩输出。它主要由一对永久磁铁 8、上下导磁体 9 和 11、衔铁 10、线圈 7 和弹簧管 6 等组成。永久磁铁把上下两块导磁体磁化成 N 极和 S 极。当通有控制电流时,衔铁被磁化,如果衔铁的左端为 N 极,右端为 S 极,则由于同性相斥、异性相吸的原理,衔铁逆时针方向偏转,同时弹簧管弯曲变形,产生反力矩,直到电磁力矩与弹簧

管反力矩相平衡为止。电流越大,产生的电磁力矩也越大,衔铁偏转的角度 $\theta$ 就越大。

力矩马达产生的力矩很小,无法直接操纵滑阀以产生足够的液压功率。所以,液压放大器一般都采用两级放大。在图 10-6(a)所示的结构中,力矩马达、喷嘴挡板阀、滑阀三者通过挡板 5 下端的反馈杆建立协调关系。衔铁、挡板、反馈杆、弹簧管是连接在一起的组合件,反馈杆具有弹性,其端部小球卡在滑阀阀芯的中间,将滑阀产生的位移转换为力,反馈到衔铁上。

当没有控制电流时,衔铁处于中位,挡板也处于中位,$p_1 = p_2$,滑阀阀芯不动,四个阀口均关闭,因此无液压信号输出。当有控制电流时,若衔铁逆时针方向偏转,则挡板向右偏移,$p_1$ 升高,$p_2$ 降低,推动滑阀阀芯左移。此时反馈杆产生弹性变形,对衔铁挡板组件产生一个反力矩,一方面带动挡板向中位移动,从而使滑阀阀芯两端的压力差相应地减小;另一方面产生反作用力,阻止滑阀阀芯继续左移。最终,当作用在衔铁挡板组件上的电磁力矩与弹簧管反力矩、反馈杆反力矩达到平衡时,阀芯停止运动,取得一个平衡位置,并有相应的流量输出。输入电流越大,滑阀阀芯的位移就越大。当控制电流反向时,衔铁顺时针方向偏转,滑阀阀芯右移,输出压力油也反向流动。

从上述原理可知,滑阀阀芯的位置是由反馈杆组件的弹性变形力反馈到衔铁上与电磁力平衡而决定的,故称此阀为力反馈式电液伺服阀。因采用两级液压放大,所以又称为力反馈式两级电液伺服阀。

## 10.4 液压伺服系统应用实例

由于液压伺服系统具有结构紧凑、尺寸小、质量轻、输出力大、刚性好、响应快、精度高等优点,因此获得了广泛应用。

### 一、机液伺服系统

#### 1. 车床液压仿形刀架

图 10-7 所示为卧式车床液压仿形刀架的工作原理,图中采用的是正开口双边滑阀,属于机液伺服系统。

仿形刀架安装在车床溜板 5 上,工作时随溜板做纵向移动。样件 10 安装在床身后侧固定不动。液压缸的活塞杆固定在刀架的底座上(安装在溜板上),液压缸体连同刀架 3 可在刀架底座的导轨上沿液压缸轴向移动。

液压缸有杆腔Ⅰ与供油路相通,其压力等于供油压力 $p_s$。液压缸无杆腔Ⅱ经滑阀开口 $x_{V1}$、$x_{V2}$ 分别与供油路和回油路相通。假定液压缸有杆腔有效面积为 $A$,液压缸无杆腔有效面积为 $2A$,当阀芯处于中间位置时,$x_{V1} = x_{V2}$,$p_c = p_s/2$,液压缸处于相对平衡状态。

滑阀一端有弹簧 8,经杆 7 使杠杆 6 的触头 9 压紧在样件 10 上。车削圆柱面时,溜板沿床身导轨纵向移动,触头便沿样件 $ab$ 段水平滑动。这时阀芯不动,液压缸也不动,刀架跟随溜板一起只做纵向移动,车刀 2 在工件 1 上车出 $AB$ 段圆柱面。

车削圆锥面时,触头沿样件 $bc$ 段滑动,触头就绕支点 $O$ 抬起,杠杆 6 带动阀芯上移,使开口 $x_{V1}$ 增大、$x_{V2}$ 减小,液压缸无杆腔压力 $p_c$ 增大,推动缸体连同阀体和刀架沿轴后退。阀体后退又使开口 $x_{V1}$ 减小、$x_{V2}$ 增大,实现负反馈。在溜板不断地做纵向进给的同时,样件的台肩不断地将触头抬起，液压缸体也就带动车刀不断地后退。这两种运动的合成就使车刀车出 $BC$ 段圆锥面。

仿形刀架的液压缸轴线多与主轴中心线安装成 $45°\sim 60°$ 的斜角，目的是为了车削直角的台肩。图 10-8 为进给运动合成示意图，其中 $v_纵$ 表示溜板带动刀架的纵向进给运动速度，$v_仿$ 表示仿形刀架液压缸体的运动速度，$v_合$ 表示刀架的合成运动速度。

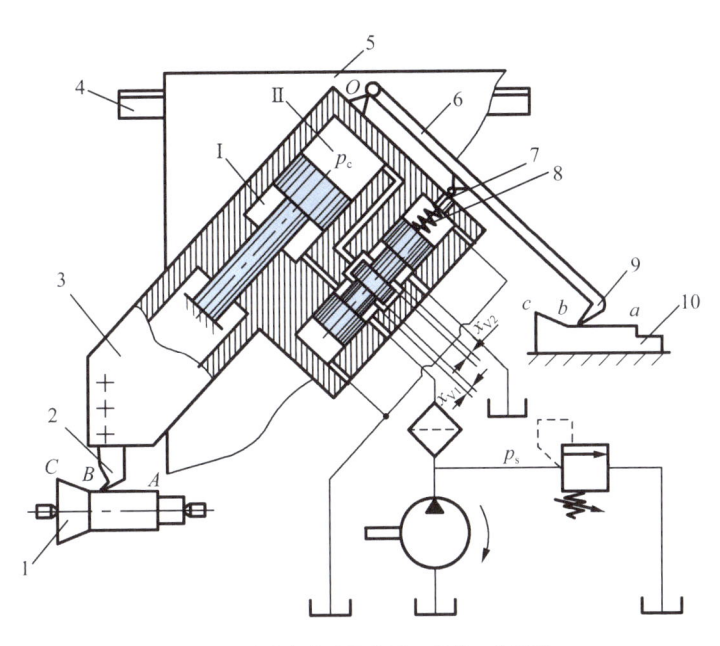

图 10-7 卧式车床液压仿形刀架的工作原理

1—工件；2—车刀；3—刀架；4—导轨；5—溜板；6—杠杆；7—杆；8—弹簧；9—触头；10—样件

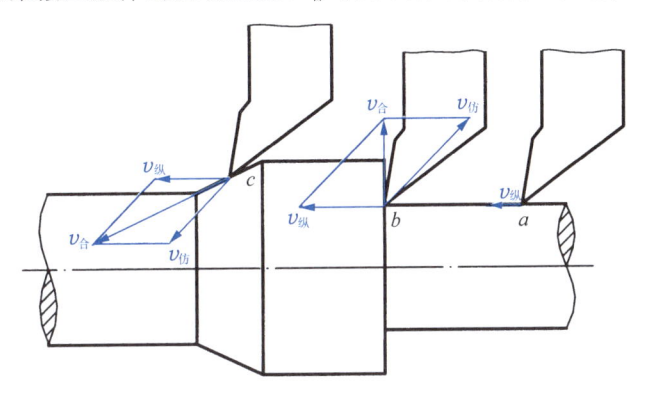

图 10-8 进给运动合成示意图

### 2. 转向液压助力器

大型重载卡车广泛采用液压助力器，以减轻司机的体力劳动。这种液压助力器是一种位置控制的液压伺服机构。图 10-9 所示为汽车转向液压助力器的工作原理，它主要由液压缸和控制滑阀两部分组成。液压缸活塞 6 的右端通过铰销固定在汽车底盘上，液压缸缸体 5 和控制滑阀阀体连在一起形成负反馈，由方向盘 3 通过摆杆 2 控制滑阀阀芯 4 的移动。当缸体前后移动时，通过转向连杆机构 1 等控制车轮偏转，从而操纵汽车转向。当阀芯处于图示位置时，各阀口均关闭，缸体固定不动，汽车保持直线运动。由于控制滑阀采用负开口形式,因此可以避免引起不必要的扰动。当旋转方向盘,假设使阀芯向右移动时,液压缸中的压力 $p_1$ 减小,$p_2$ 增大,缸体也向右移动,带动转向连杆机构逆时针方向摆动,使车轮向左偏转,实现左转弯;反之,缸体若向左移,就可实现右转弯。

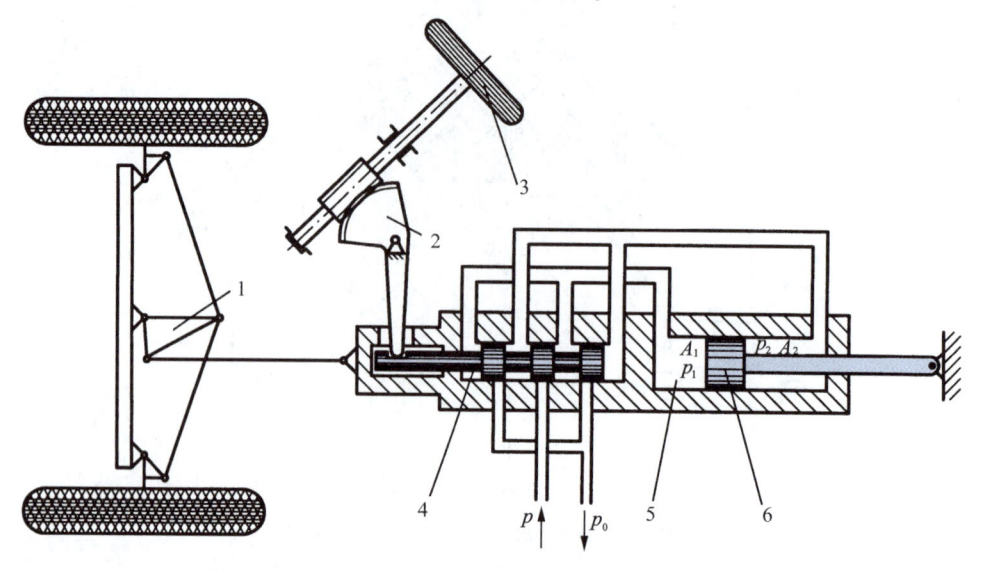

图 10-9 汽车转向液压助力器的工作原理

1—转向连杆机构;2—摆杆;3—方向盘;4—阀芯;5—缸体;6—活塞

实际操作时,方向盘的旋转方向和汽车转弯方向是一致的。为使驾驶员在操纵方向盘时能感觉到转向的阻力,在控制滑阀端部增加了两个油腔,分别与液压缸前后腔相通,这时移动控制阀阀芯时所需的力就和液压缸的两腔压力差($\Delta p = p_1 - p_2$)成正比,因而具有真实感。

## 二、电液伺服系统

机械手伸缩运动伺服系统属于电液伺服系统。机械手应能按要求完成一系列动作,包括伸缩、回转、升降、手腕动作等。由于每一个液压伺服系统的原理均相同,现仅以机械手伸缩运动伺服系统为例,介绍其工作原理。

图 10-10 所示为机械手伸缩运动伺服系统原理,该系统主要由放大器 1、电液伺服阀 2、液压缸 3、机械手手臂 4、齿轮齿条机构 5、电位器 6 和步进电动机 7 等元件组成。指令信号由步进电动机发出。步进电动机将数控装置发出的脉冲信号转换成角位移,其输出转角与输入脉冲个数成正比,输出转速与输入脉冲频率成正比。步进电动机的输出轴与电位器的动触头连接。电位器输出的微弱电压经放大器放大后产生的相应信号电流控制电液伺服阀,从而推动液压缸产生相应的位移,其位移又通过齿条带动齿轮转动。由于电位器固定在齿轮上,因此最终又使触头回到中位,从而控制机械手的伸缩运动。

其工作过程为:当数控装置发出一定数量的脉冲时,步进电动机就带动电位器的动触头转动,假定顺时针转过一定的角度 $\theta$,这时电位器输出电压为 $u$,经放大器放大后输出电流为 $i$,使电液伺服阀产生一定的开口量。这时电液伺服阀处于左位,压力油进入液压缸左腔,推动活塞带动机械手手臂右移,液压缸右腔回油,油液经伺服阀流回油箱。此时,机械手手臂上的齿条带动齿轮也做顺时针转动,当转到 $\theta_f = \theta$ 时,动触头回到电位器中位,电位器输出

# 第10章 液压伺服系统

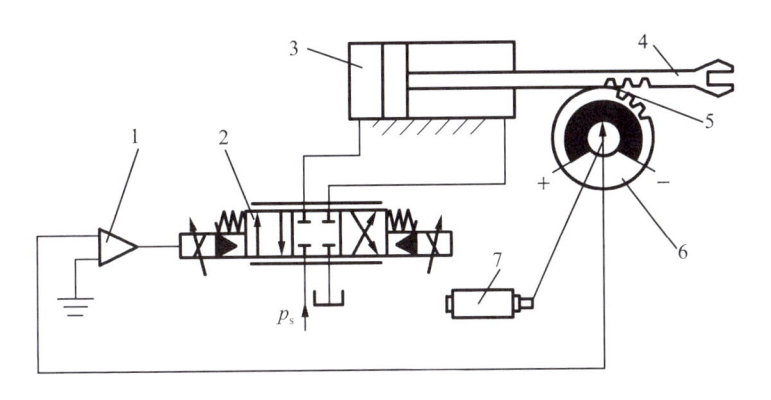

**图 10-10 机械手伸缩运动伺服系统原理**

1—放大器；2—电液伺服阀；3—液压缸；4—机械手手臂；5—齿轮齿条机构；6—电位器；7—步进电动机

电压为零，放大器输出电流也为零，电液伺服阀回到零位，没有流量输出，手臂即停止运动。当数控装置发出反向脉冲时，步进电动机逆时针方向转动，机械手手臂缩回。

## 素养提升

随着工业自动化的发展，越来越多的领域开始使用工业机器人代替人力。伺服控制系统是工业机器人关节驱动的重要组成部分，能够实现工业机器人机械本体控制和伺服机构控制。我国工业机器人产业起步于20世纪70年代初期，大致经历了三个阶段：20世纪70年代的萌芽期；20世纪80年代的开发期；20世纪90年代的实用期。从20世纪90年代初期起，我国的国民经济进入实现"两个根本性转变"的时期，掀起了新一轮的经济体制改革和技术进步热潮，我国的工业机器人产业在实践中迈进了一大步，先后研制出了点焊、弧焊、装配、喷漆、切割、搬运、包装、码垛等各种用途的工业机器人，并实施了一批工业机器人应用工程，形成了一批工业机器人产业化基地，为我国工业机器人产业的腾飞奠定了基础。发展工业机器人产业是衡量一个国家制造业水平和科技水平的重要标志，是重塑我国制造业竞争优势的重要工具和手段，也是加快我国工业转型升级的务实之举。

## 思考题与习题

1. 液压伺服系统与一般的液压传动系统有何不同？
2. 液压伺服系统由哪些基本元件组成？
3. 机液伺服系统和电液伺服系统有何不同？
4. 在图10-4所示的双喷嘴挡板阀中，若有一个喷嘴被堵塞，会产生什么现象？单喷嘴挡板阀可控制哪些形式的液压缸？试设计出单喷嘴挡板阀控制液压缸的结构原理图。
5. 若将液压仿形刀架上的控制滑阀与液压缸分开，成为一个系统中的两个独立部分，则液压仿形刀架能工作吗？试分析说明。

# 第11章

# 气压传动概述

气压传动是以压缩空气为工作介质传递运动和动力的一种技术。由于气压传动具有防火、防爆、节能、高效、无污染等优点,因此应用较为广泛。气压传动简称气动。

气压传动像液压传动一样,都是利用流体作为工作介质来实现传动的,气压传动与液压传动在基本工作原理、系统组成、元件结构及图形符号等方面有很多相似之处,所以在学习本章内容时,前述液压传动的知识在此有很大的参考和借鉴作用。

## 11.1 气压传动系统的工作原理

现以气动剪切机为例,介绍气压传动系统的工作原理。图11-1(a)所示为气动剪切机的外形,图11-1(b)所示为气动剪切机的工作原理,图示位置为剪切前的情况。空气压缩机1产生的压缩空气经冷却器2、分水排水器3、贮气罐4、空气过滤器5、减压阀6、油雾器7到达换向阀9,部分气体经节流通路a进入换向阀9的下腔,使上腔弹簧压缩,换向阀阀芯位于上端;大部分压缩空气经换向阀9后由b路进入气缸10的上腔,而气缸的下腔经c路、换向阀与大气相通,故气缸活塞处于最下端位置。当上料装置把工料11送入剪切机并到达规定位置时,工料压下行程阀8,此时换向阀阀芯下腔的压缩空气经d路、行程阀排入大气,在弹簧的推动下,换向阀阀芯向下运动至下端;压缩空气则经换向阀后由c路进入气缸的下腔,上腔经b路、换向阀与大气相通,气缸活塞向上运动,剪刀随之上行剪断工料。工料被剪下后,即与行程阀脱开,行程阀阀芯在弹簧作用下复位,d路被堵死,换向阀阀芯上移,气缸活塞向下运动,又恢复到剪断前的状态。

由以上分析可知,剪刀克服阻力剪断工料的机械能来自于压缩空气的压力能,提供压缩空气的是空气压缩机;气路中的换向阀、行程阀起改变气体流动方向、控制气缸活塞运动方向的作用。图11-1(c)为用图形符号(又称职能符号)绘制的气动剪切机工作原理图。

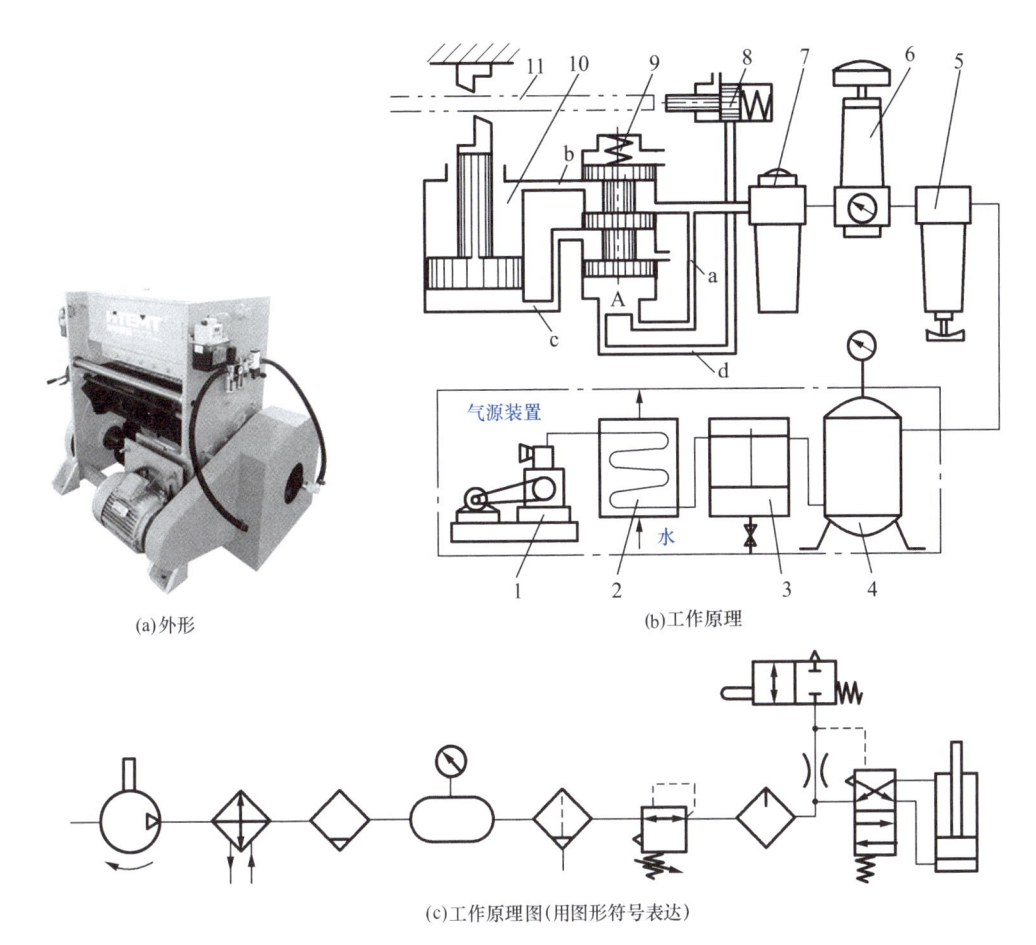

图 11-1 气动剪切机

1—空气压缩机；2—冷却器；3—分水排水器；4—贮气罐；5—空气过滤器；
6—减压阀；7—油雾器；8—行程阀；9—换向阀；10—气缸；11—工料

## 11.2　气压传动系统的组成

根据气动元件和装置的不同功能，可将气压传动系统分成以下五部分：

(1) **气源装置**　获得压缩空气的装置和设备，如各种空气压缩机。它将原动机供给的机械能转变为气体的压力能，还包括贮气罐等辅助设备。

(2) **执行元件**　将压缩空气的压力能转变为机械能的装置，如做直线运动的气缸、做回转运动的气马达等。

(3) **控制元件**　控制压缩空气的流量、压力、方向以及执行元件工作程序的元件，如各种压力阀、流量阀、方向阀、逻辑元件等。

(4) **辅助元件**　使压缩空气净化、润滑、消声以及用于元件连接等所需的装置和元件，如各种空气过滤器、干燥器、油雾器、消声器、管件等。

(5)工作介质　在气压传动中起传递运动、动力及信号的作用。气压传动的工作介质为压缩空气。

## 11.3　气压传动的特点

### 一、气压传动的优点

气压传动与其他传动相比,具有如下优点:

(1)工作介质是空气,来源方便,取之不尽,使用后直接排入大气而无污染,不需要设置专门的回气装置。

(2)空气的黏度很小,所以流动时压力损失较小,节能、高效,适用于集中供应和远距离输送。

(3)动作迅速,反应快,维护简单,调节方便,特别适用于一般设备的控制。

(4)工作环境适应性好。特别适合在易燃、易爆、潮湿、多尘、强磁、振动、辐射等恶劣条件下工作,外泄漏不污染环境,在食品、轻工、纺织、印刷、精密检测等环境中采用最为适宜。

(5)成本低,过载能自动保护。

### 二、气压传动的缺点

气压传动与其他传动相比,具有如下缺点:

(1)空气具有可压缩性,不易实现准确的速度控制和很高的定位精度,负载变化时对系统的稳定性影响较大。

(2)空气的压力较低,只适用于压力较小的场合。

(3)排气噪声较大。

(4)因空气无润滑性能,故在气路中应设置给油润滑装置。

> **素养提升**
>
> 　　气压传动的工作介质是空气,具有绿色、环保和价格低廉的优点,在工业生产中的应用越来越广泛。环境保护是永恒的话题,我国越来越重视生态环境保护,坚持"绿水青山就是金山银山"的绿色发展理念。良好的生态环境既是自然财富,又是经济财富,关系经济社会发展的潜力和后劲。我们要加快形成绿色发展态势,促进经济发展和环境保护双赢,构建经济与环境协同共进的地球家园。

# 第12章 气动元件

气动元件是组成气压传动系统的最小单元,分为动力元件(气源装置)、气动控制元件、气动执行元件和气动辅助元件四类。常用气动图形符号见附录。

◇ **本章重点**
1. 空气压缩机的工作原理,空气过滤器的工作原理,油雾器的工作原理。
2. 气缸的工作原理及组成,气动马达的工作原理及组成。
3. 气动压力、流量和方向阀的工作原理。

◇ **本章难点**
油雾器的结构及工作原理。

## 12.1 气源装置

气源装置是气动系统的动力源,它应提供清洁、干燥且具有一定压力和流量的压缩空气,以满足条件不同的使用场合对压缩空气质量的要求。气源装置一般包括产生压缩空气的气压发生装置(如空气压缩机)、输送压缩空气的管道和压缩空气的净化装置三部分。

### 一、空气压缩机

空气压缩机是将机械能转换为气体压力能的装置(简称空压机,俗称气泵)。它种类很多,一般按工作原理不同分为容积式和速度式两类。容积式空气压缩机是通过运动部件的位移周期性地改变密封的工作容积来提高气体压力的,它包括活塞式、膜片式和螺杆式等。速度式空气压缩机是通过改变气体的速度,提高气体动能,然后将动能转化为压力能来提高气体压力的,它包括离心式、轴流式和混流式等。在气压传动中一般多采用容积式空气压缩机。

图12-1(a)所示为活塞式空气压缩机的外形。其工作原理如图12-1(b)所示,曲柄8做回转运动,通过连杆7和活塞杆4带动气缸活塞3做往复直线运动。当活塞3向右运动时,气缸内容积增大而形成局部真空,吸气阀9打开,空气在大气压作用下由吸气阀9进入气缸

腔内,此过程称为吸气过程;当活塞3向左运动时,吸气阀9关闭,随着活塞的左移,缸内空气受到压缩而使压力升高,当压力达到足够高时,排气阀1即被打开,压缩空气进入排气管内,此过程称为排气过程。图示为单缸活塞式空气压缩机,大多数空气压缩机是多缸多活塞式的组合。

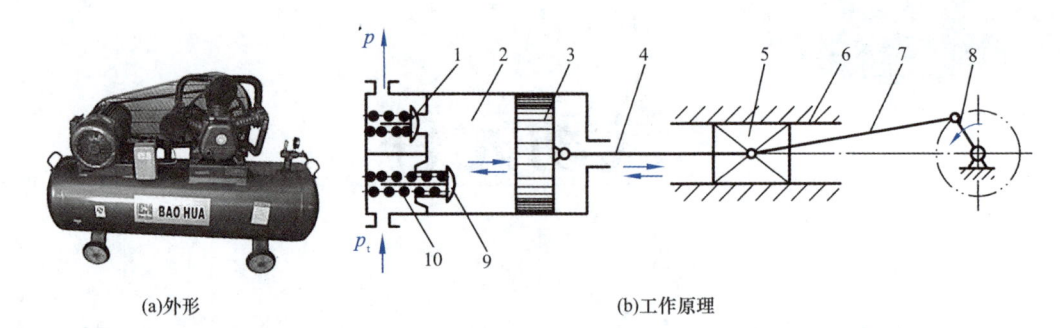

图 12-1 活塞式空气压缩机

(a)外形　(b)工作原理

1—排气阀;2—气缸;3—活塞;4—活塞杆;5、6—十字头与滑道;7—连杆;8—曲柄;9—吸气阀;10—弹簧

## 二、空气净化装置

在气压传动中使用的低压空气压缩机多采用油润滑,由于它排出的压缩空气温度一般在140～170 ℃之间,使空气中的水分和部分润滑油变成气态,再与吸入的灰尘混合,因此形成了水汽、油气和灰尘等的混合气体。如果将含有这些杂质的压缩空气直接输送给气动设备使用,就会给整个系统带来不良影响。因此,在气压传动系统中,设置除水、除油、除尘和干燥等气源净化装置对保证气动系统正常工作是十分必要的。在某些特殊场合,压缩空气还需经过多次净化后方能使用。常用的空气净化装置有冷却器、贮气罐、空气过滤器、空气干燥器、除油器和分水排水器。

(1)冷却器

冷却器的作用是将空气压缩机排出的气体由 140～170 ℃降至 40～50 ℃,使压缩空气中的油雾和水汽迅速达到饱和,大部分析出并凝结成水滴和油滴,以便经油水分离器排出。冷却器按冷却方式不同有水冷式和风冷式两种。为提高降温效果,安装时要特别注意冷却水和压缩空气的流动方向。另外,冷却器属于主管道净化装置,应符合压力容器安全规则的有关规定。

(2)贮气罐

贮气罐的作用是贮存空气压缩机排出的压缩空气,减小压力波动;调节压缩机的输出气量与用户耗气量之间的不平衡状况,保证连续、稳定的流量输出;进一步沉淀分离压缩空气中的水分、油分和其他杂质颗粒。贮气罐一般采用焊接结构,其形式有立式和卧式两种,立式结构应用较为普遍。使用时,贮气罐应附有安全阀、压力表和排污阀等附件。此外,贮气罐还必须符合锅炉及压力容器安全规则的有关规定,如使用前应按标准进行水压试验等。

(3)空气过滤器

空气过滤器的作用是滤除压缩空气中所含的液态水滴、油滴、固体粉尘颗粒及其他杂质。空气过滤器一般由壳体和滤芯组成。按滤芯采用的材料不同,空气过滤器可分为纸质、织物、陶瓷、泡沫塑料和金属等形式。常用的是纸质式和金属式。

图 12-2(a)所示为空气过滤器的外形。其结构原理如图 12-2(b)所示,空气进入过滤器后,由于旋风叶片 1 的导向作用而产生强烈的旋转,混在气流中的大颗粒杂质(水滴、油滴)和粉尘颗粒在离心力作用下被分离出来,沉到杯底,空气在通过滤芯 2 的过程中得到进一步净化。挡水板 4 可防止气流的漩涡卷起存水杯中的积水。图 12-2(c)所示为空气过滤器的图形符号。

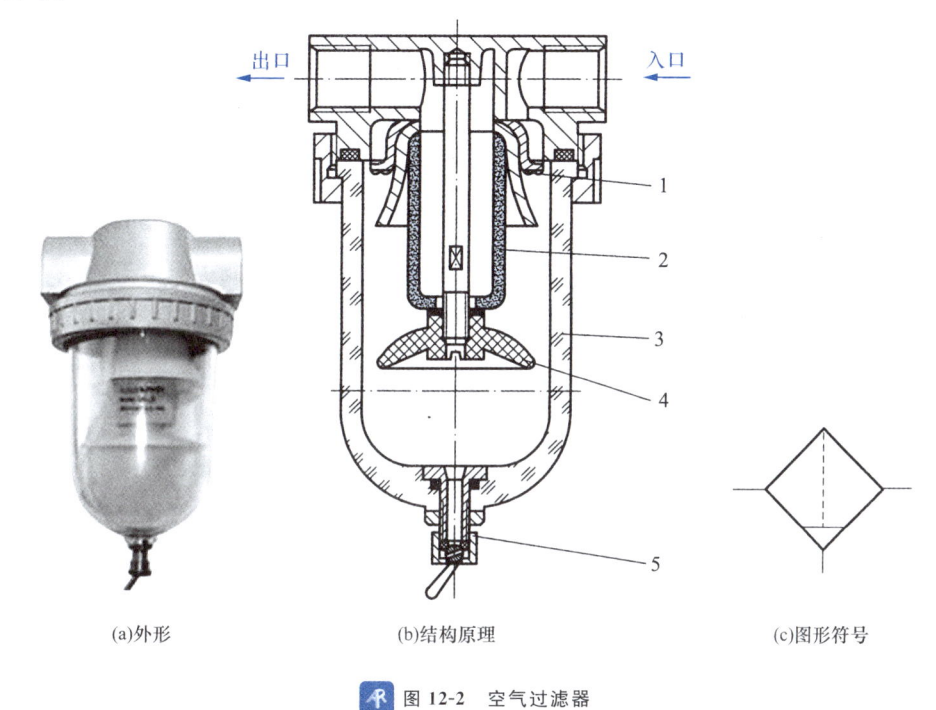

(a)外形　　　　　(b)结构原理　　　　　(c)图形符号

图 12-2　空气过滤器

1—旋风叶片；2—滤芯；3—存水杯；4—挡水板；5—排水阀

空气过滤器在使用中要注意定期清洗和更换滤芯,否则将增加过滤阻力,降低过滤效果,甚至堵塞。

(4)空气干燥器

空气干燥器的作用是降低空气的湿度,为系统提供所需要的干燥压缩空气。它有冷冻式、无热再生式和加热再生式等形式。如果使用的是有油压缩机,则要在干燥器入口处安装除油器,使进入干燥器的压缩空气中的油雾质量与空气质量之比达到规定要求。

(5)除油器和分水排水器

除油器和分水排水器的作用是滤除压缩空气中的油分和水分,并及时排出。

### 三、油雾器

油雾器的作用是将润滑油雾化后喷入压缩空气管道的空气流中,随空气进入系统中,润滑相对运动零件的表面。它有油雾型和微雾型两种。图 12-3(a)所示为油雾型固定节流式油雾器的外形。其结构原理如图 12-3(b)所示,喷嘴杆上的孔 2 面对气流,孔 3 背对气流。有气流输入时,截止阀 10 上下有压力差,被打开。油杯中的润滑油经吸油管 11、视油帽 8

上的节流阀 7 滴到喷嘴杆中,被气流从孔 3 引射出去,成为油雾从输出口输出。图 12-3(c)所示为该油雾器的图形符号。

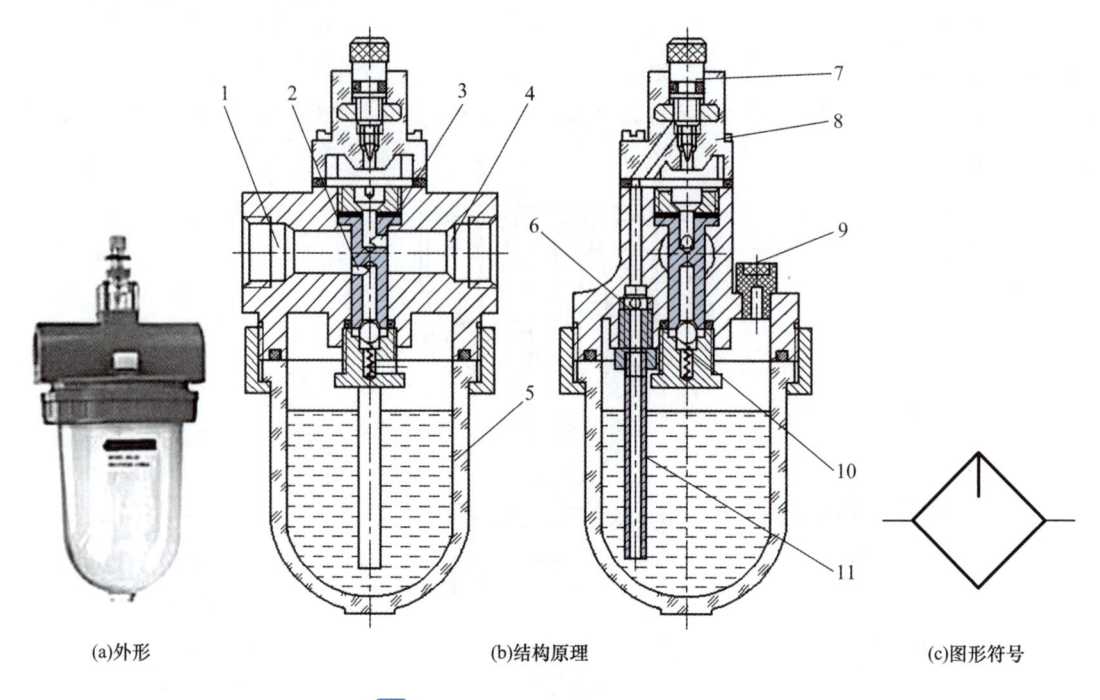

(a)外形　　(b)结构原理　　(c)图形符号

图 12-3　油雾型固定节流式油雾器

1—气流入口;2、3—小孔;4—出口;5—贮油杯;6—单向阀;
7—节流阀;8—视油帽;9—旋塞;10—截止阀;11—吸油管

在气源压力大于 0.1 MPa 时,该油雾器允许在不关闭气路的情况下加油。供油量随气流大小而变化。油杯和视油帽采用透明材料制成,便于观察。油雾器要有良好的密封性、耐压性和滴油量调节性能。使用时,应参照有关标准合理调节起雾流量等参数,以达到最佳润滑效果。

## 12.2　气动控制元件

气动控制元件的作用是调节压缩空气的压力、流量、方向和发送信号,以保证气动执行元件按规定的程序正常动作。气动控制元件按功能可分为压力控制阀、流量控制阀、方向控制阀以及能实现一定逻辑功能的逻辑元件。

### 一、压力控制阀

压力控制阀的作用是控制压缩空气的压力和依靠空气压力来控制执行元件的动作顺序。压力控制阀是利用压缩空气作用在阀芯上的力和弹簧力相平衡的原理来进行工作的,主要有减压阀、溢流阀和顺序阀。

## 1. 减压阀

减压阀的作用是将出口压力调节为比进口压力低的调定值，并能使输出压力保持稳定（又称为调压阀）。减压阀分为直动式和先导式两种。

图 12-4(a)所示为常用的 QTY 型直动式减压阀的外形。其结构原理如图 12-4(b)所示，当顺时针方向调整手轮 1 时，调压弹簧 2 和 3 推动膜片 5 和进气阀芯 9 向下移动，使阀口开启，气流通过阀口后压力降低。与此同时，有一部分气流由阻尼管孔 7 进入膜片室，在膜片下面产生一个向上的推力与弹簧力平衡，减压阀便有了稳定的输出压力。当输入压力升高时，输出压力也随之升高，使膜片下面的压力也升高，将膜片向上推，阀芯便在复位弹簧 10 的作用下向上移动，从而使阀口开度减小，节流作用增强，使输出压力降低到调定值为止。反之，若因输入压力下降而引起输出压力下降，通过自动调节，最终也能使输出压力回升到调定压力，以维持压力稳定。调节手轮 1 即可改变调定压力的大小。图 12-4(c)所示为其图形符号。

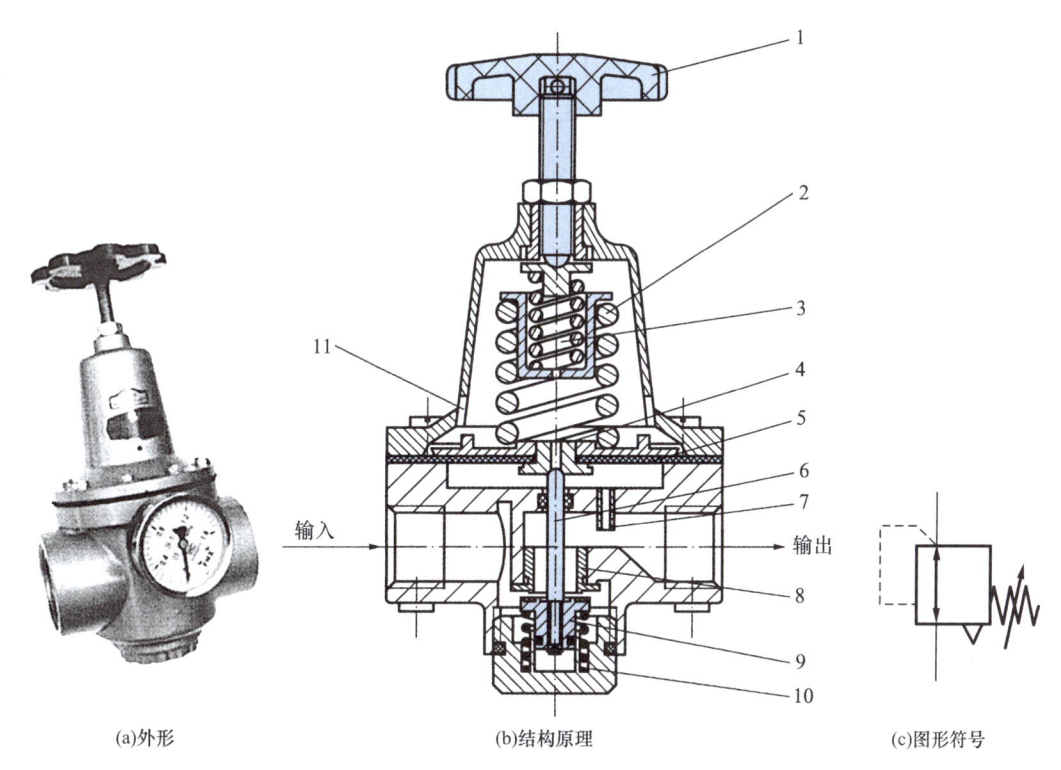

(a)外形　　　　(b)结构原理　　　　(c)图形符号

**图 12-4　QTY 型直动式减压阀**

1—手轮；2、3—调压弹簧；4—溢流口；5—膜片；6—阀杆；7—阻尼管孔；
8—阀座；9—进气阀芯；10—复位弹簧；11—排气口

减压阀同油雾器和空气过滤器一起被称为"气动三大件"，在气动系统中有重要的作用。

## 2. 溢流阀

溢流阀的作用是当系统中的压力超过调定值时，使部分压缩空气从排气口溢出，并在溢流过程中保持系统中的压力基本稳定，从而起过载保护作用（又称为安全阀）。溢流阀也分为直动式和先导式两种。按其结构可分为活塞式、膜片式和球阀式等。

图 12-5(a)所示为直动式溢流阀的外形。其结构原理如图 12-5(b)所示,当输入压力超过调定值时,阀芯 3 便在下腔气压力作用下克服上面的弹簧力抬起,阀口开启,使部分气体排出,压力降低,从而起到过载保护作用。调节弹簧的预紧力可改变调定压力的大小。图 12-5(c)所示为其图形符号。

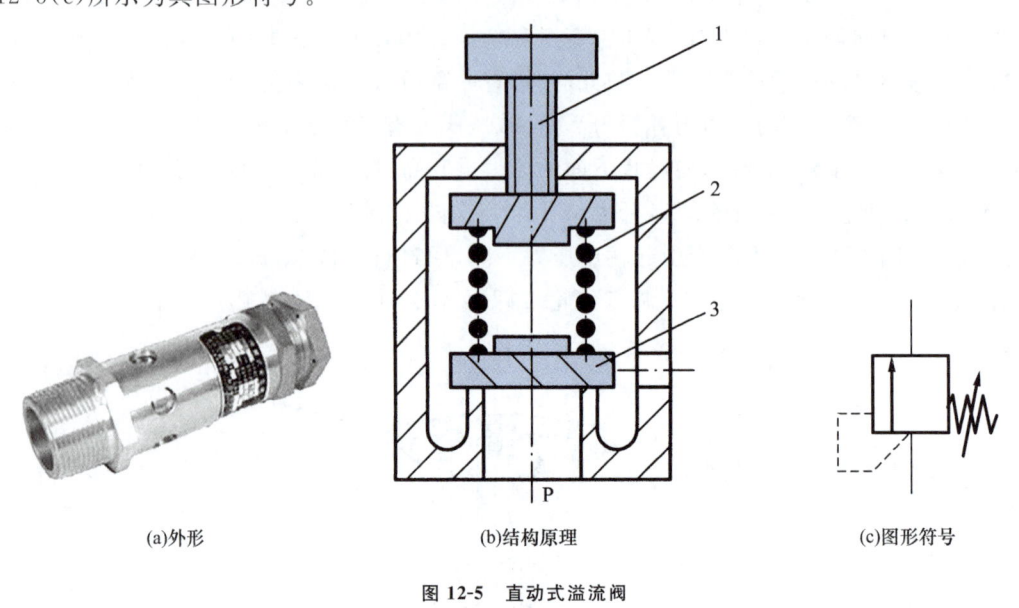

(a)外形　　　　　　　　　(b)结构原理　　　　　　　　(c)图形符号

**图 12-5　直动式溢流阀**
1—调节杆;2—弹簧;3—阀芯

## 二、流量控制阀

流量控制阀的作用是通过改变阀的通气面积来调节压缩空气的流量,控制执行元件的运动速度。它主要包括节流阀、单向节流阀、排气节流阀和行程节流阀。图 12-6(a)所示为排气节流阀的外形。其结构原理如图 12-6(b)所示,它和节流阀一样,也是靠调节通流面积来调节流量的。由于节流口后有消声器件,因此它必须安装在执行元件排气口处。调节排入大气中的流量,这样排气节流阀不仅能调节执行元件的运动速度,还可以起降低排气噪声的作用。气流从 A 口进入阀内,由节流口 1 节流后,经由消声材料制成的消声套 2 排出。调节手轮 3 即可调节通过的流量。图 12-6(c)所示为排气节流阀的图形符号。

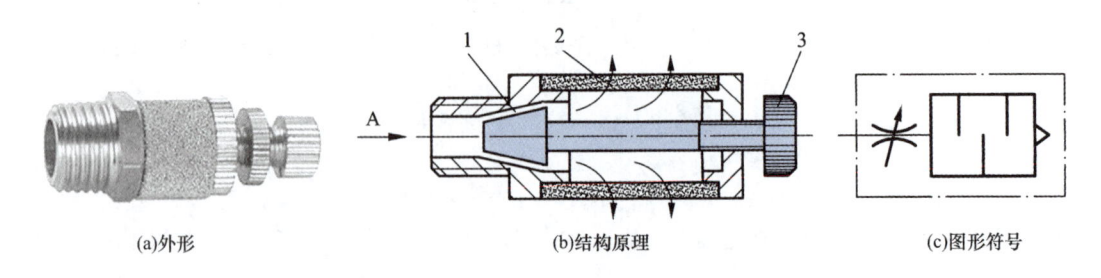

(a)外形　　　　　　　　　(b)结构原理　　　　　　　　(c)图形符号

**图 12-6　排气节流阀**
1—节流口;2—消声套;3—手轮

## 三、方向控制阀

方向控制阀的作用是控制压缩空气的流动方向和气流的通断。方向控制阀种类很多，也有与液压方向阀相似的多种分类方法，故不再重复。

### 1. 单向型方向控制阀

单向型方向控制阀的作用是只允许气流向一个方向流动。它包括单向阀、梭阀和快速排气阀等。

（1）单向阀

图 12-7(a)所示为单向阀的外形。气动单向阀的工作原理、结构与液压单向阀基本相同，只是在阀芯和阀座之间有一层胶垫（密封垫），如图 12-7(b)所示。图 12-7(c)所示为单向阀的图形符号。

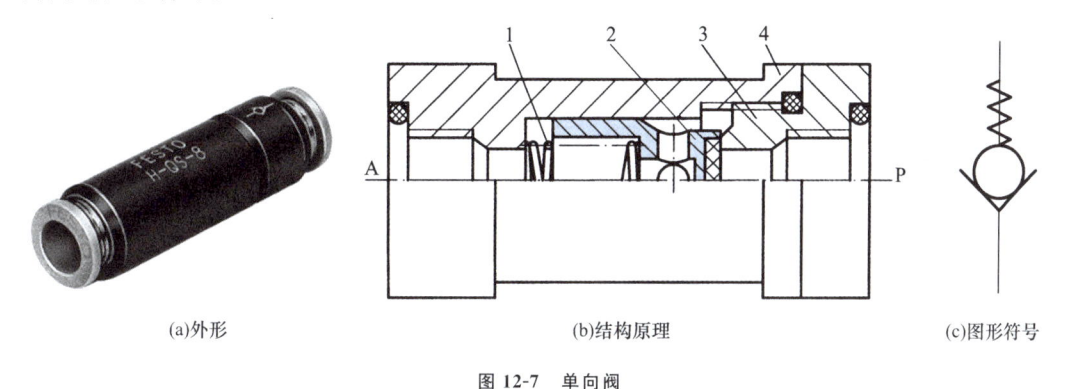

(a)外形　　　　(b)结构原理　　　　(c)图形符号

图 12-7　单向阀
1—弹簧；2—阀芯；3—阀座；4—阀体

（2）梭阀

图 12-8(a)所示为梭阀（或门）的外形。其结构原理如图 12-8(b)所示，当需要两个输入口 $P_1$ 和 $P_2$ 均能与输出口 A 相通，而又不允许 $P_1$ 与 $P_2$ 相通时，就可以采用梭阀（或门）。当气流由 $P_1$ 进入时，阀芯右移，使 $P_1$ 与 A 相通，气流由 A 流出。与此同时，阀芯将 $P_2$ 通路关闭。反之，$P_2$ 与 A 相通，$P_1$ 通路关闭。若 $P_1$ 和 $P_2$ 同时进气，则哪端压力高，A 就与哪端相通，另一端自动关闭。图 12-8(c)所示为梭阀（或门）的图形符号。

（3）快速排气阀

图 12-9(a)所示为快速排气阀的外形。其结构原理如图 12-9(b)所示，当压缩空气进入进气口 P 时，使膜片 1 向下变形，打开 P 口与 A 口的通路，同时关闭排气口 O。当进气口 P 没有压缩空气进入时，在 A 口与 P 口压差的作用下，膜片向上复位，关闭 P 口，使 A 口通过 O 口快速排气。图 12-9(c)所示为快速排气阀的图形符号。

### 2. 换向型方向控制阀

换向型方向控制阀的作用是通过改变气流通道来改变气流方向，进而改变执行元件的运动方向。因其换向原理与相同类型的液压换向阀相似，故不再重复表述。

## 224 液压与气动技术

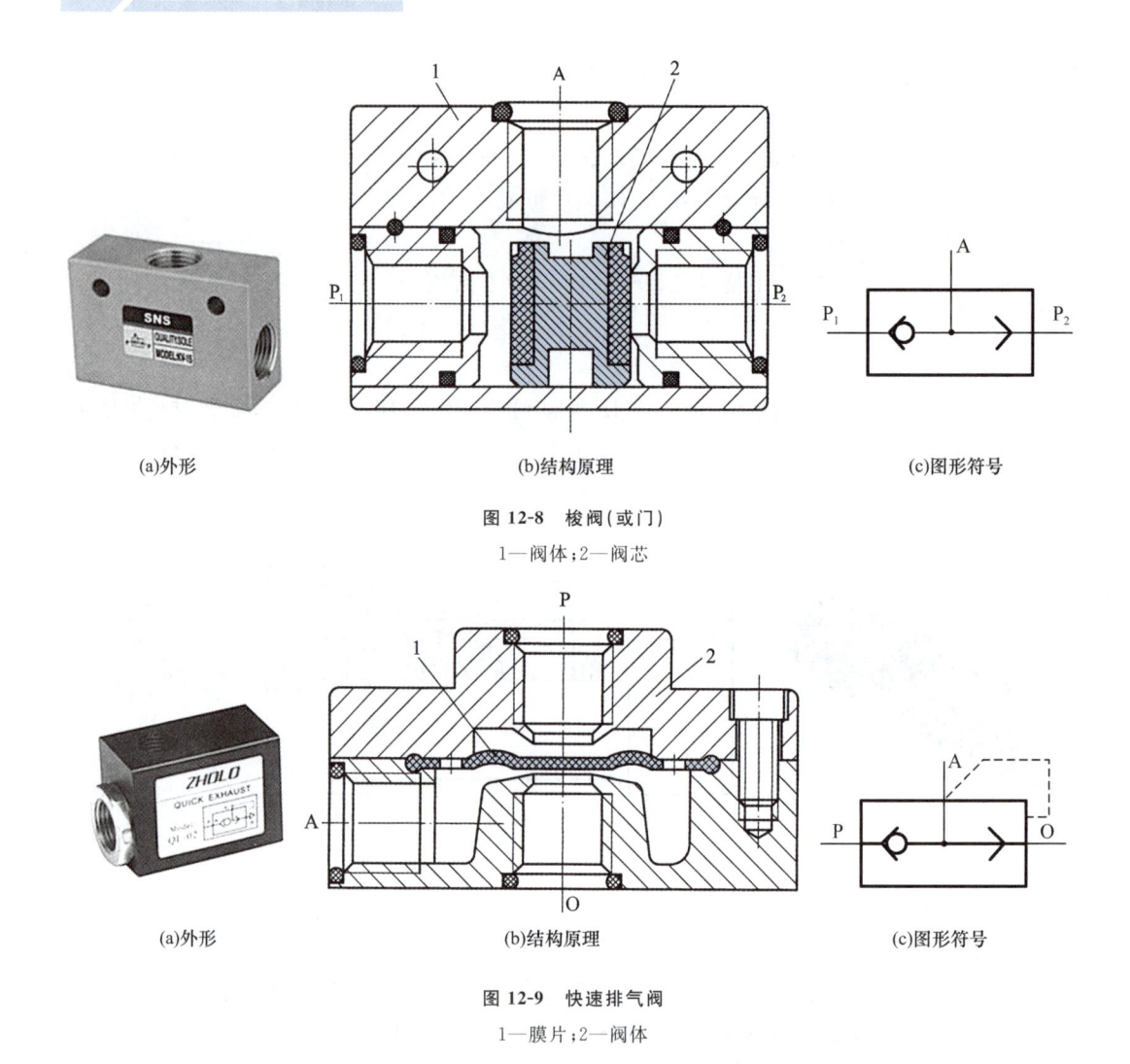

(a)外形　　(b)结构原理　　(c)图形符号

图 12-8　梭阀(或门)
1—阀体；2—阀芯

(a)外形　　(b)结构原理　　(c)图形符号

图 12-9　快速排气阀
1—膜片；2—阀体

### 四、气动逻辑元件

气动逻辑元件的作用是在系统中完成一定的逻辑功能。在输入信号的作用下，逻辑元件的输出信号状态只有"0"或"1"(表示"开"或"关"、"有"或"无"等)两种状态，属于开关元件(或数字元件)。它是以压缩空气为工作介质，利用元件内部的可动部件(如膜片、阀芯)在控制气压信号下动作，改变气流的输出状态，实现一定的逻辑功能。

气动逻辑元件种类很多，一般按下述方法分类：按工作压力分为高压型(0.2~0.8 MPa)、低压型(0.05~0.2 MPa)和微压型(0.005~0.05 MPa)；按逻辑功能分为"是门"、"非门"、"或门"、"与门"和"双稳"元件等；按结构形式分为截止式、膜片式和滑阀式等。表 12-1 列出了几种常用逻辑元件的图形符号及功用。

表 12-1　　　　　　　　　　常用逻辑元件的图形符号及功用

| 类型 | 符号 | 功用 |
| --- | --- | --- |
| 是门 | | 元件的输入信号和输出信号之间始终保持相同的状态,即没有输入就没有输出,有输入才能输出 |
| 非门 | | 元件的输入信号和输出信号之间始终保持相反的状态,即有输入时无输出,而无输入时有输出 |
| 或门 | | 有两个输入口和一个输出口,当一个口或两个口同时输入时,元件都有输出。两个输入口始终不通 |
| 与门 | | 有两个输入口和一个输出口,只有两个输入口同时输入时才有输出 |
| 或非门 | | 基本的两输入或非元件有两个输入口,当两个输入口都没有输入信号时,元件才有输出 |
| 禁门 | | 只要有信号 $a$ 存在,就禁止信号 $b$ 输出;只有信号 $a$ 不存在,才有信号 $b$ 输出 |
| 双稳 | | 当输入信号 $a$ 时,使 $s_1$ 有输出,$s_2$ 与排气口相通。$a$ 信号消失,元件仍然保持 $s_1$ 有输出状态。同样,输入信号 $b$ 时,$s_2$ 有输出,$s_1$ 与排气口相通。$b$ 信号消失,元件仍然保持 $s_2$ 有输出状态。当两个输入同时进入时,元件状态取决于先输入的那个信号所对应的状态 |

## 12.3　气动执行元件

气动执行元件的作用是将压缩空气的压力能转换为机械能,驱动工作部件工作。它有气缸和气动马达两种形式。气缸和气动马达在结构和工作原理上分别与液压缸和液压马达相似。

### 一、气缸

气缸是输出往复直线运动或摆动运动的执行元件,在气动系统中应用广、品种多。气缸常按以下方法分类:按作用方式分为单作用式和双作用式;按结构形式分为活塞式、柱塞式、叶片式、薄膜式;按功能分为普通气缸和特殊气缸(如冲击式、回转式和气-液阻尼式)。

## 1. 单作用气缸

图 12-10(a)所示为单作用气缸的外形。其结构原理如图 12-10(b)所示，压缩空气仅在气缸的一端进气并推动活塞(或柱塞)运动，而活塞(或柱塞)的返回是借助于其他外力，如弹簧力、重力等。单作用气缸多用于短行程及对活塞杆推力、运动速度要求不高的场合。

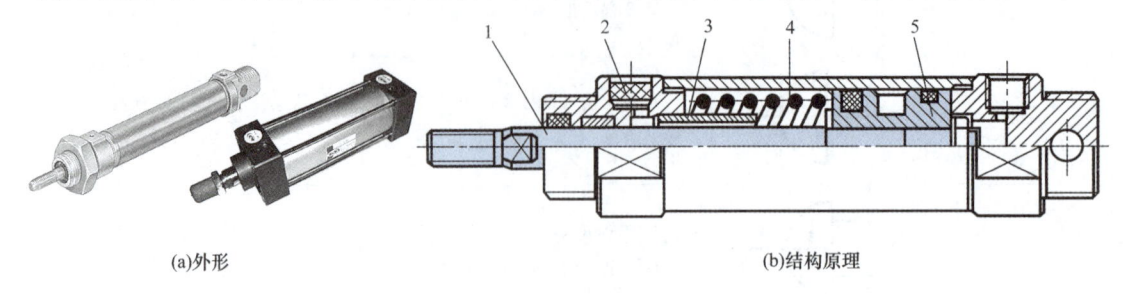

(a)外形　　　　　　　　　　　　(b)结构原理

图 12-10　单作用气缸

1—活塞杆；2—过滤片；3—止动套；4—弹簧；5—活塞

## 2. 薄膜式气缸

图 12-11(a)所示为薄膜式气缸的外形。其结构原理如图 12-11(b)和图 12-11(c)所示，它是一种利用压缩空气通过膜片的变形来推动活塞杆做直线运动的气缸。它由缸体、膜片、膜盘和活塞杆等主要零件组成。薄膜式气缸的膜片可以做成盘形膜片和平膜片两种形式。膜片材料为夹织物橡胶、钢片或磷青铜片，常用厚度为 5～6 mm 的夹织物橡胶，金属膜片只用于行程较小的薄膜式气缸中。

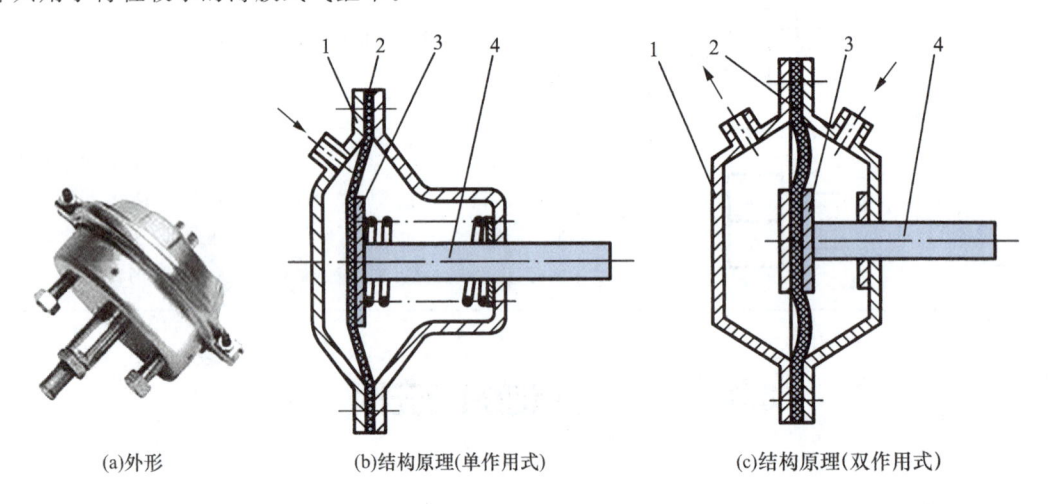

(a)外形　　　(b)结构原理(单作用式)　　　(c)结构原理(双作用式)

图 12-11　薄膜式气缸

1—缸体；2—膜片；3—膜盘；4—活塞杆

## 3. 回转式气缸

图 12-12 所示为回转式气缸的结构原理。回转式气缸由导气头体、缸体、活塞、活塞杆等组成。这种气缸的缸体连同缸盖及导气头芯可被携带回转，活塞及活塞杆只能做往复直线运动，导气头体外接管路，固定不动。

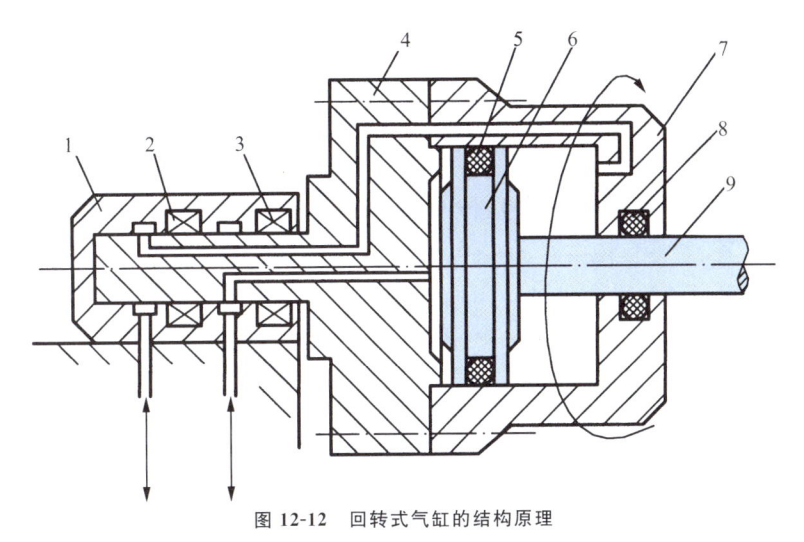

图 12-12 回转式气缸的结构原理

1—导气头体；2、3—轴承；4—缸盖及导气头芯；5、8—密封装置；6—活塞；7—缸体；9—活塞杆

## 二、气动马达

气动马达是输出旋转运动机械能的执行元件。它有多种类型，按工作原理可分为容积式和涡轮式两种，其中容积式较常用；按结构不同可分为齿轮式、叶片式、活塞式、螺杆式和膜片式。

图 12-13(a)所示为叶片式气动马达的外形。其结构原理如图 12-13(b)所示，压缩空气由 A 孔输入，小部分经定子两端密封盖的槽进入叶片底部（图中未表示），将叶片推出，使叶片紧贴在定子内壁上；大部分压缩空气进入相应的密封空间而作用在两个叶片上，由于两叶片长度不等，因此产生了转矩差，使叶片和转子按逆时针方向旋转。做功后的气体由定子上的 C 孔和 B 孔排出，若改变压缩空气的输入方向（即压缩空气由 B 孔进入，由 A 孔和 C 孔排出），就可改变转子的转向。

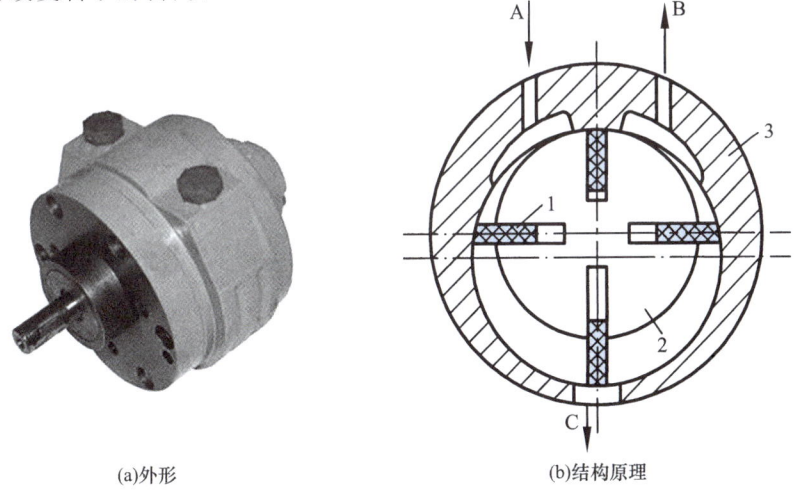

(a)外形　　(b)结构原理

图 12-13　叶片式气动马达

1—叶片；2—转子；3—定子

## 12.4 气动辅助元件

气动辅助元件的功用是转换信号、传递信号、保护元件、连接元件以及改善系统的工况等。它的种类很多，主要有转换器、传感器、放大器、缓冲器、消声器、真空发生器和吸盘以及气路管件等。常用气动辅助元件的功用见表12-2。

表 12-2　　　　　　　　　　常用气动辅助元件的功用

| 类型 | | 功用 |
| --- | --- | --- |
| 转换器 | 气-液转换器 | 将压缩空气的压力能转换为油液的压力能，但压力值不变 |
| | 气-液增压器 | 将压缩空气的能量转换为油液的能量，但压力值增大，是将低压气体转换成高压油输出至负载液压缸或其他装置以获得更大驱动力的装置 |
| | 压力继电器 | 在气动系统中气压超过或低于给定压力(或压差)时发出电信号。另外，气-电转换器也是将气压信号转换为电信号的元件，其结构与压力继电器相似。不同的是压力不可调，只显示压力的有无，且结构较简单 |
| 传感器和放大器 | | 气动位置传感器：将位置信号转换成气压信号(气测式)或电信号(电测式)，进行检测<br>气动放大器：气测式传感器输出的信号一般较小，在实际使用时，一般与放大器配合，以放大信号(压力或流量) |
| 缓冲器 | | 当物体运动时，由于惯性作用，在行程末端产生冲击，设置缓冲器可减小冲击，保证系统平稳、安全地工作 |
| 消声器 | | 在气动元件的排气口安装消声器可降低排气的噪声，有的消声器还能分离和除去排气中的污染物 |
| 真空发生器和真空吸盘 | | 真空发生器是利用压缩空气的高速运动形成负压而产生真空的，真空吸盘是利用其内部的负压将工件吸住，它们普遍用于薄板、易碎物体等的搬运 |

## 实训

### 气动元件结构拆装

**1. 实训目的**

(1) 熟悉常用气动元件的结构组成，学会正确的拆装方法。

(2) 理解常用气动元件的结构特点，进一步理解其工作原理、性能特点和应用。

**2. 实训器材**

(1) 实物：各种常用的气动元件。(气源装置、气动控制元件及气动执行元件的种类很多，建议参照本章内容选择小型活塞式空气压缩机、空气过滤器、油雾器、减压阀和薄膜式气缸)

(2) 工具：内六角扳手1套、耐油橡胶板1块、油盆1个及钳工常用工具1套。

### 3. 实训内容和注意事项

(1) 活塞式空气压缩机的拆装

①首先按先外后内的顺序拆卸,并将零件标号,按顺序摆放,最后按先内后外的顺序正确安装。

②注意零件之间的连接关系及结构特点。

③对某些零件要进行清洗、涂油后再安装。

④注意对吸气阀、排气阀的清洁,以防堵塞。

⑤对装有卸荷装置的空气压缩机,应按规定要求装配和调整。

(2) 空气过滤器的拆装(参照图 12-2)

注意过滤器滤芯的清洗及壳体下端排水口的畅通。

(3) 油雾器的拆装(参照图 12-3)

①注意油雾器喷嘴杆上两孔的畅通。

②注意截止阀和节流阀的装配和调节。

③保持油杯和视油帽清洁,以便观察。

(4) 减压阀的拆装(参照图 12-4)

①先将调压手轮完全松开后,再进行拆卸。

②安装时注意两根压缩弹簧及溢流阀座之间的装配关系。注意阀杆与进气阀芯的装配关系,注意阀芯与复位弹簧的装配关系。

(5) 气缸的拆装

①注意气缸密封装置的拆卸和安装,连接缸体与缸盖的螺栓应按规定扭矩拧紧。

②对设有缓冲装置的气缸,应注意缓冲装置的装配和调整。

### 4. 参观元件(实物或教具模型)

冷却器、贮气罐、空气干燥器、除油器和排水器、溢流阀、顺序阀、节流阀、梭阀、气动马达、缓冲器和消声器等。

### 5. 实训报告

简述各项拆装的正确步骤和技术要求。

#### 素养提升

　　气动元件的广泛应用是气动工业发展的标志之一。我国气动元件的制造工艺已经有了飞速发展,达到了世界领先水平。目前,从几百元的椅子到数千万元的冶金设备,基本都用上了国产气动元件,这说明气动技术已渗透到各行各业,其影响正在日益扩大。制造业是国民经济的主体,是立国之本、兴国之器、强国之基。《中国制造 2025》提出,坚持"创新驱动、质量为先、绿色发展、结构优化、人才为本"的基本方针,坚持"市场主导、政府引导,立足当前、着眼长远,整体推进、重点突破,自主发展、开放合作"的基本原则,通过"三步走"实现制造强国的战略目标。

## 思考题与习题

1. 简述活塞式空气压缩机的工作原理。
2. 分析"气动三大件"的作用和原理。
3. 减压阀的调压弹簧为何要采用双弹簧结构？这两根弹簧串联时和并联时有什么不同？
4. 梭阀的作用是什么？一般用于什么场合？
5. 换向型方向控制阀有哪几种控制方式？简述其主要特点。

# 第13章

# 气动回路及其应用实例

本章主要叙述气压传动系统基本回路的工作原理及应用特点。

**本章重点**
1. 换向、速度和压力控制回路的组成及工作原理。
2. 安全保护、气液联动和往复动作回路的工作原理及组成。
3. 气液动力滑台气压传动系统的工作原理。
4. 工件夹紧气压传动系统的工作原理。
5. 数控加工中心气动换刀系统的工作原理。

## 13.1 气动基本回路

任何复杂的气动控制回路均由一些具有特定功能的基本回路组成,这些基本回路主要包括换向回路、压力控制回路、速度控制回路、位置控制回路和基本逻辑回路。由于这些回路的功用与相应的液压基本回路的功用基本相同,因此这里不再重复表述。常用基本回路的原理图及特点说明见表 13-1～表 13-3。

表 13-1 换向回路的原理图及特点说明

| | 原理图 | 特点说明 |
|---|---|---|
| 单作用气缸换向回路 | 二位运动控制回路 | 有气控信号时,活塞杆伸出;若信号消失,则活塞杆靠弹簧复位 |

续表

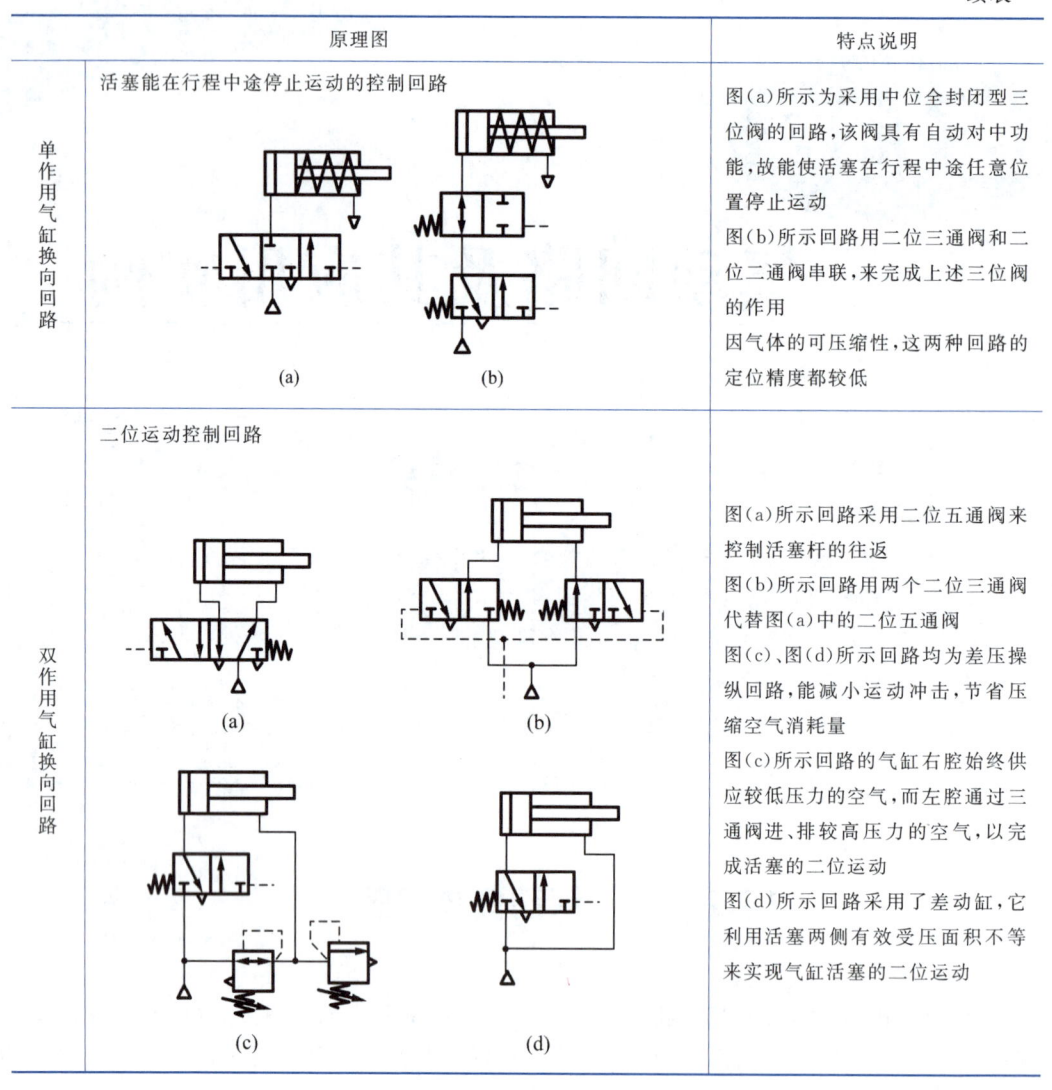

| 原理图 | | 特点说明 |
|---|---|---|
| 单作用气缸换向回路 | 活塞能在行程中途停止运动的控制回路<br>(a)　　　(b) | 图(a)所示为采用中位全封闭型三位阀的回路，该阀具有自动对中功能，故能使活塞在行程中途任意位置停止运动<br>图(b)所示回路用二位三通阀和二位二通阀串联，来完成上述三位阀的作用<br>因气体的可压缩性，这两种回路的定位精度都较低 |
| 双作用气缸换向回路 | 二位运动控制回路<br>(a)　　　(b)<br>(c)　　　(d) | 图(a)所示回路采用二位五通阀来控制活塞杆的往返<br>图(b)所示回路用两个二位三通阀代替图(a)中的二位五通阀<br>图(c)、图(d)所示回路均为差压操纵回路，能减小运动冲击，节省压缩空气消耗量<br>图(c)所示回路的气缸右腔始终供应较低压力的空气，而左腔通过三通阀进、排较高压力的空气，以完成活塞的二位运动<br>图(d)所示回路采用了差动缸，它利用活塞两侧有效受压面积不等来实现气缸活塞的二位运动 |

表 13-2　　　　压力控制回路的原理图及特点说明

| 原理图 | 特点说明 |
|---|---|
| 一次压力控制回路 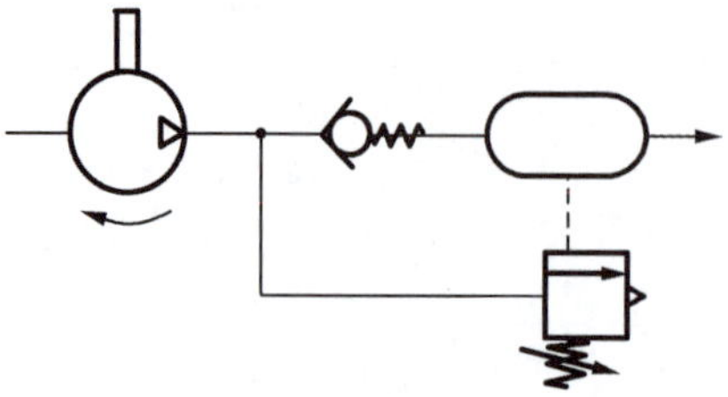 | 通过外控式溢流阀使贮气罐压力不超过规定压力，但耗气量较大 |

续表

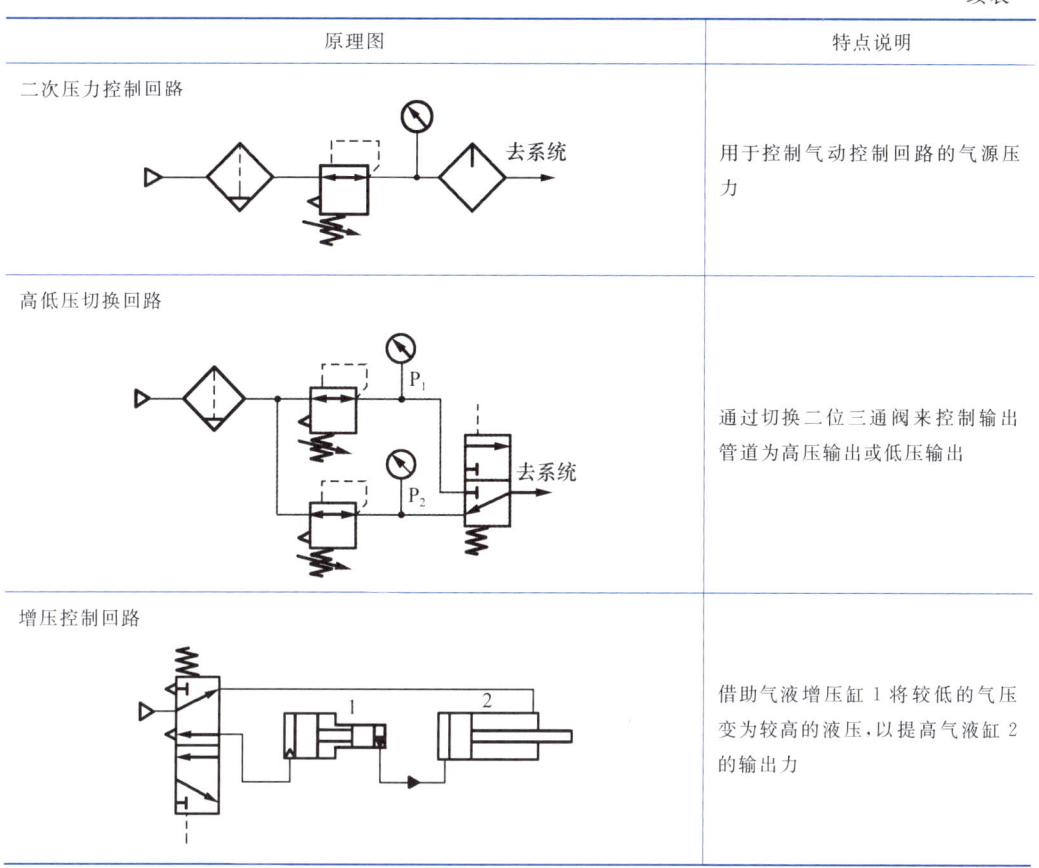

| 原理图 | 特点说明 |
|---|---|
| 二次压力控制回路 | 用于控制气动控制回路的气源压力 |
| 高低压切换回路 | 通过切换二位三通阀来控制输出管道为高压输出或低压输出 |
| 增压控制回路 | 借助气液增压缸 1 将较低的气压变为较高的液压,以提高气液缸 2 的输出力 |

表 13-3　　　　速度控制回路的原理图及特点说明

| | 原理图 | 特点说明 |
|---|---|---|
| 单作用气缸速度控制回路 | 双向调速回路 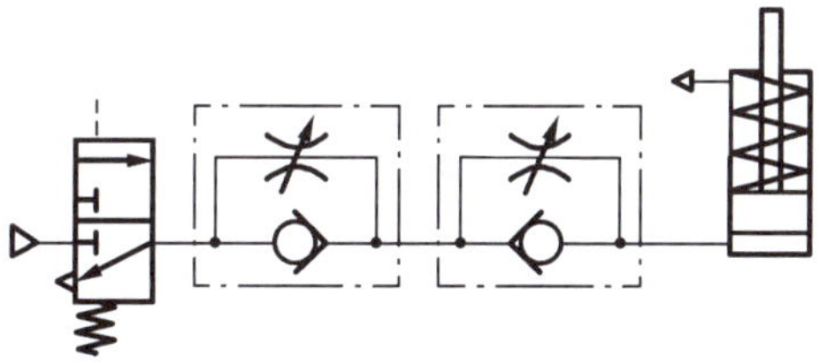 | 通过调节两个单向节流阀的节流开度,来分别控制活塞杆伸出及返回的速度 |
| | 快速返回回路 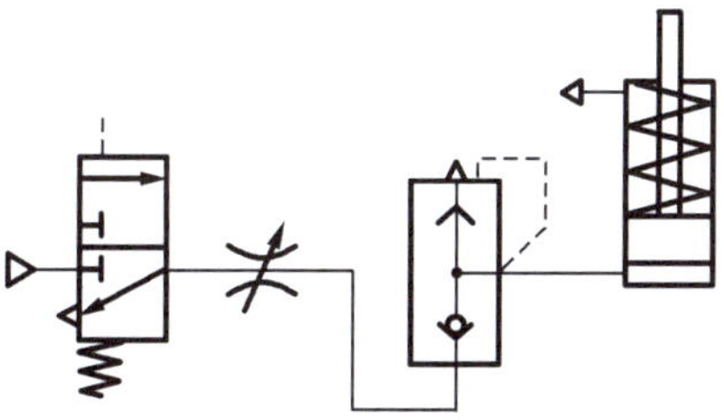 | 活塞返回时,气缸下腔经快速排气阀直接排气,故为快速返回 |

续表

| 原理图 | 特点说明 |
|---|---|
| **双向调速回路**<br>(a)  (b) | 图(a)所示为采用单向节流阀的双向节流调速回路<br>图(b)所示为采用排气节流阀的双向节流调速回路<br>图(a)、图(b)均采用排气节流方式进行调速 |
| **速度换接回路** | 利用两个二位二通阀与单向节流阀并联,当撞块压下行程开关时发出信号,使二位二通阀换向,改变排气通路,从而使气缸速度改变 |
| **缓冲回路(行程末端变速回路)**<br>(a)<br>(b) | 图(a)表示活塞杆伸出至撞块切换二通阀后开始缓冲。根据负荷大小及运动速度要求来改变二通阀的安装位置,就能达到良好的缓冲效果<br>图(b)所示回路中,气缸活塞返回至行程末端时,其左腔压力下降,顺序阀2关闭,余气只能通过节流阀1排出,故获得缓冲 |

(双作用气缸速度控制回路)

## 13.2 常用回路

常用回路是指实际应用中经常会遇到的典型应用回路。一般有安全保护回路、单缸往复动作回路、气液联动回路、同步动作回路、延时回路和双手操作回路等。常用回路的原理图及特点说明见表 13-4～表 13-7。

表 13-4　　　　　　　　　安全保护回路的原理图及特点说明

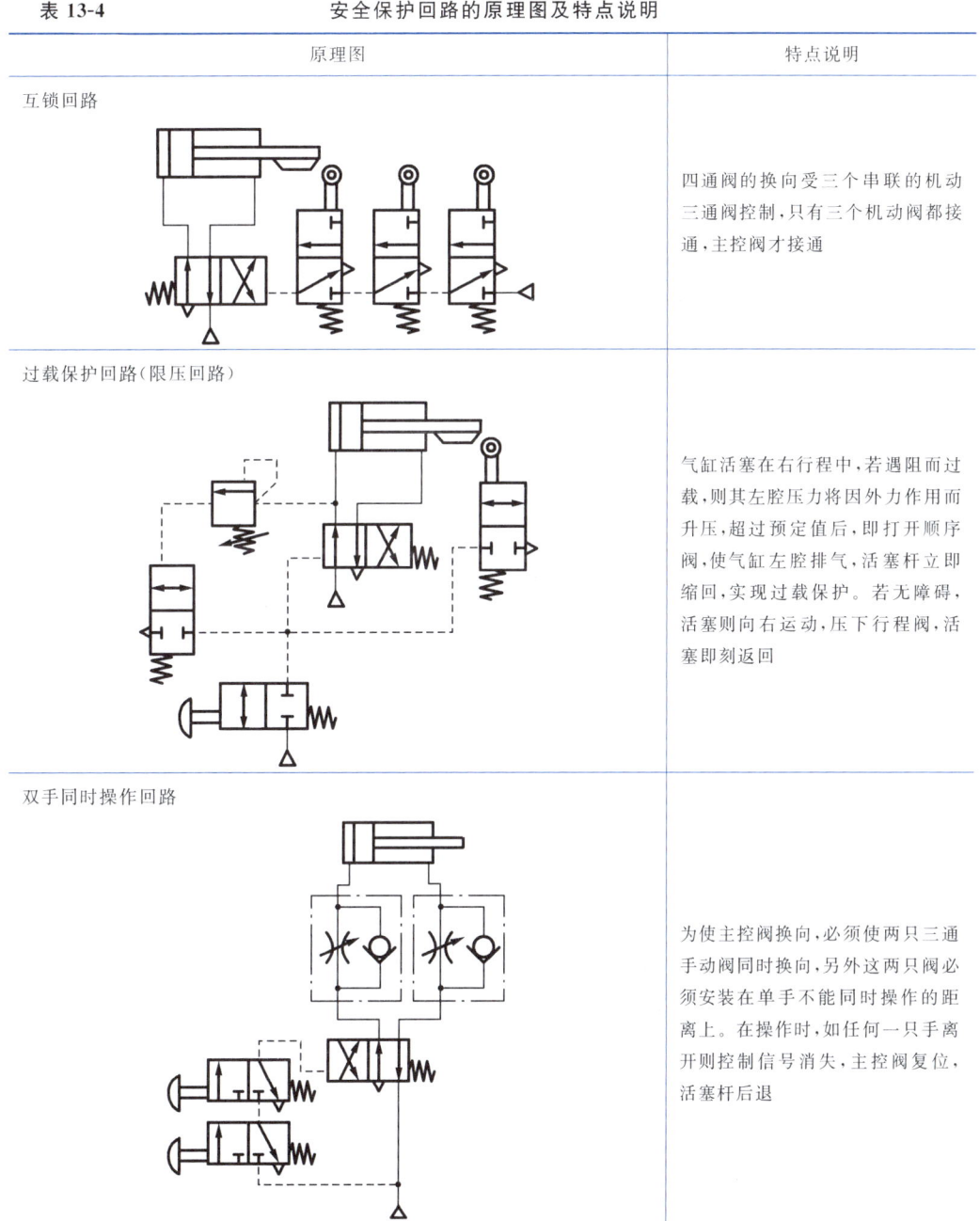

| 原理图 | 特点说明 |
| --- | --- |
| 互锁回路 | 四通阀的换向受三个串联的机动三通阀控制，只有三个机动阀都接通，主控阀才接通 |
| 过载保护回路（限压回路） | 气缸活塞在右行程中，若遇阻而过载，则其左腔压力将因外力作用而升压，超过预定值后，即打开顺序阀，使气缸左腔排气，活塞杆立即缩回，实现过载保护。若无障碍，活塞则向右运动，压下行程阀，活塞即刻返回 |
| 双手同时操作回路 | 为使主控阀换向，必须使两只三通手动阀同时换向，另外这两只阀必须安装在单手不能同时操作的距离上。在操作时，如任何一只手离开则控制信号消失，主控阀复位，活塞杆后退 |

表 13-5　　气液联动回路的原理图及特点说明

| 原理图 | 特点说明 |
|---|---|
| 气液转换速度控制回路 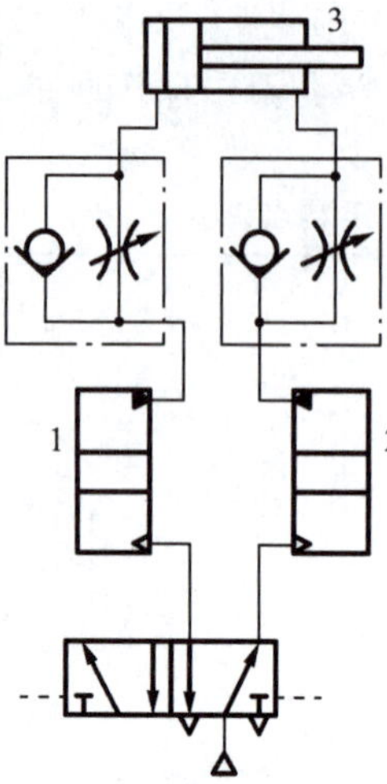 | 它利用气液转换器 1、2 将气压变成液压，利用液压驱动液压缸 3，从而得到平稳易控制的活塞运动速度，调节节流阀的开度，就可改变活塞的运动速度。这种回路充分发挥了气动供气方便和液压速度容易控制的特点 |
| 气液阻尼缸的速度控制回路 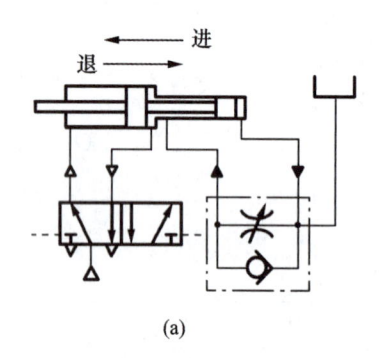<br>(a) 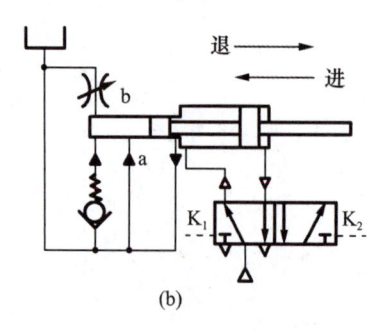<br>(b) | 图(a)所示为慢进快退回路，改变单向节流阀的开度，即可控制活塞的前进速度。活塞返回时，气液阻尼缸中液压缸的无杆腔油液通过单向阀快速流入有杆腔，故返回速度较快<br>图(b)能实现常用的"快进—工进—快退"动作。当有 $K_2$ 信号时，五通阀换向，活塞向左运动，液压缸无杆腔中的油液通过 a 口进入有杆腔，气缸快速向左前进；当活塞将 a 口关闭时，液压缸无杆腔中的油液被迫从 b 口经节流阀进入有杆腔，活塞工作进给；当 $K_2$ 消失，有 $K_1$ 输入信号时，五通阀换向，活塞向右快速返回 |

表 13-6　　　　　　　　　　　往复动作回路的原理图及特点说明

| 原理图 | 特点说明 |
|---|---|
| 行程阀控制的单往复回路 | 按下阀 1 的手动按钮后,压缩空气使阀 3 换向,活塞杆前进。当凸块压下行程阀 2 时,阀 3 复位,活塞杆返回 |
| 压力控制的单往复回路 | 按下阀 1 的手动按钮后,阀 3 的阀芯右移,气缸无杆腔进气,活塞杆前进。当活塞行程到达终点时,气压升高,打开顺序阀 2,使阀 3 换向,气缸返回 |
| 利用阻容回路形成的时间控制单往复回路 | 按下阀 1 的按钮后,阀 3 换向,气缸活塞杆伸出。压下行程阀 2 后,需经过一定的时间,阀 3 才能换向,使气缸返回 |

续表

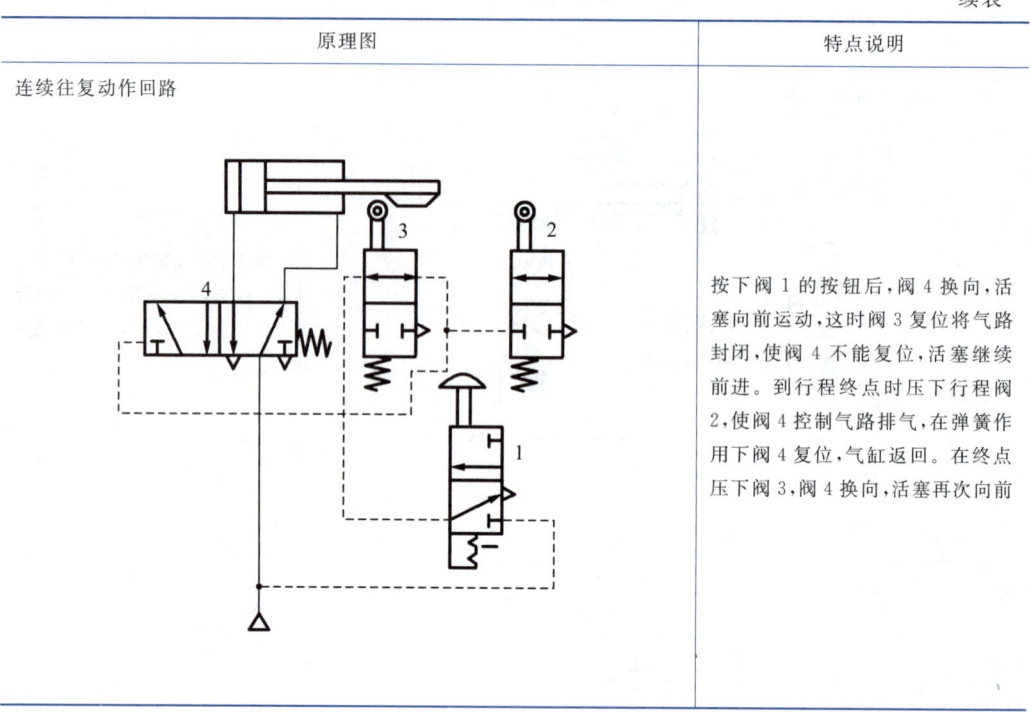

| 原理图 | 特点说明 |
|---|---|
| 连续往复动作回路 | 按下阀1的按钮后,阀4换向,活塞向前运动,这时阀3复位将气路封闭,使阀4不能复位,活塞继续前进。到行程终点时压下行程阀2,使阀4控制气路排气,在弹簧作用下阀4复位,气缸返回。在终点压下阀3,阀4换向,活塞再次向前 |

表 13-7　　　　同步动作回路的原理图及特点说明

| 原理图 | 特点说明 |
|---|---|
| 用单向节流阀的气缸同步动作回路 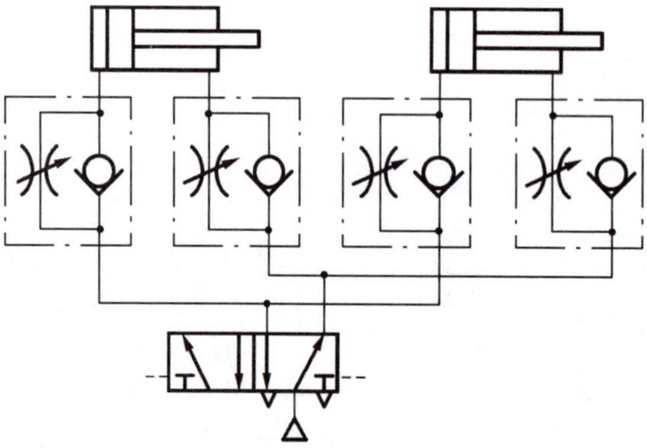 | 通过对单向节流阀分别进行调节,使两缸同步,其同步精度不高 |

续表

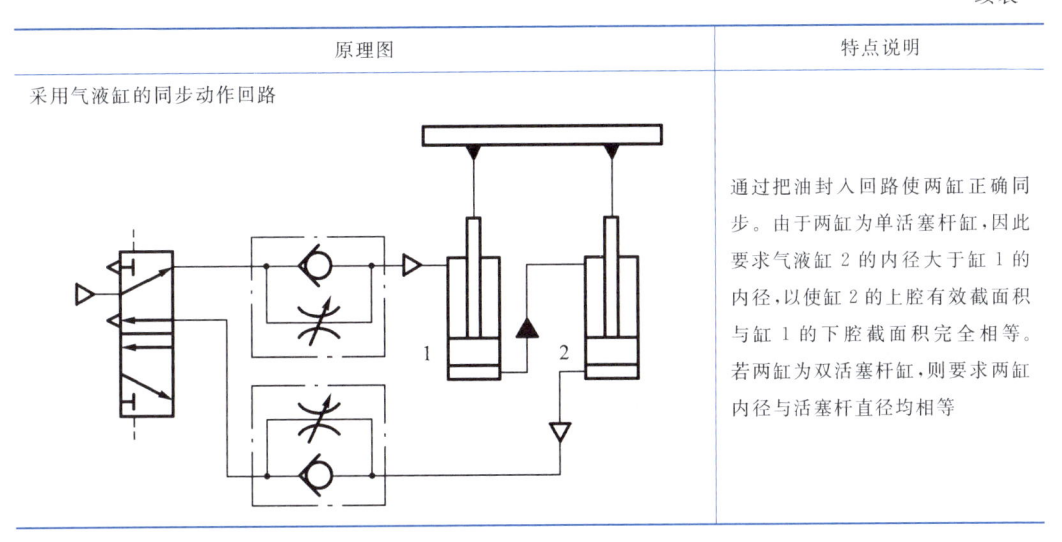

| 原理图 | 特点说明 |
| --- | --- |
| 采用气液缸的同步动作回路 | 通过把油封入回路使两缸正确同步。由于两缸为单活塞杆缸,因此要求气液缸 2 的内径大于缸 1 的内径,以使缸 2 的上腔有效截面积与缸 1 的下腔截面积完全相等。若两缸为双活塞杆缸,则要求两缸内径与活塞杆直径均相等 |

## 13.3 气压传动系统应用实例

### 一、气液动力滑台气压传动系统

气液动力滑台是采用气-液阻尼缸作为执行元件,在机械设备中用来实现进给运动的部件。如图 13-1 所示为气液动力滑台气压传动系统,该滑台能完成"快进—慢进(工进)—快退—停止"和"快进—慢进—慢退—快退—停止"两种工作循环。

**1. 快进—慢进(工进)—快退—停止**

当手动换向阀 4 处于图 13-1 所示的状态时,就可实现"快进—慢进(工进)—快退—停止"的动作循环。其动作原理为:当手动换向阀 3 切换到右位时,实际上就是发出进给信号,在气压作用下气缸中的活塞开始向下运动,液压缸中活塞下腔的油液经行程阀 6 的左位、单向阀 7 进入液压缸活塞上腔,实现了快进;当快进到活塞杆上的挡铁 B 切换行程阀 6(使它处于右位)后,油液只能经节流阀 5 进入活塞上腔,调节活塞开始慢进(工进);当慢进到挡铁 C 切换行程阀 2 至左位时,输出气信号使手动换向阀 3 切换到左位,这时气缸活塞开始向上运动。液压缸活塞上腔的油液经行程阀 8 的左位和手动换向阀 4 的右位(单向阀)进入液压缸下腔,实现了快退;当快退到挡铁 A 切换行程阀 8 而使油液通路被切断时,活塞便停止运动。所以改变挡铁 A 的位置,就能改变"停"的位置。

**2. 快进—慢进—慢退—快退—停止**

若手动换向阀 4 关闭(处于左侧),就可实现"快进—慢进—慢退—快退—停止"的双向进给动作循环。其动作循环中"快进—慢进"的原理与上述相同。当慢进至挡铁 C 切换行程阀 2 至左位时,输出气信号使手动换向阀 3 切换到左位,气缸活塞开始向上运动,这时液压缸活塞上腔的油液经行程阀 8 的左位和节流阀 5 进入活塞下腔,即实现了慢退(反向进

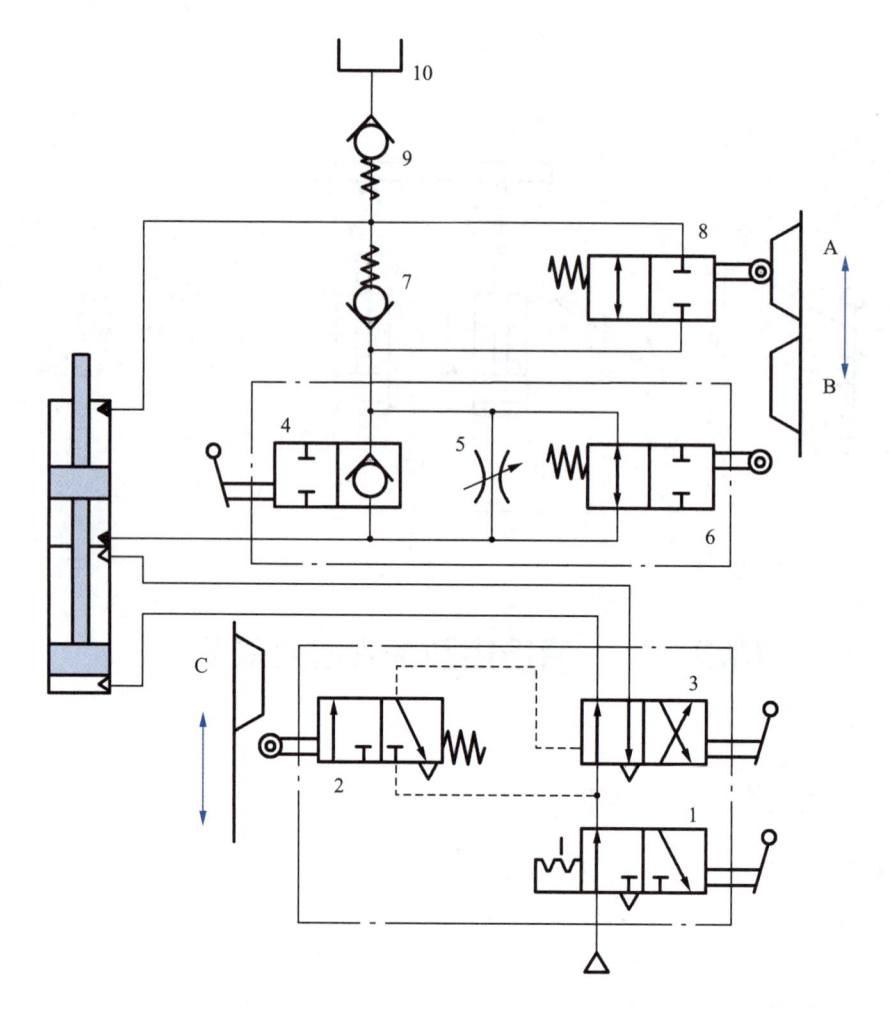

**图 13-1 气液动力滑台气压传动系统**
1、3、4—手动换向阀；2、6、8—行程阀；5—节流阀；7、9—单向阀；10—补油箱

给）；当慢退到挡铁 B 离开行程阀 6 的顶杆而使其复位（处于左位）后，液压缸活塞上腔的油液就经行程阀 6 左位而进入活塞下腔，开始了快退；当快退到挡铁 A 切换行程阀 8 而使油液通路被切断时，活塞就停止运动。

图中带定位机构的手动换向阀 1、行程阀 2 和手动换向阀 3 组合成一个组合阀，手动换向阀 4、节流阀 5 和行程阀 6 组合成另一个组合阀；补油箱 10 是为了补偿系统中的漏油而设置的，一般可用油杯来代替。

## 二、工件夹紧气压传动系统

图 13-2 所示为机械加工自动线、组合机床中常用的工件夹紧气压传动系统。其工作原理是：当工件运行到指定位置后，垂直缸 A 的活塞杆首先伸出（向下）将工件定位锁紧后，两侧的气缸 B 和 C 的活塞杆再同时伸出，对工件进行两侧夹紧，然后进行机械加工，加工完成后各夹紧缸退回，将工件松开。

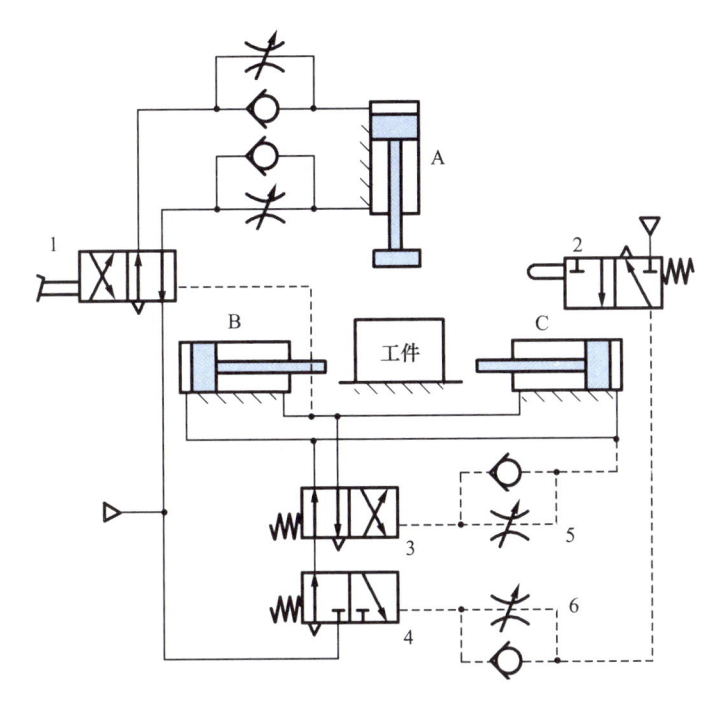

**图 13-2　工件夹紧气压传动系统**
1—脚踏换向阀；2—行程阀；3、4—换向阀；5、6—单向节流阀

具体工作原理如下：当用脚踩下脚踏换向阀 1 后，压缩空气进入缸 A 的上腔，使夹紧头下降而夹紧工件。当压下行程阀 2 时，压缩空气经单向节流阀 6 进入二位三通气控换向阀 4 的右侧，使阀 4 换向（调节节流阀开口可以控制阀 4 的延时接通时间）。压缩空气通过换向阀 3 进入两侧气缸 B 和 C 的无杆腔，使活塞杆伸出而夹紧工件。然后开始机械加工，同时流过阀 3 的一部分压缩空气经过单向节流阀 5 进入阀 3 右端，经过一段时间（由节流阀控制）后，机械加工完成，阀 3 右位接通，两侧气缸后退到原来位置。同时，一部分压缩空气作为信号进入阀 1 的右端，使阀 1 右位接通，压缩空气进入缸 A 的下腔，使夹紧头退回原位。

夹紧头上升的同时使阀 2 复位，阀 4 也复位（此时阀 3 仍为右位接通），由于气缸 B、C 的无杆腔通大气，因此阀 3 自动复位到左位，完成一个工作循环。该回路只有再踩下阀 1 才能开始下一个工作循环。

## 三、数控加工中心气动换刀系统

图 13-3 所示为某数控加工中心气动换刀系统，该系统在换刀过程中实现主轴定位、主轴松刀、拔刀、向主轴锥孔吹气和插刀动作。

动作过程如下：当数控系统发出换刀指令时，主轴停止旋转，同时 4YA 通电，压缩空气经气动三联件 1、换向阀 4、单向节流阀 5 进入主轴定位缸 A 的右腔，缸 A 的活塞左移，使主轴自动定位。定位后压下无触点开关，使 6YA 通电，压缩空气经换向阀 6、梭阀 8 进入气液增压缸 B 的上腔，增压腔的高压油使活塞伸出，实现主轴松刀，同时使 8YA 通电，压缩空气经换向阀 9、单向节流阀 11 进入缸 C 的上腔，缸 C 的下腔排气，活塞下移，实现拔刀。由回

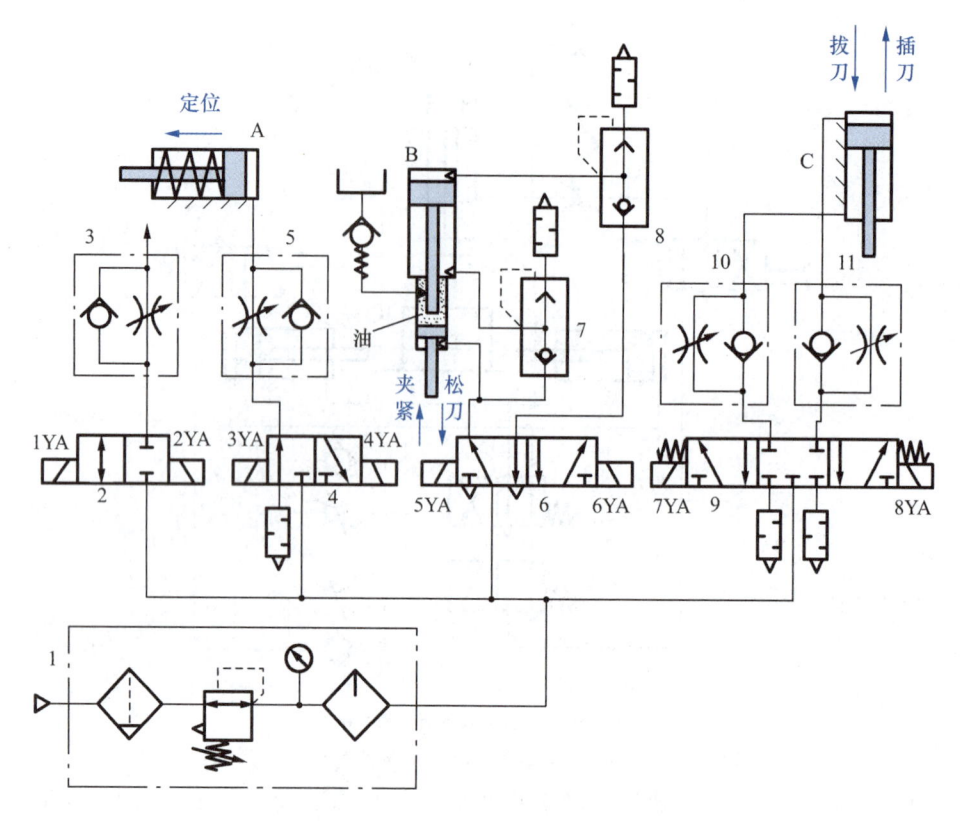

**图 13-3　数控加工中心气动换刀系统**

1—气动三联件；2、4、6、9—换向阀；3、5、10、11—单向节流阀；7、8—梭阀

转刀库交换刀具，同时 1YA 通电，压缩空气经换向阀 2、单向节流阀 3 向主轴锥孔吹气。稍后 1YA 断电，2YA 通电，停止吹气，8YA 断电，7YA 通电，压缩空气经换向阀 9、单向节流阀 10 进入缸 C 的下腔，活塞上移，实现插刀。6YA 断电、5YA 通电，压缩空气经换向阀 6 进入气液增压缸 B 的下腔，使活塞退回，主轴的机械机构使刀具夹紧。4YA 断电、3YA 通电，缸 A 的活塞在弹簧力作用下复位，回复到开始状态，换刀结束。

## 四、汽车车门安全操纵系统

图 13-4 所示为汽车车门安全操纵系统。它用来控制汽车车门的开关，且当车门在关闭过程中遇到障碍时，能使车门再自动开启，起安全保护作用。车门的开关靠气缸 12 来实现，气缸由气控换向阀 9 来控制。而气控换向阀又由按钮换向阀 1、2、3、4 操纵，气缸运动速度的快慢由单向节流阀 10 或 11 来调节。通过阀 1 或阀 3 使车门开启，通过阀 2 或阀 4 使车门关闭。起安全保护作用的机动换向阀 5 安装在车门上。

当操纵阀 1 或阀 3 时，压缩空气便经阀 1 或阀 3 到梭阀 7 和 8，把控制信号送到阀 9 的 A 侧，使阀 9 向车门开启方向切换。压缩空气便经阀 9 左位和阀 10 中的单向阀到气缸的有杆腔，推动活塞使车门开启。当操纵阀 2 或阀 4 时，压缩空气经梭阀 6 到阀 9 的 B 侧，使阀 9 向车门关闭方向切换，压缩空气则经阀 9 右位和阀 11 中的单向阀到气缸的无杆腔，使车

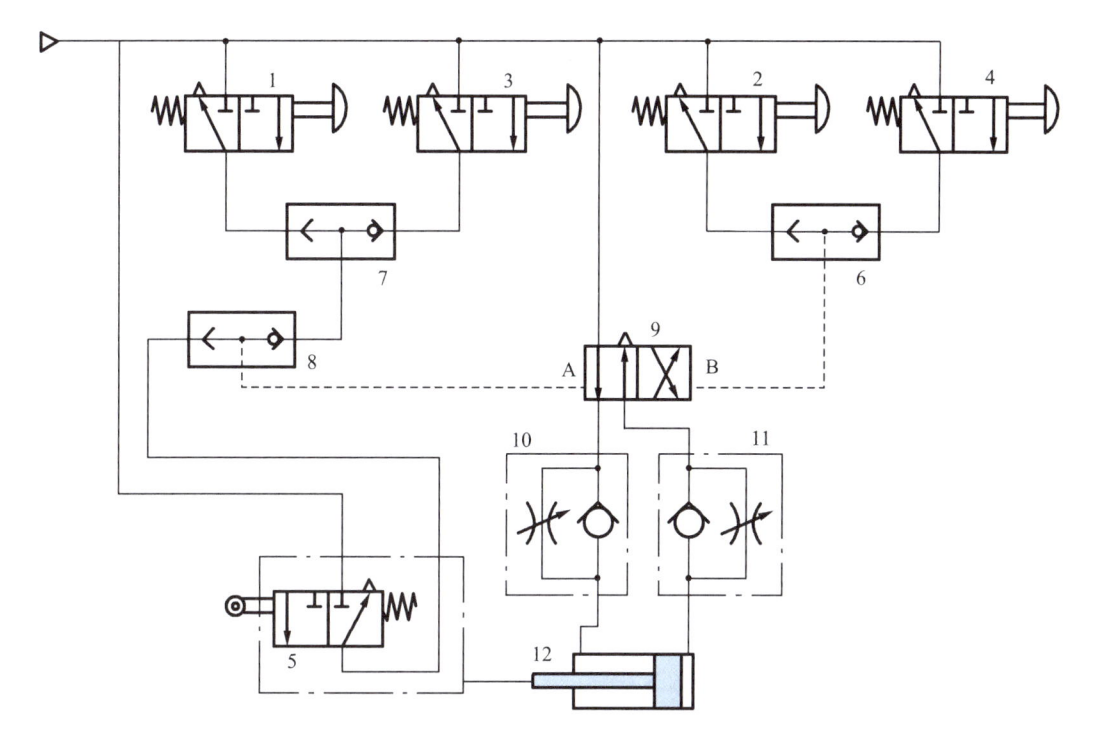

**图 13-4  汽车车门安全操纵系统**

1、2、3、4—按钮换向阀；5—机动换向阀；6、7、8—梭阀；9—气控换向阀；10、11—单向节流阀；12—气缸

门关闭。车门在关闭过程中若碰到障碍物，便推动机动换向阀 5，使压缩空气经阀 5 把控制信号由阀 8 送到阀 9 的 A 端，使车门重新开启。但是，若阀 2 或阀 4 仍然保持按下状态，则阀 5 起不到自动开启车门的安全作用。

## 五、东风 EQ1092 型汽车主车气压制动回路

图 13-5 所示为东风 EQ1092 型汽车主车气压制动回路。空气压缩机 1 由发动机通过皮带驱动，将压缩空气经单向阀 2 压入贮气筒 3，然后再分别经两个相互独立的前桥贮气筒 5 和后桥贮气筒 6 将压缩空气输送到制动控制阀 7 中。当踩下制动踏板时，压缩空气经阀 7 同时进入前轮制动缸 10 和后轮制动缸 11（实际上为制动室），使前、后轮同时制动。松开制动踏板，前、后轮制动室的压缩空气则经阀 7 排入大气中，解除制动。

该车使用的是风冷单缸空气压缩机，缸盖上设有卸荷装置。空气压缩机与贮气筒之间还装有调压阀和单向阀。当贮气筒气压达到规定值后，调压阀就将进气阀打开，使空气压缩机卸荷，一旦调压阀失效，则由安全阀起过载保护作用。单向阀可防止压缩空气倒流。该车采用双腔膜片式并联制动控制阀（踏板式）。踩下踏板，使前后轮制动（后轮略早）。当前、后桥回路中有一回路失效时，另一回路仍能正常工作，实现制动。在后桥制动回路中安装了膜片式快速放气阀，可使后桥制动迅速解除。压力表 8 指示后桥制动回路中的气压。该车采用膜片式制动室，利用压缩空气的膨胀力推动制动臂及制动凸轮，使车轮制动。

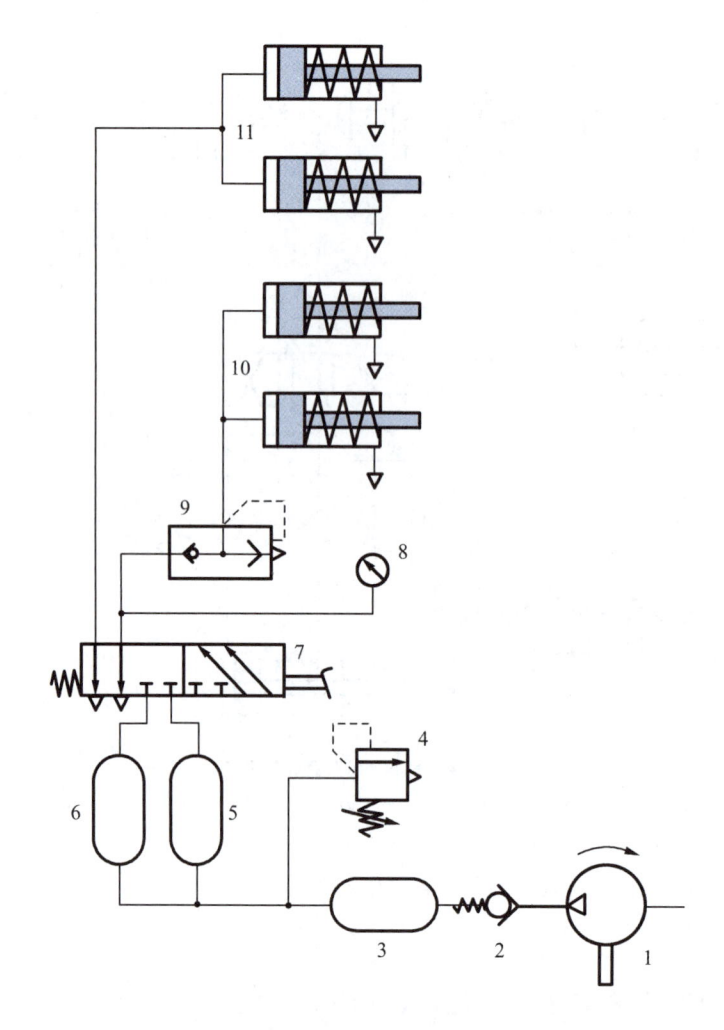

图 13-5  东风 EQ1092 型汽车主车气压制动回路

1—空气压缩机；2—单向阀；3—贮气筒；4—安全阀；5—前桥贮气筒；6—后桥贮气筒；
7—制动控制阀；8—压力表；9—快速排气阀；10—前轮制动缸；11—后轮制动缸

## 实训

### 气动基本回路实验

**1. 实训目的**

(1)通过对实现顺序动作的回路整体配置的观察与分析,进一步理解气动系统的工作原理及各气动元件所起的作用。

(2)初步学会分析气动回路的可行性及合理性。

**2. 实训设备**

自制顺序动作回路示教板；为便于理解回路图,各元件之间采用管式连接。

气源可采用电动气泵(如 QIE-8,它使用 220 V 交流电压,额定功率 $P=100$ W,输出气压为 0.8 MPa），再接气源调节装置（即气动组合三大件，如 QZ-6）、分气器后输出。

### 3. 实训内容

（1）按图 13-6 所示用快换接头进行各元件之间的连接，并按下启动按钮，观察两气缸的工作循环 $A_1B_1A_0B_0$（A、B 表示气缸，下标"1"表示活塞伸出，下标"0"表示活塞退回）是否正常，并分析原因。

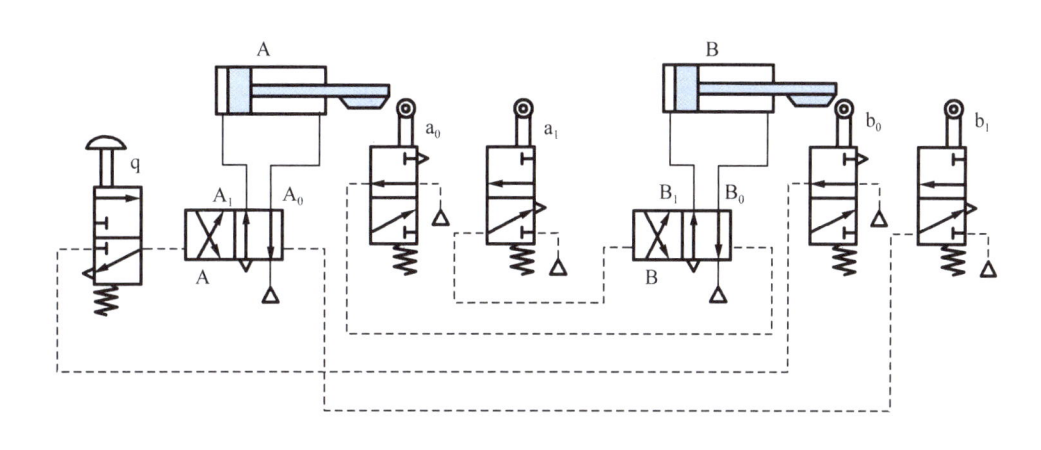

图 13-6　$A_1B_1A_0B_0$ 气动回路

（2）按图 13-7 所示用快换接头进行各元件之间的连接，并按下启动按钮，观察两气缸的工作循环 $A_1B_1B_0A_0$ 是否正常，并分析原因。

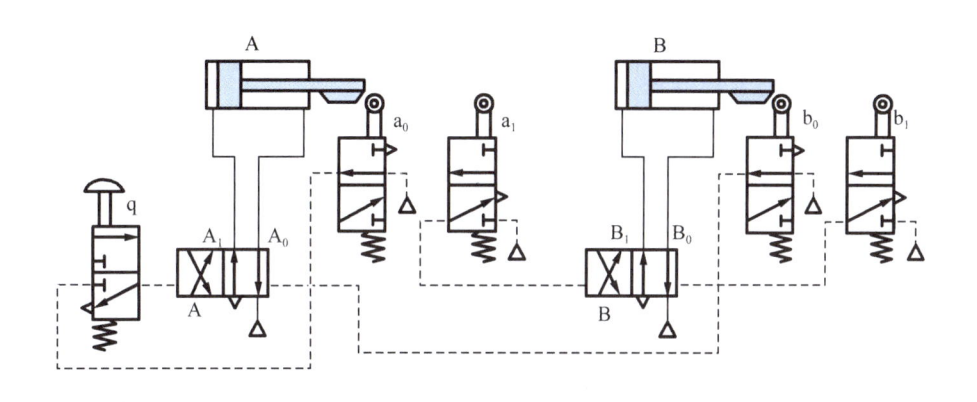

图 13-7　$A_1B_1B_0A_0$ 气动回路

### 4. 实训报告

分析回路的动作循环是否正常，并说明原因。

## 素养提升

高铁作为中国自主创新的一个成功范例,从无到有,从引进、消化、吸收创新到自主创新,再到领跑世界,以最直观的方式向世界展示了"中国速度",体现了中国装备制造业的迅猛发展,证明了中国综合国力的飞跃,成为中国一张崭新靓丽的"名片"。高铁已经成为人们日常出行不可或缺的交通工具,在享受高速与便捷的同时,你可能想象不到,正是气动的作用给人们带来了舒适的乘坐体验。在高铁车厢下面有气动减振弹簧,它可以把铁轨高低起伏带来的高低频振动减掉。类似这样的气动系统和元器件在高铁技术中无处不在,气动系统作为工业三大动力系统之一,犹如工业自动化的"肌肉",广泛应用于装备制造业各行业的自动化及工艺控制装备中,是我国"强基工程"的重点提升对象,其质量保障体系的构建是发展我国先进制造技术的重要基础。祖国的需要正是我们努力的方向!

## 思考题与习题

1. 气动常用回路有哪些?分析其原理和特点。
2. 分析图13-8所示回路的工作过程,并指出各元件的名称。

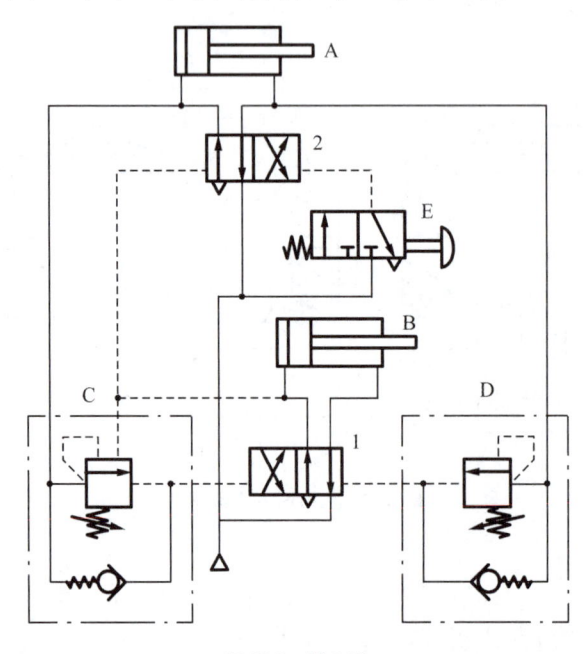

图13-8 题2图

# 第14章 气动系统的安装与调试及使用与维护

## 14.1 气动系统的安装与调试

### 一、气动系统的安装

#### 1. 管道的安装
(1) 安装前要彻底清理管道内的粉尘及杂物。
(2) 管子支架要牢固,工作时不得产生振动。
(3) 接管时要充分注意密封,防止漏气,尤其注意接头处及焊接处。
(4) 管路尽量平行布置,减少交叉,力求最短,转弯最少,并考虑到能自由拆装。
(5) 安装软管要有一定的弯曲半径,不允许有拧扭现象,且应远离热源或安装隔热板。

#### 2. 元件的安装
(1) 应注意阀的推荐安装位置和标明的安装方向。
(2) 逻辑元件应按控制回路的需要,将其成组地装在底板上,并在底板上开出气路,用软管接出。
(3) 移动缸的中心线与负载作用力的中心线要同心,否则会引起侧向力,使密封件加速磨损,活塞杆弯曲。
(4) 各种自动控制仪表、自动控制器和压力继电器等在安装前应进行校验。

### 二、气动系统的调试

#### 1. 调试前的准备
(1) 要熟悉说明书等有关技术资料,力求全面了解系统的原理、结构、性能和操作方法。
(2) 了解元件在设备上的实际位置、需要调整的元件的操作方法及调节旋钮的旋向。
(3) 准备好调试工具等。

#### 2. 空载运行
空载时运行一般不少于2 h,注意观察压力、流量、温度的变化,如发现异常应立即停车检查,待排除故障后才能继续运转。

**3. 负载试运转**

负载试运转应分段加载，运转一般不少于 4 h，分别测出有关数据，记入试运转记录。

## 14.2 气动系统的使用与维护

**1. 气动系统使用的注意事项**

(1) 开车前后要放掉系统中的冷凝水。

(2) 定期给油雾器注油。

(3) 开车前检查各调节手柄是否在正确位置，机控阀、行程开关、挡块的位置是否正确、牢固，对导轨等外露部分的配合表面进行擦拭。

(4) 随时注意压缩空气的清洁度，对空气过滤器的滤芯要定期清洗。

(5) 设备长期不用时，应将各手柄放松，防止弹簧永久变形而影响元件的调节性能。

**2. 压缩空气的污染及预防方法**

压缩空气的质量对气动系统性能的影响极大，它如被污染，将使管道和元件锈蚀、密封件变形、堵塞喷嘴，使系统不能正常工作。压缩空气的污染主要来自水分、油分和粉尘三个方面，其污染原因及预防方法如下：

(1) 水分

空气压缩机吸入的是含水分的湿空气，经压缩后提高了压力，当再度冷却时就要析出冷凝水，它侵入到压缩空气中会使管道和元件锈蚀，影响其性能。

预防冷凝水侵入压缩空气的方法：及时排除系统各排水阀中积存的冷凝水，经常注意自动排水器、干燥器的工作是否正常，定期清洗空气过滤器、自动排水器的内部元件等。

(2) 油分

这里是指使用过的因受热而变质的润滑油。压缩机使用的一部分润滑油呈雾状混入压缩空气中，受热后引起汽化，随压缩空气一起进入系统，将使密封件变形，造成空气泄漏，摩擦阻力增大，阀和执行元件动作不良，而且还会污染环境。

清除压缩空气中油分的方法：较大的油分颗粒，通过除油器和空气过滤器的分离作用使其同空气分开，从设备底部被排污阀排除；较小的油分颗粒，则可通过活性炭的吸附作用清除。

(3) 粉尘

大气中含有的粉尘、管道内的锈粉及密封材料的碎屑等进入到压缩空气中，将引起元件中的运动件卡死、动作失灵、堵塞喷嘴、加速元件磨损、降低使用寿命，导致故障发生，严重影响系统性能。

预防粉尘侵入压缩机的主要方法：经常清洗空气压缩机前的预过滤器，定期清洗空气过滤器的滤芯，及时更换滤清元件等。

**3. 气动系统的日常维护**

气动系统日常维护的主要内容是冷凝水的管理和系统润滑的管理。冷凝水的管理方法前面已讲述，这里仅介绍对系统润滑的管理。

气动系统中从控制元件到执行元件，凡有相对运动的表面都需润滑。如润滑不当，会使摩擦阻力增大而导致元件动作不良，密封面磨损会引起系统泄漏等危害。

润滑油的性质直接影响润滑效果。通常,高温环境下用高黏度润滑油,低温环境下用低黏度润滑油。如果温度特别低,克服雾化困难,则可在油杯内装加热器。供油量随润滑部位的形状、运动状态及负载大小而变化。供油量总是大于实际需要量,一般以每 10 $m^3$ 自由空气供给 1 mL 的油量为基准。

还要注意油雾器的工作是否正常,如果发现油量耗尽或减少,则应及时检修或更换油雾器。

#### 4. 气动系统的定期检修

定期检修的时间间隔通常为三个月。其主要内容如下:

(1) 查明系统各泄漏处,并设法予以解决。

(2) 通过对方向控制阀排气口的检查,判断润滑油是否适度,空气中是否有冷凝水。如果润滑不良,则考虑油雾器规格是否合适,安装位置是否恰当,滴油量是否正常等。如果有大量冷凝水排出,则考虑过滤器的安装位置是否恰当,排除冷凝水的装置是否合适,冷凝水的排除是否彻底。如果方向控制阀排气口关闭时仍有少量泄漏,则往往是元件损伤的初期阶段,检查后可更换受磨损元件以防止发生动作不良。

(3) 检查安全阀、紧急安全开关动作是否可靠。定期检修时,必须确认它们动作的可靠性,以确保设备和人身安全。

(4) 观察换向阀的动作是否可靠。根据换向时声音是否异常,判定铁芯和衔铁配合处是否有杂质。检查铁芯是否有磨损,密封件是否老化。

(5) 反复开关换向阀,观察气缸动作,判断活塞上的密封是否良好。检查活塞杆外露部分,判定前盖的配合处是否有泄漏。

对上述各项检查和修复的结果做好记录,以作为设备出现故障时查找原因和设备大修时的参考。

气动系统的大修间隔期为一年或几年。其主要内容是检查系统各元件和部件,判定其性能和寿命,并对平时产生故障的部位进行检修或更换元件,排除修理间隔期间内一切可能产生故障的因素。

## 14.3 气动系统主要元件的常见故障及其排除方法

气动系统主要元件的常见故障及其排除方法见表 14-1～表 14-6。

表 14-1　　　　　　　　减压阀的常见故障及其排除方法

| 故障现象 | 原因分析 | 排除方法 |
| --- | --- | --- |
| 出口压力升高 | (1) 弹簧损坏<br>(2) 阀座有伤痕或阀座密封圈剥离<br>(3) 阀体中夹入灰尘,阀芯导向部分黏附异物<br>(4) 阀芯导向部分和阀体的 O 形密封圈收缩、膨胀 | (1) 更换弹簧<br>(2) 更换阀体<br>(3) 清洗、检查过滤器<br>(4) 更换 O 形密封圈 |

续表

| 故障现象 | 原因分析 | 排除方法 |
| --- | --- | --- |
| 压降过大(流量不足) | (1)阀口通径小<br>(2)阀下部积存冷凝水,阀内混入异物 | (1)使用大通径的减压阀<br>(2)清洗、检查过滤器 |
| 溢流口总是漏气 | (1)溢流阀座有伤痕(溢流式)<br>(2)膜片破裂<br>(3)出口压力升高<br>(4)出口侧背压增高 | (1)更换溢流阀座<br>(2)更换膜片<br>(3)参看"出口压力升高"栏<br>(4)检查出口侧装置的回路 |
| 阀体漏气 | (1)密封件损伤<br>(2)弹簧松弛 | (1)更换密封件<br>(2)张紧弹簧或更换弹簧 |
| 异常振动 | (1)弹簧错位或弹簧的弹力减弱<br>(2)阀体的中心与阀杆的中心错位<br>(3)因空气消耗量周期变化而使阀不断开启、关闭,与减压阀引起共振 | (1)把错位弹簧调整到正常位置,更换弹簧<br>(2)检查并调整位置偏差<br>(3)改变阀的固有频率 |

表 14-2　　　　　　　　溢流阀的常见故障及其排除方法

| 故障现象 | 原因分析 | 排除方法 |
| --- | --- | --- |
| 压力虽上升,但不溢流 | (1)阀内部的孔堵塞<br>(2)阀芯导向部分进入异物 | (1)清洗<br>(2)清洗 |
| 压力虽没有超过设定值,但在溢流口处却溢出空气 | (1)室内进入异物<br>(2)阀座损伤<br>(3)调压弹簧损坏<br>(4)膜片破裂 | (1)清洗<br>(2)更换阀座<br>(3)更换调压弹簧<br>(4)更换膜片 |
| 溢流时发生振动(主要发生在膜片式阀上,启闭压力差较小) | (1)压力上升速度很慢,溢流阀放出的流量多,引起大的振动<br>(2)因从压力上升源到溢流阀之间被节流,故阀前部压力上升慢而引起振动 | (1)出口处安装针阀,微调溢流量,使其与压力上升量匹配<br>(2)增大压力上升源到溢流阀的管道口径 |
| 从阀体和阀盖向外漏气 | (1)膜片破裂(膜片式)<br>(2)密封件损伤 | (1)更换膜片<br>(2)更换密封件 |

表 14-3　　　　　　　　方向阀的常见故障及其排除方法

| 故障现象 | 原因分析 | 排除方法 |
| --- | --- | --- |
| 不能换向 | (1)阀芯的滑动阻力大,润滑不良<br>(2)O 形密封圈变形<br>(3)粉尘卡住滑动部分<br>(4)弹簧损坏<br>(5)阀操纵力小<br>(6)膜片破裂 | (1)进行润滑<br>(2)更换 O 形密封圈<br>(3)清除粉尘<br>(4)更换弹簧<br>(5)检查阀操纵部分<br>(6)更换膜片 |
| 阀产生振动 | (1)空气压力低(先导型)<br>(2)电源电压低(电磁阀) | (1)提高操纵压力,采用直动型<br>(2)提高电源电压,使用低电压线圈 |
| 交流电磁铁有蜂鸣声 | (1)活动铁芯密封不良<br>(2)粉尘进入铁芯的滑动部分,使活动铁芯不能密切接触<br>(3)活动铁芯的铆钉脱落,铁芯叠层分开而不能吸合<br>(4)短路环损坏<br>(5)电源电压低<br>(6)外部导线拉得太紧 | (1)检查铁芯接触和密封性,必要时更换铁芯组件<br>(2)清除粉尘<br>(3)更换活动铁芯<br>(4)更换固定铁芯<br>(5)提高电源电压<br>(6)引线应宽裕 |

续表

| 故障现象 | 原因分析 | 排除方法 |
| --- | --- | --- |
| 电磁铁动作时间偏差大,或有时不能动作 | (1)活动铁芯锈蚀,不能移动;在湿度高的环境中使用气动元件时,由于密封不完善而向磁铁部分泄漏空气<br>(2)电源电压低<br>(3)粉尘等进入活动铁芯的滑动部分使运动恶化 | (1)铁芯除锈,修理好对外部的密封,更换坏的密封件<br>(2)提高电源电压或使用符合电压的线圈<br>(3)清除粉尘 |
| 线圈烧毁 | (1)环境温度高<br>(2)快速循环使用<br>(3)因为吸引时电流大,单位时间耗电多,温度升高<br>(4)粉尘进入阀和铁芯之间,不能吸引活动铁芯<br>(5)线圈上有余电压 | (1)在产品规定温度范围内使用<br>(2)使用高级电磁阀<br>(3)使用气动逻辑回路,使绝缘损坏而短路<br>(4)清除粉尘<br>(5)使用正常电源电压,使用符合电压的线圈 |
| 切断电源,活动铁芯不能退回 | 粉尘夹入活动铁芯滑动部分 | 清除粉尘 |

表 14-4　　气缸的常见故障及其排除方法

| 故障现象 | 原因分析 | 排除方法 |
| --- | --- | --- |
| 外泄漏(活塞杆与密封衬套间漏气;气缸体与端盖间漏气;从缓冲装置的调节螺钉处漏气) | (1)衬套密封圈磨损<br>(2)活塞杆偏心<br>(3)活塞杆有伤痕<br>(4)活塞杆与密封衬套的配合面内有杂质<br>(5)密封圈损坏 | (1)更换衬套密封圈<br>(2)重新安装,使活塞杆不受偏心负荷<br>(3)更换活塞杆<br>(4)除去杂质,安装防尘盖<br>(5)更换密封圈 |
| 内泄漏(活塞两端窜气) | (1)活塞密封圈损坏<br>(2)润滑不良,活塞被卡住<br>(3)活塞配合面有缺陷,杂质挤入密封面 | (1)更换活塞密封圈<br>(2)重新安装,使活塞杆不受偏心负荷<br>(3)缺陷严重者更换零件,去除杂质 |
| 输出力不足,动作不平稳 | (1)润滑不良<br>(2)活塞或活塞杆卡住<br>(3)气缸体内表面有锈蚀或缺陷<br>(4)进入了冷凝水、杂质 | (1)调节或更换油雾器<br>(2)检查安装情况,消除偏心<br>(3)视缺陷大小而决定排除故障的方法<br>(4)加强对空气过滤器和除油器的管理,定期排放污水 |
| 缓冲效果不好 | (1)缓冲部分的密封圈密封性能差<br>(2)调节螺钉损坏<br>(3)气缸速度太快 | (1)更换密封圈<br>(2)更换调节螺钉<br>(3)研究缓冲机构的结构是否合理 |

表 14-5　　空气过滤器的常见故障及其排除方法

| 故障现象 | 原因分析 | 排除方法 |
| --- | --- | --- |
| 压力过大 | (1)使用过细的滤芯<br>(2)过滤器流量范围太小<br>(3)流量超过过滤器的容量<br>(4)过滤器滤芯网眼堵塞 | (1)更换适当的滤芯<br>(2)更换流量范围大的过滤器<br>(3)更换大容量的过滤器<br>(4)用净化液清洗(必要时更换)滤芯 |

续表

| 故障现象 | 原因分析 | 排除方法 |
|---|---|---|
| 从输出端溢出冷凝水 | (1)未及时排出冷凝水<br>(2)自动排水器发生故障<br>(3)超过过滤器的流量范围 | (1)养成定期排水习惯或安装自动排水器<br>(2)修理(必要时更换)<br>(3)在适当流量范围内使用或更换大容量的过滤器 |
| 输出端出现异物 | (1)过滤器滤芯破损<br>(2)滤芯密封不严<br>(3)用有机溶剂清洗塑料件 | (1)更换机芯<br>(2)更换机芯的密封,紧固滤芯<br>(3)用清洁的热水或煤油清洗 |
| 塑料水杯破损 | (1)在有机溶剂的环境中使用<br>(2)空气压缩机输出某种焦油<br>(3)空气压缩机从空气中吸入对塑料有害的物质 | (1)使用不受有机溶剂侵蚀的材料(如使用金属杯)<br>(2)更换空气压缩机的润滑油,或使用无油的空气压缩机<br>(3)使用金属杯 |
| 漏气 | (1)密封不良<br>(2)因物理(冲击)、化学原因使塑料杯产生裂痕<br>(3)漏水阀、自动排水器失灵 | (1)更换密封件<br>(2)参看"塑料水杯破损"栏<br>(3)修理(必要时更换) |

表 14-6　　　　油雾器的常见故障及其排除方法

| 故障现象 | 原因分析 | 排除方法 |
|---|---|---|
| 油不能滴下 | (1)没有产生油滴下落所需的压差<br>(2)油雾器反向安装<br>(3)油道堵塞<br>(4)油杯未加压 | (1)加上文丘里管或换成小的油雾器<br>(2)改变安装方向<br>(3)拆卸,进行修理<br>(4)因通往油杯的空气通道堵塞,需拆卸修理 |
| 油杯未加压 | (1)通往油杯的空气通道堵塞<br>(2)油杯大,油雾器使用频繁 | (1)拆卸修理<br>(2)加大通往油杯的空气通孔,使用快速循环式油雾器 |
| 油滴数不能减少 | 油量调整螺钉失效 | 检修油量调整螺钉 |
| 空气向外泄漏 | (1)油杯破损<br>(2)密封不良<br>(3)观察玻璃破损 | (1)更换油杯<br>(2)检修密封<br>(3)更换观察玻璃 |
| 油杯破损 | (1)用有机溶剂清洗<br>(2)周围存在有机溶剂 | (1)更换油杯,使用金属杯或耐有机溶剂油杯<br>(2)与有机溶剂隔离 |

## 实训

### 典型气动系统的调试及故障排除

**1. 实训目的**

(1)熟悉制动系统主要部件的作用和原理,加深理解制动系统的工作原理。

(2)学会检查和调整方法。

(3)了解常见故障及其排除方法。

**2. 实训设备和器具**

一般复杂程度的气动设备1套(各学校可根据实际情况选用其他设备),常用拆装调试工具1套。

**3. 实训内容及注意事项**

以东风EQ1092型汽车的气压制动设备的拆装为例。

(1)熟悉制动系统的总体布置,分析工作原理。

(2)检查与调整(具体参数参照有关资料):

①检查与调整空气压缩机皮带的松紧度。

②检查空气压缩机的性能,保证在发动机规定转速和规定时间内气压升值达到要求。

③按照系统工作原理,分别操作有关控制阀,观察各制动部件的工作情况。

④检查系统的密封性能。

⑤检查与调整制动器间隙,先支起前(后)桥,让车轮能灵活转动,然后用塞尺通过制动鼓上的检视孔测量蹄片与制动鼓的间隙。

⑥检查各制动气室的最高工作气压。

⑦检查与调整制动踏板的最小自由行程。

(3)分析与排除故障。汽车制动系统的常见故障及其排除方法见表14-7。实验时可人为设置几个故障,观察现象并排除。

表14-7 汽车制动系统的常见故障及其排除方法

| 故障现象 | 原因分析 | 排除方法 |
| --- | --- | --- |
| 制动失效 | (1)传动杆件脱落<br>(2)贮气筒放污开关不严<br>(3)空气压缩机损坏<br>(4)管路破裂、松脱、堵塞<br>(5)空气压缩机皮带损坏、松弛<br>(6)控制阀进气阀门打不开<br>(7)控制阀排气阀漏气<br>(8)制动气室膜片漏气 | (1)分段检查<br>(2)关严或修理<br>(3)更换、修理<br>(4)更换、修理、装牢、疏通<br>(5)更换或调整<br>(6)拆检<br>(7)砂布研磨<br>(8)换新 |
| 制动失灵 | (1)制动踏板自由行程过大<br>(2)制动衬片严重磨损<br>(3)摩擦表面不平<br>(4)制动器间隙过大<br>(5)蹄片上粘有油污<br>(6)管接头松动漏气<br>(7)传动杆件变形、损坏<br>(8)制动控制阀工作不良<br>(9)贮气筒气压不足或液力管中进入空气 | (1)调整自由行程<br>(2)更换新衬片<br>(3)修磨<br>(4)调整制动器间隙<br>(5)清洗<br>(6)拧紧、修复<br>(7)校正或更换<br>(8)检修<br>(9)检修 |

续表

| 故障现象 | 原因分析 | 排除方法 |
| --- | --- | --- |
| 单边制动 | (1)各制动器间隙不一致<br>(2)一侧制动器摩擦表面沾有油污,铆钉外露<br>(3)某侧制动气室的推杆连接叉弯曲变形,膜片破裂,接头漏气<br>(4)某侧制动凸轮卡滞<br>(5)各车轮制动蹄回位弹簧的弹力相差过大 | (1)调整制动器间隙<br>(2)清洗、修理<br>(3)校直、换新、修理<br>(4)检修<br>(5)更新 |
| 制动器分离不彻底 | (1)制动踏板自由行程过小<br>(2)回位弹簧弹力不足或折断<br>(3)制动鼓变形失圆<br>(4)摩擦表面被异物卡滞<br>(5)摩擦盘卡滞或钢球失圆及球槽磨损 | (1)调整自由行程<br>(2)更换弹簧<br>(3)检修整形<br>(4)清理摩擦表面<br>(5)检修 |
| 制动器过热 | (1)制动器间隙过小<br>(2)回位弹簧弹力不足或折断<br>(3)制动衬片接触不良或偏磨<br>(4)制动时间过长,制动频繁 | (1)调整间隙<br>(2)更新<br>(3)修磨表面<br>(4)改进操作方法 |
| 制动有异响 | (1)制动衬片松动<br>(2)回位弹簧折断或脱落 | (1)检修<br>(2)更新 |

**4. 实训报告**

分析故障原因和排除故障的方法。

### 素养提升

随着我国丰富的天然气被开采出来,天然气逐渐走进了千家万户,给每个家庭带来了很多方便。为了防止天然气泄漏,通常要在家用天然气管道上安装燃气报警器和燃气紧急切断阀。当遇到天然气泄漏时,燃气报警器会发出响声,燃气紧急切断阀会自动断开,防止天然气继续泄漏。但是,如果用户对燃气报警器和燃气紧急切断阀的安装没有足够重视,或者不及时更换老化的燃气设施和胶管等,就存在天然气泄漏的风险。当天然气在密闭空间里达到一定浓度时,遇到火光,就容易发生爆炸,会给人们的生活带来不可弥补的后果。因此,无论是工程技术人员还是社会公民,都要具备安全意识。安全意识就是对待工作的态度,它不仅关乎个人安危、企业发展,还关乎社会的稳定与和谐。安全责任重于泰山!

# 参考文献

[1] 左健民.液压与气压传动[M].5版.北京:机械工业出版社,2016.
[2] 宁辰校.液压与气动识图300例[M].北京:化学工业出版社,2013.
[3] 周进民.液压与气动技术[M].北京:机械工业出版社,2013.
[4] 芮菊芳.液压与气动[M].北京:高等教育出版社,2011.
[5] 朱梅,朱光力.液压与气动技术[M].4版.西安:西安电子科技大学出版社,2013.
[6] 张勤.液压与气动技术[M].北京:科学出版社,2011.
[7] 许毅,李文峰.液压与气动技术[M].北京:国防工业出版社,2011.
[8] 苏启训.气压与液压控制项目训练教程[M].北京:高等教育出版社,2010.
[9] 石景林.液压泵马达维修及系统故障排除[M].北京:机械工业出版社,2013.
[10] 黄志坚.液压元件结构与拆装维修[M].北京:化学工业出版社,2012.
[11] 牛海山,浦艳敏,王春容.液压元件与选用[M].北京:化学工业出版社,2015.
[12] 衣娟,李晓红.液压系统安装调试与维修[M].北京:化学工业出版社,2015.

# 附 录

## 常用液压与气动元件图形符号及说明(摘自 GB/T 786.1—2021)

### 1. 控制机构

| 说明 | 符号 | 说明 | 符号 |
| --- | --- | --- | --- |
| 带有分离把手和定位销的控制机构 | | 具有可调行程限制装置的顶杆 | |
| 带有定位装置的推或拉控制机构 | | 手动锁定控制机构 | |
| 用作单方向行程操纵的滚轮杠杆 | | 使用步进电动机的控制机构 | |
| 单作用电磁铁,动作指向阀芯 | | 单作用电磁铁,动作背离阀芯 | |
| 双作用电气控制机构,动作指向或背离阀芯 | | 单作用电磁铁,动作指向阀芯,连续控制 | |
| 单作用电磁铁,动作背离阀芯,连续控制 | | 双作用电气控制机构,动作指向或背离阀芯,连续控制 | |
| 电气操纵的气动先导控制机构 | | 电气操纵的带有外部供油的液压先导控制机构 | |
| 机械反馈 | | 具有外部先导供油、双比例电磁铁、双向操作、集成在同一组件中、连续工作的双先导装置的液压控制机构 | |

## 2. 方向控制阀

| 说明 | 符号 | 说明 | 符号 |
| --- | --- | --- | --- |
| 二位二通方向控制阀，两通，两位，推压控制机构，弹簧复位，常闭 | | 二位二通方向控制阀，两通，两位，电磁铁操纵，弹簧复位，常开 | |
| 二位四通方向控制阀，电磁铁操纵，弹簧复位 | | 二位三通锁定阀 | |
| 二位三通方向控制阀，滚轮杠杆控制，弹簧复位 | | 二位三通方向控制阀，电磁铁操纵，弹簧复位，常闭 | |
| 二位三通方向控制阀，单电磁铁操纵，弹簧复位，定位销式手动定位 | | 二位四通方向控制阀，单电磁铁操纵，弹簧复位，定位销式手动定位 | |
| 二位四通方向控制阀，双电磁铁操纵，定位销式（脉冲阀） | | 二位四通方向控制阀，电磁铁操纵液压先导控制，弹簧复位 | |
| 三位四通方向控制阀，电磁铁操纵先导级和液压操作主阀，主阀及先导级弹簧对中，外部先导供油和先导回油 | | 二位四通方向控制阀，液压控制，弹簧复位 | |
| 三位四通方向控制阀，液压控制，弹簧对中 | | 二位五通方向控制阀，踏板控制 | |
| 三位五通方向控制阀，定位销式，各位置杠杆控制 | | 二位三通液压电磁换向座阀，带行程开关 | |
| 二位三通液压电磁换向座阀 | | 气动软启动阀，电磁铁操纵内部先导控制 | |

续表

| 说明 | 符号 | 说明 | 符号 |
|---|---|---|---|
| 二位三通方向控制阀,差动先导控制 | | 二位五通气动方向控制阀,电磁铁先导控制,外部先导供气,气压复位,手动辅助控制 | |
| 二位五通直动式气动方向控制阀,机械弹簧与气压复位 | | 三位五通直动式气动方向控制阀,弹簧对中,中位时两出口都排气 | |

## 3. 压力控制阀

| 说明 | 符号 | 说明 | 符号 |
|---|---|---|---|
| 溢流阀,直动式,开启压力由弹簧调节 | | 顺序阀,手动调节设定值 | |
| 顺序阀,带有旁通阀 | | 二通减压阀,直动式,外泄型 | |
| 二通减压阀,先导式,外泄型 | | 三通减压阀(液压) | |
| 外部控制的顺序阀 | | 内部流向可逆调压阀 | |
| 调压阀,远程先导可调,溢流,只能向前流动 | | 双压阀("与"逻辑),并且仅当两进气口有压力时才会有信号输出,较弱的信号从出口输出 | |

### 4. 流量控制阀

| 说明 | 符号 | 说明 | 符号 |
| --- | --- | --- | --- |
| 可调节流量控制阀 | | 可调节流量控制阀，单向自由流动 | |
| 流量控制阀，滚轮杠杆操纵，弹簧复位 | | 二通流量控制阀，可调节，带旁通阀，固定设置，单向流动，基本与黏度和压力差无关 | |
| 三通流量控制阀，可调节，将输入流量分成固定流量和剩余流量 | | 分流器，将输入流量分成两路输出 | |
| 集流阀，保持两路输入流量相互恒定 | | | |

### 5. 单向阀和梭阀

| 说明 | 符号 | 说明 | 符号 |
| --- | --- | --- | --- |
| 单向阀，只能在一个方向自由流动 | | 单向阀，带有复位弹簧，只能在一个方向流动，常闭 | |
| 先导式液控单向阀，带有复位弹簧，先导压力允许在两个方向自由流动 | | 双单向阀，先导式 | |
| 梭阀（"或"逻辑），压力高的入口自动与出口接通 | | 快速排气阀 | |

## 6. 二通盖板式插装阀

| 说明 | 符号 | 说明 | 符号 |
|---|---|---|---|
| 压力控制和方向控制插装阀插件，座阀结构，面积比1∶1 | | 压力控制和方向控制插装阀插件，座阀结构，常开，面积比1∶1 | |
| 方向控制插装阀插件，座阀结构，面积比例≤0.7 | | 方向控制插装阀插件，座阀结构，面积比例＞0.7 | |
| 主动控制的方向控制插装阀插件，座阀结构，由先导压力打开 | | 主动控制插件，B端无面积差 | |

## 7. 泵和马达

| 说明 | 符号 | 说明 | 符号 |
|---|---|---|---|
| 变量泵 | | 双向流动，带外泄油路单向旋转的变量泵 | |
| 双向变量泵或马达单元，双向流动，带外泄油路，双向旋转 | | 单向旋转的定量泵或马达 | |
| 操纵杆控制，限制转盘角度的泵 | | 限制摆动角度，双向流动的摆动执行器或旋转驱动 | |
| 单作用半摆动执行器或旋转驱动 | | 马达 | |

续表

| 说明 | 符号 | 说明 | 符号 |
|---|---|---|---|
| 空气压缩机 |  | 变方向定流量双向摆动马达 |  |

## 8. 缸

| 说明 | 符号 | 说明 | 符号 |
|---|---|---|---|
| 单作用单杆缸,靠弹簧力返回行程,弹簧腔带连接油口 |  | 双作用单杆缸 |  |
| 双作用双杆缸,活塞杆直径不同,双侧缓冲,右侧带调节 |  | 带行程限制器的双作用膜片缸 |  |
| 活塞杆终端带缓冲的单作用膜片缸,排气口不连接 |  | 单作用缸,柱塞缸 |  |
| 单作用伸缩缸 |  | 双作用伸缩缸 |  |
| 行程两端定位的双作用缸 |  | 双杆双作用缸。左终点带内部限位开关,内部机械控制;右终点有外部限位开关,由活塞杆触发 |  |
| 单作用压力介质转换器,将气体压力转换为等值的液体压力,反之亦然 |  | 单作用增压器,将气体压力 $p_1$ 转换为更高的液体压力 $p_2$ | $p_1$  $p_2$ |

## 9. 附件

| 说明 | 符号 | 说明 | 符号 |
|---|---|---|---|
| 软管总成 | | 三通旋转接头 | |
| 不带单向阀的快换接头,断开状态 | | 带两个单向阀的快换接头,断开状态 | |
| 带两个单向阀的快插管接头,连接状态 | | 可调节的机械电子压力继电器 | |
| 输出开关信号、可电子调节的压力转换器 | | 模拟信号输出压力传感器 | |
| 光学指示器 | | 数字式指示器 | |
| 声音指示器 | | 压力测量单元(压力表) | |
| 压差计 | | 温度计 | |
| 流量指示器 | | 流量计 | |
| 数字式流量计 | | 转速仪 | |
| 转矩仪 | | 过滤器 | |
| 带附属磁性滤芯的过滤器 | | 不带冷却液流道指示的冷却器 | |

续表

| 说明 | 符号 | 说明 | 符号 |
|---|---|---|---|
| 液体冷却的冷却器 |  | 加热器 |  |
| 温度调节器 |  | 隔膜式充气蓄能器（隔膜式蓄能器） |  |
| 囊隔式充气蓄能器（囊式蓄能器） |  | 活塞式充气蓄能器（活塞式蓄能器） |  |
| 气瓶 |  | 真空分离器 |  |
| 气源处理装置，包括手动排水过滤器、手动调节式溢流调压阀、压力表和油雾器 |  | 手动排水流体分离器 |  |
| 带手动排水分离器的过滤器 |  | 自动排水流体分离器 |  |
| 吸附式过滤器 |  | 油雾分离器 |  |
| 空气干燥器 |  | 油雾器 |  |
| 气罐 |  | 真空发生器 |  |
| 带集成单向阀的单级真空发生器 |  | 吸盘 |  |